THE KNOWLEDGE MACHINE

지식 기계

The Knowledge Machine

마이클 스트레븐스 지음 | 양병찬 옮김 · 천현득 감수

과학철학자가 바라본 과학의 본질

THE KNOWLEDGE MACHINE

지식 기계

비합리성은 어떻게
현대과학을 창조했나

자유아카데미

일러두기

- 각주는 모두 옮긴이 주로서 본문에 '*'로 표시했다.
- 미주는 지은이의 원주로서 본문에 '1', '2' 등 숫자로 표시했다.

보기에도 아름다워 식욕을 돋우고,
사람을 현명하게 만드는 거룩한 열매가 여기에 있으니,
모든 것을 치유해 주리라. 그러니 손을 뻗어
몸과 마음을 채우니 무슨 잘못이 있으랴.
이렇게 말하고 하와는 악惡의 시간에
경솔하게 손을 뻗어 열매를 따서 먹었다.
— 밀턴, 『실낙원Paradise Lost』, 제9편, 776~779.*

* 존 밀턴 저/이창배 역, 『실낙원』(동서문화사), 377쪽.

차례

용어 해설

- **개연성 순위**plausibility ranking 어떤 가설이나 가정이 사실이라는 과학자의 신뢰 수준level of confidence.

- **급진적 주관주의**radical subjectivism 과학자들의 추론과 논증의 결과는 개인의 취향과 목표, 제도적 선입견과 정치, 사회적 요구 등에 매우 크게 의존하기 때문에, 과학에는 세상에 대해 배우기 위한 고정되고 엄격한 절차fixed, rigorous procedure가 없다는 견해. 이 견해에 따르면, 객관적으로 우월한 '과학적' 사고방식이나 '과학적 방법'은 존재하지 않는다.

- **방법주의**Methodism 과학의 진실발견 능력truth-finding power이 특별한 기술이나 조직화 형태, 경험적 증거를 다루는 독특한 방식, 즉 '과학적 방법scientific method'에 의해 설명된다는 견해.

- **베이컨적 수렴**Baconian convergence 어떤 주어진 질문에 대한 수많은 경험적 시험의 결과가 장기적으로 '관찰된 모든 것'을 설명하는 단일 이론—참

인 이론True theory — 을 수렴하는 과정.

- **설명의 철칙**iron rule of explanation 모든 과학적 논증이 경험적 시험empirical testing에 의해 해결될 것을 요구하고, 그 요구사항에 독특한 내용 — 경험적 시험을 얕은 인과적 설명에 의해 정의, 비공식적 또는 사적 추론에 반대되는 공식적 과학 논증의 정의, 공식적인 과학 논증에서 모든 주관적이고 비경험적인(철학적, 종교적, 미학적) 고려사항 배제 — 을 부여하는 규칙.

- **설명적 상대주의**explanatory relativism 모든 시대나 학파에는 설명과 이해에 대한 그 나름의 기준이 존재한다는 명제. 한 시대의 표준과 그에 기반한 설명은 다른 시대의 사상가들에게 거의 또는 전혀 의미가 없을 것이다.

- **얕은 인과적 설명**shallow causal explanation 어떤 사건이나 현상을 인과적 법칙, 인과적 일반화causal generalization, 배경 조건background condition으로부터 도출하고, 그 법칙을 뒷받침하는 인과적 과정에 대한 지원적 설명supporting account이나 철학적 정당화philosophical justification 없이 해명하는 설명.

- **이론적 코호트**theoretical cohort 세계에 대한 일종의 추가적 가정 — 이론이 관찰 가능한 의미를 갖는 데 필요한 장치와 실험 조건에 대한 가정을 포함한다 — 과 결합된 이론.

- **튀코의 원리**Tychonic principle 세계의 구조에 대한 가장 유망한 라이벌 이론들이 그들 간의 불일치를 관찰 가능한 작은 세부사항small observable detail에서만 분명히 드러낸다는 사실. 따라서 참인 이론에 대한 베이컨적 수렴은 엄청난 양의 복잡하고 매우 정확한 관찰complex, highly accurate observation을 통해서만 가능하다.

프롤로그

지식 기계

과학은 왜 그렇게 강력할까?
인류의 역사에서 왜 그토록 늦게 등장했을까?

타임머신을 타고 인류사에서 무작위로 선택된 장소와 시간으로 이동한다고 상상해 보자. 당신은 십중팔구 핀의 머리만 한 낟알을 수집하고, 뾰족한 꼬챙이로 위험한 동물을 사냥하고, 눅눅하고 아무런 가구도 없는 동굴에서 생활하는 자신을 발견하게 될 수 있다.

그러나 억세게 운이 좋다면, 당신은 알렉산드로스 대왕Alexander the Great 시대에 부유한 그리스 시민의 샌들을 신고 잠에서 깨어난 당신을 발견할 수도 있다. 그런 특권적 위치에서, 당신은 오늘날의 삶을 가치 있게 만들어준 문화적 발명품들을 거의 모두 향유할 수 있을 것이다. 즉, 당신은 호메로스Homer와 사포Sappho의 시詩에서 기쁨을 얻고, 극장을 방문하여 『오이디푸스 왕Oedipus Rex』을 비롯한 고대 연극의 걸작들을 감상하고, 음악가를 고용하여 당신의 친구들과 만찬을 나눈 후 풍악을 울리게 할 수 있을 것이다. 당신이 사는 도시는 법률 체계와 사법 제도에 따라 운영되고, 세계 7대 불가사의로 손꼽히는 건축물과 조각품으로 장식되고, 오늘날까지 지속되는 정치 모델(군주제monarchy, 과두제oligarchy, 달콤한 민주주의democracy)에 입각하여 다스려질 것이다. 만약 당신이 적성에 맞고 의향이 있다면, 수학이나 철학을 심도 있게 연구할 수도 있을 것이다.

그러나 그런 문화적 엘리시움Elysium*에서도, 당신은 얼마 안 지나 몇 가지 누락 사항을 발견하게 될 것이다. 엑스선과 자기공명영상장치MRI, 가장 빠른 말보다도 빠른 여행, 백리향thyme 내음 풍기는 지중해에서 벌어지는 세계적 이벤트를 생중계하는 동영상을 그 어디에서도 찾아볼 수 없을 테니 말이다. 그중에서 가장 아쉬운 것은 오늘날 고도로 발달한 의학, 교통, 무선통신을 가능케 한 지식 생산 기계knowledge-producing machine—앞으로 지식 기계knowledge machine라고 간략히 부르기로 한다—인데, 우리는 그것을 일컬어 현대과학modern science이라고 한다.

인류사에서 문화의 발생은 수천 년 전으로 거슬러 올라간다. 그러나 지식 기계는 겨우 수백 년 전에 등장했다. 왜 그렇게 오래 걸렸을까?

고대인들 사이에는 세계의 작동 방식workings을 이해하려는 욕망이 부족했다. 기원전 580년경, 그리스의 철학자 탈레스Thales는 밀레토스Miletus라는 항구도시에 국한되지 않고 푸른 에게해와 (바다와 하늘의 경계를 모호하게 하는) 여름 안개summer haze를 응시하며, 모든 것은 궁

* 이상향, 낙원.

극적으로 물로 구성되어 있다는 의견을 제시했다. 그의 제자인 아낙시메네스Anaximenes는 반기를 들며, "근본적 물질fundamental stuff은 공기air다"라고 말했다. 그로부터 수백 년 후 시칠리아Sicily에 살았던 헤라클레이토스Heraclitus는 불fire을 내세웠다. 다시 밀레토스로 돌아가, 아낙시만드로스Anaximander—탈레스의 또 다른 제자로, 아낙시메네스와 마찬가지로 자세한 행적은 알 수 없다—는 "만물은 무한한 잠재력을 지닌 비가시적 물질로 구성되어 있다"라는 가설을 제기하며, 그것을 아페이론*apeiron*(무한정자the boundless)이라고 불렀다.

이러한 사상가들, 그들의 동시대인, 후계자들—중국의 학자, 이슬람의 의사, 중세 유럽의 수도승—이 자신들의 견해를 교묘하게 논증했음에도, 그들의 사상은 다른 사상을 압도하지 못했다. 그들은 자연의 심오한 구조를 구명究明하며 인류의 찬란하고 독창적인 가설에 무한히 기여했지만, 인류의 지식 축적량stock of knowledge에는 사실상 아무런 기여도 하지 못했다.[1] 왜 그랬을까?

그 이유는 자명하다. 전근대적인 자연 탐구자premodern inquirer into nature들은 때때로 정곡을 찔렀지만, 갑론을박을 거듭할 뿐 자신의 아이디어를 라이벌의 아이디어와 차별화하는 능력이 부족했다. 서로마제국이 붕괴한 5세기경, '지구, 행성, 태양 간의 관계'에 대해 나올 만한 가설은 거의 모두 제기되었다. 행성과 태양이 고정된 지구 주위를 회전한다는 둥, 지구와 행성들이 고정된 태양 주위를 회전한다(이 생각은 일찍이 기원전 3세기에 그리스의 철학자 아리스타르코스Aristarchus가 제기했다)는 둥, 행성의 일부 또는 전부가 태양 주위를 회전하고, 태양은 지구 주위를 회전한다(이 생각은 로마의 작가들에게서 비롯되어 중세의 철학자들에게 전달되었으며, 15세기에 인도에서 독립적으로 생겨났다)는 등. 그러나 이러한 이론 중 하나가 옳다고 일반적으로 인정된—그리고 뒤이어 확증된—것은, 로마가 멸망한 지 무려 1,000년이 지난 후였다.

그 대약진great leap forward은 1600년과 1700년 사이의 '흥겨운 기간'에 일어났는데, 그 기간 동안 경험적 탐구empirical inquiry는 '자유분방하고 사변적인 좌충우돌'에서 전혀 다른 수준의 발견력power of discovery을 보유한 지식 기계로 진화했다. 이 기계를 운전하는 것은 매우 엄격한 과정으로, 이론들이 관찰 가능한 증거observable evidence에 의해 가차 없이 추궁됨으로써 어떤 이론은 채택되고 어떤 이론은 폐기되었다. 그 과정에서 기계는 간혹 진로를 바꾸거나 후퇴했지만 장기적으로는 영락없이 전진했다. 탈레스가 한때 지평선을 관찰하고 물을 들여다봤던 곳에서, 오늘날의 천문학자들은 전파망원경을 이용하여 심우주deep space를 관측하고 암흑물질dark matter을 본다.

역사가들이 그 사건을 **과학혁명**Scientific Revolution이라고 부르고 철학자와 사회학자들이 혁명 이후에 등장한 사고방식을 '세계에 대한 새로운 사고방식'으로 간주하는 것만 봐도, 속도와 형태의 변화가 얼마나 갑작스러웠는지 능히 짐작할 수 있다. 그리하여 그들은 현대과학을 선행과학—고대와 중세의 과학, 또는 두드러진 불연속성을 강조하기 위해 자연철학philosophy of nature or natural philosophy—과 구별했다. 하지만 아리스토텔레스 같은 사상가들에서 볼 수 있는 바와 같이, 과학혁명 이전에 존재했던 자연철학은 현대과학보다 창의력이 부족하지 않았으며 체계성이나 감각적 증거evidence of the senses에 무심하지도 않았다. 그럼에도 자연철학에는 뭔가가 결여되어 있었던 것 같다.

자연철학이 그렇게 비범했음에도, 현대과학이 등장할 때까지 수천 년의 세월을 기다려야 했던 이유가 뭘까? 철학, 민주주의, 수학이 고대 사상가들의 의식의 문doors of consciousness을 연달아 통과한 후, 유독 과학만 문턱을 넘지 못한 이유가 뭘까? 고대 바빌로니아인들이 우주망원경을 지구 궤도에 쏘아 올리지 못하고, 중국 한漢나라 사람들이 황하黃河 유역의 평야에 입자 가속기를 설치하지 못하고, 마야인들이 유카탄반도에서 유전자변형 옥수수를 재배하지 못하고, 고대 그리스인들이 인플루엔자 백신 개발과 심장 이식에 성공하지 못한 이유가 뭘까?

인류의 역사를 돌이켜보면, 혁명과 선거, 해방emancipation과 선언declaration 같은 사건들이 특정한 시기와 장소에서 일어났다. 그러나 과학은 어느 시기와 장소에서도 등장하지 않았다. 현대과학은 민주적인 아테네에서 기원하지 않았다. 그것은 아리스토텔레스가 발명한 것도 아니며, 1,000년 전 국민의 단결, 학문적 전통, 기술적 솜씨가 있음에도 중국에서 발달하는 데 실패했다. 이슬람은 물론 유럽의 의학도 진정한 과학으로 발전하는 데 성공하지 못했다. 마야와 아즈텍과 잉카, 한국의 고려와 캄보디아의 크메르 제국, 인도의 마우리야 왕조와 무굴 제국은 경이로운 사찰과 피라미드, 연극과 춤의 풍부한 전통을 자랑한다. 그러나 제아무리 부유하고 강력하고 정교했더라도, 이러한 문화들이 과학의 발명자는 아니었다.

그러므로 일련의 특별한 사건들particular train of events이나 관습과 환경의 독특한 조합specific mix of custom and circumstance을 들이대며 '과학이 오랫동안 부재不在했다'는 사실을 설명할 수는 없다. 과학의 부재는 민주정치와 신정정치theocracy, 동과 서, 범신론자pantheist와 아흘 알 키탑People of the Book*을 가릴 것 없이 보편적인 현상이었다. 즉, 과학의 본질에는 동서고금을 막론하고 인류가 범접할 수 없는 요소가 내재해 있었던 것 같다. 그게 도대체 뭘까?

내가 믿는 정답은, 과학이 생경한 사고 형태alien thought form라는 것이다. 과학이 인류사에서 느지막이 등장했다는 사실을 이해하기 위해, 우리는 과학적 방법scientific method에 내재하는 고유의 생소함inherent strangeness을 음미할 필요가 있다.

그 첫 번째 단계는, 과학적 방법과 (현대과학을 추동하고, 과학의 사실관계 파악력fact-finding power의 원천이 되는) 규칙rule을 면밀히 살펴보는 것이다. 당신은 이게 식은 죽 먹기라고 생각할 것이다. 어디에서 발견되든, 이와 관련된 원칙이 과학을 조율하기 때문이다. 예컨대 모든 대학교, 모든 연구기관, 모든 기업체 부설 연구소들이 그러한 원칙들을 추종한다. 그런 곳들 중 하나를 방문하여 몇 가지 질문을 던져보라. 과학자들이 직접 나서서 과학의 본질과 그 기능에 대해 설명해 줄 것이다.

그러나 당초 예상과 달리, 만족스러운 답변을 얻기가 그리 쉽지 않을 것이다. 어떤 과학자들은 우주론이나 진화생물학에서 실험이 비교적 덜 중요하다는 사실을 망각하고, 통제되거나 반복될 수 있는 실험controlled or repeatable experiment이 과학의 정수essence라고 말할 것이

* 쿠란에 언급된 이교도를 지칭하는 용어(أهل الكتاب)로, 구체적으로는 기독교인과 유대인을 지칭한다.

다. 또한 어떤 과학자들은 유전학적 발견에 정교한 수학이 필요하지 않다는 점을 망각하고, 고등수학 기법advanced mathematical technique이 과학에 필수적이라고 말할 것이다. 어떤 과학자들은 관찰observation이 중요하다고 말할 텐데, 이것은—다른 답변과 달리 과학의 전全 분야를 포용한다는 점에서—아량 있는 답변이지만 지나치게 관대한 것 같다. 고대 그리스의 자연철학자들은 주변에서 본 것들을 설명하려고 노력했는데, 관찰 가능한 세계observable world를 이해하려고 노력했음에도 현대과학의 진수를 터득하지 못했기 때문이다.

과학자들을 대상으로 설문조사를 해보라. 그러면 "과학자들이 '과학적 방법을 실행하는 방법'은 잘 알지만, '과학적 방법에서 정말로 중요한 것이 무엇인지'와 '그게 왜 중요한지'는 모른다"라는 사실을 단박에 알게 될 것이다.

과학의 본질을 연구하는 다른 학자들—과학사학자, 과학사회학자, 과학철학자—은 어떨까? 그들 역시 과학에 몸담은 학자들과 마찬가지로 합의된 결론을 도출하지 못할 것이다. 사실, 과학적 방법에 관한 의문은 현대 사상에서 가장 어렵고 가장 의견이 분분하고 가장 곤혹스러운 문제 중 하나다.

결과적으로 지난 100여 년 동안 때로는 연기만 피웠고 때로는 활활 타오른 논쟁이 벌어졌는데, 이것을 방법론 대논쟁Great Method Debate이라고 한다. 영리하고 유력한 사상가들이 과학적 방법을 기술記述하려고 노력했지만 매우 상반되는 결론에 도달했다.

특히 당황스러운 것은, 과학을 면밀히 조사한 사람들 중 상당수가 '과학적 방법 같은 건 없다'는 결론을 내렸다는 것이다. '현대과학의 새로운 점은 무엇인가'와 '과학혁명에서 바뀐 점이 무엇인가'라는 의문에 대해, 그들은 "새로운 것도, 바뀐 것도 별로 없다"라는 답변을 내놓았다. 사회학자 스티븐 샤핀Steven Shapin은 한술 더 떠서, "과학혁명 같은 건 없었다"[2]라고 직격탄을 날렸다. "뉴턴이 '행성이 태양의 주위를 도는 이유'를 설명한 지 3세기가 지났지만," 과학철학자 파울 파이어아벤트Paul Feyerabend는 이렇게 썼다. "과학의 본질은 여전히 암흑 속에 묻혀 있다."[3]

『지식 기계』는 그러한 암흑 속으로 과감히 뛰어들어, 얽히고설킨 채 대치하고 있는 과학적 방법에 대한 비전vision과 회의론skepticism 사이에서 한 줄기 빛을 비추기 위해 집필되었다. 나는 이 책에서 칼 포퍼Karl Popper(그는 올바른 기질을 지닌 사상가들이 사용하는 특정한 논리certain kind of logic가 과학적 방법의 핵심이라고 믿었다)나 토머스 쿤Thomas Kuhn(그는 특별한 종류의 사회조직special kind of social organization이 과학의 힘을 좌우한다고 생각했다) 같은 철학자들과 옥신각신할 것이다. 또한 나는 '과학적 방법은 존재하지 않는다'고 주장한 샤핀 같은 사회학자와 정면으로 충돌할 것이다. 마지막으로, 나는 과학적 방법의 본질에 대한 내 자신의 견해를 피력할 것이다.

학자들이 방법론 대논쟁에 뛰어드는 이유는 차고 넘친다. 단도직입적으로 말해서 과학은 현대적 삶의 질quality of our modern life에 필수적이므로, 설사 과학적 방법이 지루하고 평범한 것으로 밝혀진다 하더라도 반드시 규명하여 한 권의 책으로 정리해 놓아야 한다.

그러나 나는 그런 책을 쓰는 데는 관심이 없다. 나를 매혹한 것은, 과학의 교전수칙rules of engagement이 매우 예상 밖이고unexpected 비직관적이고unintuitive 특이하다odd는 점이다. 나는 이러한 특이함peculiarity 때문에 과학이 느지막이 등장했다고 믿는다. 과학의 연착late arrival에 대한 매혹적인 의문은 접어두더라도, 과학적 방법의 기이함weirdness은 그 자체로서 지적인 구경거리intellectual spectacle다. 내가 이 책을 쓴 이유는, 무엇보다도 그런 구경거리를 독자들과 공유하고 함께 즐기기 위해서다.

내가 P. T. 바넘P. T. Barnum*을 방불케 하는 솜씨로 현대과학의 핵심부에 도사리고 있는 기괴함monsterity을 드러낸다면, 독자들은 그동안 그것을 추구하기가 왜 그렇게 어려웠는지를 이해하기 시작할 것이다. 과학적 방법을 추구해 온 사람들—방법주의자*methodist*—은 논리적이고 행동적인 지침directive들을 찾아왔는데, 그것들은 과학적 사고에서 인간의 변덕whim을 제거하고 표준화된 규칙이나 절차로 대체함으로써 (과학의 엄청난 지식 생산 능력knowledge-producing capacity의 원천인) 증거에 비추어 이론을 판단하게 해줬다. 그러나 과학을 지배하고 과학의 성공을 보장하는 규칙은 방법주의자들이 지금껏 상정했던 것보다 훨씬 더 약하다. 규칙은 당신에게 '무엇이 증거로서 유효한지'를 말해주지만, 증거를 해석하는 시스템을 제공하지 않기 때문이다. 사

* 19세기 후반, 미국의 하원의원 출신으로 60대 이후에 서커스단을 만들어 서커스 흥행과 연예산업 마케팅의 귀재로 불리던 인물이다. 교묘한 조작과 사기 수법으로 대중을 대놓고 속이는 기상천외한 공연과 광고로 서커스 흥행 마케팅을 벌였고, 엔터테이너로서 공연에 직접 참여하여 생면부지 관객의 성격과 특성을 정확하게 맞추는 것으로 유명했다. 그의 수법은 자신의 말에서 관객이 스스로 자신의 성격과 일치는 것을 발견할 수 있도록, 누구에게나 해당될 수 있는 보편적인 특징을 애매모호하게 언급하는 것이었다.

실, 규칙은 증거 자체의 유의미함에 대해 아무것도 말해주지 않는다.

설상가상으로 규칙은 방법주의자들이 발견할 수 있으리라 기대했던 곳, 즉 과학자들의 머릿속에 상주常住하지 않는다. 그것은 과학자들에게 '사적私的으로 생각할 내용'을 말해주지 않으며, 단지 '공적公的으로 주장하는 방법'을 규율할 뿐이다. 규칙은 추론 방법method of reasoning이 아니라 일종의 언어 규범speech code 또는 논쟁의 기본 원칙ground rules for debate으로, 과학자들에게 경험적 증거empirical evidence 하나만으로 모든 논쟁을 수행하도록 강요한다.

방법주의자들이 자신들의 방법을 찾는 데 실패한 것은 바로 그 때문이다. 요컨대 그들은 잘못된 규칙wrong kind of rule을 엉뚱한 곳wrong place에서 찾고 있었던 것이다.

그토록 빈약한 내용content과 한정된 범위scope를 가진 규칙이 과학의 발견력을 설명할 수 있을까? 규칙은 '무엇을 증거로 인정할 것인지'를 좌우하겠지만, '증거를 어떻게 해석할 것인지'에 대한 과학자들 간의 합의를 도출하려고 시도하지 않는다. 규칙은 '모든 논쟁은 경험적 증거와 관련하여 수행되어야 한다'는 원칙만 제시하고 뒤로 물러나 통제권을 포기한다. 그렇게 되면 과학자들은 '증거와 이론 간의 관계'에 대해 거의 무제한적으로 자유롭게 생각하게 된다. 그러나 과학적 프로젝트에 참여할 생각이라면, 그들은 논쟁에 사용할 새로운 증거를 발견하거나 생성해야 한다. 그리고 그들은 지칠 줄 모르는 열정으로 그렇게 한다.

그 결과물인 생산성productivity이 모든 차이를 만든다. 과학은 인간에게 동기를 부여하는 기계로, 논쟁을 좋아하는 그들에게 (과학이 없었다면 하지 않았을) 따분한 측정tedious measurement과 시간과 비용이 많이 드는 실험costly and time-consuming experiment을 수행하도록 종용한다. 그럴 듯한 거짓말plausible falsehood들 중에서 진실을 선별하는 것은 이 같은 세부적 경험치empirical minutiae로, 수집하기가 여간 고통스럽지 않다. 궁극적으로 그런 증거가 충분히 축적되면, 거의 모든 과학자들은 각자의 별스러움quirk, 편향, 편견이 있음에도 증거의 유의미성에 동의하게 된다. 그리하여 하나의 이론이 모든 것의 최고 설명자explainer와 예측자predictor로 인정받아 나머지 이론들 위에 우뚝 서게 된다.

허세부리지 않는 공적 행동 규범code of public behavior, 즉 (인간을 냉혹하게 다그쳐, 진실을 향해 행진하도록 만드는 데 필요한 모든 방법으로 구성된) 과학적 논증에 대한 증거 일변도의 제약조건evidence-only constraint은 웅장한 이름으로 불릴 만한 값어치가 있다. 나는 그것을 설명의 철칙iron rule of explanation이라고 부른다. 『지식 기계』의 상당 부분은 '철칙은 어디에서 왔는가', '철칙은 어디로 가는가', '철칙은 어떤 방법으로 과학을 깨우치나'를 이해하는 데 할애된다. 이는 방법론 대논쟁을 해결하려는 나의 시도이기도 하다. 만약 내가 옳다면, 독자들은 이 책에서 과학의 진정한 작동 방식을 알게 될 것이다.

또한 독자들은 내가 맨 처음 던진 의문—인류가 철칙의 힘을 발견하는 데 왜 그토록 오랜 시간이 걸렸나—에 대한 해답을 얻게 될 것이다. 나는 과학혁명의 기원에 대한 역사를 씀으로써 과학의 연착을 설명하지는 않을 것이다. 나의 관심은, 외견상 유리한데도 과학이 등장하는 데 실패한 장소와 시간에 있다. 그러한 실패는 세월이 지나도 변치 않는 무엇에 의해 설명되어야 한다. 이를테면 과학이 성공하는 데 필수적인 철칙이 불합리할 정도로 완고하다는 것이다. 완고한 철칙은 멋지게 돌아가는 것 같지만, 외부에서 보면 사물의 심층 구조underlying structure를 탐구하는 비합리적인 방법인 것처럼 보인다. 고대 그리스인들은 시, 음악, 연극, 철학, 민주주의, 수학을 보유하고 있었는데, 이 모든 것들은 각각 인간의 본성을 표현하고 고양한다. 그와 대조적으로, 과학은 그 종사자들에게 인간의 본성을 전략적으로 억제할 것을 요구하며, 심지어 인간 본성의 최상위 요소the highest element인 합리적 정신rational mind을 억제할 것을 요구한다. 그것(합리적 정신의 억제)이 세계에 대한 무제한적 지식unbounded knowledge으로 가는 경로라고 상상한 그리스 철학자는 아무도 없었을 것이다. 과학의 미스터리는 너무 늦게 등장했다는 것이 아니라, 발견을 위한 기법technique for discovery으로 부상한 적이 단 한 번도 없었다는 것이다.

이 책의 말미에서, 나는 두 가지 큰 의문—철학적 의문과 역사적 의문—에 대한 답변을 제시할 것이다.

1. 과학은 어떻게 작동하며, 왜 그토록 효율적인가?
2. 과학은 왜 그렇게 늦게 등장했을까?

철학적 의문인 첫 번째 의문에 대해, 나는 "중요한 것은 철칙이다"라고 대답한다.

역사적 의문인 두 번째 의문에 대해, 나는 "과학이 인간의 의식에서 너무 오랫동안 배제된 것은 규칙의 비합리성irrationality 때문이다"라고 대답한다.

『지식 기계』의 상당 부분은 '철학적 의문과 역사적 의문을 해결하기 위한 과학의 지적·도덕적·사회적 구조 탐구'에 할애되었지만, 나는 이 책의 끝 부분에서 전통적 역사conventional history의 유혹에 굴복하여 '과학이 17세기 유럽에서 마침내 등장한 이유'와 '과학이 등장한 구체적 시기 및 장소'를 설명할 것이다. 다음으로, 나는 '철칙의 비합리성이 현대과학의 형태에 미친 영향'에 대해 논평하고, '지식 기계의 확산과 영향력으로부터 계속 이득을 보려면—그리고 지식 기계의 오남용 때문에 파괴된 지구에서 우리 자신을 구조하려면—그것을 어떻게 유지하고 심지어 향상시켜야 하는가?'라고 반문할 것이다.

『지식 기계』는 과학의 편에 서서 할 말이 많다. 이 책은 '진리의 발견'이라는 과학의 전설적인 능력에 의문을 제기하는 사람들—근본주의자fundamentalist, 포스트모더니스트postmodernist, 낭만주의자, 심령론자spiritualist, 철학적 회의론자philosophical skeptic—에 대항하여 과학적 탐구scientific inquiry를 옹호한다. 나는 과학의 전설이 사실에 확고히 뿌리박고 있음을 보여준다.

그러나 뒤집어 말하면, 이러한 논증과 설명은 지식 기계의 작동 방식이 얼마나 특이하고 종종 비인간적일 수 있는지를 보여준다. 즉, 지식 기계는 불명료함inarticulacy, 편협함closed-mindedness, 체계적 비합리성systematic irrationality의 독특한 조합과 관련되는데, '그럼에도in spite of'가 아니라 '그 덕분에in virtue of' 성능을 발휘한다. 그러므로 인류가 그렇게 오랫동안 (발동만 걸리면 윙윙거리고 일련의 작은 폭발음을 내는) 지식 기계의 레버를 당기기를 주저한 것은 전혀 이상하지 않다.

나의 이야기는 방법론 대논쟁이 최고조에 이르렀을 때, 즉 20세기 과학철학의 양대산맥인 칼 포퍼와 토머스 쿤이 '과학의 지식 생산 능력의 배경에 깔린 메커니즘'에 대한 상반된 견해를 제시했을 때부터 시작된다. 두 사람의 노력은 모두 실패로 돌아가게 된다. 그러나 나는 철학적 잔해philosophical wreckage를 샅샅이 뒤짐으로써 더 나은 과학이론을 구축할 수 있는 토대를 발견할 것이다.

1부

방법론 대논쟁

1장. 과학적 방법 톺아보기

2장. 인간의 약점

3장. 과학의 본질적인 주관성

1장

과학적 방법 톺아보기

칼 포퍼와 토머스 쿤은
과학의 작동 방식에 대해 근본적으로 다른 이론을 제시했지만
진리를 추구하는 방법에 대한 사상을 공유했다.

1942년, 칼 포퍼는 뉴질랜드의 크라이스트처치Christchurch 근처에서 멸종한 대형 조류인 모아moa의 뼈를 발굴하고 있었다. 그는 4년 전 자신의 고향 빈Wien을 침략한 히틀러의 군대를 피해 남쪽으로 내려와, 남극 바로 위에 위치한 곳에서 철학을 가르쳐 왔다.

거대한 새의 유골을 발굴하지 않는 동안, 그는 나치스와 공산주의자들의 전체주의totalitarianism를 비판하는 글[1]을 써서 전후戰後에 발표했다. '20세기의 정치적·인간적 혼돈chaos을 감안할 때, 고도의 비판적 사고critical thought를 적극적으로 실천하지 않는 한 어떠한 종류의 진보도 불가능하다'는 것이 그의 생각이었다. 그리고 오스트리아에서 망명하여 대척지antipodes*에 정착한 그에게, 최고 수준의 비판적

* 지구상의 정반대 쪽에 있는 두 지점.

사고—어쩌면 유일한 인간 활동[2]—는 과학적 탐구였다. 그는 이렇게 썼다. "과학적 탐구에서, 오류는 체계적으로 비판받으며 종종 시의적절하게 수정된다." 따라서 그의 일평생 연구의 상당 부분은 과학의 합리적 기반rational basis을 탐구하는 데 할애되었으며, 연구 결과는 그의 철학적 걸작[3] 『과학적 발견의 논리The Logic of Scientific Discovery』를 통해 전 세계에 알려졌다.

그 책에 담긴 사상은 수 세대에 걸친 물리학자, 생물학자, 경제학자, 철학자의 과학적 방법에 대한 사고방식을 바꿨다. 포퍼는 1946년 영국으로 이주하여 런던정경대학London School of Economics and Political Science에 부임한 후 왕립학회Royal Society 회원으로 선출되고 엘리자베스 2세에게 기사 작위를 받았으며, 노벨상 수상자인 생물학자 피터 메더워 경Sir Peter Medawar으로부터 "역사상 가장 위대한 과학철학자"[4]라는 찬사를 받았다.

포퍼는 1902년에 태어났으며, 오스트리아-헝가리 제국이 세르비아에 선전포고를 하고 제1차 세계대전Great War에 참가한 날 열두 살이 되었다. 그리고 뒤이은 사회적·경제적 황폐화 속에서 성년成年이 되었다. 그는 나중에 이렇게 썼다. "전쟁과 그 후유증은 모든 면에서 나의 지적 발달에 결정적인 영향을 미쳤다. 그로 인해 나는 용인된 견해accepted opinion, 특히 정치적 견해를 비판하게 되었다."[5] 그는 다음과 같이 덧붙였다.

> 기근famine, 빈Wien에서 일어난 배고픈 사람들의 폭동, 고삐 풀린 인플레이션은 … 내가 성장한 세계를 파괴했다. … 전쟁이 끝났을 때 나는

열여섯 살이었으며, 혁명의 분위기에 휩쓸려 나 자신에 대한 혁명을 일으켰다. 나는 1918년 말 학교를 자퇴하고 혼자 공부하기로 결심했다. … 먹을 것도 입을 것도 변변치 않았으며, 우리는 대부분 버려진 군복을 입었다. … 우리는 우리끼리 공부하며 정치학 토론을 벌였다.

포퍼는 몇 달 동안 공산주의자들과 생사를 같이하다가, 폭력 시위로 인해 시위자가 여럿 사망한 후 그들을 멀리하게 되었다. 그는 경찰의 무자비한 진압뿐만 아니라 시위자들의 과격한 전술 때문에 불상사가 일어났다고 생각했다.

그래도 그는 여전히 사회주의자였으며, 1919년경 육체노동에 종사하기로 결심했다. 그는 그즈음 한때 군병원military hospital이었던 건물의 버려진 별관에서 불법으로 거주하며, 미국에서 건너온 대학생들을 과외 지도하여 생활비를 벌고 있었다. 그의 실험적 블루칼라 노동은 실패로 돌아갔다. 그는 너무 허약해서 곡괭이를 휘두를 수 없었고, 철학적 관념 때문에 정신이 산란해서 가구공에게 요구되는 직선형 모서리straight edge와 정사각형 모퉁이square corner를 만들 수 없었다. 이러한 활동을 포기하고, 그는 사회적 노동자가 되어 소외된 어린이들을 돌봤다. 얼마 지나지 않아 그는 사회주의 자체를 뒤로하고 '자유와 평등은 둘 다 바람직하지만, 양자를 모두 추구하는 것은 불가능하다'고 추론했고, 결국 "자유가 평등보다 더 중요하다"[6]라고 말했다.

같은 해에 포퍼는 아인슈타인의 새로운 상대성이론 강의를 듣고, "기억나는 것이라고는 어안이 벙벙했던 것밖에 없다. 그것은 나의 이해를 완전히 벗어났다"[7]라고 술회했다. 그러나 그는 아인슈타인이 자신의 이론을—틀렸다고 입증될 위험을 감수하고—경험적 시험empirical test에 종속시킬 의향이 있다는 사실에 감명을 받았다.

> 그리하여 나는 1919년 말 '과학적 태도는 비판적 태도critical attitude로, 검증verification이 아니라 결정적 시험crucial test을 구하는 태도를 말한다'는 결론에 도달했다. 시험은 시험 대상 이론을 반박*refute*할 수 있지만 그것을 확립establish할 수는 없다.

포퍼의 가장 위대하고 가장 영향력 있는 사상이 싹튼 것은, 반박이라는 이탤릭체 단어에서였다.

그의 사상은 스코틀랜드 계몽주의Scottish Enlightenment 시대 초기인 1739년에 에든버러의 철학자 데이비드 흄David Hume이 제기한 난제conundrum에 뿌리를 두고 있다. 흄은 사색에 잠긴 채 다음과 같이 중얼거렸다: 최초로 에덴동산을 걸었던 아담을 상상해 보라. 혼자 발가벗은 채 어떠한 종류의 지식에도 물들지 않은 상태다. 원시 숲을 배회하며, 그는 몇 가지 초보적인 발견을 한다. 불은 타오르고, 과일은 영양분을 공급하고, 물은 만물을 집어삼킨다. 또는 더 정확하게 말하면, 그는 약간의 특별한 관찰을 한다. 그는 어떤 특별한 불에 손가락을 데고, 어떤 특별한 나무에서 딴 과일이 자양분을 제공한다는 사실을 발견하고, 어떤 특별한 강물에 어떤 특별한 동물이 빠지는 장면을 본다. 다음으로 그는 갓 터득한 지혜를 총동원하여 일반화를 시도한다. 어떠한 불에도 너무 가까이 접근하지 않는 것이 최선이라는 둥, 특정한 종류의 나무에서 수확한 과일을 먹음으로써 배고픔을 해결하는 것이 최선이라는 등. 이러한 종류의 경험으로부터의 일반화generalization from experience를 귀납적 추론inductive reasoning, 또는 간단히 말해서 귀납법induction이라고 부른다.

흄은 다음과 같은 질문을 던졌다: 이러한 일반화를 정당화하는 것은 무엇일까? 불이 어제 당신에게 화상을 입혔다는 사실만으로, 오늘도 당신에게 화상을 입힐 거라고 생각하는 것이 타당하다고 할 수 있을까? 그렇다고 해서 흄이 당신에게 '지금 당장 불 속에 손을 집어넣어 보라'고 권고한 것은 아니었다. 그는 단지 당신에게 당신의 꺼림reluctance을 설명하기를 바랐을 뿐이다.

흄의 순진한 질문에 대한 답변은 명백하다. 그것은 '사물은 항상 동일한 방식으로 행동하는 경향이 있다'는 것이다(단, 적어도 '대부분의 사물'과 '대부분의 경우'에 그렇다). 즉, 불은 당신의 살flesh에 어제, 오늘, 그리고 다음 주에 비슷한 영향을 미친다. 그러므로 다른 정보가 전혀 없다면, 불의 미래 효과를 예측하는 데에서 최고의 선택best bet은 당신이 이미 목격한 효과로부터 일반화하는 것이다. 달리 말해서, 귀납법이라는 관행은 사물의 행동에서 규칙성regularity이나 제일성uniformity*이라는 보편적 경향에 호소함으로써 정당화된다. 흄은 이러한 답변을 곰곰이 생각한 후 다시 물었다: 좋다, 그러나 제일성齊一性에 대한 당신의 신념을 정당화하는 것은 무엇일까? 불의 효과가 고정적이라고 생각할 수 있을까? 미래의 행동이 일반적으로 과거의 행동

* 자연은 동일한 조건하에서는 동일한 현상을 일으키도록 하는 통일적인 질서를 견지하고 있다는 원리. 보통 자연의 제일성uniformity of nature이라고 한다.

과 동일하다고 생각할 수 있을까?

흄의 두 번째 질문에 대한 답변도 명확하기는 마찬가지다. 우리는 과거의 행동이 미래에도 동일할 것이라고 생각한다. 왜냐하면 경험에 비춰 볼 때 그것은 늘 동일했기 때문이다. 다음으로, 우리는 '자연은 과거에 늘 한결같았으므로, 미래에도 계속 한결같을 것이라고 기대한다'고 말함으로써 제일성에 대한 우리의 신념을 정당화한다.

그러나 흄이 관찰한 바와 같이, 두 번째 답변 자체도 일종의 귀납적 사고inductive thinking다. 왜냐하면 과거로부터 미래를 일반화하기 때문이다. 그렇다면 우리는 귀납법을 이용하여 귀납법을 정당화하고 있는 것이다. 이런 순환논리circular reasoning는 오류다. 정원의 뱀이 자기 꼬리를 삼키는 것이나 마찬가지이기 때문이다.

흄의 생각에 따르면, 귀납적 사고의 정당성을 입증할 수 있는 다른 방법은 없다. 그는 철학적 회의론자philosophical skeptic로, 우리의 지속적인 존재continued existence에 필수적인 모든 추론들—무엇을 먹을 것인가, 그것을 어디에서 찾을 것인가, 무엇을 피할 것인가—이 실제로는 정당화되지 않는다고 믿었다. 그러나 많은 회의론자들과 마찬가지로, 그는 회의론자인 동시에 보수주의자conservative였다. 그는 우리에게 '일상생활에서 어설픈 철학적 의문을 던지지 말고, 귀납적 사고를 강행하라'고 권유했다. 영국의 철학자 버트런드 러셀Bertrand Russell—그로부터 200년 후 흄에 대한 글을 썼다—은 이러한 철학적 침묵주의philosophical quietism를 받아들이지 않았다. "만약 귀납법이 입증될 수 없다면," 그는 이렇게 썼다. "온전함sanity와 광기insanity 사이에 지적 차이intellectual difference가 없게 된다."[8] 이쯤 되면 우리의 처지는 고대 그리스의 회의론자들과 다를 바 없다. 그들은 배수로에 빠졌는데 기어 나오기를 거부했다. 그 이유인즉, 진흙 속에서의 생활이 지상에서의 생활과 비슷할 수 있으며 어쩌면 훨씬 더 나을지도 모르기 때문이다. 또는 러셀의 표현을 빌리면, 우리의 처지는 "자신이 수란poached egg*이라고 믿는 미치광이"와 다를 바 없다.

사정이 이러함에도, 귀납법을 정당화할 널리 인정된 방법widely accepted way은 아직 존재하지 않는다. 포퍼는 흄의 주장을 받아들이는 것 외에 달리 방법이 없었다. 그러나 그는 흄과 달리, '우리는 귀납적 사고를 완전히 포기해야 한다'는 결론을 내렸다. 합리적인 프로젝트가 되려면, 과학은 '불은 과거에 인간의 피부에 화상을 입힐 만큼 뜨거웠다'는 사실을 '불은 미래에 인간의 피부에 화상을 입힐 만큼 뜨거울 것이다'라고 생각할 근거로 간주하지 말아야 한다고 말이다. 달리 말하면 '불은 과거에 우리에게 화상을 입혔다'는 사실은 어떤 경우에도 '불은 미래에 우리에게 화상을 입힐 만큼 뜨거울 것이다'라는 가설에 "유리한 증거evidence for"로 간주되지 말아야 한다. 사실을 말하자면, 과학은 "유리한 증거"라는 개념을 절대로 사용하지 말아야 한다. 그러므로 '지구는 태양의 주위를 돈다'는 가설에 유리한 증거는 존재할 수 없다. 왜냐하면 이 가설은 '지구가 미래에도 계속하여 태양의 주위를 돌 것이다'라고 암시하기 때문이다. 그와 마찬가지로, 우리가 지금껏 "이론"이라고 불러온 모든 것—예컨대 뉴턴의 중력이론, 다윈의 진화론—에 유리한 증거는 존재하지 않는다.

* 달걀을 깨뜨려 수란짜에 담고 끓는 물에 넣어 흰자만 익힌 음식.

언뜻 생각하면, 이것은 러셀이 두려워했던 광기狂氣에 지나지 않은 것처럼 들릴 수도 있다. 그러나 포퍼는 수란이 절대 아니었다. 그가 생각하기에, 과학은 (흄에 의해 기반이 약화된) 귀납적 사고를 대체할 수 있는 강력한 도구를 보유하고 있었다. 즉, 과학의 경우에 '하나의 이론에 **유리한** 증거evidence *for* a theory'라는 것은 없겠지만, '**불리한** 증거evidence *against* a theory'는 있을 수 있다는 것이다. 여기서, 그는 아인슈타인 때문에 어리둥절했던 열일곱 살 때(1919년)의 기억을 떠올렸다. "만약 중력퍼텐셜gravitational potential로 인한 스펙트럼선의 적색편이red shift가 존재하지 않는다면," 아인슈타인은 자신의 아이디어에 의해 예측된 특정 현상에 대해 이렇게 썼다. "나의 일반상대성이론은 옹호될 수 없을 것이다."[9] 아인슈타인이 그랬던 것처럼, 우리는 '틀리는 예측false prediction을 하는 이론은 모두 틀리다'라는 사실을 확실히 알 수 있다. 이를 달리 표현하면 옳은 이론true theory은 늘 옳은 예측true prediction을 할 것이고, 틀리는 예측은 거짓falsehood으로부터만 나올 수 있으므로, 이런 점을 이해하기 위해 자연의 제일성에 대한 가정까지 들먹일 필요는 없다.

만약 당신의 이론이 '지금으로부터 76년 후 하나의 혜성이 다시 나타날 것이다'라고 말했는데 혜성이 나타나지 않는다면, 이론에 뭔가 잘못된 게 있는 것이다. 만약 당신의 이론이 '사물은 빛의 속도보다 빨리 이동할 수 없다'고 말했는데 특정 입자들이 훨씬 더 빠른 속도로 이동하는 것으로 밝혀졌다면, 이론에 뭔가 잘못된 게 있는 것이다. 그리고 사실, 만약 당신이 이론이 '당신은 수란이다'라고 말했는데 당신이 가장 가까운 조식점breakfast establishment은커녕 런던의 거리를 튼

튼한 두 다리로 활보하는 자신을 발견한다면, 이론에 뭔가 잘못된 게 있는 것이다. 귀납적 사고와 달리, 이건 매우 간단하고 이론의 여지가 없는 논리다.

포퍼에 의하면, 과학적 방법을 추동하는 논리가 바로 이렇다. 과학은 이론을 입증하기 위해서가 아니라 반박하기 위해—즉 경기에서 제외하기 위해—증거를 수집한다. 과학자가 하는 일은 모든 가능한 이론들의 목록을 검토하여 가능한 한 많이 탈락시키는 것인데, 포퍼는 이를 가리켜 "반증한다falsify"라고 했다.

당신이 많은 증거를 축적하여 수많은 이론들을 폐기했다고 치자. 포퍼에 의하면, 목록에 남아 있는 이론들 중에서 '하나가 다른 모든 것들보다 옳을 가능성이 높다'고 말하는 것은 불가능하다: "만약 반증되지 않을 경우, 과학 이론은 영원히 … 추측conjecture으로 남는다."[10] 하나의 이론이 옳은 예측을 아무리 많이 하더라도, 다른 반증되지 않은 라이벌 중 어느 하나보다 신뢰할 이유가 많은 건 아니다.

다시 한 번 말하지만, 포퍼는 때때로 (예컨대 『옥스퍼드 영어사전New Oxford American Dictionary』에 의하면) '어떤 이론도 명백히 옳은 것으로 증명될 수 없다'고 주장했다고 일컬어진다. 그러나 그는 이보다 훨씬 더 급진적인 견해를 갖고 있었다. 그는 '아직 명백히 부정되지 않은 이론들 중에서, 하나를 다른 것보다 더 신뢰할 이유는 전혀 없다'고 생각했다. 즉, 아무리 최고의 이론이라도 명백히 증명될 수 없다고 생각한 게 아니라, "최고의 이론best theory" 같은 건 전혀 존재하지 않고 오직 "생존하는 이론surviving theory"이 존재할 뿐이며 생존하는 이론은 모두 동등하다고 생각한 것이다. 그러므로 포퍼의 견해에 따르면,

'단 하나의 생존하는 이론을 뒷받침하며 다른 것을 배척하는 증거'를 수집하려고 노력하는 것은 아무런 의미가 없다.[11]

결과적으로, 과학자들은 가능한 한 많은 사상들을 반박함으로써 '생존하는 이론의 풀pool'의 크기를 줄이는 데 전념해야 했다. 과학적 탐구는 본질적으로 반박disproof의 과정이며, 과학자들은 거부자, 폭로자, 파괴자라고 할 수 있다. 포퍼의 탐구 논리는 과학자들에게 살기murderous resolve를 요구한다. 하나의 이론을 봤을 때, 그들의 뇌리에 제일 먼저 떠오르는 것은 '저것을 이해한 다음 제거해야겠다'여야 한다. 과학자들이 '모든 추측의 도살slaughter of every speculation'에 일편단심 몸 바칠 때만 과학은 발전할 것이다.

과학자들은 파괴자일 뿐만 아니라 창조자다. 중요한 것은, 이론적 가능성을 가능한 한 철저하게 탐구하고 가능한 한 많은 이론들을 고안해 내는 것이다. 그러나 어떤 의미에서, 그들은 오직 파괴하기 위해 창조한다. 새로운 이론이 탄생할 때마다, 그들은 기다렸다는 듯 각종 실험—이론의 수명을 가능한 한 단축하기 위해 고안된—을 이용해 집중 포화를 퍼붓는다. 이론에 대한 개인적 호불호好不好는 있을 수 없다. 과학자들은 모든 이론에 동일한 태도를 취하므로, 다른 과학자들의 이론이 사실무근임을 보이기 위해 사심 없이 최선을 다할 뿐이다. 그들은 자신의 뇌가 낳은 아이디어brainchildren만 먹고 사는 괴물이다.

한마디로 말해서 그것은 가설의 대학살이다. 그러나 두 번의 세계대전에서 살아남은 포퍼는, 그것이야말로 인류의 진보에 필수적이라고 생각한다.

우리의 추측으로 하여금 … 우리 대신 죽게 하라! 우리는 서로 죽이는 대신, 상대방의 이론을 죽이는 법을 배우게 될 것이다.[12]

새로운 이론적 가능성에 대한 창의적인 탐험가imaginative explorer 겸 무자비한 비평가ruthless critic가 되기 위해, 거짓이 발견되는 곳이라면 어디든지 달려가 파헤칠 각오가 되어 있다. 이것은 포퍼의 이상형Popperian ideal이다. 과학자는 경험적 전사empirical warrior 겸 직관적 예술가intuitive artist로, 창의력originality과 새로운 아이디어에 대한 개방성openness을 지적 정직성intellectual honesty과 결합한다. 지적 정직성이란 의심suspicion을 모든 것의 우위에 두는 태도를 말한다.

'엄격하지만 부드럽고, 눈은 예리하지만 마음은 넓고, 열정적이고 용감하고 창의적인 인물'이라는 자화상을 그리고 싶어 하지 않는 사람이 누가 있겠는가! 현역 과학자들은 포퍼의 사상에 푹 빠졌다. "과학의 최고봉은 과학적 방법이며, 과학적 방법의 최고봉은 포퍼가 말한 방법이다."[13] 우주론자인 허먼 본디Hermann Bondi는 이렇게 선언하며, 포퍼를 방법론 대논쟁의 이견의 여지 없는 승자uncontested winner로 선포했다. 걸출한 신경과학자 존 에클스John Eccles는 이렇게 썼다. "나는 포퍼에게서 과학적 탐구의 정수를 배웠다. 그것을 한마디로 요약하면, 사변적이고 창의적인 가설을 수립한 다음 최고 수준의 엄밀함으로 맞장 뜨는 것이다."[14]

포퍼의 명확한 어구는 철학적 말잔치에서뿐만 아니라 실전에서도 각광받았으며, 포퍼가 거주한 전후 영국postwar Britain에서 가장 두드러졌다. 1954년, 해부학자 솔리 주커만Solly Zuckermann[15]은 신경내분비학자 제프리 해리스Geoffrey Harris의 연구를 비판하기 위해, "과학적 가설은 당초 설명하려 했던 사실 중 하나에 반反하는 것으로 증명되자마자 추락한다"라고 선언했다. 그런 다음, 그는 해리스의 경력을 결딴낼 요량으로 페럿의 뇌를 당당히 제시했다.

포퍼가 과학의 신화mythos에 기여했다는 것은 많은 과학자와 과학 애호가들에게 익히 알려진 사실이다. 그러나 나는 종종 의아해한다. (포퍼의) 과학 논리의 핵심에 얼마나 특이한 관점이 도사리고 있는지, 그들은 파악하고 있는 걸까? 그 관점이 시사하는 바는 다음과 같다. 첫째, 아무리 많은 증거가 축적되더라도, 당신이 이론을 신뢰할 이유는 '처음 수립되어 전혀 검증되지 않았을 때'보다 증가할 수 없다. 둘째, 귀납법은 거짓말이다. 셋째, '미래가 과거와 비슷할 것이다'라든지 '우주는 자발적으로 노래를 바꾸지 않고, 동일한 곡조를 계속 흥얼거릴 것이다'라고 생각할 근거는 전혀 없다.

포퍼를 제외하고 거의 모든 과학철학자들은 귀납법의 여지를 발견한다. 일부는 흄의 난제를 해결할 수 있다고 믿는다. 즉, 철학적 논증에 따르면 '자연이 특정한 측면in certain respects에서 제일성을 갖는다'고 가정하는 것이 합당하지만, 우리는 영리한 사상가가 나타나 흄의 매듭Humean knot을 풀어주기를 기다릴 수 있다. 일부는, 흄과 마찬가지로, 해결책이 전혀 없음에도 과학과 일상생활에서 귀납적 사고를 계속해야 한다고 믿는다. 모두의 공통점은, 귀납법이 정도의 차이는 있을망정 인간의 존재에 필수적이라고 믿는다는 것이다. 포퍼를 다르게 만든 요인은 무엇일까?

아마도 1930년대 초 베를린에서 활동한 철학 교수 한스 라이헨바흐Hans Reichenbach에 대한 일화에 실마리가 있는 것 같다. 포퍼와 마찬가지로, 라이헨바흐는 전체주의가 자신의 고향을 집어삼켰을 때 영어권 세계로 탈출했다. 그는 1933년까지만 해도 '미래가 과거와 다를 수 있다'는 흄의 걱정에 대해 별로 생각해 보지 않았다. 그러나 그해에 나치스는 국회의사당을 불태웠고, 베를린 대학교를 점령한 후 많은 유대인 교수와 교직원들을 쫓아냈다. 그중에는 라이헨바흐도 포함되어 있었다. "그 사건을 계기로," 라이헨바흐는 이렇게 말한 것으로 알려져 있다. "나는 마침내 귀납법의 문제점을 이해하게 되었다."[16]

라이헨바흐, 포퍼, 그리고 (전쟁의 와중에 중부유럽의 대혼란과 적의敵意에서 탈출한) 뜻이 맞는 수많은 망명자들은 '지적 정직성의 귀감으로서의 과학자'라는 이상형을 고취하고, 지배적인 정치·문화·이데올로기의 숨 막히는 억압에 직면하여 진리를 옹호했다.

이러한 비전에 맞서, 토머스 쿤은 완전한 안티테제antithesis를 제시했다. 그것은 과학의 내적 기구internal machinery에 대한 어둡고 맥 빠지는 개념으로, '과학은 현역 과학자에게 혐오감을 느끼게 하기 쉽다'는 인상을 풍김으로써 처음에는 '과학의 찬란한 업적(발견)을 설명하는 데 매우 부적합하다'는 평가를 받았다.

쿤은 철학자가 되기 전에는 과학사가였고, 역사가가 되기 전에는 물리학자였다. 그가 걸어온 길은 곧고 평탄했다. 쿤은 1922년에 태어나 코네티컷주의 엘리트 사립학교를 졸업한 후 하버드 대학교에 들어가 물리학을 공부하고 물리학 박사 학위를 받았다. 그는 하버드 펠로협회Harvard Society of Fellows에서 주목을 받으며 학자의 길로 접어들어

하버드, 버클리, 프린스턴, MIT에서 학생들을 가르쳤다. 그는 포퍼와 달리 곡괭이를 휘두르거나 가구를 만들어본 적도 없었고 학대당한 청소년들을 가르쳐본 적도 없었다. 다만, 영화제작자 에롤 모리스Errol Morris의 말이 맞는다면 쿤이 자신의 대학원생들을 가르치기는 했다고 한다. (프린스턴의 대학원생이었던 모리스의 회고에 따르면[17] 쿤은 거대한 연기량의 연초 중독자였는데, 한번은 모리스가 제기한 이의를 반박하기 위해 그의 머리에 담뱃재가 가득 든 재떨이를 던졌다고 한다.)

초창기에 승승장구했음에도, 쿤은 스스로를 가리켜 "노이로제에 걸린 불안정한 청년"[18]이었노라고 술회했다. 그는 대학원생인 1940년대에 정신분석에 입문했다. 그는 정신분석의 치료적 가치therapeutic value를 의심했지만, 그 덕분에 자신의 해석 능력이 "세계 최고 수준, 즉 텍스트를 읽을 때 저자의 머릿속에 들어갈 수 있는 수준"까지 향상되었다고 믿었다.

이 새로운 능력은 이윽고 쿤을 유명하게 만든 사상으로 발현되었다. 쿤은 아리스토텔레스의 물리학 이론을 읽고 골머리를 쥐어짜다가 ("내게는 지독한 오류로 가득 찬 것처럼 보였다"), 문득 창밖을 내다보며 깨달음을 얻었다.

> 갑자기 내 머릿속에서 단편들fragments이 새로운 방식으로 정리되더니, 스스로 제자리를 찾아가 조립되었다. 나는 입을 딱 벌렸다. 왜냐하면 아리스토텔레스가 갑자기 매우 훌륭한 과학자처럼 보였기 때문이다. 그는 나의 상상을 뛰어넘는 물리학자였다. 이제 나는 그가 왜 그렇게 말했는지 이해할 수 있었다.[19]

물론 쿤이 아리스토텔레스의 물리학 이론을 믿게 된 것은 아니었지만, 그는 그것이 '하나의 독립적인 시스템으로서 일관되고 강력한 설명적 틀coherent powerful explanatory framework을 구성한다'고 간주하게 되었다. 그러나 그 타당성cogency을 평가하기 위해, 그는 자신의 습관적인 세계관(20세기 물리학에 의해 조건 지어진 사고방식)을 제쳐놓고, 전혀 새로운 세계관을 일시적으로 채택해야 했다. 그는 이러한 경험을 통해, 과학 이론의 개정revision 중 일부는 너무 심오하므로 인지적 질서cognitive order의 완전한 전복overturning—혁명—을 요구한다는 것을 깨달았다.

쿤의 유명한 책인 『과학혁명의 구조The Structure of Scientific Revolutions』는 1962년에 출간되었는데, 이는 그가 깨달음을 얻은 지 15년 후였고, 포퍼의 과학적 방법에 대한 걸작이 영어로 처음 번역된 지 겨우 3년 후였다. 한 권의 책이 과학철학에 그처럼 심오한 영향을 미친 것도, 방법론 대논쟁의 흐름을 뒤바꾼 것도 전무후무한 일이었다. 1960년대에 돌풍을 일으킨 혁명서라고? 당신은 쿤이 제시한 과학의 청사진이 지적 소요intellectual ferment와 급진적 사고의 모델이었으며, 전통의 질곡桎梏에 대한 저항을 불러일으켰다고 생각할 것이다. 그러나 그렇지 않다. 쿤에 따르면 과학이 세상을 바꾸는 진보를 이룰 수 있는 이유는 단 하나, 과학자들이 지적 권위intellectual authority에 의문을 제기할 수 없기 때문이다.

쿤에 따르면, 모든 과학 분야—미시경제학, 핵물리학, 유전학—는 언제나 하나의 지배적인 이데올로기적 고정관념mind-set을 보유하는데, 그는 이것을 패러다임paradigm이라고 부른다. 패러다임은 세계의 작동 방식에 대한 고차원적 이론(이를테면 뉴턴의 중력이론이나 멘델의 유전법칙)에 기반하여 만들어지지만, 그 외에도 훨씬 더 많은 것을 포함한다. 즉, 패러다임은 고차원적 이론에 비추어 '중요한 문제는 무엇이고, 그 문제를 해결하는 타당한 방법은 무엇이고, 타당한 해결책에 대한 판단 기준은 무엇인지'를 확인한다.

다음으로, 패러다임은 특정한 분야에서 통용되는 일련의 '규칙' 및 '행동 규범(과학 하는 방법)'으로서의 기능을 수행한다. 과학자들은 종교인들처럼 그런 규칙들을 맹신한다. 내가 여기서 사용한 맹신blind devotion이라는 단어는 단순한 메타포가 아니다. 과학자들이 패러다임을 따르는 것은, 그게 증거에 의해 잘 뒷받침되거나, 공식적인 행동방식이거나, 연구비를 많이 받을 수 있거나, 시도해 볼 만한 가치가 있어서가 아니다. 다른 방식으로 과학 한다는 것을 상상조차 할 수 없어서 패러다임을 따르는 것이다. 쿤의 주장에 따르면, 대안적 패러다임을 제시받은 과학자들은 이해할 수 없다는 듯 어리둥절해할 거라고 한다.[20]

이러한 멘탈 블록mental block*을 설명하기 위해, 쿤은 심리학자 제롬 브루너Jerome Bruner 등이 수행한 지각실험experiments in perception에 호소했다. 그 실험에서, 실험자는 참가자에게 놀이용 가짜 카드(이를테면 까만 잉크가 아닌 빨간 잉크로 인쇄된 스페이드 6)를 잠깐 동안 보여준다. 그러고 나서 방금 전 무슨 카드를 봤냐고 물어보면, 참가자는

* 감정적 요인에 의한 생각과 기억의 차단. 즉 '그런 생각을 해서는 안 돼. 그런 생각을 할 수는 없어'와 같은, 스스로 만든 정신적 장벽을 말한다.

'실제로 본 카드'가 아니라, '사전 믿음prior belief에 이끌려 생각한 카드'를 봤다고 말할 것이다. 즉, 참가자는 자신의 눈앞에 놓여 있던 '빨간색 스페이드 6'을 '까만색 스페이드 6'으로 지각한 것이다. 브루너는 이렇게 결론지었다. "심지어 감각을 통해 직접 입수된 증거도 우리가 보유한 사전 믿음에 의해 흔들린다." 브루너에 따르면, 믿음이 지각을 좌우하는 게 가능한 이유는 그림 1.1에서 보는 바와 같이 사물에 대한 원경험raw experience이 애매모호하기 때문이다. 그것은 오리일까 아니면 토끼일까? 언뜻 보면 오리 같지만, 시계 방향으로 45도 회전하면 눈을 부릅뜨고 응시하는 토끼다. 감각이 제공하는 이미지의 모호성을 제거함으로써 세계에 대한 확정적인 심상determinate mental picture을 제공하는 것은 우리의 기존의 가정preexisting assumption, 이론, 지배적인 세계관이다.

다른 모든 사람들과 마찬가지로, 과학자들은 특정한 시기의 특정한

그림 1.1 오리냐 토끼냐?

세계관에 기반하여 사물을 바라보고 이해한다. 순진하게 들리겠지만, 그것은 과학자들의 '완전히 새로운 사물을 이해하는 능력'을 마비시킨다. 새로운 사물을 이해하려면, 당신은 기존의 세계관에 입각하여 어떻게든 그것을 평가할 필요가 있다. 새로운 세계관의 시각에서 그것을 평가할 수는 없는데, 그 이유는 그 틀framework을 납득할 수 없기 때문이다. 요컨대 구舊세계관이 신新세계관과 양립하지 않는다면 구세계관의 시각에서 새로운 장면을 볼 수는 없다. 새로운 장면은 당신의 시야에 들어오지 않는다.

쿤과 포퍼는 극명하게 대비된다. 포퍼의 경우, 지식 기계의 성공적인 작동을 위해 과학자들에게 무엇보다도 중요한 것은, 비판적 사고critical thought를 위한 예리한 능력acute faculty이다. 과학자들은 이론의 가능성을 타진할 수 있으며, 각각의 이론이 증거에 직면하여 붕괴하는 과정을 확실히 알고 있다. 쿤의 경우, 비판의 필수적 전제조건인 가능성 타진이 심리학적으로 불가능하다.

쿤은 '과학자들은 라이벌 관계에 있는 거대이론grand theory들을 동시에 고려할 수 없다'는 가정하에 몇 가지 경험적 발견과 철학적 논증을 개념적으로 중시했는데, 이는 의심할 여지 없이 아리스토텔레스의 물리학에서 영감을 얻은 듯하다. 그러나 그는 시대정신Zeitgeist과 함께 움직였으며, 그의 독자들(또는 그중 상당수)도 그에게 동조했다. 쿤의 책이 발간된 1962년은 아직 군산복합체military-industrial complex의 시대로, 회색 플란넬 수트gray flannel suit 차림의 남성과 윌리엄 화이트William Whyte의 "조직인organization man"* —조직에 적응하고 상부에서 하달된 계획을 수행하려고 애쓰는, 순응적이고 현실에 안주하는 캐릭터—이

판치던 시대였다.

지배적인 패러다임을 따르는 과학자는 다른 방법으로 과학 한다는 것을 상상할 수 없다. 그러나 쿤이 관찰한 바에 의하면, 패러다임은 영원하지 않다. 역사가들이 과학혁명scientific revolution이라고 부르는 기간 동안 기존의 사상은 붕괴하고 지적 대변동intellectual cataclysm이 일어나, 새로운 패러다임이 오래된 패러다임을 대체한다. (소문자 과학혁명scientific revolution을 고유명사인 대문자 **과학혁명**Scientific Revolution과 혼동하지 말아야 한다. 소문자 과학혁명에서, 하나의 과학 하는 방법은 다른 방법으로 대체된다. 대문자 **과학혁명**에서, 과학이 아니었던 학문—나는 이것을 자연철학natural philosophy이라고 불렀다—은 훨씬 더 효율적인 경험적 탐구 형태인 현대과학으로 대체되었다.)

과학적 패러다임에 대한 글을 쓰기 전, 쿤은 16세기~17세기 초에 일어난 코페르니쿠스적 혁명Copernican revolution(논란의 여지 없는 최초의 과학혁명[21])에 관한 글을 썼다. 그 혁명에 의해 타도된 구체제old regime는 그리스-이집트의 수학자 프톨레마이오스Ptolemy의 연구에서 완성된 고대 그리스의 천문학 체제로, '태양과 달과 모든 행성들이

* 조직의 목표와 발전을 위해 조직을 위주로 의사결정을 내리는 관리자의 유형. 조직인組織人이란 '조직에 충성을 다하면 조직도 개인에게 응분의 보상을 할 것이므로 조직을 위해 희생하겠다'는 윤리의식을 갖고 조직을 관리·운영하는 행태의 관리자 유형을 말한다. 화이트는 자신의 저서 『조직인The Organization Man』(1956)에서 "공식 조직은 제2차 세계대전 이후의 관리자의 행태에 커다란 영향을 미쳤다"라고 강조하고, 조직에 충성과 동료관리자에 협력하는 미덕이 개인적 이윤의 극대화에만 급급했던 전前 세대 경영자의 가치관을 대체했다고 지적하며, 이 세대의 관리자 이미지를 '조직인'이라고 칭했다.

지구의 주위를 회전한다'는 내용이었다. 혁명적인 새로운 사상은 1543년 출판된 코페르니쿠스 체제로, '달이 지구의 주위를 돌고, 다른 모든 행성들(지구 포함)이 태양의 주위를 돈다'는 내용이었다. 요하네스 케플러Johannes Kepler에 의해 1600년대 초에 수립된 바와 같이, 코페르니쿠스의 이론은 천체의 경로를 프톨레마이오스의 이론보다 더 정확하고 우아하게 예측했다.

우월한 예측력을 가졌음에도, 코페르니쿠스 체제로의 이행은 분란을 일으켰다. 그것은 '지구는 결국 우주의 중심이 아니다'라는 맥 빠지는 현실을 받아들여야 한다는 것을 의미했기 때문이다. 그나마 알량한 만족감을 선사한 게 있었다면, '타락한 지구'와 '완벽하고 대칭적이고 고결한 것으로 여겨졌던 하늘나라' 사이에 아무런 차이가 없으며, 모든 천체의 모양은 거칠고, 쭈글쭈글하고, 좀이 슨 것 같으며, 조잡하다는 것이었다.

그보다 덜 감성적이고 더욱 현실적인 코페르니쿠스 학설의 문제점은, 지구가 매우 빨리 운동한다—24시간마다 한 번씩 자전하고(시속 1,660킬로미터), 365일마다 한 번씩 태양의 주위를 공전한다(시속 11만 킬로미터)—는 것이었다. 그걸 우리가 왜 빨리 눈치채지 못했을까? 그에 대한 답변은 천문학 혁명과 병행한 물리학 혁명에서 순식간에 나왔다. 급진적이고 새로운 물리학 사상의 내용은 '지표면에 있는 바다, 나무, 사람처럼 거의 일정한 속도로 운동하는 사람이나 사물은 속도를 전혀 경험하지 못한다'는 것이었다. 아무리 빨리 운동해도, 그들은 마치 가만히 있는 것처럼 느낀다는 것이다.

인간의 마음이 지구의 중심성centrality, 하늘나라의 완벽성perfection,

속도의 가촉성palpability을 포기한다는 것은 쉬운 일이 아니었다. 그것은 쿤이 패러다임의 숨 막히는 포옹paradigm's stifling embrace 탓으로 돌린 지적 정체intellectual stasis였다. 그럼에도 코페르니쿠스는 승리했다. 그리고 그 이후에도 패러다임 전환paradigm shift은 줄을 이었다. 뉴턴의 중력이론은 아리스토텔레스의 이야기(암석이 지구로 떨어지는 것은, 우주의 중심에서 적절한 자리를 찾기 때문이다)와 중세 철학자들의 다양한 개념들을 대체했다. 19세기에는 다윈의 자연선택에 의한 진화론theory of evolution by natural selection이 특별한 창조론theory of special creation(모든 종種은 신에 의해 개별적으로 창조되었다)을 대체했다. 그리고 20세기에 들어서자마자, 뉴턴의 물리학은 아인슈타인의 상대성이론과 양자물리학quantum physics에 의해 대체되었다.

패러다임 전환은 어떻게 일어나는 것일까? 패러다임은 어떻게 종말을 고하는 것일까? 하나의 패러다임 안에서 연구하는 과학자들은 그것을 약화하려 하지 않는다. 그러기는커녕, 쿤에 의하면, 그들은 패러다임이 약화될 수 있음을 전혀 눈치채지 못하거나 패러다임의 전복 가능성을 심각하게 여기지 않는다. "정상과학normal science은 … '과학자사회는 세계가 어떻게 생겼는지 알고 있다'는 가정에 입각하고 있다. … [그것은] 사실이나 이론의 참신성novelty을 목표로 하지 않으며, 성공한 경우 아무것도 발견하지 않는다."[22] 그러나 과학자들이 패러다임에 지나치게 몰두하면, 그것이 파괴되는 지경까지 몰고 갈 수 있다. 그들은 패러다임의 처방을 준수하고 그 계획을 충실하게 실행하지만, 패러다임은 어느 면에서 불충분하기 때문에 해결할 수 없는 문제insoluble problem에 직면할 수 있다. 패러다임은 하늘 높은 곳에서

'특정한 방법이 해답을 줄 것이다'라고 계시해 주지만, 그 방법을 따르다 보면 점점 더 많은 의문, 문제, 모순, 당혹감에 이르게 된다. 행성들은 할당된 경로에서 벗어나고, 발굴된 화석은 '인류의 조상이 유인원과 놀랄 만큼 닮았다'고 시사하고, 빛 자체는 입자의 역할을 수행할지 파동의 역할을 수행할지 여부를 결정할 수 없다. 그 결과 쿤이 말하는 위기crisis가 찾아와, 패러다임의 힘에 대한 연구자들의 신뢰가 점차 추락하게 된다.

믿음 없는 쿤적 과학자Kuhnian scientist는 딜레마에 빠진다. 그들이 과학 하는 용도로 보유한 유일한 레시피는 (그들을 저버린 듯한) 패러다임이 처방해 준 것이다. 오래된 신념체계에 대한 그들의 열정은 사라졌지만, 그럼에도 만약 과학자이고 싶다면 그것의 의례ritual를 따라야 한다.

이러한 딜레마는 수십 년 동안, 또는 그보다 더 오랫동안 지속될 수 있다. 그러나 궁극적으로 "깊은 위기에 빠진deeply immersed in crisis" 일부 선각자들[23]이 오래된 사상의 영향력을 떨쳐버릴 수 있다. 새로운 과학 하는 방법이 "갑자기, 때로는 한밤중에all at once, sometimes in the middle of the night" 그들의 눈앞에 나타난다. 마침내 지배적인 패러다임의 경쟁자가 나타난 것이다. 기존 패러다임의 불충분성을 감안하여, 과학자들은 지푸라기라도 잡는 심정으로 모든 가능성 있는 대안에 매달리기 마련이다. 그러므로 만약 그런 대안을 발견한다면, 그들은 선뜻 움켜쥘 것이다. 그러나 쿤이 과학적 고정관념을 이해한 바에 따르면, 한 패러다임의 지지자가 다른 패러다임을 평가하거나 심지어 이해하는 것은 불가능하다. (쿤에 의하면, 새로운 패러다임의 창조자가 오래된 패러다임의 영향력에서 벗어날 수 있는 것은 "매우 젊거나 해당 분야의 신출내기여서" 고정관념이 아직 형성되지 않았기 때문이라고 한다.)

오래된 패러다임에서 잔뼈가 굵은 과학자들—코페르니쿠스 혁명이 최고조에 달한 17세기의 프톨레마이오스 지지자, 아인슈타인이 20세기 중력이론 혁명에 참가했을 때의 뉴턴 지지자—의 애로사항이 여기에 있다. 그들은 뭔가가 크게 잘못됐음을 알고 있다. 그들의 패러다임은 과학적 계시를 내리는 일을 그만둔 지 오래다. 피로와 혼동이 확고히 자리 잡았다. 그와 동시에, 그들은 새로운 패러다임이 존재한다는 사실을 알고 있다. 그들은 그것을 이해하지 못하지만, 그 추종자들이 자신들의 지적 생활에서 서서히 사라지고 있는 발견에 열광하며 즐거워하는 장면을 본다. 그들은 어떻게 해야 할까?

오래된 패러다임의 지지자 중 일부는 화병에 걸려 죽을 것이다. 어떤 사람들은 새로운 이론과 끝까지 투쟁할 것이다. 그러나 어떤 사람들—변절자apostate—은 오래된 이론을 포기하고 새로운 이론으로 갈아탈 것이다. 그들은 새로운 패러다임의 추종자들과 어울려 살거나, 그게 불가능하다면 새로운 패러다임의 권위 있는 저술canonical writing을 읽는 데 몰두할 것이다. 이러한 변절자들의 판단이 옳다면, 궁극적으로 새로운 교리doctrine가 오래된 교리를 대체할 것이고 과학자들은 쿤이 말하는 "전향 경험conversion experience"[24]을 하게 될 것이다.

만약 새로운 패러다임이 충분한 결실을 맺는다면 핵심 추종자들이 과학적 선교 사역scientific missionary work에 나설 것이고, 오래된 패러다임의 모든 잔당들이 '지금껏 쌓아온 삶의 기반이 무너지는구나'라고 느끼며 새로운 행동 방식과 새로운 이론에 투신하게 될 것이다. 과학혁명은 이렇게 일어난다.

쿤은 혁명적 과학적 변화revolutionary scientific change에 대한 이러한 도식화를 통해 과학계에 스캔들을 일으켰다. 선행 역사가와 철학자들은 과학적 변화를 대체로 이성적인 과정largely rational process으로 간주했다. 코페르니쿠스, 케플러, 갈릴레오, 뉴턴의 사상이 아무리 급진적이라도 받아들여진 것은, 예측력에서나 설명적 아름다움explanatory beauty에서나 오래된 사상보다 확실히 우월하기 때문이라는 것이다.

만약 쿤이 옳다면, 과학적 진보에 대한 이런 고풍스럽고 품위 있는 개념은 틀리는 게 분명하다. 그의 견해에 따르면, 패러다임을 비교하는 게 불가능하기 때문이다. "패러다임 선택에 관한 논쟁에 패러다임이 등장하면,[25] 그것의 역할은 필연적으로 순환적circular이다." 만약 당신의 뇌가 손처럼 두 개라면,[26] 두 개의 패러다임을 저울질할 수 있을 것이다. 그러나 당신의 뇌는 하나뿐이고, 하나의 뇌는 단 하나의 패러다임만 이해할 수 있다. 당신이 아리스토텔레스 세계관과 뉴턴 세계관의 장점을 동시에 평가할 수 없는 것은, 열렬한 무슬림과 독실한 로마가톨릭교도의 장점을 동시에 평가할 수 없는 것과 같다. 이러한 레토릭의 절정에서, 쿤은 '아리스토텔레스주의자와 뉴턴주의자는 각각 다른 세계에 산다.[27] 당신은 한 세계나 다른 세계에 살 수 있지만, 두 개의 다른 장소에 동시에 존재할 수는 없다'고 갈파한다. 따라서 경쟁하는 패러다임을 합리적으로 비교하는 것은 인간적으로 불가능하다.

논리적 평가 대신, 쿤은 신념의 도약leap of faith을 상정한다. 신념의 도약이란 '사물에 대한 전통적 견해'에서 점프하여 이데올로기적 허공ideologically empty space을 통과하여 '혁명적 사고방식'에 도착하는 아찔한 과정을 말한다. 새로운 과학적 간판scientific sign 아래 서면 삶이 더 나아질 거라는 희망을 품고.

당신은 투철한 저항정신으로 무장하고 구세계Old World를 탈출한 포퍼가 '이론적 암흑세계로의 맹목적 돌진'을 어떻게 생각할지 궁금해할 것이다. 그는 "정치적 혁명과 마찬가지로, 패러다임 선택에서 관련된 집단의 승인assent of the relevant community을 능가하는 기준은 없다"[28]라는 쿤의 주장을 어떻게 평가할까? 포퍼의 제자인 임레 러커토시Imre Lakatos—그 역시 유럽의 전체주의에서 망명한 과학철학자다—는 쿤을 가리켜 과학을 '군중심리학mob psychology'[29]의 문제로 만들었다고 비난했다.

쿤의 비평가들은 '과학적 사고의 주요 전환은 심사숙고careful deliberation가 아니라 일화적 전향episodic conversion이었다'는 생각을 역겨워했다. 그러나 그와 마찬가지로, 그들은 '(우리가 오늘날 향유하는) 과학적 세련화scientific sophistication가 비합리적 과정arational process에서 비롯될 수 있다'는 쿤의 믿음에 당혹스러워했다. 만약 프톨레마이오스 천문학과 코페르니쿠스 천문학의 장점을 객관적으로 비교하는 게 불가능하다면, 우리는 어떻게 태양계의 구조를 바르게 이해했을까? 우리는 태양이 지구의 주위를 도는 게 아니라 지구가 태양의 주위를 돈다는 사실을 어떻게 이해했을까?

쿤의 급진적인 추종자 중 일부는 '우리가 자신의 패러다임이 종전의 사상보다 대폭 향상되었다고 믿는 것은, 자신의 종교가 진실하다거나 자신의 아이가 예쁘다고 믿는 것과 동일한 이유 때문이다'라고 암시한다. 경험적 증거 때문이 아니라, 그 패러다임이 자기 것이기 때문에 진실하고 아름답다고 믿는다는 것이다. 쿤 자신은, 최소한 후기 저술에서, 이러한 견해를 공개적으로 부인하며 과학에서 진정한 진보가 가능하다고 주장했다. 그는 코페르니쿠스의 패러다임이 프톨레마이오스의 패러다임보다 객관적으로 정말 우월하다고 주장했는데, 그 이유는 우월한 "수수께끼 해결 능력puzzle-solving ability"을 보유하고 있기 때문이었다.

한 가지 수수께끼는 미래를 예측하는 문제다. 예컨대 코페르니쿠스와 프톨레마이오스의 이론은 모두 행성들이 밤하늘을 가로지르는 경로를 예측하고 싶어 한다. 쿤의 주장 중 일부는, 새로운 패러다임이 종전의 패러다임보다 뛰어난 예측력을 보유하는 경향이 있다[30]는 것이다. '과학적 지식은 사물의 본성을 점점 더 깊숙이 들여다본다'는 우리의 느낌은 바로 이 같은 예측력 향상 때문이지, 편협한 지역주의parochial 때문이 아니다. 그리고 우리는 그런 지식을 이용하여 훨씬 더 인상적인 업적—대륙의 반대편에 있는 사람과 이야기하기, 지구 일주 비행, 달 위에서 걷기—을 달성할 수 있다.

만년晩年의 쿤은 '과학자들은 오래된 패러다임에서 새로운 패러다임으로 도약할 때 예측력이 향상되는 쪽으로 갈아타지만, 도약하는 순간에는 새로운 패러다임이 월등한 미래 예측 잠재력을 보유한 근본적 이유를 모른다'고 믿었다. 이것은 과학적 절차에서 약간의 합리성을 복원했다. 쿤의 혁명가들은 은연중에 누울 자리를 보고 다리를 뻗는다. 즉, 그들은 시가전을 벌이는 동안에도 은밀하게 비용-효익 계산cost-benefit calculation을 하며, 예측력과 다른 종류의 수수께끼 해결 능력이 증가하는 방향으로 교묘하게 신념의 도약을 한다는 것이다.

혁명에 가담하지 않을 때, 쿤적 과학자들은 우둔하고 공손한 행인일 뿐이다. 그러나 과학 자체는 새로운 지식을 창조하는 능력을 보유한 신념 체계에서 최고봉이라고 쿤은 믿었다. 과학은 참신하고 독창적인 사상을 생성하는 유일한 체계와 거리가 멀다. 예컨대 철학은 이 점에서 과학과 어깨를 나란히 한다. 그러나 과학의 유례없는 특징은, 그런 사상을 철저히 검증하여 논리적이거나 비논리적인 결론을 도출하는 능력을 지녔다는 것이다. 과학의 비범한 엄밀함extraordinary rigor의 중심에는, 개별 과학자들의 제한성limitedness과 편협성(지배적인 패러다임 밖을 내다볼 수 없음)이 있다. 이런 지적 눈멂intellectual blindness이야말로, 과학을 둘러싼 커다란 철학적 의문—**과학혁명** 과정에서 과학적 탐구를 이전의 자연철학보다 훨씬 더 유익하게 만든 것이 무엇인가?—에 대한 쿤의 답변의 핵심이다.

과학의 성공은 일종의 지적 얽매임intellectual confinement에 의해 설명되는데, 이것은 쿤의 유명한 책에 나오는 가장 놀라운 논지論旨다. 포퍼적 과학자의 특징적인 지적 태도intellectual demeanor—무한한 상상, 가차 없는 반박—가 지식 기계의 비범한 생산성을 어떻게 뒷받침하는지를 납득하기는 쉽다. 그러나 쿤적 과학자는 어떨까? 새로운 사상을 심사숙고하거나 심지어 이해하지도 못하는 그들이 어떻게 발견을 이끌어낼 수 있을까?

과학은 지루하고 좌절감을 준다. 또는 99퍼센트 이상의 경우에 그렇다. 인기 있는 과학책의 독자가 보는 것—흥미로운 현상, 도발적인 이론, 극적인 실험적 반박이나 확인—은 1퍼센트에 지나지 않는다. 이러한 성과의 이면에는, 모든 현역 과학자들이 아는 바와 같이 여러 시간/날

/달에 걸친 지루한 실험실 작업이 도사리고 있다. 성공적 과학의 가장 커다란 장애물은, 내로라하는 수재秀才들에게 '지속적인 심사숙고와 논쟁, 이론화와 논증의 지적 즐거움을 포기하고, 거의 전적으로 실험 데이터 생성으로 이루어진 삶에 매진하라'고 설득하기가 어렵다는 것이다.

많은 중요한 과학적 연구들은 연구자들에게 비인간적일 정도의 외골수적 성실함single-mindedness을 요구해 왔다. 라이벌 내분비학자인 로제 기유맹Roger Guillemin과 앤드루 섈리Andrew Schally는 1960년대 내내 갑상선자극호르몬방출호르몬thyrotropin releasing hormone: TRH의 구조를 최초로 발견하기 위해 치열하게 경쟁했다. TRH는 시상하부hypothalamus(뇌의 기저부에 자리 잡은, 작지만 필수적인 구조)가 사용하는 물질로, 일련의 신호를 보냄으로써 일상적인 대사에서부터 뇌의 초기 발달에 이르기까지 다양한 과정을 제어한다. TRH의 완전한 의미는 아직 이해되지 않았지만, 2012년 미 육군의 의뢰를 받아 실시된 연구(자살 충동suicidal urge을 잠재우는 약물로 사용할 수 있는지 알아보기 위해, TRH를 콧구멍에 분사한 임상시험)에서 그 중요성과 강력함이 어느 정도 밝혀졌다.

기유맹과 섈리는 결승선을 동시에 통과하여, 1977년 TRH의 분자구조를 발견한 공로로 노벨 생리의학상[31]을 공동 수상했다. 그것은 경주가 아니라 장편 서사시를 방불케 하는 악전고투였다. 겨우 1밀리그램의 TRH를 분석하기 위해, 양이나 돼지에서 채취한 문자 그대로 수톤의 뇌조직을 분쇄하고 처리해야 했기 때문이다. '엄청난 분량[32]의 힘들고 따분하고 비용이 많이 들고 반복적인 작업'을 할 수 없어, 라이벌 여럿이 경쟁에서 탈락했다. 샐리는 나중에 다음과 같이 설명했다.

> 수백만 개의 시상하부를 처리한 선행 연구자는 한 명도 없었다. … 핵심 요인은 돈이 아니라 의지 … 100만 개의 단편을 얻기 위해 일주일 동안 60시간을 투자하는 무자비함이다.[33]

그러나 스탠퍼드 대학교에서 수행된 중력탐사 BGravity Probe B: GP-B라는 실험에 비하면, TRH 연구는 순식간에 끝난 편이었다. GP-B는 아인슈타인이 일반상대성이론에서 제안한 '측지geodetic'와 '좌표계 이끌림frame-dragging' 효과를 측정하기 위해 인공위성을 지구 궤도로 발사하는 실험이었다. 그 프로젝트는 1964년 시작되어 기상천외한 차질과 기술적 문제를 극복하고 역사상 가장 완벽한 구형체spherical object—자이로스코프gyroscope의 구성요소인 회전자rotor—를 만든 끝에, 2008년 최종 보고서를 미항공우주국NASA에 제출했다(그림 1.2).

그림 1.2 중력탐사 B 실험에 사용된, 자이로스코프를 위한 회전자.
이것은 직경 1.5인치의 구球로, "역사상 가장 둥글게 만들어진 물체the roundest objects ever manufactured"다.

GP-B의 지휘자인 프랜시스 에버리트는 44년 동안 그 프로젝트에 매달리다 일흔네 살의 나이에 보고서에 서명했다.

또 한 편의 40년짜리 서사시에서, 진화생물학자 피터 그랜트와 로즈메리 그랜트Peter and Rosemary Grant 부부[34]는 1973년 여름을 갈라파고스 제도Galápagos islands의 작은 섬 대프니 메이저Daphne Major에서 보낸 이후, 핀치finch의 몸과 부리 크기가 가뭄과 홍수와 다른 환경 변화에 적응하는 동안 '작동하는 진화evolution in action'를 증명하기 위해, 수 세대에 걸쳐 핀치를 관찰하고 포획하고 헤아리고 측정했다(그림 1.3). 1981년, 그들은 특히 다른 변종들보다 덩치가 크고 색다른 노래를 부르는 핀치 한 마리를 추적하기 시작했다. 그로부터 31년 후 그 핀치의 자손을 6대에 걸쳐 하나도 빠짐없이 추적한 결과, 그들은 '새로운 종의 기원과 확립을 관찰했다'는 결론을 내리기에 충분한 데이터를 수집했다.*

경제학과 의학 분야의 추적연구longitudinal study에서도 수십 년에 걸친 데이터 수집이 요구될 수 있다. 일례로, 더니든 다학제적 보건 및 발달 연구Dunedin Multidisciplinary Health and Development Study: DMHDS는 1970년대 초부터 1,000명의 뉴질랜드인을 모니터링하고 있는데, 2020년대까지 계속될 예정이다.

만약 실험에 의해 생성된 데이터가 중요한 이론적 계시theoretical revelations로 귀결될 것이라고 장담할 수 있었다면, 그런 헤라클레스적 노력은 지지할 가치가 있었을 것이다. 그러나 쿤이 지적한 바와 같이,

* 조너선 와이너, 『핀치의 부리』(동아시아, 2017).

그림 1.3 갈라파고스 제도에 있는 대프니 메이저라는 섬은 크지도 않고 호의적인 환경도 아니다. 직경은 800미터 미만이다.

과학적 탐구의 적절성은 종종 패러다임의 타당성에 달려 있다. 만약 연구 방법에 개념적이거나 사실적으로 잘못된 게 있다면, 그 결과는 무시해도 좋을 만한 중요성negligible importance을 갖게 된다.

좌표계 이끌림 효과를 탐지하기 위해, GP-B의 기구는 자이로스코프에서 '연간 10만 분의 1도'에 해당하는 회전운동 변화rotational change를 발견할 필요가 있었다. 그것은 자이로스코프의 회전자가 한 바퀴 돌아 제자리에 돌아올 때까지 3,600만 년이 걸린다는 것을 의미한다. 그런 미세한 운동은 수많은 물리학적 가정이 주어질 때만 과학적인 유의미성을 가질 수 있다. 그런 가정들 중 하나라도 틀린다면, 공들인 탐사 실험의 정확하고 값진 측정치들은 아무런 쓸모가 없게 된다.

뉴질랜드의 DMHDS에서 결론이 나올 때쯤, 다른 출처에서 나온 인간의 건강에 대한 정보가 범람할 것이다. 그렇게 되면, 프로젝트의 노력은 '종전에 알려지지 않았던 중요한 변수가 부주의로 누락되었거나, 종전에 필수적인 것으로 간주되었던 변수 중 일부가 중요하지 않은 것으로 밝혀질 수 있다'는 위험에 직면하게 된다. 루이스 터먼Lewis Terman이 수십 년 동안 수행한 최초의 추적연구인 '천재에 관한 유전적 연구Genetic Studies of Genius'[35]가 그랬다. 그 연구에서는 아이큐IQ와 천재성 사이에 밀접한 상관관계가 있다고 가정했는데, 수십 년 후 이런 상관관계가 존재하지 않는 것으로 밝혀졌다. 그리고 새로운 종種의 등장은 접어두더라도, 그랜트 부부의 꼼꼼한 집계에서 개체군 변화population change의 흥미로운 패턴이 발견되지 않았다면 그들의 중노동과 궁핍은 하마터면 헛수고가 될 뻔했다.

정도의 차이는 있지만, 이는 과학적 탐구의 경우에도 그대로 적용된다. 전형적인 물리학 실험에서 기구가 제대로 작동하려면 수년의 시간이 걸릴 수 있다. 인지심리학이나 생명과학의 경우, 유의미한 결과를 얻기 위한 노력의 일환으로 예비연구pilot study를 수행하고 실험설계experimental design를 리허설하는 데 수년이 걸릴 수 있다.

일례로, 지구화학자 겸 생물학자인 호프 자런Hope Jahren은 어느 해 여름 콜로라도에 머물며[36] 미국산 팽나무의 일종인 핵베리hackberry 나무의 개화를 모니터링했다. 그녀의 목적은, 버클리에서 수행하던 PhD 연구의 일환으로 '기후와 물의 화학이 핵베리 열매의 조성에 미치는 영향'을 결정하는 것이었다. 그런데 나무는 꽃을 피우지 않았고 결실을 맺지도 않았다. 자런은 그해 여름을 헛되이 보냈다. 그녀는 한 무심한 현지인에게 왜 꽃이 피지 않냐고 물었다. 그는 아무렇지도 않은 듯 말했다. "가끔 일어나는 일이에요." 그래서 그녀는 승용차를 몰고 캘리포니아로 돌아갔다.

설사 기구가 순조롭게 작동하고 통계학 데이터가 쇄도하더라도 연구 결과는 특징상 약간 난해한 문제—식물의 씨방seed case의 구조, 어렵사리 고안된 시각 자극에 반응하는 데 걸리는 시간, 교차한 광선으로 인해 창조된 명암의 패턴—와 관련되는데, 그 가치는 전적으로 커다란 이론적 틀 안에서 누적된 유의미성에 달려 있다. 그런데 그 틀이 잘못된 것이라면 어떻게 될까? 사소한 것들에 대한 세심한 검토 때문에 다년간의 작업과 다년간의 삶이 송두리째 날아간다.

과학의 지루함과 좌절감은 동기부여의 문제로 귀결된다. 하지만 그것은 학생들에게 과학자가 될 동기를 제공하는 문제가 아니다. 왜냐하면 그들은 다양한 이유로, 특히 발견의 스릴 때문에 과학자가 될 수 있기 때문이다. 그것은 과학자들에게 실험실에 매일 출근하거나(출근하면 급여를 받는다), 실험실에서 관찰·측정·실험할 동기를 제공하는 문제도 아니다. 왜냐하면 출근·관찰·측정·실험은 직무기술job description의 기본적인 부분이기 때문이다. 요컨대 그것은 비범한 열정과 장기적인 몰입의 동기를 제공하는 문제다. 그러한 열정과 몰입 없이는 가장 가치 있는 과학에 필요한 실증분석이 불가능하다.

유의미한 시도가 될 거라는 보장이 없더라도, 과학자들로 하여금 하나의 실험을 끈질기게 밀어붙여 측정 가능한 마지막 자릿수the last measurable digit까지 구하게 하는 방법은 무엇일까? "지금 무슨 일을 하고 있든 결코 헛되지 않을 것이며, 당신의 연구에 필요한 에너지와 열정을 제공하게 될 거라고 믿어야 한다"[37]라고 MIT의 물리학자 세스 로이드Seth Lloyd는 말한다. 앤드루 샐리는 TRH와 다른 분자의 구조를 분석하는 일에 대해 다음과 같이 말했다.

이런 물질의 존재에 대해 강한 신념을 가진 1인(이를테면 나)만이 분리 절차isolation procedure의 수많은 단계를 끈질기고 세심하게 완수할 것이다.[38]

동기부여 문제에 대한 쿤의 해답은 이렇다: 자신의 연구가 오류와 거짓 전제false presupposition에 기반하고 있음을 알지 못하도록 과학자의 마음을 주조鑄造하라. 만약 패러다임의 타당성이 이의 없이 받아들여진다면, 길고 고된 실증적 노역empirical toil도 의문의 여지가 없게 된다. 과학자들의 시야를 좁히는 목적은, '자신의 지향점'과 '자신의 프로젝트가 전체에서 차지하는 비율'을 정확히 알 때보다 더 열심히 연구하고, 더 깊이 파헤치고, 더 멀리 나아가도록 고무하기 위함이다.

궁극적으로, 과학자들이 패러다임을 죽을 때까지 고수하기에 충분할 만큼 확신을 느끼는 것은, 패러다임이 연구의 중요성을 보장한다고 믿기 때문이다. 그러나 그들은 패러다임의 단점이 드러날 정도로 매우 디테일하고 정밀하게 실험함으로써 과학을 위기에 몰아넣어, 아이러니하게도 혁명의 전제조건을 확립하게 된다. 이것은 쿤의 경이로운 역설이다: 하나의 패러다임이 바뀔 수 있는 것은 오로지, 그 안에서 연구하는 과학자들이 그것이 바뀌고 있음을 상상하지 못하기 때문이다. 패러다임을 파괴하는 것은 그것의 성공에 대한 확신이다.

포퍼와 쿤은 매우 많은 면에서 다르게 생각했지만, 몇 가지 예외적으로 중요한 점에서 똑같이 옳았다.

첫째, 그들은 지당하게도 과학의 특별한 점—과학적 사고가 종전의 철학적 사고와 구별된다는 것—은 새로운 이론을 생성하는 능력이 아니라 오래된 이론을 제거하고 인류의 실행 가능한 옵션viable option 목록에서 영구적으로 제거하는 능력이라고 생각했다. 두 사람 모두의 스토리에서 과학이 성공한 것은, 이론과 증거 간의 가장 미세한 차이조차도 고집스럽게 찾아내어 악착같이 이용했기 때문이다.

둘째, 포퍼와 쿤은 지당하게도 과학의 결정적인 힘critical power을 이해하려면 독특한 동기부여 형태form of motivation가 독특한 논리적 도구logical tool만큼이나 중요하다고 생각했다. 논리적 도구는 우리에게 '증거를 갖고서 뭘 할 것인지'를 말해주지만, 만약 당신이 올바른 데이터를 충분히 갖고 있지 않다면 무용지물이다. 그런 데이터를 생성하려면, 대부분의 경우 내재적 흥미intrinsic interest가 별로 없는 디테일에 열정적으로 오랫동안 집중해야 한다. 과학적 탐구는 사상가들로 하여금 (일상적으로 따분하고 대체로 부정적인) 프로젝트에 몸을 바치도록 유도하는 한편 매력 넘치는 대안과 (새로운 사상과 사고방식에 대한) 철학적 전략을 수시로 단념하게 하는 뭔가를 필요로 한다.

포퍼는 모든 훌륭한 과학자들이 공유하는 무한한 반박욕immense appetite for refutation에서 동기부여 요인을 찾는다. 쿤의 동기부여자motivator는 포퍼보다 미묘하고 약간 불길하다. 개별적인 쿤적 과학자들은 비평가와 거리가 멀다. 그들은 상반된 생각contrary thought을 거의 배제한 채 지배적인 패러다임을 받아들인다. 그러나 주어진 패러다임에서 마지막 한 방울의 예측력까지 짜내려고 열정을 다한 나머지, 그들은 그 패러다임의 생명을 갉아먹는다.

셋째, 포퍼와 쿤 모두에게, 과학의 실증적 무자비함empirical

implacability이 가능한 것은 과학자들이 한 가지 방법만을 고지식하게 고수하기 때문이다. 포퍼의 경우, 그 방법—반증falsification도 방법의 일종이다—이 보편적이고 늘 고정되어 있다. 쿤의 경우, 패러다임이 그 방법을 처방해 주므로 과학혁명이 새로운 연구용 레시피를 부과할 때마다 바뀐다. 쿤적 스토리의 아름다움은 수수께끼를 해결하는 능력, 특히 예측력에 민감하기만 하면 레시피가 뭐든 중요하지 않다는 데 있다. 심지어 방법 자체가 바뀌더라도, '과학이 방법에 얽매이고, 패러다임으로 지배되고 반증력을 제공받는다'는 사실은 변하지 않는다. 그러므로 쿤은 포퍼와 마찬가지로 '방법주의자'라고 할 수 있다. 방법주의자란 '이론적 탐구를 수행하기 위한 공식set formula 준수'의 중요성을 믿는 사람을 말한다.

방법이 중요한 것은 예측력 부족predictive deficiency을 드러내기 때문일 뿐만 아니라, 과학자들에게 실험적 삶을 밀어붙일 수 있도록 확신을 심어주기 때문이기도 하다. '반증의 논리는 반론의 여지가 없기 때문에, 동료 과학들이 실험적 노역에 동일한 의미를 부여할 것'이라는 사실을 포퍼적 과학자들은 안다. 쿤적 과학자들도 동일한 기대감을 갖는데, 그 이유는 그들의 동료가 지배적인 패러다임에 내재하는 일련의 규칙들에 동의하기 때문이다. 하지만 규칙이 타당하다는 것만으로는 부족하며, 그 타당성이 널리 받아들여져야 한다. 나는 포퍼와 쿤이 이 점에서도 지당하다고 생각한다.[39]

『지식 기계』는 '이러한 세 가지 통찰과 관련된 과학의 성공'과 '포퍼와 쿤의 방법론 대논쟁에의 기여'에 대해 그 나름대로의 설명을 제시할 것이다. 그러나 그에 앞서서, 나는 과학에 대한 현대적 이론들이 두 사상가의 사상을 거의 보편적으로 기각하는 이유를 설명해야겠다.

포퍼와 쿤의 이론은 철학적일 뿐만 아니라, '실제적인 과학 조직'과 '시간 경과에 따른 조직의 변화 방법'에 대해 주장을 펼친다. 그들의 이론을 평가하기 위해 관련 분야의 전문가들, 특히 과학사회학자와 과학사가들에게 도움을 청하는 것은 설득력이 있다.

쿤의 패러다임 이론에 의하면, 모든 분야의 과학자들이 단일 이데올로기와 방법론에 의해 인도된다고 한다. 그렇다면 현대과학도 쿤에 의해 기술된 패러다임적 구조를 나타낼까? 사회학자들에게 물어보라: "과학혁명에서 패러다임에 의해 지배되는 집단사고paradigm-governed groupthink가 갑작스럽고 유례없이 등장한 사례가 있었나요?" 역사학자에게 물어보라: "과학자들이 (쿤의 이론이 제안하는 대로) 현상을 유지하기 위해 싸우거나 (포퍼가 제안하는 대로) 현상을 전복하기 위해 싸우나요?" 현대 과학자들에 대해서는 사회학자에게 물어보고, 옛날 과학자들에 대해서는 역사학자에게 물어보라.

지난 수십 년 동안 수많은 답변이 돌아왔다. 사회학자와 역사학자들은 거의 전적으로 부정적이었다. 주지하는 바와 같이, 감정에 좌우되지 않는 포퍼적 비판정신Popperian critical spirit은 물론 패러다임에 대한 보편적 복종universal subservience to a paradigm에 대한 증거는 거의 찾아볼 수 없다. 사실, 이론과 데이터의 관계에 대한 그들의 생각에서, 과학자들은 어떠한 규칙도 거의 따르지 않는 것 같다.

2장

인간의 약점

과학자들은 너무 논쟁적이고 도덕적·지적으로 취약하므로
어떠한 방법도 일관되게 따를 수 없다.

1919년 5월 29일 달이 태양면solar disk을 가로질러 살금살금 움직이는 동안, 새로운 중력의 과학science of gravity이 위기에 처했다. 겨우 몇 년 전에 알베르트 아인슈타인은 일반상대성이론을 수립했는데, 그것은 현대과학의 초창기인 200여 년 전 아이작 뉴턴을 유명하게 만들었던 중력이론의 '급진적인 개념적 대체물conceptually radical replacement'이었다. 뉴턴은 "거대한 천체들이 서로에게 중력의 영향력을 행사한다"라고 주장한 데 반해, 아인슈타인은 "천체들이 주변의 공간과 시간을 휘게 함으로써 시·공간에 특징적인 곡률characteristic curvature을 형성한다"라고 말했다. 물체들은 이러한 뒤틀린 매질twisted medium을 직선을 그리며 통과하려고 최선을 다할 때 중력의 존재를 암시하는 방식으로 움직이지만, 그런 현상은 실제로 일어나지 않는다. 뉴턴과 아인슈타인이 각각 그린 두 개의 그림은 심오하게 다를 수 있지만, 입자, 행성, 그리고 그 사이에 있는 모든 것들의 운동을 거의 동일하게 예측한다. 하지만 엄밀히 말해서, 거의 같을 뿐 완전히 같은 것은 아니다. 뉴턴과 아인슈타인의 차이, 즉 '누구의 생각이 옳은가'는 개기일식total eclipse의 언저리에서 미세하게 판가름 날 것 같았다.

그로부터 2개월 전, 증기선 안젤름Anselm은 세 개의 망원경과 두 팀의 과학자들을 싣고 리버풀을 출발했다. 한 팀은 브라질을 향했고, 다른 팀은 서아프리카 앞바다의 프린시페Príncipe섬을 향했다. 각각의 지정된 목적지에서, 그들은 햇빛이 달에 의해 차단되는 순간의 하늘을 촬영했다. 일식 주변에서 빛나는 별들의 패턴은 '태양 가까이를 통과하는 빛'이 '태양의 강력한 중력장gravitational field'에 의해 진로를 이탈하는 정도를 드러낼 터였다. 부분적으로 물에 잠긴 노oar가 공기와 물의 경계air/water boundary에서 굴절된 광선 때문에 입수 지점에서 구부러져 보이는 것처럼, 별들은 태양 중력의 굽힘력bending force에 상응하는 각도만큼 통상적인 위치에서 벗어난 것처럼 보일 테니 말이다. 아인슈타인의 새로운 이론에 따르면, 별에서 온 광선들의 방향은 뉴턴의 오래된 이론이 암시한 것보다 두 배 많이 바뀔 것으로 예측되었다.

그것은 포퍼의 틀에 입각한 결정적인 실험이었다. 별의 위치의 겉보기 이동apparent shift을 측정한 다음 그 수치에 비추어 냉정히 판단하면, 고작해야 하나의 이론—아인슈타인의 것이 됐든 뉴턴의 것이 됐든—이 생존할 것이고, 최악의 경우 두 이론이 모두 몰락할 것이기 때문이었다.

개기일식이 일어난 지 6개월 후, 탐사대의 지휘자 아서 에딩턴

Arthur Eddington은 실험 결과를 발표했다. 그는 뉴턴을 권좌에서 축출하고 아인슈타인을 중력의 새로운 황제로 선포했다. 제1차 세계대전이 마침내 끝난 후, 소수만 이해하던 아인슈타인의 독일 물리학은 에딩턴의 까다로운 영국 실험에 의해 확증되었다. 그것은 많은 사람들—특히 청년 칼 포퍼[1]—에 의해 전 세계에 알려진 과학적 승리로, 국제적 협력·진보·평화 시대era of international cooperation, progress, and peace의 시작을 알렸다.

그러나 평화는 오래가지 않았으며, 평화의 시대를 선포한 과학 스토리도 사정은 마찬가지였다. 스토리의 내용에 심각한 하자가 있었기 때문이다. 에딩턴은 프린시페섬 상공의 흐린 하늘에서 일식이 발생하던 날 아침에 일어났으므로, 주변의 별들에 대해 흐릿하고 불명료한 사진밖에 얻을 수 없었다. 브라질에서 촬영된 스냅숏은 화질이 훨씬 더 양호했지만 다른 문제를 제기했다. 브라질 팀은 두 개의 망원경을 갖고 갔는데, 두 개의 관측치가 각각 달랐기 때문이다. 즉, '4인치' 망원경은 별들의 위치가 아인슈타인의 예측과 거의 비슷하게 이동했음을 보여줬지만, (별을 촬영하기 위해 특별히 고안된) '천체항법도' 망원경은 뉴턴의 예측과 이동이 거의 일치했음을 보여주었다.

그렇다면 에딩턴과 그의 동료들은 어떻게 '아인슈타인의 예측이 옳다'는 결론을 내렸을까?

그들은 세 세트의 데이터를 당장 이용할 수 있었다. 첫째, 구름에 가려 흐릿하게 나타난 프린시페섬에서의 사진이 두 장 있었는데, 에딩턴은 약간 복잡한 계산을 통해 아인슈타인적 크기Einsteinian magnitude의 이동을 증명했다. 둘째, 브라질의 4인치 망원경에서 촬영

그림 2.1 에딩턴의 1919년 개기일식 탐사대가 촬영한 사진건판photographic plate의 음화negative. 가려진 태양은 크고 하얀 원으로, 휘황찬란한 코로나는 원을 둘러싼 까만 불꽃으로, 주변의 별들은 미세한 까만 점으로 나타났다. 핵심적인 별들의 위치 중 일부는 (판에 그려진) 흐릿한 수평선으로 나타났다.

된 일곱 장의 사진이 있었는데, 이 역시 아인슈타인적 이동(그림 2.1은 그중 하나다)을 보여줬다. 셋째, 브라질의 천체항법도 망원경에서 촬영된 열여덟 장의 사진이 있었는데, 이것은 뉴턴의 이론이 예측한 이동을 보여줬다. 에딩턴의 전략은, 세 번째 세트의 사진에 뭔가 체계적인 오류가 발생했다고 주장하는 것이었다. 사실, 그 사진들은 4인치 망원경의 사진보다 흐릿했는데, 이는 아마도—그와 동료들의 추측에 따르면—태양에 의해 거울이 불균등하게 가열됨으로써 상像의 왜곡이 초래되었기 때문인 것 같았다.

그러나 후세의 과학사가들 중 상당수와 마찬가지로, 에딩턴의 동시대인 중 일부는 그의 주장을 상당히 수상쩍게 여겼다. 에딩턴은 천체 항법도 사진의 흐릿함을 해명할 수 있었지만, 그것이 '체계적 오류를 일으키는 바람에, 빛이 (중력에 의해) 아인슈타인의 값이 아니라 뉴턴의 값만큼 휘어진 것처럼 보이게 되었다'고 생각할 근거가 될 수는 없었다. 설상가상으로 4인치 망원경에서 촬영된 산뜻한 사진은 아인슈타인의 예측보다 상당히 큰 '중력에 의한 빛의 휨gravitational light bending' 값을 제공했기 때문에, 그 망원경 역시 체계적 편향이 발생했다고 가정해야만 아인슈타인 이론의 손을 들어줄 수 있을 정도였다. 에딩턴은 약간 특별한 변호에 가담했던 것 같다. 즉, 그는 브라질의 망원경 중 하나에서는 한 방향의 체계적 오류를 가정하고 다른 하나에서는 다른 방향의 체계적 오류를 가정함으로써, 그것들의 관측 결과가 아인슈타인의 상대성이론과 일치한다는 결론을 내렸다. 1923년, 미국의 천문학자로 캘리포니아주 산호세 소재 릭 천문대Lick Observatory 대장인 W. W. 캠벨W. W. Campbell은 에딩턴의 분석에 대해 "상황의 논리가 완전히 명확하지는 않은 듯하다"[2]라고 논평했다.

만약 에딩턴의 추론이 프린시페의 사진과 마찬가지로 흐릿했다면, 그의 의도는 명백했다. 그는 '상대성이론의 심오한 수학적 아름다움'과 (일부 영국인들로 하여금 전후戰後에 독일 과학의 보이콧을 요구하게 했던 증오심을 해소하려던) '자신의 열렬한 사해동포적 욕망' 때문에, 아인슈타인의 이론이 맞기를 간절히 원했던 것이다. (퀘이커교도인 에딩턴은 헌신적인 평화주의자로서 보이콧 제안에 반대하며, "진리 추구는 … 인간의 차이를 초월하는 끈bond이다"[3]라고 썼다.) 그는 자신이 휘두를 수 있는 상당한 권력을 이용하여 이런 고매한 목표를 추구했다. 그는 일찌감치 왕실 천문관Astronomer Royal인 프랭크 다이슨 경Sir Frank Dyson—"영국에서 가장 영향력 있는 천문학자"[4]—을 자신의 대의명분 추구에 동원했다. 다이슨 경은 개인적으로 상대성이론에 전혀 관심이 없었음에도 개기일식 탐사를 제안함으로써 탐사 보고서의 주요저자라는 영예로운 자리를 차지했는데, 그건 모두 에딩턴의 간청에 의한 것이었다.

탐사 보고서가 발표되었을 때, 에딩턴은 왕립학회장의 공개적인 지지를 받았지만 왕립천문학회장에게서는 미온적인 지지를 받았다. 다른 물리학자들은 더욱 미심쩍어했지만 영향력과 제도적 권력이 미약했다. 그들의 의구심은 정사正史에서 삭제되었다. 개기일식에 뒤이어 에딩턴은 영국에서 상대성이론의 걸출한 주창자가 되었고, 개기일식 실험에 대한 그의 논의는 상대성이론에 관한 기준 표준standard reference으로 간주되었다. 그가 브라질의 4인치 망원경 및 프린시페 망원경이 제공한 아인슈타인을 지지하는 측정치pro-Einsteinian measurement를 상세히 설명하고 찬양하는 동안, 뉴턴을 지지한 브라질의 천체 항법도 망원경 측정치는 건성으로 취급되며 묵살되었다. 그 사진들은 역사의 뒤안길에 놓였으며 결과적으로 완전히 지워졌다.

내가 에딩턴과 개기일식에 관한 스토리로 이 장章을 시작한 부분적 이유는, 특별할 게 전혀 없기 때문이다. 그도 그럴 것이, 그것은 (비록 이례적으로 자세히 기술되었지만) 복잡하고 혼란스럽거나 애매모호한 데이터에 관한 꽤 전형적인 일화逸話로, 그러한 데이터의 해석이나 보고 과정에 상당한 취사선택이 개입되었으며, 보고서가 발표된 후 합의consensus가 이루어지는 과정을 보고자의 지적·도덕적·현실적 열망에 호의적인 방향으로 왜곡하기 위해 일치된 노력concerted effort이 이루어졌기 때문이다. 이것은 표준 시방서standard specification에 따라 작동하는 인간의 정신을 대변하는 것으로, 모든 역사학도들에게 익숙한 궤적—투키디데스Thucydides의 『펠로폰네소스 전쟁사』, 기번Gibbon의 『로마제국 흥망사』, 르네상스기 이탈리아 도시국가들의 음모, 그리고 오늘날 지구 전역의 밀실과 대통령궁에서 발견되는 편파성과 정치공작의 패턴—을 따른다.

우리가 알기로, 과학적 추론은 이러한 원시적 성향primeval inclination의 해독제로, 과학의 비범한 성공을 설명하는 데 도움이 된다. 칼 포퍼에 따르면,[5] 과학적 지식 기계는 강렬한 비판정신과 확고한 반증 원칙에 의해 추동된다. 그러나 에딩턴이 개기일식을 취급한 과정에서 비판정신과 반증 원칙은 전혀 찾아볼 수 없다. 에딩턴은 자신이 선호하는 이론을 애지중지한 나머지 그것을 (외견상 반례인 것처럼 보이는) 증거로부터 보호하는 한편, 공평하고 정직한 반증 논리보다는 검사의 일방적인 논고論告*에 가까운 추론을 이용하여 라이벌 이론을 비난했다.

토머스 쿤에 의하면,[6] 과학과 통상적인 탐구ordinary inquiry를 구별해주는 것은 '지배적인 패러다임의 틀 안에서의 연구 수행'에 대한 과학자들의 동의이며, 패러다임은 그들의 목표를 설정하고 증거의 해석을 안내한다. 그러나 개기일식 탐사의 경우 그런 경직된 틀의 징후가 거의 없다. 에딩턴은 자신의 과학적 연구를 이용하여 '쿤적 패러다임의 지시'와 거리가 먼 목표, 즉 영국 과학계와 독일 과학계 간의 화해

* 형사 재판에서, 증거 조사를 마친 검사가 피고의 범죄 사실과, 그에 대한 법률 적용에 관한 의견을 진술하는 일.

rapprochement를 달성했다. 한걸음 더 나아가, 그는 자기 나름의 방식—'공식적으로 승인되고 널리 받아들여진 이론 검증 절차(패러다임이 처방한 절차)'가 아니라 '성공하려는 욕망'에 의해 추동되는 방식—으로 데이터를 해석함으로써 이러한 목표와 다른 목표를 추구했다. 뒤이은 정치적 책략political machination과 선택적 역사 쓰기selective history writing도 '과학적 행동에 관한 공유된 규범shared code'보다 개인적—비록 이상적이기는 했지만—야망에 좌우되기는 마찬가지였다.

쿤의 주장에 의하면 과학은 유난히 강력한데, 그 이유는 패러다임의 우위가 과학자들에게 '(패러다임의 핵심을 이루는) 목표와 실험적 방법과 증거 평가 규칙rule for evaluating evidence 덕분에 과학적 연구가 어느 정도 고정된 유의미성을 갖는다'고 보장하기 때문이다(과학자들은 이렇게 믿는다). 그러나 에딩턴의 논리적·정치적 조작 때문에 법칙과 제도적 틀이 느슨해져, 과학적 결과의 유의미성이 영구적으로 표류하게 되었다. 쿤적 패러다임이 이런 변덕스러움inconstancy을 배제했어야 하지만, 개기일식 탐사의 경우에는 그러지 못했다.

1919년의 개기일식 탐사는 증거의 선택적 사용selective use of evidence의 일례일 뿐이다. **과학혁명** 이후 수 세기 동안, 과학계의 거목들이 어려운 데이터를 폐기하거나[7] 왜곡함으로써 '실험은 이론 등의 목표와 완벽한 조화를 이룬다'는 인상을 심어준 사례는 차고 넘친다.

유전학의 창시자인 그레고르 멘델Gregor Mendel의 경우, '유전자가 생물학적 유전의 근저를 이룬다'는 논지를 뒷받침할 요량으로 1860년대에 자신이 제시한 통계 자료를 주무른 것으로 거의 확실시된다. 그와 비슷한 시기에, 에른스트 헤켈Ernst Haeckel은 "개체발생은 계통

발생을 되풀이한다"—예컨대 인간의 배아는 어류의 배아와 다소 비슷한 형태를 띠는 단계를 거쳐 양서류의 배아, 조류의 배아와 비슷한 단계를 차례로 경유한다—라는 자신의 논지를 뒷받침하기 위해, 직접 세심하게 그린 동물의 배아에 관한 삽화를 윤색했다. 로버트 밀리컨Robert Millikan은 단일전자의 전하electric charge 추론—그에게 1923년 노벨 물리학상을 안겨준 연구—에 사용한 데이터를 취합하는 과정에서 "옳지 않아 보이는" 측정치들을 많이 생략하고서도 모든 것을 포함했다고 주장했다. 심지어 아이작 뉴턴도 특정한 경험치들을 자신의 이론에 꿰맞추기 위해 조작했는데, 이에 관해 그의 전기 작가인 리처드 웨스트폴Richard Westfall은 "어떤 경우 그런 수법은 고의적인 사기deliberate fraud 수준이었다"라고 썼다.

그러나 주목할 만한 것은, 에딩턴과 다른 현대 과학자들이 한 가지 측면에서 거의 예외적으로 신중하고 체계적이었다는 것이다. 개기일식 실험에 관한 에딩턴의 발표문 원본[8]에서, 당신은 그가 용의주도하게 따른 특정한 보고 규칙을 발견할 것이다. 그림 2.2에 인용된, 에딩턴의 보고에서 발췌된 두 개의 표表를 유심히 살펴보라. 그것은 과학적 방법을 피부에 와닿도록 요약·정리한 것으로, 허위나 부정직의 요소를 전혀 찾아볼 수 없다. 위쪽 표는 브라질의 천체항법도 망원경으로 촬영한 열여덟 장의 사진건판을 세심하게 설명한 것인데, 노출된 시각과 시간, 건판의 종류가 있다. 아래쪽 표는 건판에 나타난 별들의 겉보기 위치에 기반하여 계산한 결과다(별의 개수가 불충분한 건판들은 생략되었다). 가장 중요한 것은 맨 오른쪽 줄에 적혀 있는 수치로서, 각각의 건판이 나타내는 '중력에 의한 빛의 휨'을 숫자로 나타낸 것이

13인치 천체항법도 망원경의 노출(조리개를 8인치로 조임)

참조 번호	노출 시각 (G.M.T.)				노출 시간	건판	참조 번호	노출 시각 (G.M.T.)				노출 시간	건판
	일	시	분	초	초			일	시	분	초	초	
1	28	23	58	23	5	O.	11	29	0	1	7	5	S.R.
2				37	10	E.	12				22	10	E.
3				57	5	E.	13				36	5	E.
4			59	11	10	S.	14				51	10	S.R.
5				30	5	S.R.	15			2	10	5	S.R.
6				45	10	S.R.	16				25	10	S.R.
7	29	0	0	4	5	S.R.	17				44	5	E.
8				19	10	E.	18				58	10	E.
9				39	5	E.	19			3	18	5	O.
10				53	10	S.R.							

건판 번호	비교 건판의 참조 번호	별의 개수	50'의 거리에서 d, e, α의 값(회전)			태양의 가장자리에서 α의 값(각초)*
			d	e	α	
			r	r	r	"
1	18_4	7	+0.051	+0.089	+0.033	+1.28
2	18_4	11	-0.009	+0.059	+0.025	+0.97
3	18_4	8	-0.074	+1.101	+0.028	+1.09
4	18_4	11	-0.168	+0.091	+0.033	+1.28
5	11_3	10	+0.094	+0.076	+0.025	+0.97
6	11_3	11	+0.186	+0.082	+0.021	+0.82
{7	14_3	12	+0.006	+0.119	0.000	0.00
7	18_3	7	-0.054	+0.166	0.000	0.00
8	14_3	10	+0.093	+0.064	+0.021	+0.82
9	17_4	7	-0.096	+0.129	+0.008	+0.31
10	17_4	10	+0.090	+0.045	+0.026	+1.01
11	11_1	10	+0.073	+0.061	+0.032	+1.24
{12	11_1	11	-0.009	+1.102	+0.049	+1.91
12	17_2	7	-0.102	+0.114	+0.019	+0.74
15	15_3	6	+0.111	+0.036	+0.018	+0.70
16	15_3	7	-0.002	+0.037	+0.018	+0.70
17	17_2	8	-0.022	+0.109	+0.012	+0.47
18	17_2	7	+0.045	0.000	+0.030	+1.17
	평균			+0.082	+0.022	+0.86

그림 2.2 과학적 데이터의 정돈된 프레젠테이션. 에딩턴이 1919년 개기일식 탐사에서 브라질의 천체항법도 망원경을 이용하여 측정한 결과를 요약한 표.

다. 맨 오른쪽 줄 맨 아래 칸에는 이 숫자들의 평균이 적혀 있는데, 이것은 브라질의 천체항법도 망원경을 이용해 촬영된 열여덟 장의 사진이 말하는 '중력이 빛에 미친 영향gravity's effect on light'을 하나의 숫자로 요약한 것이다. "천체항법도의 휨 값"은 0.86으로, 뉴턴의 예측치인 0.87과 거의 같으며 아인슈타인의 예측치인 1.74의 절반보다 작다.

천체항법도의 휨 값에 대한 수고스러운 측정, 계산, 투명한 프레젠테이션에서 과학의 체계성과 객관성이 엿보인다면, 그 후에 일어난 사건에서는 과학의 주관성과 임의성이 드러난다. 즉, 뉴턴적 시사점은 에딩턴에 의해 몇 개의 문장으로 일축되고 영국 과학계의 지지자들에 의해 중요하지 않은 것으로 선포되었으며, 궁극적으로 교과서에서 완전히 배제되었다. 그리하여 브라질의 4인치 망원경과 프린시페 망원경이 제공한 아인슈타인적 수치Einsteinian number가 뉴턴의 중력이론을 패자로, 아인슈타인의 상대성이론을 승자로 만들었다.

방법주의자가 꿈꾸는 과학에서, 세 개의 망원경에서 나온 데이터와 세 개의 '중력에 의한 빛의 휨' 측정치는 엄밀한 절차—에딩턴이 맨 처음 각종 수치를 계산할 때처럼, 각각의 증거적 가치를 신중하고 냉철하게 저울질한다—에 따라 평가될 것이다. 마치 고매하고 객관적이고 권위 있는 재판관처럼, 그러한 방법은 편애playing favorites나 개인적·도덕적·과시적 고려 없이 진실과 거짓을 구분할 것이다.

만약 에딩턴의 스토리가 어떠한 지침으로 간주된다면, 그것은 완전

* 각초arc second는 각의 단위이며, 간단히 초(″)라고도 읽는다. 1초(″)는 1분(′)의 60분의 1, 1도(°)의 3,600분의 1이다.

한 신화다. 거기에는 좋은 사진건판을 나쁜 건판과 구분하려는 어떠한 심사 위원회tribunal도 방법론도 존재하지 않았다. 구태의연하게도, 그 문제는 당파적 주장과 정략과 선동의 짬뽕에 의해 해결되었다.

과학적 심사 위원회는 흔하지 않지만, 과학사를 돌이켜보면 이따금씩 임시로ad hoc basis 소집되었다. 특히 그중 하나는 과학에 대한 약간의 귀중한 교훈을 제공했다.

루이 파스퇴르Louis Pasteur는 모든 프랑스 과학자 중에서 가장 유명할 것이며, 프랑스인들에게 가장 존경받는 과학자임에 틀림없다. 파스퇴르는 평생(1822~1895) 동안 탄저병과 광견병 백신 개발에 앞장서고, 발효의 본질을 발견하는 데 기여하고, 살균 기법('저온살균 pasteurization')을 개발함으로써 우유와 와인의 부패를 방지하고, 질병에 대한 배종설germ theory의 토대를 마련하고, 생물의 화학은 압도적인 비율의 '우선성 분자right-handed molecule'로 구성되어 있다는 괄목할 만한 사실의 증거를 최초로 발견했다.

나는 몇 년 전 파리의 고등사범학교École normale supérieur: ENS를 방문하는 동안, 파스퇴르의 옛 사무실을 몇 주 동안 사용할 특권을 부여받았다. (파스퇴르는 1858년부터 1867년까지 ENS의 과학 책임자로 재직했는데, 한때 교내에서 흡연을 금지하는 바람에 거의 모든 학생들로 하여금 자퇴를 선택하게 만들었다.) 나는 고풍스러운 책상에 앉아 타이핑을 하며, 그 방 안에 오래 머물던 위인偉人이 나의 신경을 통해 손가락으로 스며들기를 바랐다. 나는 간혹 문을 두드리는 방문자의 방해를 받으며, 그가 실험과 발견에 몰두하던 19세기 8월의 공기를 들이마시려

애썼다. 프랑스인들에게, 파스퇴르는 과학적 사고의 현신現身이다.

파스퇴르의 위대한 승리 중 하나는, 자연발생설spontaneous generation의 교리를 논파論破했다는 것이다. 건초를 물속에 넣고 끓인 후, 우려 나온 액체를 밀폐된 용기 속에 부어보라. 아무런 일도 일어나지 않을 것이다. 하지만 약간의 공기를 주입하면 곰팡이가 자라기 시작할 것이다. 그건 어디서 온 것일까? 19세기 과학자 중 일부는 "건초를 우려낸 물속의 무생물inanimate matter이 공기와 반응하여, 생명체가 없던 곳에서 자발적으로 생명체를 형성했다"라고 주장했다. 파스퇴르는 그와 정반대로 "공기와 함께 외부에서 보이지 않는 '배종germ' 또는 곰팡이의 '포자spore'를 포함하는 먼지가 들어와, 건초를 우려낸 물에 뿌리를 내렸다"라고 주장했다. 요컨대 생명체를 배양하려면 용액 속에 생명체를 파종해야 한다는 것이었다.

이론상으로, 두 가지 상반되는 견해 사이에서 하나의 손을 들어주는 방법은 명백했다. 그것은 '먼지'나 '포자'가 없는 공기를 혼합물에 주입하는 것이었다. 그래서 생명체가 발생한다면 자연발생설이 맞는 것이었다.

그러나 실전에서는, '우리가 흡입하는 공기가 포자가 포함되었든 말았든 외견상 똑같다'는 점을 감안할 때, 무균공기sterile air를 발견하거나 창조하는 게 문제였다. 수많은 교묘한 해결책이 제안되었다. 공기를 가열하거나 산酸을 통과하게 함으로써 포자를 죽일 수 있었다. 오랫동안 방치된 보관소에서 실험이 수행되었는데, 그런 곳에서는 모든 먼지가 오래전 가라앉은 것으로 가정되었다. 공기를 윤활유로 코팅된 용기 속에 저장하여 먼지를 포획하거나, 길고 구불구불한 튜브

그림 2.3
백조 목 플라스크.

를 통과시킴으로써 먼지를 포획하는 방법도 고안되었다(그림 2.3).

먼지 없는 공기dust-free air의 가장 멋진 경로는 산꼭대기에 있었다. 1860년 파스퇴르는 스무 개의 신중히 준비된 '건초 우려낸 물'을 메르드글라스Mer de Glace—프랑스 알프스의 몽블랑 산괴Mont Blanc massif에서 가장 큰 빙하—로 운반하여, 해발 1,800미터가 넘는 곳에서, 차갑고 순수한 알프스 바람에 그 액체를 노출했다. 그런 다음 파리로 돌아와 살펴보니, 스무 개 중 하나에서만 곰팡이가 자랐다. 이쯤 되면 '공기 하나만으로는 생명체를 탄생시킬 수 없다'는 설이 맞는 것 같았다. 그러나 파스퇴르는 경쟁에 직면했다. 그의 강력한 라이벌인 펠릭스 푸셰Felix Pouchet가 피레네 산맥Pyrenees의 고지대에서 동일한 실험을 수행했는데, 저지대로 내려와 살펴보니 여덟 개의 플라스크 모두에서 생명체가 탄생한 것으로 나타났기 때문이다.

파스퇴르와 푸셰는 1년 전 자연발생설에 대한 대립되는 견해 때문에 옥신각신한 적이 있었다.[9] 프랑스 과학 아카데미French Academie des sciences의 한 위원회가 소집되어 그 문제에 대한 최고의 실험적 연구를 뽑는 대회를 열었는데, 그 대회의 결과는 양측에게 '점균류와 곰팡이는 무기물의 구성요소로부터 자연히 탄생할 수 있다'는 가능성에 대한 최종 평결definitive verdict로 간주되었다. 대회가 개최되었을 때, 푸셰는 심사위원석이 파스퇴르의 동료들로 가득 차 있다는 사실을 발견했다. 그래서 그런 의심스런 위원회에 농락당하느니 차라리 기권하기로 결정했다. 하지만 피레네 산맥에서의 실험이 성공한 후, 그는 파스퇴르와의 협상을 통해 재대결을 성사시켰다. 그러나 대회장에 나가보니, 이번에도 자연발생설을 반대하는 과학자들이 심사 위원회를 점령하고 있는 것이 아닌가! 그는 규칙을 바꿀 것을 제안했지만, 파스퇴르는 자신의 동료들을 설득하여 그의 제안을 거부하게 했다. 그러자 푸셰는 다시 기권했고, 그것이 자연발생설의 종말이었다.

일부 저술가들은 파스퇴르를 가리켜, 두 번의 심사 위원회에 자기 사람을 심었다고 비난해 왔다. 그들은 그에 대한 평판—과학적 토론에서 전투적이고 불공정한 논쟁[10]을 일삼았다—을 들먹였는데, 이는 최근 공개된 파스퇴르의 연구 노트에 의해 어느 정도 사실인 것으로 드러났다. 나는 위에서 언급한 에피소드를 일종의 '실제 사건에 기반한 우화real-life parable'로 이해하며, '과학적 과정에서, 증거의 저울질—심사 위원회의 임무—은 별로 객관적이 아니고 특별히 체계적이지도 않고, 언제나 개인적·정치적 영향력에 노출되어 있으며, 논리만큼이나 편의expedience에 따라 결정되기 일쑤다'라는 사실을 극명하게 보여준다고 생각한다.

내가 지금까지 소개한 스토리는 대체로 사례 연구—말하자면 일화—에 의존했지만, 업계의 후원을 받아 수행된 연구industry-sponsored research들[11]을 살펴보면 연구자들의 윤리에 고개를 갸우뚱하게 된다.

상업적 이해관계자들은 때때로 자신의 이익에 도움이 되는 사실이 발견되기를 바라며 독립적인 과학 연구를 후원한다. 공교롭게도 하나의 의문을 해결하려 노력하는 연구자가 두 팀이 있다고 치자. 만약 한 팀은 업계의 후원을 받고 다른 팀은 그렇지 않다면, 업계의 후원을 받는 팀은—설사 업계와 무관한 대학의 연구자들로 구성되었더라도—상업적으로 유리한 결과를 발표할 가능성이 더 높다.

코카콜라Coca-Cola, 펩시코PepsiCo 등 탄산음료 제조업체들의 후원을 받은 연구자들은 다른 연구자들보다 '설탕이 첨가된 탄산음료와 비만 간에 아무런 관련이 없다'는 사실을 발견할 가능성이 다섯 배 높은 것으로 알려져 있다. 담배 회사들의 후원을 받은 연구자들은 다른 연구자들보다 '간접흡연이 건강에 악영향을 미치지 않는다'는 사실을 발견할 가능성이 일곱 배 높은 것으로 알려져 있다. 그리고 제약사의 후원을 받지 않은 연구자들은 '신약이 적응증에 효과가 있다'는 결론을 내릴 확률이 약 80퍼센트인 데 반해, 제약사의 후원을 받은 연구자들은 그런 결론을 내릴 확률이 거의 100퍼센트라고 한다. 마치 현찰이라는 미끼를 좇는 뭔가가 과학을 엄연하고 명백한 사실 너머로 인도하는 것 같다.

온갖 연구 프로토콜protocol, 절차, 통계학 편람이 있음에도, 과학자들이 가변적이고 개인적·사회적·재정적 이해관계자들에게 예속되는 이유가 뭘까? 과학자들은 뻔히 알면서도 의도적으로 과학적 방법을 뒤엎거나 무시하고, 공적으로는 규칙을 존중하는 척하며 개인적으로 사리사욕에 가장 부합하는 행동을 하는 걸까? 아니면 과학적 방법 자체가 유니콘unicorn—실제로 존재하지 않는 사물에 붙이는 이름—이어서, 모든 통상적인 편견에 예속된 채 인류가 수천 년 동안 의존해 온 방식인 주먹구구를 이용하여 그럭저럭 버티는 것일까? 나는 두 가지 설명이 모두 불충분하다고 생각한다.

그러나 이러한 현실에 우리에게 주는 교훈은 명백하다. 그것은, 과학적 과정의 결과는 연구자들의 목표와 이해관계—에딩턴의 유럽의 평화에 대한 열망에서부터, 거대 담배회사나 탄산음료 회사의 후원을 받은 연구자들의 더욱 실리적인 관심사에 이르기까지—에 크게 좌우된다는 것이다. 방법주의자들이 희망을 가졌음에도, 과학은 매우 주관적subjective이라는 느낌을 지울 수 없다.

내가 방금 사용한 '주관적subjective'이라는 단어 속의 '주체subject'—연구자—는 과학의 경로에 부지불식중에 연구자 자신의 목표goal를 부과한다. 개인적 목표를 향한 과학의 조향steering 외에도, 과학이 주관성subjectivity에 휘둘린다는 말에는 또 하나의 다른 의미가 있다. 그것은, 과학자들이 과학에 자신들의 목표뿐만 아니라 이론적·설명적 취향taste까지도 부과한다는 것이다. 나는 또 하나의 스토리를 소개하려 하는데, 이번에는 새로 나온 책으로 시작된다.

인터넷이 존재하기 전, 한 장의 복잡한 지도만큼 '정보'를 야단스럽고 풍부하게 제공한 것은 없었다. 그러나 '지도책'을 보면 고개를 절레절레 흔드는 독자들도 있을 것이다. 1911년 독일의 젊은 과학자 겸 탐험가[12]인 알프레드 베게너Alfred Wegener는 그런 지도책을 주의 깊게 살펴봤다. 그것은 안드레Andree의 걸작인 『일반 휴대용 지도Allgemeine Handatlas』의 새로운 판으로, 영국의 챌린저Challenger 탐사

대가 수행한 대양의 깊이 측정 결과를 사상 최초로 수록했다. 베게너는 지도에 나온 내용을 보고 놀라는 한편 크게 흥분했다.

많은 지질학자, 지도 제작자, 지도 애호가들은 오랫동안 남아메리카와 아프리카의 해안선이 신기하게도 비슷하다는 점에 주목해 왔다. 그것은 두 대륙이 거대 암석의 동일한 판에서 떨어져 나와, 각각 대서양의 반대편으로 이동했음을 시사했기 때문이다. 그러나 19세기의 지리학자들은, 해수면이 오랜 기간에 걸쳐 상승과 하강을 반복했다는 사실을 알고 있었다. 해수면이 변화하면 해안의 형태가 변화하는데, 그렇게 되면 해안선은 수명이 짧아지므로, '지금 현재 아메리카와 아프리카의 해안선이 들어맞는다'는 사실은 두 대륙의 궁극적인 기원에 대해 아무것도 말해주지 않는다.

그러나 챌린저 탐사대의 데이터 덕분에, 독일인의 새로운 지도는 지형뿐만 아니라 대륙붕의 윤곽까지도 보여줄 수 있었다. (대륙붕이란 대륙이 수중으로 연장된 것으로, 덕분에 그것이 갑자기 대양의 심연 속으로 곤두박질칠 때까지 외해수offshore water*의 수심은 비교적 얕은 상태를 유지한다.) 해안선과 달리 대륙과 대륙붕의 형태는 고정적이므로, 해수면이 오르내리는 동안 변하지 않는다. 베게너가 지도책에서 본 내용은, 남아메리카 동부의 대륙붕과 아프리카 서부의 대륙붕이 완벽하게 들어맞는다는 것이었다. 그가 생각하기에, 그런 현상은 결코 우연의 일치가 아니었다.

그는 여기에서 영감을 얻어, 20세기에 가장 큰 논란을 일으키게 될

* 연안에서 멀리 떨어진 바다의 해수.

책 중 하나를 썼다. 아인슈타인의 상대성이론과 같은 해인 1915년 출간된 『대륙과 해양의 기원The Origin of Continents and Oceans』은 '아프리카와 남아메리카가 한때 따뜻한 포옹을 나눴다'는 지질학적·고생물학적 주장을 뒷받침할 증거를 제공했다. 아프리카와 남아메리카는 대륙붕만 완벽하게 들어맞은 게 아니었다. 수많은 암반 성상rock formation과 화석들이 한 대륙의 대서양 가장자리에서 중단되었다가, 대서양 건너편 대륙의 특정 지점—만약 두 대륙이 원래 하나였다면 연결되었을 것으로 예상되는 곳—에서 다시 나타났다(그림 2.4). 그렇다면 두 대륙은 어떻게 해서 세계 최대의 대양 중 하나에 의해 분리된 것일까? "어찌어찌하여," 베게너는 이렇게 제안했다. "두 대륙은 지표면 위로 움직일 방법을 찾아낸 게 틀림없다." 그 유명한 대륙이동설theory of continental drift은 이렇게 탄생했다.

'수백만 제곱킬로미터에 달하는 산, 숲, 하곡river valley, 사막, 스텝이 대양을 즐겁게 항해하여 미지의 부분으로 이동한다'는 개념은 오늘날에도 입에 올리기가 쉽지 않다. 대륙이동에 관한 납득할 만한 가설이 없는 상태에서, 회의론자들은 베게너의 이론을 받아들일 수 없었다. 그 가설은 이치가 맞는 동시에 약간의 직접적인 증거를 필요로 했다. 베게너는 그 메커니즘에 대해 입증되지 않은 추측—그의 지식은 회의론자들보다 나을 게 없었다—을 내놓았을 뿐이지만, 그것이 어떻게든 일어났다는 증거가 압도적이어서 대항할 수 없다고 생각했다.

대륙이동설의 운명은 불안정했다. 어떤 곳에서는 찬사를 받았고, 어떤 곳에서는 불신에 가까운 의심을 받았다. 1943년에는 저명한 진화생물학자 조지 게일로드 심슨George Gaylord Simpson의 공격을 받았

그림 2.4 남아프리카의 지질학자 알렉상드르 뒤 투아Alexander du Toit의 연구에 기반하여, 베게너의 『대륙과 해양의 기원』의 나중 판에 수록된 지도. 남아메리카 대륙과 아프리카 대륙의 지질학적·화석학적(메소사우루스 *Mesosaurus*) 연속성을 보여준다.

고, 그의 평판의 무게에 짓눌려 침몰했다. 하지만 그즈음 베게너는 자신을 방어할 수가 없었다. 그도 그럴 것이, 1930년 가장 모험적인 환경—그는 다가올 겨울을 대비하여 그린란드의 과학 전초기지에 물품을 공급하는 극단적인 임무를 수행하던 중이었다—에서 비명횡사했기 때문이다. 그는 살아생전에 성공적인 과학 경력을 누렸지만, 임종 시 그에게 쏟아진 것은 대륙이동설에 대한 비웃음뿐이었다.

베게너가 세상을 설득하는 데 실패한 이유는 무엇일까? 축적된 증거들이 대륙이동의 다양한 효과를 반영한 것이라는 그의 생각은 지극히 옳았다. 그러나 '그런 엄청난 과정에 대한 잘 입증된 메커니즘이 부족한 것은, 이론을 반대하는 데에서 고려할 만한 주요 사항이다'라는 비판자들(심슨 포함)의 생각도 옳았다. 누가 더 옳았을까? 과학에서 늘 그렇듯, 양측 모두 설득력이 있었다.

만약 대륙들이 움직인다면, 필시 그럴 만한 물리적 과정physical process이 존재할 것이다. 베게너의 동시대인들은 그런 메커니즘을 전혀 몰랐다. '대륙이동에 대한 개연성 있는 물리적 스토리를 배제할 만큼, 지질학을 충분히 이해하고 있다'는 대륙이동설 반대자들의 생각은 틀렸다. 대륙이동설의 옹호자들은 메커니즘의 존재 가능성을 포착할 준비가 되어 있었지만, 그 본질에 대해 막연히 추측할 수 있었을 뿐이다. 반대자들은 지나치게 자신만만했고 옹호자들은 지나치게 대담했다. 아니 어쩌면 무모했는지도 모른다.

베게너의 사상에 대한 가장 합당한 반응은, 당신도 짐작하겠지만 논쟁이 끝나기를 기다리는 것일지도 모른다. 그러나 그것은 착각이다. 왜냐하면 과학적 판단은 때때로 매우 불완전한 증거를 이용해 내려지기 때문이다. 그럴 경우, 무대응inaction은 글로벌 기후변화의 경우와 마찬가지로 자칫 재앙이 될 수 있다. 그렇다면 가장 중요한 것은, 쿤과 포퍼가 주장했던 것처럼, 이론을 적절히 검증하고 (찬성이 됐든 반대가 됐든) 모든 설득력 있는 증거를 수집하기 위해 열렬한 지지자들을 규합하는 것이다. 이론이 참true임을 증명하는 데 헌신하는 사람들—쿤의 패러다임에 얽매인 과학자들로, 체질적으로 의심을 할 수가 없다—또는 이론이 거짓false임을 증명하는 데 헌신하는 사람들—포퍼의 대리인들로, 일반화된 이론의 파괴자들이다—은 수년, 심지어 수십 년에 걸쳐 필요한 실험적 연구experimental work를 수행할 동기를 갖고 있다. 만약 모든 과학자들이 "두고 지켜보자wait and see"라고 결정함으로써 베게너에게 무대응으로 일관했다면, 우리는 어쩌면 지금까지 기다리고 있을지도 모른다.[13]

그러므로 양측의 납득할 만한 주장이 모두 존재할 때, 과학자들은 '증거와 이론의 관련성'에 대해 결정을 내려야 한다. 그것은 종종 개인적 취향—또는 어쩌면 전문직 종사자가 처한 상황—으로 귀결된다. 심슨 같은 기득권자—대륙이동설에 관한 가설을 반박할 때, 그는 컬럼비아와 하버드의 교수였고 수많은 명망 있는 상賞의 수상자였다—는 외견상 안전하거나 정통파적인 견해가 몸에 배어 있을 것이고, 베게너 같은 아웃사이더 겸 모험가는 자신의 이론이 과학적 지평을 넘어설 위험을 감수할 준비가 되어 있을 것이다. 때때로 그런 결정은 얄팍한 현실적 기반에서 내려지기도 한다. 예컨대 심슨이 강력한 영향력을 행사하던 미국 과학계의 경우,[14] 영국과 유럽에 비해 대륙이동설에 대한 회의감이 팽배해 있었다.

판단과 관련된 반대 의견을 개진하는 데에서, 심슨과 베게너는 입수 가능한 증거들을 결코 무시하지 않았다. 그러나 그들의 기질과 (과학계에서) 사회적 지위가 영향력을 행사했으며, 의심할 여지 없이 (사람마다 다른) 무수한 정신적 요소element of the psyche가 개입되었다. 인간의 사고human thinking는 그렇게 작동한다. 우리가 멋진 다양성splendid variety을 획득하는 것도 그 때문이고, 격렬한 논쟁을 벌이는 것도 바로 그 때문이다.

내가 방법주의자라고 부르는 사상가들에 따르면, 과학을 특별하게 만드는 것은 '경험적 연구를 수행하는 방법'에 대한 표준화된 규칙이나 절차라고 한다. 만약 당신이 이 장章에서 지금까지 읽은 내용이 과학을 대변한다면, 그들의 말은 얼토당토않다. 과학을 특별하게 만드는 것은 (인간의 약점frailty을 극복하는) 방법이 아니라, (방법을 압도하는) 인간의 약점이다. 객관성이 가장 중요할 때도, 과학자들—짐작하건대, 특히 위대한 과학자—은 가장 심오한 수사적·정치적 자원에 의존하여 자신만의 목적에 유리하도록 탐구의 경로를 비트는 경향이 있다. 혼돈을 억제할 고위 당국은 존재하지 않는다. 과학에는 모든 연구자들이 의무적으로 준수해야 할 판결문(판례)을 공표하는 공정한 재판관impartial judge이 존재하지 않으며, (특별한 이해관계나 세계관의 옹호자들로 가득 찬) 파스퇴르적 심사 위원회Pasteurian tribunal들이 우글거릴 뿐이다.

나는 두 명의 위대한 방법주의 사상가들에 관한 이야기로 이 책을 시작했는데, 그것은 방법주의가 단순하고 매력적이고 역사적으로 중요하기 때문이기도 하지만, 내 자신이 일종의 방법주의자이기 때문이기도 하다. 과학의 최고 능력supreme ability이 '위대한 예측 및 설명력을 가진 이론을 발견하는 것'임을 설명하기 위해, 공유된 과학적 규범shared scientific code에 호소하고 싶은 것이 나의 솔직한 심정이다. 사정이 이러하다 보니, 나는 뭔가 한 가지 문제에 봉착한 듯하다. 그 내용인즉, 가장 중요할 때조차 무시된다면 규범이라는 것이 별로 쓸모가 없다는 것이다. 2장이 아직 끝나지 않았는데도, 방법주의자는 이미 몰매를 맞아 무릎 꿇고 자비를 구하고 있다.

나는 생각다 못해, 방법주의의 구원투수로 한 가지 사상을 소개한다. 그것은 칼 포퍼에 의해 장족의 발전을 했고, 작가 겸 외과의사인 아툴 가완디Atul Gawande에 의해 다음과 같이 분명하게 기술된다.

> 개별 과학자들은 … 우둔하고, 애지중지하는 이론에 홀딱 반하고, 새로운 증거를 무시하고, 자신의 오류에 주의를 기울이지 않는 것으로 악명 높다. … 그러나 공동체적 노력이 있기에, 과학은 아름다우리만큼 자기수정적self-correcting이다.[15]

"과학은 자기수정적이다"라는 말은, 사기나 방법론적 무모함이 폭로되었을 때 종종 듣는 말이다. 하지만 가련하게도, 과학적 객관성을 이토록 옹호하는 사람들—이를테면 가완디—조차 '에딩턴이나 파스퇴르 같은 과학자들의 나쁘거나 최소한 부주의한 행동은 과학적 진보의 심각한 장애물'이라고 인정한다. 그런 행동은 지식의 성장을 늦추거나 우회시키거나 심지어 일시적으로 역전시킬 수 있다고 말이다.

그러나 과학적 탐구는 충분히 경쟁적인 동시에 협력적이어서, 당사자들은 '자신이 수행하는 연구'의 신뢰성을 증명하거나 '자신의 연구 결과와 상충하는 연구'가 틀렸음을 밝힐 요량으로 서로 견제한다. 설사 자기 자신의 연구에 대해 포괄적인 비판적 시각이 부족하더라도, 과학자들이 다른 과학자들의 연구에 대해 까다롭고 회의적인 태도를 견지할 이유는 차고 넘친다.

그에 더하여, 대부분의 "자기수정자들self-correctors"의 견해에 따르면, 이 장章에 언급된 위반transgression 사례들은 사실인 건 맞지만 대표성representativeness이 떨어진다고 한다. 즉, 그것들은 가장 극단적인 사례이며, 통계학에 기반하지 않고 일화적인 근거로서 선택되었다는 것이다. 만약 몇 군데 과학 연구실을 무작위로 방문한다면, 당신은 '훨씬 덜 사악한 일'—아무리 좋게 이야기해도 성스럽다고 할 수는 없다—이 진행되고 있으며 대부분의 경우 과학적 방법의 논리에 의해 규정된 객관적 추론 법칙을 따르려는 다소 신뢰할 만한 시도가 이루어진다는 것을 발견하게 될 것이다.

사실, 그런 식의 방문은 그다지 나쁜 생각이 아닐 것이다.

1975년, 프랑스의 젊은 인류학자 브뤼노 라투르Bruno Latour는 캘리포니아 남부의 특이한 하위문화권subculture의 원주민들 사이에서 생활하기 위해 미국으로 건너갔다. 그의 실험에 참가한 원주민들은 내분비학자인 로제 기유맹—그로부터 2년 후 뇌 호르몬인 TRH의 구조를 결정한 공로로 노벨 생리의학상을 공동 수상하게 되는 과학자—의 연구실에서 일하는 연구자들이었다.

라투르는 나중에 "그 당시 나는 '과학에 대한 지식'이 전무한 상태였다"[16]라고 썼다(그리고 그는 "나는 '사회에 대한 과학적 연구'에도 전혀 문외한이었다"라고 덧붙였다). 그러나 바로 이런 이유 때문에 그는 사모아 제도Samoan archipelago에서 생활한 마거릿 미드Margaret Mead나 아마존 열대우림의 야노마미족Yanomami 사이에서 생활한 나폴리언 섀그넌Napoleon Chagnon과 마찬가지로 "완전히 이질적인 환경에 파견된 민족지학자ethnographer의 고전적인 지위"에 있었다.

라투르는 샌디에이고San Diego 소재 소크 연구소Salk Institute에 설치된 기유맹의 지식 기계knowledge machine 안에서 2년 동안 생활했다. 그는 거대한 수레바퀴를 발견했는데, 그것은 스스로 보충하는 self-replenishing 존재의 사이클cycle of being이었다. 기유맹의 연구실에는 엄청난 양의 화학물질, 동물, 에너지들이 들어와 복잡한 물리적·사회적 과정에 연료를 제공했고, 그 과정은 '기입 장치inscription device'[17]를 경유하여 과학 보고서를 생산했다. (기입 장치의 기능은 '물질들을 기록된 문서written documents로 변형하는 것'이었다. 그림 2.5) 이렇게 생산된 문서들은 과학 저널에 논문으로 출판된 후 '신용credit' 또는 과학적 평판scientific reputation으로 변형되었는데, 신용은 그 자체가 목적end이 아니라 수단means으로서 매우 중요한 가치를 지닌 것이었다. 왜냐하면 신용은 연구비를 지원받는 수단이었고, 연구비는 더 많은 유동자산(화학물질, 동물, 에너지)뿐만 아니라 고정자산(새로운 기입 장치)과 용역(과학자 및 테크니션의 서비스)을 구매하는 데 사용됨으로써, 더 많은 논문—그리고 더 많은 신용—으로 전환되었기 때문이다. 라투르와 그의 동료 스티브 울가Steve Woolgar가 그들의 저서 『실험실 생활

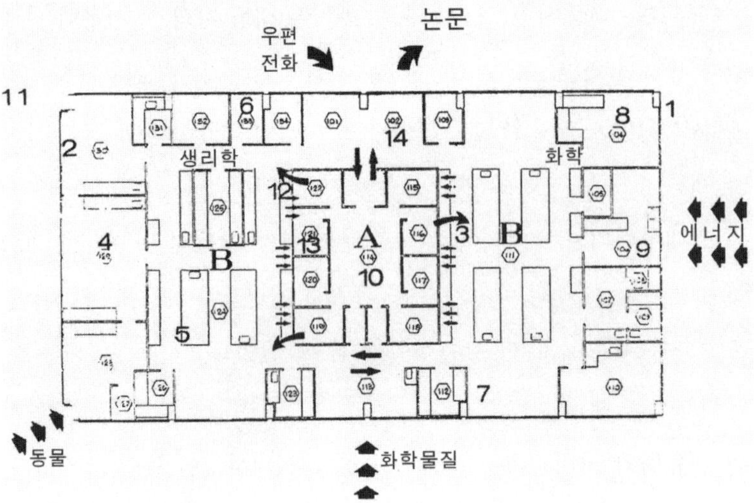

그림 2.5 라투르의 책에 주석으로 달린 기유맹의 지식 기계.

Laboratory Life』에서 말한 바에 따르면, 과학 연구실은 기계장치 appliance가 아니라 유기체organism이며, 그것의 주요 관심사는 생존 survival과 번식reproduction이다.

사고의 규칙rules of thought과 지적 행동의 규범code of intellectual conduct은 어떨까? 가완디와 포퍼에 의하면, 전자는 대부분의 통상적인 과학 탐구를 지배하며, 후자는 과학자들의 추론과 주기적으로 비교됨으로써 과학자들에게 '자기수정'을 허용하고 다소 객관적인 경로를 걷게 한다.

라투르는 기유맹의 연구실에서 객관적인 요소들을 많이 발견했다. 뇌 조직을 분쇄하고 TRH 등의 물질을 추출하는 데 적용되는 까다로운 절차의 경우, 모든 테크니션들에 의해 숙지되고 늘 준수되었다.

'TRH를 비롯한 분자들의 구조'에 대한 가설 검증에 필요한 데이터를 마련하는 과정도 사정은 마찬가지였다. 예컨대, 연구자들은 특정한 가설적 구조hypothesized structure를 보유한 합성물질을 창조한 다음, TRH와 비교하여 일치 여부를 확인했다. 그 과정에서, 그들은 두 가지 물질을 이용하여 창조된 '크로마토그램chromatogram'이라는 이미지를 이용했다. 만약 (제대로 비교된) 두 개의 물질들이 동일한 크로마토그램을 갖고 있다면 동일한 구성요소를 보유하는 것을 의미하므로, 가설적 구조가 정확하다고 할 수 있다. 크로마토그램 분석기는 과학용품 전문업체에서 만든 것이 사용되었는데, 사용자 매뉴얼이 첨부되어 있다. 매뉴얼에는 올바른 사용 방법이 기재되어 있는데, 만약 과학자가 매뉴얼을 준수하지 않으면 객관적이고 두드러진 오류가 발생한다. 가완디와 포퍼가 주장하는 대로, 그런 오류는 수정이 가능하다.

그러나 증거의 제시가 객관적인 규칙을 따르긴 했지만, 라투르가 보기에 증거의 해석은 그렇지 않았다. 동일인에 대한 두 장의 사진 사이에 작은 차이가 있는 것처럼, 동일한 물질에 대한 두 개의 크로마토그램 사이에는 언제나 작은 차이가 존재하기 마련이다. 그런 경우, 과학자들은 그것이 '무시해도 좋을 만큼 작은 차이'인지 여부를 결정해야 한다. 설사 이런 문제를 해결할 규칙이 존재하더라도, 연구자들은 별로 개의치 않는 눈치였다. 그보다는 차라리, 그들은 "국지적이고 암묵적인 협상local tacit negotiation, 끊임없이 바뀌는 평가, 무의식적이거나 일상화된 제스처에 의존했다".[18] 해석과 관련된 다른 중요한 문제에 대해서도 그들은 똑같이 행동했다. 증거가 검증 대상 가설과 어떻게 관련되는지를 결정하면서, 그들은 공유된 규칙과 객관적 기준에 호소하지 않았다. 그 대신 그들은 언쟁, 직관적 반응gut reaction, 거래, 국지적 문화에 의존했다. 이 모든 것을 요약하여, 라투르와 울가는 다음과 같이 썼다. "우리는 그들이 과학적 규범을 중시한다는 명백한 근거를 확인하지 못했다."[19]

기유맹의 연구실에서는 뇌와 분비물을 객관적으로 칭량秤量하는 경우가 많았지만, 증거를 객관적으로 저울질하는 경우는 별로 없었다. 신중히 수집된 데이터가 'TRH의 구조에 대한 이론'에 대해 무엇을 말하는지 결정하면서, 심지어 방법론의 하사관들—박사후 연구원, 소장파 과학자, '과학의 이코노미 클래스'에 탑승하여 예의 바르게 침묵하는 다수—조차도 규칙을 따르지 않았다. 그들은 공식적인 제약에 신경 쓰지 않고, 과학적 추론의 짐칸에 자신들의 도덕적·심리적·과학적·문화적 수하물을 가득 채울 뿐이었다.

과학계는 이런 식으로 돌아간다. 혈액학자hematologist인 제임스 짐링James Zimring은, 생애 최초로 연구실에 발을 들여놓은 신참 과학자들의 당혹스러움을 다음과 같이 보고했다.

> 그들과 동료 연구자들이 수행하는 연구는 "엉망진창"인 것처럼 보였다. 그것은 혼돈 상태였고, 논리적으로 진행되지 않았다. … 일이 벌어진 후에 사태를 수습하기 위해 합리화가 이루어지는 경우가 비일비재했다.[20]

올바름의 기준standard for correctness에 최소한 관심이라도 기울이는 사람이 아무도 없다면, 과학의 자기수정은 거의 불가능하다고 봐야 한다.

그렇다면 과학의 방법은 어디에 있는 걸까? 라투르의 추종자와 동조자들에 의하면, 그런 건 어디에도 없다고 한다. 과학이 세계를 더욱 객관적이고 타당하고 진실되게 알 수 있도록 해주는 구조나 시스템은 존재하지 않는다는 것이다. 그게 사실이라면, 방법론 대논쟁은 허구를 둘러싼 논쟁인 셈이다. 이것은 많은 동시대적 사회학자와 과학사가들이 지지하는 이론으로, 이름하여 급진적 주관주의radical subjectivism다. 그것은 방법주의의 안티테제다.

급진적 주관주의자들에 의하면, 과학적 탐구의 세계는 온갖 전문화된 장치와 이데올로기를 가졌음에도 본질적으로 인간사회의 다양성을 지닌 축소판microcosm이다. 수만 명의 구성원들은 '가치 있는 연구 대상과 연구 방법'에 대해 각자 다른 신념을 품고, 함께하기보다는 엇갈리는 행보를 하는 경우가 더 많다. 그들은 때로 서로 못 본 체하고, 때로 언쟁하고, 때로 미묘하게 반목하고, 때로 자기가 보고 싶은 것만 보고, 때로 그동안 봐왔던 것만 보고, 때로 (학계 라이벌과의 지위 경쟁에만 신경 쓴 나머지) 과학 이론을 목적이 아니라 출세의 수단으로 취급한다. 급진적 주관성 이론에 따르면, 과학은 인간의 조건인 마키아벨리적 권력쟁탈전을 위한 또 하나의 장소일 뿐이다.

그렇다면 강력하기로 유명한 경험적 사실empirical fact의 힘은 어떻게 되는 걸까? "자연 세계는 과학적 지식을 구축하는 데에서 무시해도 좋을 만한 역할을 수행한다"[21]라고 과학 사회학자인 해리 콜린스Harry Collins는 말한다. 그와 마찬가지로, 사회학자 스탠리 아로노비츠Stanley Aronowitz는 이렇게 말한다. "과학은 자신의 발견을 힘과 관련시킴으로써 스스로 정당화하는데, 이 관련성은 '신뢰할 만한 지식reliable knowledge으로 간주되는 것'을 결정하며 단순히 영향력만 행사하는 게 아니다. 간단히 말해서, 사실fact은 최강팀이 '진리로 간주되는 것'을 선포하는 게임의 졸pawn에 지나지 않는다."

포퍼는 반증에 초점을 맞춘다. 쿤의 패러다임별 접근방법paradigm-by-paradigm approach은 다른 시스템이나 방법에 초점을 맞추며, 과학자들에게 '당신들의 인간적 면모mortal way를 제쳐놓으라'고 요구한다. 절망스럽게도, 급진적 주관주의자들에 따르면 그들 모두는 가망이 없다.[22]

과학자들은 너무나 인간적이다. 그들은 보편적으로 타당한 대본universally valid script을 따르지 않는다. 그들은 쿤적 패러다임이 제시하는 국지적으로 타당한 대본locally valid script도 따르지 않는다. 그들은 감당할 수 없을 정도로 논쟁적이고 맥락의존적contextual이고 변덕스럽다.

내가 생각하기에, 과학의 주관성에 대한 급진적 주관주의자들의 주장은 구구절절이 옳다. 그러나 '과학을 평범한 사고ordinary thought나 철학적 사색philosophical contemplation과 구별해 주는 것은 없다'는 그들의 주장은 너무 앞서 나갔다. 그것은 과학적 탐구라는 복잡한 인간 활동의 모든 것을 설명해 주지만, 가장 중요한 것—**과학혁명**에 뒤이은 진보의 물결—만은 예외다. 의학적 진보, 기술적 진보, '모든 것이 어떻게 연관되고 어떻게 작동하는지'에 대한 이해의 진보! 그것은 광범위하고 부인할 수 없고 삶을 바꾼 진보였다.

일부 급진적 주관주의자들은 '과학적 이해가 인류의 행복 증진에 기여했다는 말은 거대과학Big Science이 늘어놓은 선전propaganda일 뿐' 이라고 암시하며, 기술적 진보는 사물의 구조 이해에 대한 심오한 지식보다는 시행착오에서 비롯된다고 주장한다. 그러나 대부분의 사람들은 과학의 이론적 성공뿐만 아니라 실질적 성공까지도 인정한다.[23] "장담하건대, 과학은 … 우리가 습득한 자연적 지식체body of natural knowledge 중에서 가장 신뢰할 만하다"[24]라고 사회학자 샤핀은 말한다. 과학적 오류, 약점, 작화confabulation*를 역사적·사회논리학적으로 장황하게 설명하는 것은, 다음과 같은 유명한 동화를 반복하는 것과 다르지 않다: **신데렐라는 가난하고 후줄근한 소녀로, 계모와 이복언니들에게 매 맞고 학대당했으며, 노예나 다름없는 취급을 받았다. 그래서 그녀는 잘생긴 왕자와 결혼하여 오래도록 행복하게 살았다.** 이 스토리에는 가장 중요한 부분이 누락되어 있다.

무도회가 끝난 후 남은 찌꺼기들—숨은 동기ulterior motives, 자기 잇속만 차리는 설명, 권력 암투, 짓밟힌 꽃, 산산조각 난 컵, 깨진 약속—중에서, 당신은 반짝이는 유리구두를 발견하고 싶어 할 것이다. 유리구두는 이야기의 두 반쪽two halves을 연결하는 단서다. 이것은 과학적 방법이자 객관적인 규칙으로, 심지어 에딩턴과 파스퇴르가 준수한 '과학적 행동의 기준'을 정하며, '과학의 지식을 찾는 힘knowledge-finding power은 어디에서 나오는가?'라는 거대한 철학적 의문에 대한 답변을 제시한다.

만약 존재한다면, 유리구두는 미묘하고 정교한 것이어야 한다. 그

* 사실에 근거를 두지 않고 말하는 병적 상태.

것은 앞에서 말한 과학자의 말과 행동의 가변성malleability과 잘 어울리며, 급진적 주관주의자들의 해석에 대한 대안을 제공해야 한다. 그것은 '과학적 탐구는 통상적인 인간사가 아니며, 과학적 행동의 이면에는 과학의 성공을 설명하는 뭔가 독특하고 객관적인 것이 도사리고 있다'는 것을 보여줘야 한다. 그러나 그와 동시에, 그것은 인간의 약점을 극복하도록 허용해야 한다.

이런 요구사항을 충족하는 것이 과연 가능할까? 나는 그것을 충족하는 것이, 당신이 상상하는 것보다 훨씬 더 어렵다는 것을 보여줄 것이다. 인간의 본성뿐만 아니라 논리의 법칙이 과학적 사고의 객관성을 가로막는 요인이기 때문이다.

3장

과학의 본질적인 주관성

과학적 추론의 논리는 본성상으로 주관적이다.

토드 윌링엄Todd Willingham이 집안에 불을 질러 세 딸을 살해했다는 결론을 내리느라 배심원단은 한 시간을 소비했다. 증거는 차고 넘쳤다. 한 방화放火 전문가는, 화재의 특징으로 미루어 보건대 방 안에서부터 현관까지 뿌려진 인화 물질—휘발유나 숯불용 점화액 lighter fluid—이 직접적 원인임에 틀림없다고 증언했다. 실제로, 현관 주변에서 발견된 헝겊에서 점화액 양성 반응이 나왔다. 증인들—이웃들과 소방서에 소속된 목사—은, 화재 현장에 있던 윌링엄이 이상하게도 동요하지 않는 것 같았다고 증언했다. 그와 함께 수감된 한 죄수는, 그가 죄를 저질렀다고 실토하며 "일종의 점화액을 벽과 마루에 뿌린 후 불을 붙였다"[1]라고 말했다고 증언했다. 큰 화재가 일어난 지 8개월 후인 1992년 8월, 텍사스의 한 판사는 윌링엄에게 사형을 선고했다.

그로부터 10년 후 윌링엄이 사형수 수감 건물에 머물고 있을 때,

상황이 점차 모호해지기 시작했다. 재소자를 돕는 자원봉사자 중 하나인 엘리자베스 길버트Elizabeth Gilbert가 구경꾼들의 증언을 면밀히 검토한 후 문제점을 하나 발견했다. 화재가 일어난 당시 윌리엄이 보인 행동에 대한 그들의 해석이, 그가 살인 혐의를 받았다는 사실을 안 후 그릇된 쪽으로 바뀐 것이다. 이는 심리학 연구자들에게 잘 알려져 있는 인지효과cognitive effect다. 그와 비슷한 시기에, 윌링엄에게 자백을 받았다고 주장했던 죄수는 '증언 취소 신청서Motion to Recant Testimony'를 제출했다. 그리고 가장 유의미한 것은, 가정 화재의 동역학dynamics에 대한 이해가 크게 증가함에 따라 재판 당시 방화의 징후telltale sign로 간주되던 것이 완전히 우발적인 화재entirely accidental blaze에 의해 초래될 수 있는 것으로 밝혀졌다는 점이다. 그렇다면 현관에서 검출된 점화액은 어떻게 된 것일까? 그건 화재 속에서 파괴된 숯불용 석쇠 때문일 가능성이 높다.

토드 윌링엄이 자신의 딸들을 살해했는지 여부를 아는 사람은 지금껏 아무도 없었고, 앞으로도 그러할 것이다. 그럼에도 그는 2004년에 처형되었다. 1991년 윌링엄에게 불리한 주장에 기여한 사람들[2]—소방관, 이웃, 목사, 검찰—은 책임감 있고 진실하고 편견 없이 재판에 임했다. 그러나 오늘날 많은 사람들은 '텍사스주州가 죄 없는 사람을 죽였다'고 믿고 있다.

형사사법제도criminal justice system는 진실을 밝히려고 노력한다. 그러나 아무리 그렇더라도, 증거의 해석은 목격자의 신뢰성이나 이론—이를테면 인화 물질의 효과에 대한 방화 조사자의 가정—의 정확성에 달려 있다. 그것들이 가장 중요한데도, 그런 의문을 해결할 수 있는 객관적인 근거는 없다. 정보가 제한적이라도 결정은 내려져야 한다. 심의자들은 가장 타당해 보이는 것what seems most plausible에 의존하는 수밖에 없다. 한참 후, 목격자가 신뢰할 수 없거나 이론이 결함 있는 것으로 밝혀질 수 있다. 수정 구슬이 존재하지 않으므로, 재판관은 그때그때 주어진 범위에서 최선을 다해야 한다.

과학의 경우에도 사정은 마찬가지다. 때때로 측정 도구measurement instrument—말하자면 목격자나 증인—가 관건이 된다. 그것은 때때로 이론이다. 증거를 이해하려고 노력하는 과학자들은 중립적일 수 없다. 그들은 '증거가 진실에 기반하는지' 여부와 '이론적 가정이 타당한지' 여부를 판단해야 한다. 안내자가 없으므로, 그들은 옳은 것처럼 보이는 것을 받아들여야 한다. 그러려면 학식에 기반한 추측educated guesswork에 호소해야 하므로, 과학적 추론의 주관성은 불가피하고 돌이킬 수 없으며 본질적일 수밖에 없다.

에딩턴이 개기일식을 관찰했던 1919년으로 돌아가 보자. 개기일식 관찰을 위한 탐사의 근거는 자명했다. 만약 아인슈타인이 옳다면, 태양 가까이를 지나는 별빛은 뉴턴이 옳은 경우보다 두 배 많이 휘어야 했다. 그렇다면 휘어진 각도를 측정함으로써 두 이론 중 어느 것이 정확한지 결정할 수 있었다.

브라질 팀의 경우, 에딩턴 휘하의 연구원 두 명이 천체항법도 망원경의 초점을 일식에 맞추고 18장의 사진을 촬영했다. 촬영 결과는 그림 2.2에 요약되어 있는데, 당신도 기억하다시피 그 핵심은 맨 오른쪽 줄 맨 아래 칸에 적혀 있는 숫자인 +0.86이다. 그것은 전반적인 휨 각도가 뉴턴의 예측치인 0.87각초arc second와 거의 일치한다는 것을 의미한다. 그러나 에딩턴은 천체항법도 망원경 사진의 유의미성을 묵살함으로써 아인슈타인의 어젠다를 보호했다.

그는 그렇게 함으로써 포퍼 덕분에 유명해진 방법론적 계율methodological commandment—'잘못된 예측'을 한 이론은 기각되어야 한다는 수칙—을 위반한 것처럼 보인다. 그러나 이것은 그다지 정확한 진술이 아니다. 나중에 보게 되겠지만, 에딩턴이 브라질의 데이터를 하찮게 여겼다고 해서 객관적 규칙을 위반한 것은 아니다. 가장 무원칙한 과학자라 할지라도 그렇게 할 수는 없을 것이다. 왜냐하면 사회학자인 브뤼노 라투르와 스티브 울가가 말했듯이 그런 규칙은 존재하지 않기 때문이다. 한걸음 더 나아가, 이것은 사회학적 사실sociological fact의 문제일 뿐만 아니라 철학적 원리philosophical principle의 문제이기도 하다. 체계적인 이유systematic reason 때문에 그런 규칙—예컨대 포퍼의 반증 원리principle of falsification—을 세우려는 가장 합치된 노력은 실현될 수 없으며, 궁극적으로 과학자의 증거 해석을 객관적으로 제약할 수 없다. 왜 그럴까?

그 이유를 알아내기 위해, 에딩턴이 천체항법도 망원경의 데이터를 무시한 근거를 면밀히 검토해 보기로 하자. 그는 '망원경에 뭔가 문제가 생겨, 중력에 의한 휨이 체계적으로 적게 보고되었다'고 주장했는데, 이것은 논란이 많을지언정 독단적인 주장이라고 할 수 없다. 그가 이런 주장에 대한 직접적 증거를 제시하지는 않았지만, 그런 '과소측정undermeasurement'이 일어나는 방법은 무수히 많다.

망원경을 통해 빛의 휨을 직접 볼 수는 없다. 그 대신, 당신은 일식이 일어나는 순간 태양면 바로 옆에 있는 별들의 겉보기 위치를 촬영한 다음, 태양에서 멀어졌을 때의 위치와 비교해야 한다. 휨 각도는 '사진건판상의 위치 차이'로 나타난다. 이러한 차이는 미세해서, 0.86각초로 측정된 '중력에 의한 휨'은 0.0002도(°)와 동일하며, 이는 브라질 천체항법도 망원경의 건판 위에서 겨우 60분의 1밀리미터의 위치 이동에 해당한다. 그러므로 측정에 아무리 작은 영향을 미치는 요인이라도, 휨 값을 계산하는 데에서 유의미한 오류로 귀결될 것이다.

그런 잠재적 방해자spoiler는 수두룩했다. 왜냐하면 브라질에서는 현미경의 설치 과정이 상당히 복잡했기 때문이다. 예컨대 영국 그리니치 천문대에 설치된 천체항법도 망원경은 그림 3.1과 같다. 하늘의 모든 위치를 포착할 수 있도록, 그것은 정밀 가공된 육중한 받침대에 부착되어 있다. 에딩턴은 그 받침대를 가져간다는 것을 깜박 잊었다. 그래서 브라질에서는 망원경을 평평한 땅바닥 위에 놓아 지평선을 가

그림 3.1
왕립 그리니치 천문대에 설치된 13인치 천체항법도 망원경. 에딩턴은 이 망원경의 핵심적인 광학적 요소를 브라질로 운반한 후 재조립함으로써 '브라질 천체항법도 망원경'을 구성했다.

그림 3.2 브라질에 설치된 에딩턴 탐사대의 망원경.
천체항법도는 왼쪽에 있고, 4인치 망원경은 오른쪽에 있다. 외부 거울은 맨 앞에 있는 직육면체형 블록 위에 놓여 있다.

리키게 했다(그림 3.2). 각각의 망원경에서, 외부 거울이 하늘의 표적에서 오는 빛을 반사하여 망원경의 경통barrel으로 보냈다.

에딩턴의 탐사팀은 천체항법도 망원경의 측정이 잘못될 수 있음을 설명하기 위해, 그러한 배치의 분명한 단점을 지적했다. 일식이 시작되기 전에 열대 태양이 망원경의 거울을 가열하는 바람에, 거울이 불규칙하게 팽창하여 사진의 화상畵像을 왜곡했을 수 있다는 것이었다. 과학자들은 그런 결함이 초래할 수 있는 최악의 결과를 회피하는 방법을 강구했지만, 거울에는 어찌된 일인지 비점수차astigmatism*가 나

* 광학계의 수차收差의 하나. 한 점에서 나온 빛이 렌즈나 굽은 거울 따위에서 반사 또는 굴절된 다음, 한 개의 초점에 모이지 않고 여러 개의 초점을 만드는 현상이다. 사람의 경우, 이런 현상은 난시에서 볼 수 있다.

타났다. 그리하여 거울이 태양을 지속적으로 가리키는 메커니즘—이것은 지구의 회전을 보상한다—이 불규칙하게 작동했다. 이러한 문제가 별의 위치에 60분의 1밀리미터 정도의 오류를 초래함으로써, 아인슈타인의 하늘에서 뉴턴의 수치를 제공하는 것은 별로 어렵지 않다.

결론적으로 말해서, 그림 2.2의 맨 오른쪽 줄 맨 아래 칸에 기재된 '경험적 사실empirical fact'은 관측된 양observed quantity이 아니라 계산된 양calculated quantity으로, 기다란 가정의 사슬long chain of assumptions에 의존하는데 그중 몇 개가 틀리더라도 전혀 이상하지 않다. 천체항법도 옆에 놓인 4인치 망원경을 사용한 휨 각도 측정도 사정은 마찬가지다. 이 망원경의 광선 패턴은 13인치 망원경과 동일했지만 정반대 결과가 나왔다. 사실 돌이켜 생각해 보면, 우리가 알기로 4인치 망원경에서도 뭔가가 정상 상태를 체계적으로 이탈하고 있었다. 왜냐하면 휨 각도가 아인슈타인 이론의 상한선을 상당히 벗어났기 때문이다. 에딩턴은 선택을 해야 했다. 천체항법도 망원경의 데이터를 할인할까? 4인치 망원경의 불일치를 무시할까? 실험이 실패했다고 선언할까? 정확한 선택을 내리기에는 정보가 불충분했다. 그래서 그는 직감에 의존했다.

에딩턴이 처한 상황은 결코 이례적이지 않았다. 과학자들이 데이터를 해석하는 데는 종종 조작maneuver의 여지가 있으며, 어떤 조작의 객관적으로 옳고 그름에 대한 명백한 지침은 지극히 드물다.

일식 탐사에서 본 바와 같이, 조작의 여지가 존재하는 이유는 이론 자체가 '어떤 것이 관측될지'를 예측하는 게 아니기 때문이다. 실험 결과—이를테면 사진건판상에서 작은 점의 위치—에 대해 발언권을 행사하려면, 이론은 '실험 도구의 적절한 기능', '배경 조건의 적합성' 등에 대한 가정post과 추정presumption에 의해 뒷받침되고 조력을 받아야 한다.

달리 말하면 이론은 중세 기사와 마찬가지여서, 혈혈단신으로 싸우지 않고 일련의 가정들assumptions로 이루어진 수행원retinue들과 함께 경험적 전투empirical combat에 참가한다. 실험 결과, 측정치, 그 밖의 관측치를 예측하고 설명하는 것은 이론 자체가 아니라, 이론과 가정들로 구성된 집합체—당신은 이것을 이론적 코호트theoretical cohort*라고 부를 것이다—다. 이론은 모든 관심을 한 몸에 받지만, 수행원들의 소집단coterie이 없으면 적과 교전할 수 없다.

결과적으로, 뭔가 잘못되었을 때는 (에딩턴이 그랬던 것처럼) 가정을 비난함으로써 이론을 반박으로부터 구출할 수 있다. 그는 상당한 논리적·사회적·정치적 기술을 이용하여, '도구에 뭔가 잘못이 있다'는 이유를 대며 브라질의 천체항법도 측정치—명백히 비非아인슈타인적인 0.86각초—를 묵살했다. 잘못된 예측에 직면했을 때, 과학자는 '이론을 구출하기 위해 가정을 희생시킬 것인지' 아니면 '이론 자체가 틀렸음을 인정할 것인지'를 결정해야 한다.

칼 포퍼는 이 문제를 매우 심각하게 받아들였다. 그는 선택의 여지가 없었는데, 그 이유는 '잘못된 예측을 낳는 이론들을 제거함으로써 과학이 진보한다'는 자신의 중심 사상이 손상되는 것 같았기 때문이

* 코호트cohort의 어원은 라틴어로 '울타리'를 뜻하는 cohortem이고 중세 프랑스어로 군대 단위인 '소대'를 뜻하는 cohorte를 거쳐 오늘에 이른다.

다. 만약 가정을 비난함으로써—예컨대 측정 도구에 약간의 오류가 있다고 가정함으로써—뭔가가 잘못된 것처럼 보일 때마다 이론이 용서될 수 있다면, 제거될 이론은 하나도 없을 것이다.

포퍼는 '이론을 구출하기 위해 가정을 비난하는 것은 때때로 올바른 일'이라고 인정했지만, 특정한 상황에서만 가능하다는 단서를 달았다. 그러면서 그는 '이론을 옹호하는 과정에서 제시된 새로운 가정들은 반증 가능해야falsifiable 하며, 옹호자들은 포퍼의 비판 정신에 입각하여 그 가정을 검증하기 위해 모든 노력을 기울여야 한다'고 권고했다. 과학자들은 종종 이러한 권고를 흔쾌히 받아들인다. 2011년 말, 스위스에 있는 CERN 연구소(유럽입자물리연구소)에서 창조된 중성미자neutrino가 빛보다 빨리 이동하는 것으로 나타났는데, 광속 돌파는 아인슈타인의 상대성이론에 의해 금지된 난공불락의 장벽이었다. 대다수의 물리학자들은 상대성이론을 폐기하는 대신, 측정 도구에 뭔가 잘못이 있을 거라고 가정했다. 그러나 문제는 거기에 머물지 않고, 상대성을 반박으로부터 구출하기에 이른 것이다. 그들은 포퍼의 조언에 따라, 구출이 의존한 가정—"뭔가가 잘못되었다"—의 검증에 착수했다. 자신들의 보수주의가 정당했음을 밝히기 위해, 그들은 모든 실험 기구를 샅샅이 조사했다. 그리하여 케이블 하나가 느슨했던 것으로 밝혀졌다.

그러나 그런 배려와 주의care and attention가 항상 실행 가능한 것은 아니다. 일식이 일어난 지 수 개월 후 영국으로 돌아가 보고서를 집필하던 중, 에딩턴은 "뭔가 잘못된 것"—예컨대 태양열 때문에 팽창한 거울—의 효과를 재확인할 방법이 없었다. 실험 도구의 다양한 오작동 가능성도 사정은 마찬가지여서, 수차收差는 종종 일시적이기 때문에 '그게 정말로 일어났는지, 만약 일어났다면 어느 정도였는지'를 되짚어볼 방법이 없었다. 그리하여 문제 해결의 관건인 사실은 역사에서 사라졌다.

포퍼는 이런 난맥상을 해결하는 다른 방법을 제시했는데, 그것은 두 번째 실험을 더욱 신중하게 수행하는 것이었다.[3] 과학자들은 이 조언을 선뜻 받아들이지만, 이 역시 항상 실행 가능한 건 아니다. 일식은 충분히 드문데, 1919년의 일식이 더욱 드문 것은 개기식totality의 순간에 태양이 비교적 밝은 별들의 중심에 위치했기 때문이다. 에딩턴이 그 실험을 극구 칭찬하며 지적한 바와 같이, 그런 행복한 배열happy alignment은 "두 번 다시 보기 힘든 현상이었다".[4] 그는 브라질로 돌아가 천체사진을 다시 찍고 싶은 마음이 간절했겠지만, 그럴 수 없었다. 그래서 그는 브라질의 천체항법도를 배제하고 아인슈타인의 손을 들어줄 다른 방법을 발견했다.

에딩턴은 행동 방식에 제한을 받지 않았는데, 그 이유는 과학적 사고의 규칙을 업신여겼기 때문이 아니라 경험적 연구의 복잡함과 어려움—작거나 접근하기 어려운 양量을 정밀하게 측정해야 한다—으로 인해 사진건판을 해석하는 규칙이 존재하지 않았기 때문이다. 위대한 방법주의자인 칼 포퍼가 (잘못된 예측에 직면했을 때 '이론과 측정 도구 중 어느 것을 비난할 것인지'를 결정하기 위해) 정해놓은 원칙조차도 무용지물이었다. 의심스러운 증언에 직면한 배심원과 마찬가지로, 경험적 데이터의 유의미성을 해석하려고 노력하는 과학자들은 때때로 개인적·본능적·주관적인 결정을 내릴 수밖에 없다.

에딩턴과 파스퇴르의 이기적인 계략과 라투르의 민족지학적 조사는 방법주의에 불리한 사례로, 과학자들—유명한 과학자든 무명의 과학자든—이 증거의 가치를 평가할 때 객관적 지침을 따르지 않는다는 것을 보여준다. 주지하는 바와 같이 오늘날의 상황은 매우 심각하며, 많은 경우 그런 지침이 아예 존재하지 않는다. 설사 과학에 오류가 없고 절제, 합리성, 사심 없음의 귀감 사례가 넘쳐나더라도, 증거의 무게는 객관적으로 평가될 수 없다.

또는 백번 양보하더라도, 증거의 유의미성이 측정 도구의 경합적 신뢰성contested credibility에 의존할 경우에는 증거의 무게를 객관적으로 평가하기 어렵다. 윌링엄의 경우와 마찬가지로, 증거의 해석이 논란 많은 이론적 가정controversial theoretical assumption의 타당성에 의존할 때도 사정은 마찬가지다. 이에 대해 좀 더 자세히 살펴보기로 하자.

1800년대 초, 지질학자들은 지구가 엄청나게 오래됐다는 주장의 의미를 헤아리기 시작했다. 찰스 다윈이 1859년 제안한 '자연선택에 의한 진화론'의 경우, 하나의 공통 조상에서 모든 다양성과 복잡성이 나타나는 데 소요되는 기간—부유浮游하는 원형질protoplasm 부스러기에서 가지와 잎, 머리와 다리가 돋아나고, 궁극적으로 지구 표면을 장악할 때까지—을 제공하기 위해 영겁의 세월을 필요로 했다. 따라서 다윈은 새로운 지질학을 이용하여, 지구의 나이는 최소한 수억 년이라고 주장했다.

이런 충격적인 사상은 가공할 만한 장벽에 정면으로 부딪쳤다. 그 장벽의 이름은 윌리엄 톰슨William Thomson으로, 그 당시 가장 유명하고 영향력 있는 물리학자 중 하나였다. 그는 1824년 북아일랜드의 벨파스트Belfast에서 태어난 신동으로, 학생 시절에 세 편의 과학 논문을 출판했고 스물두 살의 나이에 글래스고 대학교의 교수로 임명되어 평생 동안 재직했다. 그는 에너지와 열역학 분야에서 중요한 업적을 남겼고, 우주의 열사heat death of the universe라는 개념을 개척했다. 우주의 열사熱死란 에너지가 필연적으로 확산dispersion됨으로써 세계가 조용하고 어둡고 동질적이고 생명체 없는 장소가 되는 것을 말하는데, 이렇게 되면 만물의 온도가 동일하고 아무런 일도 일어나지 않는다. 그는 공학과 상업에 눈을 돌려, 영국과 미국 사이에 해저 케이블을 매설하는 노력에 가담했다. 다년간의 사고와 실패를 거듭한 끝에 케이블 매설은 1866년에 성공했고, 톰슨은 이 공로를 인정받아 기사 작위를 받았다. 다음으로, 그는 자유당Liberal Party에서 아일랜드 자치법Irish home rule 반대를 이끌다 1892년 켈빈 경Lord Kelvin이 되었으며, 오늘날 흔히 켈빈*이라는 이름으로 불린다.

켈빈은 평생토록 전통적인 신앙을 고수했다. 그는 광교파latitudinarian였는데, 이는 교파들—특히 성공회Anglicanism와 장로교Presbyterianism—간의 차이가 중요하지 않다고 여겼음을 의미한다. 사실, 그는 계시의 원천으로서 설교단pulpit**보다 자연을 선호했다. "당신의 주변을 둘러보라. 그러면 창조하고 지휘하는 힘creating and directing power이 역사役事하고 있음을 볼 수 있을 것이다."[5] 그는 이렇게 썼다. "그러므로 만약

* 켈빈이라는 이름은 글래스고 주변을 흐르는 강 이름에서 유래했으며, 절대온도의 단위인 '켈빈'은 여기에서 따왔다.

** 기독교 성당 내부에 설교를 하거나 예배를 주재하기 위해 설치된 연단.

오랫동안 심사숙고한다면 과학을 통해 신을 믿게 될 것이다. 이것은 모든 종교의 토대를 이룬다." 그러나 그가 이해한 바에 따르면, 다윈주의의 밑바탕에 깔린 과학[6]은 정반대 메시지를 전파하겠다고 으름장을 놓고 있었다.

켈빈은 오랫동안 열 물리학physics of heat을 이용하여 지구의 나이를 계산하고 싶어 했는데, 그의 아이디어는 간단했다. 즉, 찻잔 속의 커피가 차가울수록 찻잔에 부은 후 카운터에 놓아뒀던 시간이 길다는 것이었다. 그와 마찬가지로, 지각earth's crust이 차가울수록 지구가 형성된 후 냉각된 시간이 길 것이다. 그렇다면, 지구 바깥층의 원래 온도와 현재 온도를 안다면 지구의 나이를 추정할 수 있을 것이다. 켈빈은 원래 온도가 용융된 암석molten rock의 온도와 같을 거라고 가정했지만,[7] 현재 온도에 대해서는 누군가의 도움이 필요했다. 그로부터 몇 년 후 스코틀랜드의 물리학자 겸 빙하학자인 J. D. 포브스J. D. Forbes가 일련의 측정을 통해 에든버러Edinburgh 근처에서 지표하 암석subsurface rock의 온도를 산출했다.

이러한 수치들을 손에 넣은 후, 켈빈은 1863년 잘 확립된 냉각이론을 이용하여 계산한 결과를 출판했다. 그가 1897년에 얻은 최종 추정치에 의하면, 지구의 나이는 2,000만~4,000만 년을 넘지 않으며, "4,000만 년보다는 2,000만 년에 훨씬 가까웠다".[8] 지각이 매우 따뜻하다는 점을 감안할 때, 지구의 나이가 그보다 많을 수는 없었다. 그에 더하여, 19세기 후반의 다른 추정치들—태양의 나이에 기반하여 추정된 지구의 나이로, 이 중에는 켈빈 자신이 계산한 것도 포함되어 있다—도 2,000만 년에 머물렀다. 물리학은 진화에게 생명의 다양성을 창조할

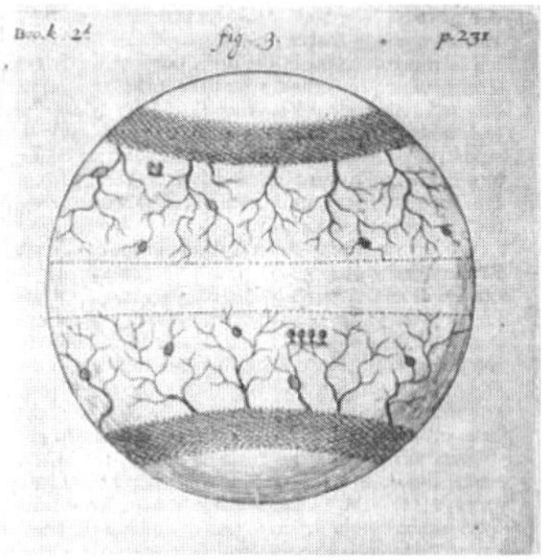

그림 3.3
1681년 토머스 버넷Thomas Burnet이 출간한 『지구에 관한 거룩한 이론Sacred Theory of the Earth』에 나오는 태초—창조의 새벽dawn of creation—의 지구. 강은 극pole에서 적도로 흐른다. 에덴 동산Garden of Eden으로 추측되는 곳은 남반구에 일렬로 서 있는 네 그루의 나무로 표시되어 있다.

만한 시간을 주지 않은 것처럼 보였다. 덕분에 다윈은 동네북 취급을 받았다.[9]

다윈의 옹호자 중에서 가장 완강한 사람—'다윈의 불독'—으로 알려진 해부학자 토머스 헉슬리Thomas Huxley가 구원투수로 등판했다. 헉슬리는 1860년 다윈의 비판자인 새뮤얼 "소피 샘" 윌버포스Samuel "Soapy Sam" Wilberforce 주교를 물리친 것으로 유명하다. 그는 윌버포스의 진부한 조롱에 맞서, '진지한 토론에서 조롱을 일삼는 자의 후손이 되느니, 차라리 유인원의 후손이 되겠다'고 선언했다. 다음으로, 헉슬리는 고생물학자 리처드 오언Richard Owen과 장기전을 벌였는데, 그는 '유인원과 인간의 뇌 사이에는 피상적인 유사성만 있을 뿐이며, 그들이 공통조상의 후손이라는 증거는 존재하지 않는다'고 주장했다.

불독은 켈빈에 맞서 다시 한 번 전술적 테크닉을 발휘했다. 솔직히 말해서, 헉슬리는 열 물리학에 대해 아는 게 별로 없었다. 그러나 그는 논쟁에서 이기는 방법을 알고 있었으며, 그런 방법으로 무장하고 있었다. 그래서 그는 켈빈의 가정의 타당성을 물고 늘어졌다. 헉슬리는 켈빈의 수학이 흠잡을 수 없음을 인정했지만, 계산의 정확성이 떨어진다고 주장했다.

> 무엇을 얻을 것인지는 무엇을 넣느냐에 달려 있다. 세상에서 제일 큰 물레방아에 완두 꼬투리를 넣는다고 해서 밀가루가 나오지 않는 것처럼, 여러 페이지짜리 공식에 엉터리 데이터를 입력해 봤자 정확한 답이 나올 리 만무하다.[10]

헉슬리는 한술 더 떠서 켈빈을 단순한 '행인'으로 간주하고, 다윈의 이론의 토대인 지질학과 생물학의 심오함을 이해하지 못한다고 몰아붙였다. "그러나 지질학은 물리학의 한 분야이므로," 켈빈은 이렇게 대꾸했다. "물리학자인 나는 행인이기는커녕 전문가다. 따라서 지질학의 토대에 대한 나의 의견을 매우 신중하게 받아들여야 한다."

켈빈의 대답은 지나칠 정도로 공손했지만, 논쟁에 불쑥 끼어든 그의 친구이자 동료인 피터 거스리 테이트Peter Guthrie Tait는 달랐다. 그는 다윈이나 헉슬리 같은 자연사가natural historian들을 '딱정벌레 사냥꾼'과 '게잡이'에 비유하며, 수학적 사고의 힘을 인식하지 못한다고 떠벌렸다. 그는 켈빈의 추정치보다 훨씬 적은 지구의 나이를 제시하며 자신의 주장을 마무리했다. "자연철학[즉, 물리학]은 지질학자와 고생물학자들을 어여삐 여겨 1,000만 년 또는 1,500만 년이라는 나이를 이미 제시했다.[11] 그리고 … 아무리 훌륭한 데이터를 입력해도 더는 줄어들지 않을 것이다."

지구의 실제 나이는 45억 년 이상이며, 지구상에 생명체가 등장한 것은 최소한 35억 년 전이다. 켈빈의 추정치가 그렇게 낮았던 이유는 뭘까? 가정 화재의 발생 및 확산 과정에 대한 불충분한 이론에 의존했던 토드 윌링엄의 배심원들과 마찬가지로, 그는 여러 가지 면에서 잘못된 가정에 의존하고 있었다.[12] 첫째, 그가 알아낼 방법은 없었겠지만 대륙을 구성하는 암석의 열熱은 방사성 원소의 붕괴에 의해 상당히 증가한다. 둘째, 열이 지구의 핵core에서 지각으로 전달되는 메커니즘에는 (켈빈이 가정했던) 고형 암석을 통한 전도conduction뿐만 아니라 맨틀의 대류convection도 있다. 열을 품은 맨틀의 대류는 전도보다 훨씬 더 효율적으로 지각을 데울 수 있다. 결과적으로 오래된 지구는 놀랄 만큼 따뜻한 지각을 보유할 수 있으며, 사실이 그렇다.

엄밀히 말해서, 켈빈은 찻잔에 담긴 커피의 맨 위층을 홀짝이다 혀를 델 뻔한 후 '방금 전 부은 게 틀림없다'는 결론을 내린 격이었다. 맨 위층 커피는 오랫동안 그 자리에 머물러 있는 것처럼 보였지만, 사실은 더 뜨거운 커피 위에 얹힌 채 끊임없이 휘저어지고 있었다. 헉슬리의 말이 맞았다.[13] 켈빈은 정교하게 세팅된 수학적 물레방아 속에 왕겨를 퍼부어, 굵고 거친 입자를 얻은 것이나 마찬가지였다.

그렇다면 켈빈, 테이트, 그리고 "상당히 젊은 지구youngish earth"의 다른 옹호자들이 비과학적이었다고 단정 지을 수 있을까? 전혀 그렇지 않다. 왜냐하면 양쪽 모두에 그럴 만한 이유와 커다란 불확실성이 있었기 때문이다. 물리학자들은 '지구의 지질학적 구조'에 대한 자신들의 가정이 대체로 사변적인 진화론보다 자연스럽고 사리에 맞는다고 여겼다. 굳이 지적하자면 진화론은 생물학적 추측biological guesswork이지, 신중한 물리학적 외삽physical extrapolation이 아니었다. 생물학자들은 생명의 복잡함life's intricacy에 대한 자신들의 웅장한 설명을 '엄밀히 증명되지 않았을망정, 전 지구적으로 수행된 광범위한 자연 관찰에 기반한 획기적인 성과'로 간주했다. 그런 획기적인 성과가 '수천 킬로미터 발밑에서 진행되는 미지의 것'에 대한 순수한 추측에 기반하여 폐기된다는 것은 있을 수 없는 일로 여겨졌다. 이와 같은 상반된 태도는 과학에서 흔히 있는 일로, 모든 과학적 추론·계획·논쟁에서 난무하는 주관성의 평범한 징후다.

칼 포퍼는 과학적 방법에 대한 규칙을 정함으로써, 이 같은 논란을 해결하는 한편 '지표면의 온도 측정이 다윈의 이론을 반증하는지' 여부와 '켈빈의 생각에 잘못된 부분은 없는지' 여부를 결정하려 노력했다. 그러나 에딩턴의 문제에서와 마찬가지로, 포퍼의 규칙은 지구의 나이를 둘러싼 논쟁에서 제 구실을 하지 못했다. '이론적 가정을 수립하는 데에서 대담해야 한다'고 그는 말했다. 그리고 '강력한 주장을 통해 스스로 반증에 노출되는 가설을 선택하라'고 했다. 장담하건대, 케빈과 다윈은 그런 규칙을 준수했다. 그러나 그들은 살아생전에 자신들의 주장을 검증할 방법을 찾지 못했다.

포퍼는 아마도 물리학자와 생물학자 모두에게 '더 많은 증거가 알려져 생물학적·물리학적 가설의 반증이 완료될 때까지, 마음을 열어야 하며 어느 한쪽 편을 드는 것을 삼가야 한다'고 충고했을 것이다. 그런 충고는 현실성이 매우 부족한 처방이며, 과학자들도 인간인지라 일관되게 준수하기 어렵다. 그리고 어떤 경우가 됐든, 베게너와 대륙이동설의 경우에서 살펴본 바와 같이 그것은 좋은 충고라고 할 수 없다. 과학은 '전향하기로 마음을 굳힌 사람들'이나 최소한 '라이벌의 주장이 틀렸음을 입증하려는 사람들' 사이에서 떠밀려 전진하기 마련이다. 확립된 사실을 앞질러 혈기왕성하게 달리는 의견은 과학적 탐구의 생명력life force이다.

이런 이유들 때문에, 포퍼는 오늘날 대부분의 과학철학자에게서 '증거를 이용하여 이론에 영향력을 행사하는 규칙—매우 객관적이며, 과학의 수요에 부응하는 규칙—을 제공하는 데 미흡하다'는 평을 듣는다. 그렇다면 어떤 규칙이 최선일까? 아니나 다를까, 이 문제에 대한 철학적 합의consensus는 '정답이 없다'는 것이다. 그도 그럴 것이, 과학적 증거를 저울질하는 객관적 규칙은 논리적으로 불가능하기 때문이다.

그게 불가능한 이유는, 포퍼적 반증을 종종 논란이 많은 문제contentious matter로 만드는 이유와 동일하다. 앞에서 말한 바와 같이, 과학 이론은 다양한 가정과 결합하여 이론적 코호트를 구성할 때만 예측을 내놓을 수 있다. 코호트는 일련의 다양한 가정들—철학자들은 이것을 '보조가정auxiliary assumption'이라고 부른다—로 구성되어 있다. 어떤 가정은 그 자체가 높은 수준의 가설—예컨대, 지구의 내부는 고체 구조라는 켈빈의 가설—이고, 어떤 것은 측정 도구의 기능과 세팅에 관한 가정—예컨대, 다양한 망원경에 대한 긍정적/부정적 가정—이다. 보조가정은 이론과 증거를 잇는 사슬의 연결고리와 같다. 사슬의 강도는 가장 약한 연결고리의 강도와 일치하므로,14* 사슬의 강도를 평가하려면(즉, 하나의 가설에 대한 찬/반 증거를 평가하려면) 당신은 모든 연결고리의 강도에 대한 의견을 표명해야 한다.

* "식물의 생장은 가장 부족한 것에 의해서 제한된다"라는 리비히의 최소량의 법칙을 생각하면 이해하기 쉽다.

달리 말해서, 보조가정에 대한 견해를 표명하지 않고 하나의 증거가 이론에 미치는 영향을 평가하는 것은 불가능하다. 만약 브라질의 천체항법도 망원경이 완벽하게 작동했다고 생각한다면, 당신은 거기에서 나온 '빛의 휨 각도 측정치'를 아인슈타인의 상대성이론에 대한 강력한 반증으로 간주할 것이다. 만약 그 측정치에 뭔가 체계적인 잘못이 있다고 판단한다면(즉, 그 증거적 사슬evidential chain의 특정한 연결고리에 결함이 있다고 의심한다면), 당신은 그 증거가 전혀 강력하지 않다고 간주할 것이다. 그리고 에딩턴과 마찬가지로, 당신은 (당신이 더욱 신뢰하는) 다른 도구에서 입수한 증거에 기반하여 그것을 기각하고 싶어 할 것이다.

이와 마찬가지로, 만약 지구 내부의 고체성solidity에 대한 켈빈의 가정이 확고한 증거에 입각한다고 생각한다면, 당신은 (그의 다른 가정들을 어느 정도 신뢰한다는 전제하에) "19세기의 지각 온도 측정치는 '상당히 젊은 지구'에 대한 강력한 증거이며, 다윈의 진화이론에 큰 타격을 입힌다"라고 결론지을 것이다. 그와 대조적으로, 만약 고체성 가정[15] (지표면에서 불과 몇 킬로미터 내려간 곳에서 발견된 강고한 구조가 6,400킬로미터 아래의 지구 핵까지 변함없이 계속된다는 가정)을 지극히 위험한 추측으로 간주한다면, 당신은 지각 온도 측정치를 다윈의 사상에 시비를 거는 하찮은 증거로 간주하게 될 것이다.

그에 더하여, 과학적 증거의 유의미성에 대한 법칙을 제정하려는 규칙은—사슬의 강도를 결정하는 절차가 모든 연결고리의 강도를 평가해야 하는 것처럼—그와 관련된 모든 보조가정의 가능성에 대한 법칙까지도 제정해야 한다. 그러한 규칙에 의거한 판정이 타당성을 확보하려면, 보조가정의 가능성에 대한 추정치가 객관적으로 타당해야 한다. 따라서 모든 증거의 저울질에 통용되는 객관적 규칙이 가능하려면, 이용 가능한 증거가 주어졌을 때 관련된 모든 보조가정의 가능성에 대한 문제가 객관적 사실로 존재해야 한다.

그러나 앞에서 살펴본 바와 같이 보조가정에 대한 의견은 천차만별인데, 그 이유는 과학자들이 올바른 추론 규칙을 몰라서가 아니라, 하나의 이론적 코호트에 속하는 모든 보조가정의 가능성을 평가하는 데 필요한 객관적 사실이 턱없이 부족하기 때문이다.

한편에서 보면, 에딩턴의 사례에서 살펴본 바와 같이 '실험 조건'과 '측정 도구의 일시적 상태'에 대한 가정들을 사후에 검토하는 것은 종종 불가능하며, 실험과 관측이 종종 너무 어렵거나 비용이 많이 들기 때문에 (최소한 단기적으로) 반복될 수가 없다.

다른 한편에서 보면, 이론적 보조가정(예컨대 지구는 완전한 고체라는 켈빈의 가정)에 대한 의견을 형성하려면 추가적인 증거가 필요하며, 추가적인 증거의 유의미성은 또 다른 추가적인 보조가정에 의존한다. 꼬리에 꼬리를 무는 추가적인 가정들 중에서 원래 가설original hypothesis이 등장할 수도 있는데, 이렇게 되면 헤어날 수 없는 사이클unbreakable circle[16]이 형성된다.

예컨대, 1860년대에 위험을 무릅쓰고 "생명체는 '건초 수프'와 공기로 구성된 무기 혼합물inorganic mix에서 자발적으로 형성될 수 없다"라는 사실을 증명하려고 했을 때, 루이 파스퇴르는 무균 공기—곰팡이, 점균류, 기타 증식물growth의 원천이 될 수 있는 '포자'가 포함되지 않은 공기—의 공급을 필요로 했다. 당신도 기억하는 바와 같이, 그와 다른 실험자들은 포자가 없는 공기를 얻기 위해 다양한 절차(공기를 가열하기, 윤활유 바른 용기에 저장하기, 알프스 산봉우리에서 포집하기)를 시도했다. 그런 공기가 무균 상태라는 것은 고전적인 보조가정으로, 실험의 타당성에 필수적이다. 그런데 공기가 무균 상태임을 어떻게 확신할 수 있었을까? 파스퇴르가 알고 있었던 보조가정 테스트 방법은, 공기를 건초 수프와 섞은 다음 생명체가 탄생하는지 여부를 확인하는 것밖에 없었다. 만약 생명체가 탄생한다면 공기에 포자가 포함되어 있는 것이고, 만약 생명체가 탄생하지 않는다면 포자가 없는 것이었다. 그러나 그 테스트는 파스퇴르가 증명하려던 이론(생명체는 무균 상태의 공기와 수프에서 자연적으로 발생할 수 없다)을 가정하고 있었다. 요컨대 그 당시의 자연발생설을 둘러싼 논쟁에서, 양측 실험자들 모두 가장 중요한 보조가정의 진위를 독립적으로 확인할 방법을 갖고 있지 않았던 것이다.

그런 상황에서, 아무런 사전 준비 없이from scratch—엄밀히 말해서, 임의적arbitrary이라는 뜻이 아니라, '기존의 증거 해석 기준preexisting scheme for interpreting evidence에 의해 부과된 제약조건constraint이 없다'는 뜻이다—몇 가지 가능성을 부여하지 않고서는 실험을 시작할 도리가 없다. 두말할 필요 없이 상이한 과학자들은 상이한 출발점을 선택하는데, 이때 그들의 선택에 가장 큰 영향력을 행사하는 것은 개인적 취향이나 열망이다. 그 지점에서부터 줄곧, 증거적 무게에 대한 그들의 추정치는 전혀 다른 쪽으로 향하는 경향이 있다. 과학의 본질적인 주관성은 바로 여기에서 나온다.

주관성이 무정부상태anarchy를 의미하는 것은 아니다. 이 경우에도 증거 해석을 위한 규칙은 존재하기 때문이다. 그러나 그 규칙의 내용은, 주관적으로 형성된 '가설의 가능성에 대한 추정치estimate of a hypothesis's likelihood'—나는 이것을 개연성 순위plausibility ranking라고 부를 것이다—에 역할을 부여하는 것이다.

일례로, 이미 활발히 적용되던 행동 수칙—도구가 오작동할 가능성이 높을수록, 그 도구가 생산한 증거의 유용성은 감소한다—을 생각해 보자. 에딩턴과 그의 비판자인 미국의 천문학자 W. W. 캠벨 모두 브라질의 천체항법도 망원경의 사진건판을 해석할 때 이 규칙을 따랐는데, 차이가 있다면 각자 자신의 개인적인 개연성 순위를 적용했다는 것이다. 에딩턴은 '일식이 일어나는 동안 망원경이 오작동했을 가능성이 높다'고 생각하고, 건판에는 거의 비중을 두지 않았다. 그와 대조적으로, 캠벨은 망원경의 오작동 가능성을 낮게 보았으므로 건판에 더 큰 비중을 두었다. 두 사람은 자신의 개인적 개연성 순위를 가능성의 대용물proxy로 사용했지만, 결과적으로 완전히 동일한 규칙을 사용한 셈이다. 다만 그 규칙을 따르는 데에서, 두 사람은 증거를 제각기 다르게 사용했다.

모든 과학적 추론이 다 그렇다. 증거를 해석하려면 개연성이 필요하므로, 과학자들은 자신의 주관적인 개연성 순위를 사용하도록 허용될 뿐만 아니라 권장된다.

이러한 순위들이 일치할 때, 과학자들은 증거를 사용하는 방식에 동의하게 된다. 2016년, 스위스의 CERN에 있는 강입자 충돌기Large Hadron Collider에서 담비—족제비과의 작은 동물—한 마리가 전력 케이블을 갉아서 구멍을 냈다. 그리하여 담비는 사망했고, 충돌기의 동력

공급이 심각하게 손상되었다. 이 경우 개연성 순위에는 아무런 차이가 없었다. 연기가 피어오르는 작은 시체를 보고, CERN에서 일하는 과학자들 중 상당수는 "뭔가가 잘못됐다"라는 데 의견 일치를 보았다. 충돌기는 대수선major repair이 필요했고, 데이터를 신뢰하기에 앞서서 수많은 테스트가 행해져야 했다. 그러나 CERN의 사례는 지극히 이례적이다. 개연성 순위(그리고 데이터 해석)는 으레 각양각색이며, 순위의 주관성은 과학적 추론에 직접 개입한다. 과학적 논리의 심장부에는 인간의 마음이 도사리고 있다.[17]

물리학자인 켈빈은 생물학을 업신여겼고, 종교적 신념 때문에 진화에 회의를 품었다. 에딩턴은 새로운 상대성이론에 희망을 걸었고, 제1차 세계대전 이후 국제적 화해가 이루어지기를 간절히 바랐다. 이런 성향이 켈빈과 에딩턴의 추론을 탈선시켜, 객관적인 과학 논리로 이루어진 협궤narrow track를 벗어나 인간의 열정과 야망으로 가득 찬 늪 속으로 추락하게 했을까? 아니다. 과학이 '자기수정'을 위해 사용할 수 있는 논리적 궤도, 정도正道, 모범답안은 존재하지 않는다. 과학 세계에는 오로지 늪밖에 없다. 모든 과학자들은 최선을 다해 늪 사이사이로 빠져나가야 한다. 그곳에도 규칙은 있지만, 매우 관대하며 과학자들의 주관적 판단을 폭넓게 용인한다.

개연성 순위를 과학적 추론의 타락자corrupter가 아니라 본질적인 부분essential part으로 간주하는 순간, 과학자의 인간적 약점을 드러내는 가장 암울하고 충격적인 사례조차 새로운 색채를 띠게 된다. 앞에서 지적한 바와 같이, 청량음료나 담배 회사의 후원을 받는 과학자들은 독립적인 과학자들보다 그런 제품들에 상업적으로 유리한 결과를 도출하는 경향이 있다. 그 이유가 뭘까? 개연성 순위의 핵심 역할은 냉철한 계산의 밑바탕이 되는 것이다. 이 경우 어떠한 순위도 할당될 수 있는데, 냉정한 과학자는 자신의 명성, 기회, 금전적 이익을 극대화하는 순위를 의도적으로 선택할 수 있다. 그러나 인간은 그런 행동을 할 수 있는 냉혈한임에도, 다른 한편으로 따뜻한 피를 가진 동물이기도 하다. 따라서 열정과 희망과 공포감이 작용하여 인식의 문턱값threshold of awareness에 훨씬 미달하는 생각을 형성할 수 있다. 주심이 홈팀에게 유리한 판정을 내리는 것처럼, 개연성 순위는 과학자들로 하여금 무의식적으로 후원자의 사업에 유리한 결론을 내리게 할 가능성이 높다. 만약 이러한 결론이 논리적으로 규정된 과학적 사고의 규범code of scientific thought에 위배된다면, 철저한 감사audit를 통해 적발되어 수정될 수 있을 것이다. 그러나 선호preference와 편견이 과학자들의 추론에 개입한 경우에 대해, 규정집을 찾아보면 다음과 같이 적혀 있을 것이다. "그럴 경우, 당신의 개연성 순위를 적용하라." 문제되는 과학자가 하는 행동은 바로 이런 것이다. 비행misdeed의 소지는 전혀 없으며, 그는 논리가 인도하는 대로 행동했을 뿐이다.

과학에는 악당이 분명히 존재한다. 그들은 때때로 규칙을 공공연히 어기거나 아전인수격으로 해석한다. 위대한 과학자들도 예외는 아니어서, 뉴턴, 파스퇴르, 멘델, 헤켈, 밀리컨, 에딩턴도 어쩌다 한 번씩 그렇게 행동했다. 그러나 설사 과학의 자기수정 능력을 옹호하는 사람—이를테면 칼 포퍼와 아툴 가완디—이 '그런 비행은 산발적이거나, 관리 가능manageable하거나, 그 밖의 다른 이유 때문에 과학적 프로젝트에 제한된 손상을 입힌다'고 생각한 게 옳다고 할지라도, 과학의 성공을 설명하기 위해 객관적 논리에 호소할 수는 없다. 그런 논리는 존재하지 않으며, 증거에 비추어 가설을 평가한다는 것은 완전히 주관적이고 철두철미하게 유동적이다.

나는 해석의 본질적인 주관성을 후회막급한 것으로 여기지 않는다. 그것은 설익고 막무가내적인 의견이 추론의 과정에 생동감을 불어넣도록 함으로써, 과학적 탐구에 활력vitality과 긍정적인 모멘텀positive momentum을 제공하고 생산적인fruitful 논쟁과 경쟁—헉슬리와 켈빈, 파스퇴르와 푸셰를 생각해 보라—을 촉진한다. 신중함과 공감대를 형성하는consensus-making 데 주안점을 두는 규칙으로는 이렇게 하기 어려울 것이다.

그럼에도 여전히, 나는 우리가 과학적 추론의 객관적인 논리를 단념함으로써 방법론 대논쟁을 포기하는 것 같다는 생각을 지울 수 없다. 그리고 그 과정에서 '과학을 특별하게 만든 것이 무엇인가'와 '과학혁명을 통해 무엇이 향상되었는가'에 대한 이해력을 잃는 것 같다. 어쨌든 인류가 최초로 자기 의견을 고집하고 당파적 논쟁partisan argument에 취미를 붙인 것은 17세기가 아니었다.

객관성은 포퍼나 쿤 같은 방법주의자에게 필수불가결한 요소라고 당신은 생각할 것이다. 왜냐하면 과학적 가능성을 체계적이고 끈질기고 단호하게 파헤쳐, 털끝만 한 약점이라도 드러내는 요소를 폐기할 수 있게 해주는 것이 바로 객관성이기 때문이다. 포퍼에게 가장 중요한 것은, 객관성의 판별력discriminating power이다. 포퍼의 반증 규칙의 취지는, 이론과 관찰된 사실observed fact 간의 차이점을 속속들이 찾아내는 것이다. 쿤에게 가장 중요한 것은, 객관성의 동기부여력motivating power이다. 거의 모든 것을 행하고 판단하는 데 적용되는 단일 기준—지배적 패러다임— 으로 과학자들은 연구 프로그램에 전념하여 경험적 한계점empirical breaking point까지 밀어붙이게 된다. 주관성과 개인적 차이를 과학적 사고에서 제거하지 않으면, 과학을 전과학적 사고prescientific thinking와 구별 짓는 견해는 존재할 수 없다.

그러나 주관성을 간과하면 큰코다치는 수가 있다. 그것은 너무나 인간적인 과학자들의 정맥 및 동맥뿐만 아니라 논리 자체의 딱딱하고 직선적인 경로에 스며들어, 과학적 추론에 생명을 불어넣는다. 2장의 마지막 부분에서, 객관적인 과학적 방법objective scientific method이라는 개념이 흠씬 두들겨 맞았다. 그것은 자존심과 자아도취, 심지어 가장 예리한 과학자들의 편파적인 시각에 허를 찔려 목숨만 살려달라고 애원했다. 이제 그것은 몸져누워 있는데, 신임을 잃어 아무도 거들떠보지 않는다. 안타깝지만 더는 가망이 없어 보인다.

하지만 생명줄은 아직 끊어지지 않았다. 가느다랗고 거의 보이지 않는, 한 가닥의 객관성이 과학적 관행을 관통하고 있기 때문이다. 그 가닥은 과학적 논의를 규율하는 행동 수칙의 형태를 띠고 있으며, 내가 지금껏 과학의 주관성에 대해 언급한 모든 것과 양립한다.

내가 염두에 두고 있는 수칙은, 편파성partiality과 권력정치power politics가 일상적인 과학적 탐구를 지배하도록 허용한다. 그것은 인기 없는 혁신자들이 무시되도록 허용하고, 강력한 사회적 관련성을 가진 이론이 (심지어 성과가 신통치 않은 경우에도) 장부에 기록되도록 허용한다. 그러나 인간의 약점을 용인하고 용납하며 과학적 추론의 본질적인 주관성으로부터 힘을 이끌어내면서도, 그것은 미묘한 압력을 가한다. 그러한 압력은 장기적으로 작동하며, 방법주의자들이 "과학적 방법"에게 바랐던 것과 동일한 역할을 수행한다. 그것은 바로 사실을 수확하고 과학적 진실을 증류蒸溜하는 것이다.

그것은 그리 야단스럽지 않지만 너무 매력적이어서 거부할 수 없는 원칙인데, 나는 그것을 일컬어 설명의 철칙iron rule of explanation이라고 한다. 이제 그것이 어떻게 작동하는지 살펴볼 때가 왔다.

2부

과학은 어떻게 작동하나

4장

설명의 철칙

현대과학을 규정하고, 그것에 유례없는 지식 생산 능력을 부여한
규칙에 대해 알아보자.

설명의 철칙을 연출演出하기 전에, 나는 등장인물을 두 명 소개하려 한다. 둘 다 품위 있는 과학자이지만, 성격과 문화와 교육과 개인적 스타일이 판이하게 다르다.

줄리엣 캐퓰릿Juliet Capulet 교수는 호리호리한 몸매와 우아한 용모의 소유자로, 교실과 오페라 하우스와 현대미술관을 다람쥐 쳇바퀴 돌듯 오가며 성장했다. 그녀는 도시 생활 예찬론자로, 잘 발달된 조직과 전후좌우/위아래로 중첩된 구조를 좋아한다. 세계 마장마술대회의 전직 챔피언으로서, 그녀는 (설사 책 한 권짜리 증거에서 몇 개의 분리된 장章만 설명하는 한이 있더라도) 체계적이고 정확하게 설명하는 가설을 선호한다. 그녀는 자신의 기준을 충족하는 동시에 모든 것을 포괄하는 이론을 즐거운 마음으로 기다린다.

로미오 몬태규Romeo Montague 교수는 정력적이고 부스스한 인물로,

넓은 풀밭과 덤불숲, 새와 딱정벌레로 둘러싸인 환경에서 성장했다. 그는 손으로 생각하는thinking with his hands 스타일이어서, 진공청소기에서부터 오수펌프에 이르기까지 모든 가전제품을 분해해 봤다. 그가 과학자로서 꿈꾸는 것은, 자연의 다양성과 변덕스러움을 더 잘 이해하는 것이다. 그는 수학적 정밀성의 장점을 인정하지만, 거기에 만족하지 않고 한걸음 더 나아가고 싶어 한다. 광범위한 자연현상을 이해하기 위해, 봉투 뒷면에 즉흥적으로 끼적인 개략적 설명explanatory sketch을 소홀히 여기지 않는다.

로미오 몬태규는 설명된 증거의 양量을 중시하는 반면 줄리엣 캐퓰릿은 설명의 질質—단순함, 아름다움, 정확성—을 중시한다. 즉, 캐퓰릿이 강도intensity와 엄밀함rigor을 대변한다면 몬태규는 규모extent와 범위reach를 대변한다고 할 수 있다.

나는 독자들에게 교양과 즐거움을 선사하기 위해, 두 명의 캐릭터를 과거로 돌려보내 과학철학을 주제로 한 연극에 출연시키려고 한다. 이 연극은 실화를 바탕으로 한 것이다. 시대적 배경은 19세기 전반부의 어느 때쯤으로, 열의 본질nature of heat이라는 주제를 둘러싸고 활발한 토론이 벌어지고 있었다. 토론의 한쪽 편에는 1780년대부터 1820년대 사이에 프랑스의 과학자들이 창안하여 발전시킨 열소 이론caloric theory이 있는데, 그들에 의하면 열熱은 일종의 물질stuff이다. 이 '열소 유체caloric fluid'는 따뜻한 물체에서 차가운 물체로 끊임없이 흘러, 온도 상승과 (유체의 유입으로 인한) 팽창을 초래한다. 1830년경, 열소 이론은 잇따라 눈부신 성공—공기 중의 음속을 정확히 계산함, 열이 물체(예: 쇠막대)를 통과하는 속도를 정확히 산출할 수 있는 수학 공식을 설계함, 증기기관 등의 열구동 모터heat-driven motor의 효율에 대한 이론을 수립함—을 거뒀다.

토론의 다른 쪽 편에는 열의 운동 이론kinetic theory of heat(때때로 열의 기계 이론mechanical theory of heat이라고 불린다)이 있는데, 이 이론에 따르면 열은 일종의 운동motion이다. 즉, 그것은 물질을 구성하는 조그만 입자의 부산하고 무질서한 운동이다. 이 이론은 명문가의 후예—잠시 후 살펴보겠지만, 17세기경 프랜시스 베이컨 경이 주창主唱했다—이지만, 프랑스의 열소 이론에 견주어 보면 약간 낡았다는 느낌을 준다. 그러나 부활의 조짐이 엿보인다. 미국에서 태어난 과학자로 나중에 바이에른의 럼퍼드 백작Reichsgraf von Rumford이 된 벤저민 톰슨Benjamin Thomson이 1798년 뭉툭한 드릴을 이용하여 물속에 잠긴 대포의 총신에 구멍을 뚫음으로써, 마찰에 의해 무한한 양의 열이 발생한다는 사실을 알아냈기 때문이다.* 궁극적으로 물은 펄펄 끓었고, 시스템의 열소 유체가 모두 배출된 지 한참 지난 게 분명함에도 드릴이 돌아가는 한 계속 끓었다. 영국의 화학자 험프리 데이비Humphrey Davy도 이와 비슷한 실험을 통해 비슷한 주장을 내놓았다.

캐풀릿과 몬태규 교수는 이러한 논쟁의 한복판에 서서, 각자 최선을 다해 열의 행동을 설명하려고 애쓴다. 캐풀릿이 선택한 이론적 무기는 열소 이론의 수학적 기구로, 체계적이고 정량적이고 정밀하다. 그와 대조적으로, 몬태규는 운동 이론의 열렬한 지지자다. 비록 열소 이론 방정식의 수치적 정확성numerical accuracy에 필적할 수는 없지만,

* https://blog.naver.com/kbs4547/222004148967.

운동 이론은 광범위한 현상(특히 마찰에 의한 열 발생)에 대해 직관적이고 매력적인 설명적 메커니즘explanatory mechanism을 제공한다.

캐플릿과 몬태규 중 누가 옳을까? 열소 이론과 운동 이론 중 어느 쪽이 옳을까? 1830년에는 양쪽이 모두 옳았지만, 그로부터 20년 후에는 운동 개념이 열소 개념을 제압하게 된다. 그러나 그 사건은 아직 일어나지 않았으며, 두 가지 개념 사이의 선택은 증거가 아니라 기질temperament과 취향에 의해 좌우된다. 사정이 이러하다 보니, 몬태규와 캐플릿은 이데올로기의 무대 위에서 상대방을 거북한 시선으로 쳐다본다.

잠시 후 막이 오를 것이다. 나는 막간을 이용하여 저자의 면책사항authorial disclaimer을 짧게 기술한다. 첫째, 이 연극의 내용은 역사적 사실이 아니라 허구임을 밝혀둔다. 단, 연극의 역사적 배경 자체는 사실인데, 이것은 연극의 출발점이 되는 중요한 문제다. 둘째, 이 연극은 대체로 철학적으로 윤색되었는데, 그 의도는 열의 과학science of heat을 설명하려는 게 아니라, 배우 말고 배경에 스포트라이트를 비춤으로써 '어떤 이론을 믿을 것인지'에 대한 (본질적으로 주관적인) 과학적 논쟁의 밑바탕에 깔린 과학적 합의—이것은 결정적으로 중요하며 변화하지 않는다—의 실상을 드러내는 것이다.

각설하고, 이제 연극이 시작된다. 캐플릿과 몬태규가 열띤 토론을 벌이고 있다. 토론의 주제는 '열이 빈 공간을 가로질러 방사radiation하는 능력'인데, 예컨대 생명을 주는 온기life-giving warmth가 태양을 출발하여 행성 간 진공interplanetary vacuum을 지나 지구에 도착하는 과정을 생각해 볼 수 있다. 만약 운동 이론이 옳다면 이런 것은 애당초 불가능해 보인다. 왜냐하면 진공 속에는 '진동할 것'이 없을 테니, 열을 구성하는 미세한 운동을 원천source에서 목적지destination까지 '전달할 것'이 있을 리 만무하기 때문이다. 아마도 줄리엣 캐플릿 교수가 운동 이론을 기각한 것이 옳은 듯하다. 그렇다면 운동 이론이 최종적으로 논파되었다고 확언할 수 있을까?

그러나 상상력이 풍부한 로미오 몬태규 교수는 '어쩌면 열이 공기·땅·물을 통과할 때와 다른 형태로 빈 공간을 통과할지도 모른다'고 생각한다. 그는 다음과 같이 제안한다[1]: 뜨거운 물체의 진동 에너지가 어떤 과정—이것을 방사라고 부르자—에 의해 '열선heat ray'으로 변형되고, 이 열선이 마치 광선light ray처럼 빈 공간을 고속으로 통과한 다음, 다른 쪽에 있는 고체와 충돌하여 진동을 유도함으로써 본래의 열로 전환되는 게 아닐까? 캐플릿 교수는 몬태규의 제안을, (어떤 중립적인 관찰자가 보더라도) 명백한 반증으로부터 운동 이론을 구조하기 위한 필사적인 시도로 간주한다.

그러나 몬태규의 구조 작전은 논리적으로 허용될 뿐만 아니라 사실적으로도 매우 정확하다. 태양열[2]은 특정한 주파수의 전자기방사electromagnetic radiation 덕분에 해변에 도착하며, 전자기파의 상당 부분은 적외선 주파수 대역infrared frequency band에 속한다. 이러한 열선들은 그 자체로서는 열의 형태가 아니다.[3] 그 대신, 열은 전자기 에너지로 변형된 후 선ray으로서 여행하다가, 모래와 일광욕자들의 몸에 부딪치자마자 열로 다시 바뀐다. 이것은 몬태규 교수의 난해한 설명적 내러티브가 주장하는 것과 정확히 일치한다.

그렇긴 하지만, 캐플릿의 회의론은 나무랄 데 없는 근거를 갖고 있다. 그녀가 열의 운동과 행동을 설명하는 데 필요한 것은, 열소 유체라는 물질 하나뿐이다. 그에 반해 몬태규는 두 가지 종류의 사물, 즉 열 자체와 열 방사heat radiation를 상정했다. 두 가지 사물은 불쑥불쑥 튀어나와 필요한 임무를 수행하고, 편의에 따라 서로 뒤바뀐다. 다른 건 몰라도, 몬태규는 "하나로 충분할 때, 두 개의 실체를 상정하지 말라"라는 오래된 방법론적 격언—중세의 철학자 윌리엄 오컴William of Occam에게 경의를 표하는 의미에서, '오컴의 면도날Occam's razor'이라고 불린다—을 위반한 듯하다. 캐퓰릿이 몬태규를 코너에 몰아넣은 것은 어찌 보면 당연하다고 할 수 있다.

다른 한편으로, 우리는 여기서 과학적 추론의 본질적인 주관성의 또 한 가지 사례를 본다. 방사—열이 우주로 퍼져나가는 전혀 새로운 방법—를 거리낌 없이 상정한 몬태규의 지혜는 당신의 관점에 따라 달라진다. 몬태규에게 그것은 영감 넘치는 발견이고, 캐퓰릿에게는 시적 사치poetic indulgence다. 한 과학자는 첫 번째 아침 햇살과 종달새의 즐거운 노래를 감지하고, 다른 과학자는 짙은 어둠과 나이팅게일의 애처로운 노래를 감지할 뿐이다.

어떤 이론이 증거를 가장 잘 설명하는지에 대해, 몬태규와 캐퓰릿은 의견을 달리한다. 또한 특정한 증거—특히, 열이 진공을 통과하는 능력—와 각 이론 간의 관련성에서도 그들은 이견을 보인다. 이것은 연인들만 살아남고, 원수 가문은 느리지만 냉혹하게 파국(차이가 너무 커서 화해할 수 없음)으로 치닫는 『로미오와 줄리엣』의 새로운 버전일까?

우리는 엘리자베스 1세 시대의 드라마가 진정한 사랑이나 폭력으로 끝나고, 현대 드라마가 고통이나 자기인식self-recognition으로 끝나기를 기대한다. 그러나 과학의 드라마는 결말이 전혀 필요하지 않다. 몬태규와 캐퓰릿은 대화를 끊지 않고 무한히 계속할 수 있다. 과학에는 논증을 영속화하는 독특한 방법이 있는데, 그것은 측정을 반복하거나 새로운 실험을 수행하는 것이다.

과학적 논증의 행동규범은 끝없는 대본unending script과 같아서, 몬태규와 캐퓰릿은 이 규범에 따라 자신들의 논쟁을 무한히 계속할 수 있다. 이러한 규범을 제공하는 방법론적 수칙을, 나는 설명의 철칙이라고 부른다. 철칙의 내용은 간단하다. 그것은 과학자들에게 '소리지르거나 싸우거나 철학적인 이야기를 하거나 훈계하거나 타협하거나 권위에 호소하지 말고, 경험적 시험empirical test을 통해 의견 차이를 해소하라'고 말한다. 이게 전부다. 그것은 증거를 해석하려고도, 승자와 패자를 결정하려고도 하지 않는다. 사실, 이런 기능은 논쟁을 해결하지 않기보다 연장하는 경향이 있다. 극적인 갈등(갈등을 위한 갈등)의 영속화perpetuation of the dramatic conflict는 과학적 방법의 본질이며, 철칙은 과학적 탐구의 심장과 영혼과 생명력으로 자리 잡았다.

제1막은 교착 상태로 막을 내렸다. 몬태규는 '빈 공간을 통과하는 열은 방사의 형태를 띤다'고 말했고, 캐퓰릿은 '빈 공간을 통과하는 열은 한 줄기의 열소 유체다'라고 말했다. 철칙은 그들에게 논증을 계속하는 방법과 일련의 실험 장면들을 개선함으로써—즉 일련의 경험적 시험을 수행함으로써—의견 불일치를 중심으로 제2막을 구성하는 방법을 알려준다.

열이 공간을 통과하는 방법에 대한 의문을 해결하기 위해, 몬태규와 캐퓰릿은 한 장의 유리가 '열이 (실험실에서 만든) 진공을 통과하는 속도'를 얼마나 변화시키는지 측정하기로 합의한다. 만약 몬태규의 말대로 열이 방사에 의해 전달된다면, 열선이 광선처럼 유리를 통과하므로 거의 느려지지 않을 것이다. 만약 캐퓰릿의 말대로 열이 보이지 않는 유체invisible flowing liquid—열소 유체—라면, 유리가 열을 멈추거나 최소한 유의미하게 늦출 것이다. 왜냐하면 유체는 확산diffusion에 의해 유리판의 한쪽에서 다른 쪽으로 이동할 것이기 때문이다.

그들이 실험을 한다고 가정하자. 유리판은 열이 진공실을 통과하는데 걸리는 시간에 아무런 영향을 미치지 않으므로, 실험 결과는 몬태규의 이론에 유리하고 캐퓰릿의 이론에 불리해 보인다. 캐퓰릿은 일단 승복하지만, 다시 도전한다. 어쨌든 그녀의 열소 가설은 특정한 보조가정—특히, 유리판은 열소 유체에 효율적인 장벽으로 작용한다는 가정—하에서만 유의미한 속도 저하를 예측한다. 어쩌면 유리판은 효율적인 장벽이 아닐지도 모른다. 유리판에 열을 발사하는 것은, 어쩌면 어망漁網을 소방 호스로 겨냥하는 것이나 마찬가지일지도 모르기 때문이다. 여기서 어망은 유리를 의미하는데, 유리에는 '눈에 보이지 않지만, 열소 유체를 구성하는 입자(만약 유체가 입자로 구성되어 있다면)보다 큰 구멍'이 뚫려 있다고 생각할 수 있다. 만약 그렇다면 소방 호스에서 발사된 물이 어망을 통과하는 것처럼, 열소 유체가 유리를 통과한다고 해석할 수 있다. 캐퓰릿의 '어망' 가정을 검증하기 위해 더 많은 테스트가 필요하다는 점을 몬태규는 인정한다. 일례로, 여러 장의 유리판을 다양한 각도로 포개는 실험을 해 볼 수 있다. 만약 어망의 비유가 타당하다면, 충분히 많은 유리판을 포갤 경우 열소 유체의 속도를 저하시킬 수 있을 것이다.

또는 유리판 실험 결과가 다르게 나온다고 가정하자. 즉, 날아가던 열이 유리판 때문에 진공실 바닥에 떨어져 기어간다고 치자. 그럼 몬태규가 진 걸까? 꼭 그런 건 아니다. 유리는 우리가 빛이라고 부르는 방사에 투명하지만, 열 방사에는 불투명하여 두꺼운 까만 커튼처럼 작용한다. 이러한 '등화관제' 가정을 검증하기 위해 더 많은 테스트가 필요하다는 점을 캐플릿은 인정한다. 일례로 다양한 잠재적 장벽들을 사용해 볼 수 있다. 만약 열선이 광선과 마찬가지라면,[4] 어떤 물질들이 빛에 투명한 것처럼 어떤 물질들은 열에 투명할 것이다.

장담하건대, 실험 결과가 어떻게 나오든 두 가지 사실만큼은 확실하다. 첫째, '패자'는 하나의 보조가정을 채택하고 다른 보조가정을 기각함으로써 자신의 이론을 살릴 기회를 얻게 될 것이다. 둘째, 두 과학자는 추가적인 관찰에 합의함으로써 새로운 보조가정을 경험적 시험에 회부할 것이다. 예컨대 유리판 실험이 어떤 방향으로 흘러가더라도, 캐플릿과 몬태규는 진공실에서 상이한 물질들을 장벽으로 사용하여 '어떤 것이 열을 통과시키고, 어떤 것은 그러지 않는지'를 알아냄으로써 자신들의 주장을 밀어붙이는 데 동의할 것이다.

철칙을 따르므로, 캐플릿과 몬태규는 모종의 합의를 했다고 볼 수 있다. 그것은 최고의 열 이론에 관한 합의도 아니고, 증거가 다양한 열 이론들과 어떤 관련이 있는지에 관한 합의도 아니다. 그것은 차라리 일종의 절차적 합의procedural agreement로, 논의를 어떻게 계속할 것인가에 대한 합의라고 할 수 있다. 결론적으로 말해서, 다른 방식을 일절 배제하고 오로지 관찰과 실험을 통해 논의를 계속 진행하자는 것이다.

그러나 "경험적 시험을 통해 논쟁을 해결하자"라고 간단히 말하는 것만으로는 협정을 맺기에 불충분하다. 추가적으로 필요한 것은, 무엇을 경험적 시험으로 간주할 것인가에 대한 공감대다. 철칙은 이에 필요한 정의를 제공하는데, 그것은 모든 과학자들이 지지하는 경험적 시험에 대한 객관적 기준이다.

당신은 두 가지 가설 중 하나를 선택해야 한다. 열은 보통 물질과 다른 특별한 종류의 물질일까, 아니면 물질을 구성하는 작은 입자의 무질서한 운동일까? 지구의 나이는 2,000만 년일까, 아니면 1억 년 이상일까? 지구의 대륙은 이동할까, 아니면 한 자리에 머물러 있을까? 이러한 의문들을 해결하기 위해, 철칙은 다음과 같이 진행하라고 말해준다: 첫째, 두 가지 가능한 결과 중 하나가 나올 수 있는 실험이나 관찰을 발견한다.[5] 이때 하나의 결과가 하나의 가설(또는 하나의 가설을 포함하는 코호트)에 의해 설명되어야 하여, 다른 하나의 가설에 의해 설명되어서는 안 된다. 둘째, 그 실험을 수행하거나 관찰을 행한다. 셋째, 무슨 일이 일어나는지 살펴본다.

철칙을 간단히 요약하면 아래와 같다:

1. 모든 논쟁들을 경험적 시험을 이용해 해결하려고 노력하라.
2. 한 쌍의 가설 중 하나를 선택하기 위해 실증적 검증을 수행하려면, 실험이나 측정을 행하라. 이때, 가능한 결과 중 하나가 하나의 가설(그리고 그에 수반되는 코호트)에 의해 설명되고 다른 가설에 의해 설명되지 말아야 한다.

이것이 바로 과학적 방법의 핵심[6]이므로, 다음 장에서부터 중요한 세부사항들을 하나씩 면밀히 검토하다 보면 방법론 대논쟁이 자연스레 마감될 것이다.

철칙은 모든 과학자에게 그들의 지적 편애intellectual predilection, 문화적 편향cultural bias, 개인적 포부와 무관하게 '적절한 실험이나 관찰은 무엇인지'에 대한 동일한 조언을 제공한다. 그러나 그것은 실험과 관찰에 기반하여 '무엇을 믿어야 할지'를 가르치려 들지 않는다. 요컨대 그것은 사고thinking보다는 행위doing에 대한 규칙이다.

이러한 행동의 제일성uniformity of doing과 절차적 합의는 얼핏 들으면 대단찮은 것 같을지도 모른다. 그것은 논쟁의 에티켓이며, 반론을 펼치는 방법에 대한 합의다. 일정한 수준의 정중함civility과 질서정연함orderliness을 넘어, 그것이 과학에 가져다주는 것은 무엇일까? 외견상 소박한 바람임에도, 절차적 합의는 현대과학의 승리를 보장한 요소임에 틀림없다.

철칙이 규정한 절차적 합의의 첫 번째 이점은 단순한 지속성simple continuity이다. 역사를 통틀어, 종교적 전통은 이교schism*에 취약했다. 이교란 회복할 수 없는 이데올로기적 분파로, 상호 간의 대화 능력을 상실한 종교 집단을 말한다. 그들의 앞길에는 의심, 정치적 다툼,

* 가톨릭에서는 이교Pagan, 異敎와 이교Schism, 離敎라는 개념을 구분하는데, 전자가 불교, 이슬람교 같은 비非그리스도교를 가리킨다면, 후자는 가톨릭교도권에서 이탈했지만 정교회처럼 사도전승 교회의 교리를 유지하는 그리스도교 교회 집단을 말한다. 개신교는 가톨릭에서 원론적으로는 이단으로 규정하지만, 제2차 바티칸 공의회 이후로는 교회일치를 위한 사목적 배려로서 '갈라진 형제'로 취급한다. 후자의 이교는 전자와의 구분을 위해 분파分派라고도 부른다.

때때로 끔찍한 폭력이 가로놓여 있다. 예컨대 이슬람교는 수니파Sunni와 시아파Shiite로 갈라졌고, 초기 기독교는 로마 가톨릭교회Roman Catholic와 동방정교회Eastern Orthodox로 갈라졌다. 로마 가톨릭교회는 수많은 개신교파Protestant faction로 갈라져, 교황 지지자들을 맹렬히 비난하며 그들과 투쟁했다.

철학적 전통과 종교적 전통은 동일한 취약성을 지니고 있다. 심지어 현대과학의 원조로서 자연을 연구했던 자연철학도 때때로 파벌로 갈라졌는데, 그들은 평화적으로 공존했지만 서로 대화할 게 별로 없었다. 물리학은 아리스토텔레스 이후 두 개의 학파인 에피쿠로스파Epicureans와 스토아파Stoics로 나뉘었다. 에피쿠로스학파는 원자론atomistic view을 단언했는데, 그 내용인즉 우주는 텅 빈 공간을 맹목적으로 누비는 입자들로 구성되어 있다는 것이다. 그에 반해, 스토아학파는 물질이 이성의 지시에 따라 우주를 가득 채우고 있다고 믿었다. 스토아학파와 에피쿠로스학파가 지배하던 기원전 약 300년부터 서기 300년까지, 계몽을 추구하는 사람은 두 가지 학파 중 하나를 선택하거나 양쪽에서 다 배울 수 있었지만, 학파 자체는 분리된 지적 전통을 유지하며 물리학적·철학적 삶에 의해 분리되어 있었다. 이러한 상태는 경기가 하락하고 이방인들이 침입하고 기독교가 자연철학을 끝장낼 때까지 계속되었다.

17세기에 현대과학이 창조된 이후, 경험적 탐구는 이러한 지적 분열intellectual fission 같은 것을 목도한 적이 없다.[7] 열에 관한 열소 이론과 운동 이론 사이에 타협할 수 없는 분열irreconcilable split은 존재하지 않았으며, 켈빈의 연구로 생물학자들이 물리학자와의 대화를 완전히 중단하지도 않았다. 생물학자와 물리학자들은 계속 함께 어울렸는데, 그 이유는 철칙 안에서 교전수칙을 공유했고 그것 외에는 선택의 여지가 없었기 때문이다.

평화로운 대화는 좋은 출발점으로서 대립보다 분명히 낫지만, '진리에 초점을 맞춘다'는 과학의 전설적인 힘은 고사하고 진보를 보장하기에도 불충분하다. 거기에는 플러스 알파가 있어야 하는데, 그 단서는 포퍼와 쿤이 선도한 '과학에서 동기부여와 사기morale의 중요성'에 대한 연구에서 찾아볼 수 있다.

대부분의 다른 논쟁과 달리 과학적 논쟁에는 귀중한 부산물이 있는데, 그것은 경험적 시험의 결과물인 데이터다. 철칙은 경쟁하는 과학자들에게 '오로지 식별 가능한 사실observable fact(데이터)로 승부하라'고 격려하고 지시하고 도와주고 강요한다. 신학적·철학적 논쟁에서는 언성이 높아지기 일쑤이지만, 과학자들의 논쟁은 실험적 수단experimental means을 통해 진행되어야 한다. 사정이 이러하다 보니, 분출구를 찾지 못한 '승리하겠다는 욕구'와 '최고의 자리에 오르겠다는 투지'—과학에 대한 현대 사회학적 견해에 따르면, 인간의 길들여지지 않은 야망raw ambition은 객관적 탐구의 규범을 송두리째 뒤집어엎을 수 있다고 한다—는 경험적 시험의 성과를 향상시키는 쪽으로 방향을 튼다. 즉, 철칙은 가장 유서 깊은 인간의 감정(욕구와 투지)를 길들여, (과학을 '거짓 사상에 대한 최고의 판별자discriminator와 파괴자destroyer'로 만든) 실험의 과정과 디테일에 특단의 주의를 기울이게 만든다.

나는 1장에서 라이벌 과학자인 로제 기유맹과 앤드루 섈리가 TRH라는 호르몬의 구조를 분석하기 위해 뇌 조직을 으스러뜨리고 정제하

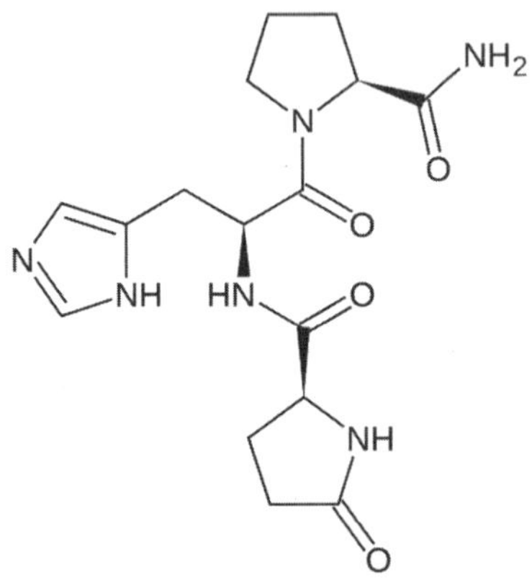

그림 4.1
절차적 합의의 열매:
TRH의 분자 구조.

느라 하염없이 길고 지루한 시간을 보냈다고 말한 바 있다. (섈리가 추산한 바에 따르면, 그는 또 다른 호르몬인 LRF*의 구조를 발견하기 위해 16만 마리 돼지의 시상하부[8]를 처리하여 1,000분의 1그램 미만의 원하는 물질을 얻었다고 한다.) 그런 지난한 노력이 계속될 수 있었던 이유가 뭘까? 섈리가 지적한 바와 같이, 그것은 부분적으로 'TRH나 LRF 같은 물질이 존재하며, 현행 기술로 그 구조를 밝힐 수 있다'는 굳적 신념 때문이었다. 그러나 그런 신념은 누구에게나 있었다. 노벨상 수상자인 기유맹과 섈리에게 있었지만 실패한 라이벌들에게 없었던 것은, 승리에 대한 갈망lust for victory이었다. 1926년 빌뉴스Vilnius—지금은 리투아니아의 영토이지만, 그 당시에는 폴란드의 일부였다—에서 태어난 섈리는 몇 안 되는 라이벌 중 하나에 대해 다음과 같이 말했다.

> 그는 기득권층이다. … 그는 아무것도 할 필요가 없었다. … 모든 것

* luteinizing hormone releasing factor(황체 형성 호르몬 유리인자).

이 그에게 주어졌다. … 물론 그는 절호의 기회를 놓쳤고, 승리자에게 요구되는 것—완력brute force—을 쏟아부을 엄두를 내지 않았다. 그와 대조적으로, 이민자인 데다 '듣보잡'인 기유맹과 나는 악전고투 끝에 힘겹게 정상에 올랐다.[9]

그런 비범한 전투력은 살벌한 형이상학적 논쟁이나 세련된 레토릭fine rhetoric에서 표출될 수도 있었을 것이다. 그러나 섈리의 프로젝트는 철칙에 얽매여 있었기 때문에, 그의 열정적 정신ardent spirit은 곁길로 새지 않고 오로지 TRH의 생산 및 분석(그리하여 실증 데이터empirical data의 생성)을 지향하고 있었다.

철칙의 절차적 합의가 지닌 동기부여력의 역할은 여기서 그치지 않는다. 체스를 생각해 보자. 체스의 규칙은 단순하며 모두에게 알려져 있다. 어떤 대국자도 규칙을 곰곰이 생각하거나 반박하는 데 시간을 허비하지 않으며, 그저 규칙을 준수할 뿐이다. 결과적으로 대국자는 엄청난 에너지를 절약하여, 확립된 규정 내에서 체스를 가장 잘 두는 방법을 궁리하는 데 쏟아부을 수 있다. 체스의 오프닝 꿀팁, 미드게임 분석, 개별 대국 해설은 수두룩하다. 이런 것들이 체스 애호가들에게 중요하다는 점을 의심하는 사람은 아무도 없다. 왜냐하면 대국이 진행되는 틀에 이의를 제기하는 사람이 아무도 없기 때문이다. 체스는 규칙 준수의 연속이라고 해도 과언이 아니다.

철칙은 '게임의 규칙'을 정하는데, 그 방식과 결과가 체스와 유사하다. 여기서 게임(대국)은 과학적 논쟁을 일컬으며, 철칙은 '정당한 행마legitimate move'로 간주되는 것—즉, 적절한 증거를 생성하는 실험이나 관찰을 행함—을 명시한다. 규칙은 경험적 시험으로 간주되는 것에 대한 기준을 부과하는데, 이 기준은 변하지 않으며 기준의 정당성에 대한 의문은 용납되지 않는다. 이렇게 함으로써 과학자들은 '규정된 틀 안에서 허용되는 모든 것'에 정신적·금전적으로 자유로이 집중할 수 있으므로, '무엇이 정당한 행마인가'가 아니라 '무엇이 훌륭하거나 탁월하거나 기발한 행마인가'라는 문제에 초점을 맞추게 된다.

예컨대 실험에 대한 합의는 포괄적 합의across-the-board agreement를 가능케 함으로써 특정한 실험, 심지어 엄청난 양의 신체적·금전적 비용을 수반하는 실험이 예사로 행해지는 결과를 초래한다. 어떤 경우 이론적 시각과 야망이 판이한 과학자들이 손잡고 일시적인 공동체를 구성하여 실험적 목적을 공유하고, 규모와 단결력에 힘입어 단일 연구팀의 역량을 뛰어넘는 프로젝트를 수행할 수 있다. 1990년대에 시카고 근처의 페르미 연구소Fermilab에서 톱쿼크top quark*를 탐색한 과학자들, 또는 2010년대에 제네바 근처의 대형 강입자 충돌기에서 힉스 입자Higgs boson**를 탐색한 과학자들 중에서, 어떤 과학자들은 물리학의 표준 모형Standard Model—톱쿼크나 힉스 입자 같은 입자들이 존재한다는 것을 시사한다—에 대한 예측이 확증되기를 바란 반면 어떤 과학자들은 표준 모형이 뒤집히기를 바랐고(한 과학자는 내게 "나는 표준 모형을 혐오해요"[10]라고 말했다), 다른 과학자들은 여전히 불가지론자

* 물질세계에서 가장 기본적인 것은 소립자이며, 그것보다 작은 게 없다. 핵이 작다고 하지만 소립자는 아니며, 쿼크quark나 전자가 소립자다. 쿼크에는 여섯 가지 종류가 있는데 그중에서 가장 무거운 게 톱쿼크top quark다.

** 우주 공간에 가득 차 있는 입자이며 소립자의 질량을 만들어내는 근원이 된다.

agnostic*였다. 그럼에도 그들은 그 실험이 많은 시간과 돈을 들일 만한 가치가 있다는 데 동의했다.

과학계의 더욱 전형적인 동향은, 연구자들이 자신의 실험 프로젝트를 독립적으로 수행한다는 것이다. 일식을 관찰하기 위한 에딩턴의 탐사나, TRH를 분리하기 위한 기유맹과 섈리의 독립적인 시도처럼 말이다. 연구들은 개별적으로 진행되지만, 철칙의 중재仲裁에 의한 합의 덕분에 경쟁자들—그들은 해당 실험이나 관찰이 논쟁에 실질적으로 기여한다는 데 동의한다—의 인정을 받는다. 이러한 인정은 일종의 정신적 지원moral support을 구성하며, 과학이 대체로 타인의 후원하에 수행되는 현대에는 종종 충분한 재정적 지원financial support을 보장한다. 연구비 지원 여부를 심의하는 위원회는 다양한 견해를 가진 과학자들로 구성되어 있지만, 어떠한 결과가 예상되든—심지어 대다수 과학자의 견해와 반대되는 결과가 예상되더라도— 수행할 만한 가치가 있다고 인정되는 프로젝트에 연구비를 지원하기로 결정한다.

과학의 게임이 늘 직접적인 라이벌과의 맞대결인 것은 아니다. 그것은 때때로 동시다발적인 솔리테어solitaire 게임으로, 게임자들이 방을 가득 메운 채 '자연이 출제한 다채로운 문제를 푸는 경연'에서 다른 게임자들을 능가하기 위해 분투한다. 그러나 그 경연은 모든 게임자들이 동일한 불변의 규제 체제unchanging regulatory regime하에서 경쟁할 때만 이치에 맞는다. 그러므로 과학자들은 철칙에 자극받는 동시

* 불가지론agnosticism을 따르거나 주장하는 사람들. 불가지론이란 초경험적인 것의 존재나 본질은 인식 불가능하다고 하는 철학상의 입장을 말한다.

에 얽매여 (아무도 동기나 자원을 보유하지 않은) 새로운 실험이나 관찰—위성 안테나를 이용하여 우주에 메아리치는 희미한 빅뱅의 라디오파 패턴 포착하기, 중력계를 이용하여 지각 두께의 미세한 차이를 탐지하기, 열량계를 이용하여 화학반응에 수반되는 매우 미묘한 에너지 흐름 특정하기, 섬세하지만 포괄적인 발굴 기법을 이용하여 화석화된 깃털과 부서진 도자기와 무너진 사원 드러내기—을 행하는데, 각각의 실험과 관찰은 오로지 실증적 근거에 기반하여 하나의 이론적 코호트를 다른 코호트보다 선호하도록 설계된다.

나는 쿤의 패러다임 주도 과학paradigm-driven science이라는 개념에서 영감을 얻어, 규제 장치regulatory unit의 중요성을 주목하게 되었다. 하지만 나의 개념은 쿤의 개념과 좀 다르다. 첫째, 쿤의 게임은 개별적인 과학 연구 프로그램—예컨대 뉴턴 물리학 또는 진화생물학—으로, 각각의 프로그램에는 패러다임에 함축된 독특한 규칙이 있어서 프로그램 내에서 허용되는 행마를 결정한다. 나의 게임은 모든 과학을 포괄하며, 철칙이 뉴턴 물리학과 미시경제학과 분자유전학에 모두 적용된다. 둘째, 쿤의 규칙은 시간이 경과함에 따라—즉 혁명기를 거치며—변화하는 데 반해, 나의 절차적 합의는 포퍼의 반증 규칙과 마찬가지로 영원하거나 최소한 과학이 지속되는 동안 바뀌지 않는다.

한걸음 더 나아가, 쿤의 규칙 제정 패러다임rule-making paradigm은 심리적 고정관념psychological idée fixe으로, 그 손아귀에 있는 과학자들은 그에 대한 대안을 상상할 수조차 없다. 그와 대조적으로, 과학의 철칙은 마음의 감옥mental prison보다는 경기대회sporting convention에 더 가깝다. 예컨대 체스 대국자들은 다른 규칙을 쉽게 상상할 수 있지만(그리고 간혹 그런 상상을 즐기지만), 원활한 경기 진행을 위해 공식적인 규칙을 준수하는 데 동의한다. 그와 마찬가지로, 과학자들이 철칙을 지키는 것은 대안을 상상할 수 없어서가 아니라, 규칙이 과학하기의 특징을 이룬다는 점을 잘 알기 때문이다. 그리고 체스 대국자들이 체스를 두고 싶어 하는 것처럼, 과학자들도 과학에 종사하고 싶어 한다.

나와 쿤의 차이점[11]은 심오하고 중요하지만, 내가 강조하고 싶은 점은 쿤의 기본적 통찰fundamental insight이 나에게 영감을 제공했다는 것이다. 요컨대, 일정한 규칙—패러다임이 됐든 불변하는 철칙이 됐든—에 의해 '증거에 입각한 행마evidential maneuver의 정당성'이 의문의 여지 없이 확립되면, 과학적 프로젝트에 터보엔진이 장착됨으로써 (비용이 수반되지만 매우 효과적인) 경험적 시험을 통해 지적 안정성intellectual security이 확보된다.

나는 지금까지 몇 페이지에 걸쳐, 독자들과 꼭 공유해야 한다고 생각되는 가장 중요한 아이디어 중 몇 가지를 제시했다. 그것들을 종합하면, 철칙에 의해 조율되는 절차적 합의가 과학적 지식 기계에 동력을 제공하는 방식을 포착할 수 있을 것이다. 나는 노파심에서, 그 아이디어들을 다시 한 번 언급하고자 한다.

첫째, 합의는 연구의 지속성을 보장한다. 연구를 계속하는 데 필요한 자원과 의지가 있다면, 몬태규와 캐퓰릿이 상호작용이나 대화 없이 제각기 따로 놀 가능성은 전혀 없다. 과학에는 결투나 결별이 없고, (대립하는 진영끼리 반목하기 일쑤인 종교·정치·철학 분야의 역사적 분열에 필적하는) 분열도 없다. 아무리 사이 나쁜 라이벌들조차도 향후 대책

(또 한 번의 실험)에 합의할 수 있다.

둘째, 철칙은 희망·분노·시기심·야망·원한—인간의 심장에서 연기를 내뿜는 모든 불꽃—을 경험적 증거로 승화한다. 캐플릿과 몬태규가 과학적 대사를 읊는 한, 그들의 복잡한 감정은 실험실, 현장, 천문대에 발을 붙이지 못할 것이다.

셋째, '게임의 기본적 관행'과 '증거에 입각한 행마의 정당성'은 영구적으로 고정되어 있다. 이것은 게임자와 과학자들에게 그들의 프로젝트의 토대에 대한 조용하지만 확고한 확신을 심어주며, 재정적·정서적·물리적 수요에 부응하는 대규모 실험을 구성할 수 있는 안정적인 지적·도덕적 플랫폼을 제공한다.

이러한 세 가지 방법으로, 철칙처럼 미약한 규약protocol—(무엇을 경험적 시험으로 간주할 것인지에 대한) 고정된 기준에 입각한 경험적 시험만으로 주장을 펼친다는 합의—은 종전에 다른 어떤 형태의 탐구도 제공하지 못한 것을 과학에게 제공한다. 그것은 경험적 관찰empirical observation로, 고대나 중세의 자연철학자들이 용감하게 달성한 모든 것들을 크기·범위·절묘함·정밀함에서 압도한다.

철칙에 의해 마련된 거대한 증거의 저장고reservoir of evidence는 과학의 필수적인 연료이지만, 그게 그 이상의 도움 없이 과학적 진보를 추동할 수 있을까? 엄청난 양의 실증 데이터를 뭉근히 끓이기만 하면, 그에 비례하는 엄청난 양의 이론적 진실theoretical truth로 스르륵 전환될까?

그렇게 쉽진 않다. 경험적 지식이 이론적 지식으로 직접 변형될 수는 없기 때문이다. 에딩턴의 망원경, 켈빈의 지구 나이 추정, 몬태규와 캐플릿의 열 방사 측정이 보여주는 바와 같이, 관찰에 기반하여 어떤 이론을 신뢰할지 여부를 결정하려면 관찰을 신중히 해석해야 한다. 바로 이 부분에 벅찬 문제가 도사리고 있다. 나는 과학적 추론의 객관성을 포기하고, 그 대신 순전히 절차적인 합의를 제안한 바 있다. 그러한 합의가 만족할 만한 대량의 데이터를 가져다줄 수도 있다. 그러나 객관적인 해석 체계가 없다면 아무리 많은 데이터라도 무용지물이다. 왜냐하면 과학자들이 각각 자신의 입맛에 맞게 데이터를 해석할 것이기 때문이다.

그렇다면 과학은 어떻게 진실을 찾아내는 걸까? 가능성 있는 아이디어는 셰익스피어가 세상을 떠나고 과학혁명이 등장한 무렵에 있다. 그 시절로 가보자.

5장

베이컨적 수렴

철칙에 의해 강화된 과학의 절차적 합의는
어떻게 발견으로 귀결될까?

1618년, 프랜시스 베이컨 경Sir Francis Bacon은 영국의 대법관Lord Chancellor으로 승진하여 영국에서 가장 높은 법관 중 하나인 동시에 제임스 1세James I의 신임을 받는 고문이 되었다. 그로부터 겨우 3년 후, 베이컨은 정적에게 고발당해 뇌물을 받은 혐의로 법정에 섰다. 그는 목숨을 건졌지만 망신을 당하고 불명예 퇴진했다. 그 짧고 떠들썩한 기간 동안, 베이컨은 과학적 탐구에 대한 가장 유의미한 저서 중 하나를 출판했다. 그것은 『신기관The New organon』으로, 뒤이어 수십 년간 진행된 **과학혁명**Scientific Revolution 기간에 구성된 지식 기계의 청사진을 제시했다. 얼마나 호평을 받았던지, 시인 에이브러햄 코울리Abraham Cowley는 토머스 스프랫Thomas Sprat이 1667년 출간한 왕립학회사 서문에서 베이컨을 가리켜 "자연법의 대법관Lord Chancellor of the laws of nature"이라고 했다.

베이컨은 고대 자연철학자들을 크게 예찬했음에도,[1] 그들의 노력이 명백히 실패했음을 간파했다. "제자리걸음을 무한히 반복한 결과, 그들의 탐구는 빈약하고 거의 무시할 만한 진보를 이루었다. 그러므로 가장 기초적인 토대에서 다시 시작되어야 한다"[2]라고 그는 지적했다. 자연 세계의 심오한 구조를 파악하기 위해, 오래된 철학적 방법은 새로운 방법에 길을 내줘야 한다는 것이었다.

베이컨이 선포한 과거와의 전쟁war on the past의 주요 피해자는 아리스토텔레스의 『오르가논Organon』이었다. 『오르가논』—오르가논organon은 '도구tool'나 '신체기관organ'을 의미하는 그리스어에서 유래한다—은 추론의 규칙rule of reasoning과 지식의 적절한 체계화proper organization of knowledge에 대한 논문으로, 중세Middle Ages 동안 이 주제에 관한 최고의 저술로 간주되었다. 베이컨은 『오르가논』이 자신의 저서로 대체되기를 바랐는데, 이 같은 야망은 『신기관』의 속표지title page에 노골적으로 드러난다: "나의 『신기관』이 아리스토텔레스의 케케묵은 저술을 대신할 것이다."

1620년 『신기관』이 출간되었을 때, 과학혁명은 거의 진행되지 않고 있었다. 갈릴레오는 1609년 망원경을 이용하여 목성의 위성을 관찰하고, '모든 천체는 우주의 중심(목성이 우주의 중심일 리 만무했다) 주위를 돈다'는 아리스토텔레스의 논지thesis에 의문을 제기했다. 케플러는 같은 해에 행성운동법칙 두 가지를 처음 발표하며, 태양 주위를 도는 행성의 타원 궤도를 수학적 용어로 기술했다.

그 이전의 자연철학자들은 (다른 많은 문제들과 마찬가지로) 열熱의 문제를 해결하는 데 실패했는데, 베이컨이 생각하기에 그것은 단서

부족lack of clue 때문이 아니었다. 자연을 이해하기 위해, 당신은 필요한 단서들에 눈을 떠야 한다. 그러나 그러기에 앞서서, 당신은 먼저 마음을 비워야 한다.

즉, 당신은 개인적 편견·충성·선호를 제쳐놓아야 한다. 당신은 인류 공통의 편견들—이를 테면 과도한 단순화, 자신이 애지중지하는 이론에 반反하는 증거 외면하기, 일상적인 현상보다 별스러운 현상에 더 많은 주의 기울이기—을 제쳐놓아야 한다. 당신은 당신의 언어에 내재하는 모든 편견을 제쳐놓아야 한다(두 사물의 이름이 비슷하다고 해서 성질이 비슷한 건 아니다. 예컨대 헤어볼hairball*이 털hair로 구성되어 있다고 해서, 축구공football이 발feet로 구성되어 있을 거라고 예상해서는 안 된다). 당신은 모든 철학과, 부분적으로라도 철학적 사고에 기반한 선행과학(이를테면 고대 그리스의 과학)을 제쳐놓아야 한다. 사실, 당신은 베이컨적 방법에 의해 생산되지 않은 모든 지식을 제쳐놓아야 한다. 베이컨은 이러한 방해 요소distraction와 유혹들을 '우상idols'이라고 불렀다. 그것들이 당신의 사고에 영향을 미치도록 허용하면, 이성reason을 숭배하기보다 거짓된 신false god을 섬기게 된다고 했다.

개인적 특이점idiosyncrasy은 그렇다 치고, ('학식 있는 사람'과 '문화 및 인종의 구성원'으로서의 생득권birthright이라고 할 수 있는) 추정supposition과 성향inclination까지도 폐기하려는 사람이 있을까? 찬란한 경력의 정점에서 부패 혐의로 재판에 회부되었을 때, 베이컨은 "나는 성 인노첸시오의 날St. Innocents Day에 태어난 아기만큼이나 순결하다"[3]라고 언

* 소·양·고양이 등이 삼킨 털·섬유가 위胃에서 뭉쳐져 생긴 덩어리.

명했다. 그 이유인즉, 뇌물이 자신의 판단력을 흐리도록 허용하지 않았다는 거였다. 어쩌면 그가 정말로 강인한 정신과 엄격한 영혼의 소유자라서, 자신에게 아첨하는 사람에게 호의를 베풀려는 충동에 저항할 수 있었을지도 모른다. 그러나 에딩턴과 일식, 파스퇴르와 자연발생, 대륙이동과 지구의 나이에 관한 스토리가 시사하는 바와 같이, 아무리 위대한 과학자라도 베이컨의 말처럼 독야청청하지는 않다.

그러나 그런 비본질적인 문제에 시간을 허비하지 말고, 베이컨의 마음에서 우상 숭배 성향이 모두 제거되었다고 가정하자. 그리고 그가 열의 본질을 추론하기 위해 어떻게 단서를 수집했는지 살펴보기로 하자.

첫 번째 단계는 열에 대한 모든 긍정적 사례, 즉 열이 존재하는 온갖 상황—불 속, 동물의 몸속, 확대경을 이용하여 태양 광선을 모을 때, 두 개체의 고체가 서로 마찰될 때—을 수집하는 것이다. 그 밖에도 활활 타오르는 유성meteor, 천연 온천, 매운 식물 등이 있다.

두 번째 단계는 열에 대한 모든 부정적 사례, 즉 열이 부재不在하는 온갖 상황을 수집하는 것이다. 두말할 것 없이 그 목록은 무한하므로, 베이컨은 자신의 대안을 따르라고 권고한다. 각각의 긍정적 사례별로, 열이 부재하는 유사한 상황을 발견하는 것이다. 예컨대, 죽은 동물의 몸속이나 두 개의 고체가 붙어 있지만 마찰되지 않는 경우에 열은 부재한다(그리고 듣자 하니 달빛, 혜성, 성 엘모의 불St. Elmo's fire* 속에도

* 번개가 임박했을 때, 배나 비행기에서 일어나는 코로나 방전 현상. '성 엘모'라는 이름은 성 에라스무스의 이탈리아어 호칭에서 유래한 것이다. 성 에라스무스는 지중해 선원들의 수호성인인데, 훗날 원양항해 시대에도 선원들은 성 엘모의

열이 부재하지만, 베이컨의 말에 의하면 더는 탐구가 불필요하다).

세 번째이자 마지막 단계는, 열이 다른 양量에 의해 변화하는 방법을 수집하는 것이다. 예컨대 물체는 불에 가까이 접근할수록 더욱 뜨거워지며, 금속은 공기보다 천천히 가열되지만 일단 가열되면 열을 더 오랫동안 보존한다.

세 번째 단계가 완료된 후, 베이컨은 필요한 증거들을 눈앞에 놓고 있다. 그는 이렇게 자문自問한다: 수집된 사실들을 모두 설명할 수 있는 요인이 뭘까? 살아 있는 동물에 열이 존재하지만 죽은 동물에는 그렇지 않고, 마찰이 열을 발생시키고, 금속이 공기보다 더 많은 열을 흡수하는 이유가 뭘까? 그는 열의 본질적 특징에 대한 견해들을 많이 고려한다. 각각의 견해들은 최소한 몇 가지 긍정적·부정적 사례들을 설명하지만, 다른 사례들을 설명하지 못하므로 기각된다. "모든 모순되는 사례들은 형상에 대한 추측을 방해한다."[4] 열이 "가벼운 동시에 밝을" 수는 없다. 왜냐하면 끓는 물 같은 물질은 뜨겁지만 가볍거나 밝지 않기 때문이다. 열은 물질일 수 없다. 왜냐하면 뜨거운 다리미가 다른 물체를 데울 때, 열을 상실하지만 무게를 조금도 상실하지 않기 때문이다. 그의 자문자답은 계속된다.

최종적으로 수많은 가설 중 오직 하나만 살아남았으며, 열의 본질에 관한 수많은 추측 중에서 오직 하나만이 (베이컨이 눈여겨봐 온) 상황들을 모두 설명한다. 그 가설은 마찰이 열을 발생시키는 과정을 설명한다. 그 내용은 "열의 본질quiddity은 운동과 다름없다"[5]라는 것이

불을 성 에라스무스가 선원들을 돌보고 있다는 증거라고 믿었다.

며, 더욱 정확히 말해서 열은 모든 사물을 구성하는 작은 입자들의 무질서한 운동disordered motion—진동vibration—이라는 것이다. '열의 본질은 운동과 다름없다'는 아이디어는 운동 이론의 초기 버전으로, 오늘날의 관점에서 봐도 매우 정확하며, 베이컨적 방법에 대한 강렬한 광고 카피다.

베이컨은 『신기관』에서, 이와 동일한 기법을 번개에서부터 후두염laryngitis, 그리고 생명 자체에 이르기까지 모든 자연현상 탐구에 적용하라고 권고했다. '현상이 발생하는 조건'과 '현상이 발생하지 않는 조건', '현상이 변화하는 패턴'을 수집한 다음, 운명lot—발생, 비발생, 변화—을 설명하는 가설을 수립하라고 말이다. 그러한 가설이야말로 당신이 애타게 찾는 이론이자 진리다.

과학자들이 자신의 발견 방법을 이용하여 하나의 현상을 이해하기만 하면, 신속히 다른 설명들을 배제하고 올바른 설명을 채택하게 될 거라고 베이컨은 생각했다. 그러나 그것은 너무나 낙관적인 생각이었다. 베이컨이 자신의 처방을 제시한 지 100년쯤 지난 후, 17~18세기의 위대한 창의적 지식인들이 세계를 이해하려는 연구에 착수함에 따라 흥미롭고 그럴듯한 설명들이 줄어들기는커녕 오히려 늘어났기 때문이다. 예컨대 베이컨이 의기양양하게 밝혀낸 열의 운동성은 (독자들도 아는 바와 같이) 1800년경 라이벌인 열소 이론의 도전을 받았는데, 열소 이론은 그 당시만 해도 수집된 사실들을 더 잘 설명하는 것으로 간주되었다. 캐플릿과 몬태규의 예측에 직면한 과학자들에게, 베이컨의 방법은 열의 본질을 결정하는 데 보탬이 되는 객관적인 지침을 일절 제공하지 않았다.[6] 주지하는 바와 같이 그들은 다양한 가능성에 대한 개인적 추정치—자신만의 개연성 순위—에 의존함으로써, 우상—베이컨에 의하면 주관성의 아이콘—에게 발언권을 부여할 수밖에 없었다.

그러나 우리가 17세기 초를 방문한 목적은, 『신기관』이 오늘날의 연구실 작업대에서 거의 발견되지 않는 이유를 이해하는 것이 아니다. 그것은 과학이 사물에 대한 올바른 시각을 궁극적으로 획득한 이유를 이해하는 것이다. 베이컨적 방법을 사용하기가 어려운 것은, '진리만이 모든 것을 설명할 수 있다'는 베이컨의 가정이 원리적으로in principle 잘못됐기 때문이 아니라 그것을 적용하는 것이 실무상으로in practice 불가능하기 때문이다. 과학적 탐구의 한복판에는, 엇비슷한 설명적 성공explanatory success을 거둔 경합 가설들이 여럿 존재하기 마련이다.

그럼에도 어느 시점에서 그런 갈등이 잠잠해지기 시작한다. 그것은 베이컨이 갈망했던 순간으로, 증거의 보고寶庫가 워낙 풍성하다 보니 하나의 이론이 최고의 설명자supreme explainer, 즉 모든 관찰 가능한 패턴들—베이컨의 표현을 빌리면, 모든 '긍정적 사례'와 '부정적 사례'와 '변화 패턴'—을 이해할 수 있는 유일한 이론으로 선정될 수 있다. 대다수의 이론들은 약간의 '설명할 수 없는 증거'에 직면하므로, 이러한 설명적 불충분성explanatory inadequacy으로 인해 잘못된 이론false theory들이 모두 배제되고 나면 진정한 이론만 남게 된다. 한 발자국 뒤로 물러나 거시적 관점에서 볼 때, 베이컨의 아이디어는 포퍼의 아이디어와 별로 달라 보이지 않는다.

포퍼는 과학적 추론에서 개연성 순위가 수행하는 역할을 전혀 인정하지 않았다. 그의 철학적 취향을 감안할 때, 그것은 경멸스러울 만큼 귀납적이었다. 그러나 개연성 순위를 인정하면, 마지막 남은 이론the last theory standing이 서서히 부상하며 뭔가 흥미로운 일이 일어나게 될 것이다. 즉, 증거가 축적됨에 따라 개연성 순위가 수렴하기 시작하며,[7] 견해의 차이는 점점 덜 극단적으로 된다. '어느 쪽이 유력한 이론적 경쟁자leading theoretical contenders이고, 어느 쪽이 낙오자also-ran인지'에 대한 합의가 형성되기 시작하며, 궁극적으로 '어느 것이 최고인지'에 대한 합의가 이루어진다. 완벽한 합의는 존재하지 않지만, 의견 충돌이 과거 어느 때보다도 감소한다. 이것이 바로 베이컨적 수렴Baconian convergence이다.

우리는 베이컨적 수렴이 작동하기를 무한정 기다릴 필요가 없다. 지식 기계는 겨우 몇백 년 후에 바이러스, DNA, 열의 본질, 대부분 동물의 기본적 체제body plan*를 코딩하는 유전자, 인간과 침팬지의 유연관계family relationship, 영어와 힌두어의 유연관계, 해저 화산, 지각판tectonic plate, 목성의 위성, 토성의 고리, 안드로메다 은하, 블랙홀, 금의 원자 구조, 탄소와 다이아몬드의 차이, 심장의 기능, 뉴런의 구조를 발견했기 때문이다. 이 모든 경우에서, 관찰 가능한 사실observable fact의 무게는 개연성 순위의 차이를 압도하게 되었다. 반대되는 의견들은 변덕스러움과 괴팍스러움을 거쳐 허무맹랑함으로 치부되었다. 베이컨적 수렴은 명백히 실재하며, 과학자들의 손길이 닿는 곳에 있다.

수렴이 완료되는 시기가 늘 명확한 것은 아니므로, 어느 정도의 세

* 생물체 구조의 기본 형식으로, 신체 각 부분의 분화 상태 및 상호 관계를 말한다.

심함이 요구된다. 과학자들은 오랫동안 '뉴턴이 중력을 기본적으로 옳게 이해했다'고 간주하는 것처럼 보였다. 그 후 아인슈타인이 나타나 그런 무사안일함을 뒤집었다. 그러나 새로운 양자이론이 나타나 아인슈타인조차 중력을 완벽하게 이해하지 못했음을 증명할지도 모른다. 그리고 과학이 진리를 향해 나아가는 궤적truthward trajectory은 종종 꾸준하지 않다. 올바른 설명을 발견하는 과정에서, 의견은 기본적 진리에서 일시적으로 벗어날 수 있다. 일례로, 열의 과학은 19세기에 운동 이론에서 열소 이론 쪽으로 기울었다. 베이컨적 수렴은 단기적 또는 중기적으로 끊어졌다 다시 이어지는 단속적斷續的 과정이다.

설상가상으로, 관찰 가능한 사실 자체가 베이컨이 생각했던 것과 달리 든든한 반석bedrock인 것은 아니다. 공표된 증거는 여러모로 '부실할' 수 있다. 측정 도구의 문제가 종종 증거를 오도할 수 있다. 예컨대 에딩턴의 브라질 천체항법도 망원경에서 나온 사진건판은, 뉴턴이 예측한 '중력에 의한 빛의 휨' 값이 정확할지도 모른다는 오해를 불러일으켰다. 심지어 증거는 (역사가들이 멘델, 헤켈, 밀리컨, 뉴턴을 의심하는 것처럼) 때때로 조작될 수도 있다. 만약 베이컨적 수렴이 일어난다면, 과학은 어떻게든 부실한 데이터를 중화하는 게 틀림없다.

과학을 일컬어 '자기수정적'이라고 하는 이론가들—2장에서, 나는 칼 포퍼와 아툴 가완디의 말을 이런 취지로 인용했다—의 경우, 그게 정말로 중요할 때 부실한 데이터의 '부실함'이 궁극적으로 인식된다고 믿는다. 어떤 의미에서, 브라질 천체항법도 망원경 사진에서 그런 일이 실제로 일어났다고 할 수 있다. 오늘날 우리는 아인슈타인이 옳았다(또는, 최소한 뉴턴보다 더 옳았다)는 사실을 알고 있으며, 과거를 돌이켜보며 천체항법도 망원경의 세팅에 결함이 있었음에 틀림없다고 말할 수 있다. 그러나 그런 추론이 가능한 것은, 과학계가 이미 수렴하여 일반상대성이론을 인정했기 때문이다. 따라서 이런 유類의 수정은 수렴이 애초에 어떻게 일어나는지를 설명할 수 없다.

'일반상대성이론의 경우에 일어난 일'과 '과학에서 더욱 일반적으로 일어나는 경향이 있는 일'을 곱씹어 보면, 의견들이 수렴하는 것은 부실한 데이터가 수정되기corrected 때문이 아니라 침몰하기swamped 때문임을 알 수 있다. 에딩턴 이후 '중력에 의한 휨 각도 측정'과 다른 '상대성이론 테스트'가 무수히 수행되었다. 그중에서 아인슈타인 물리학의 손을 들어준 것이 뉴턴 물리학의 손을 들어준 것보다 월등히 많았다. 에딩턴의 데이터는 옳고 그름을 떠나 중요성을 상실했을 뿐이다.

그러므로 지난 수십 년과 수 세기를 되돌아보면, 과학의 전형적 특징인 '불확실성과 불일치'의 와중에서 반복적으로 합의가 이루어졌음을 알 수 있다.[8] 이는 모든 과학자들이 논쟁을 계속했고, 관찰의 축적량이 지속적으로 증가했다는 것을 의미한다.

만약 프랜시스 베이컨 경이 썼다면,[9] 『로미오와 줄리엣』은 해피엔딩으로 막을 내렸을 것이다. 많은 라이벌 과학자들, 대조적인 기질, 상반되는 이론적 취향, 이질적인 설명 기준을 가졌음에도, 몬태규와 캐퓰릿 교수는 궁극적으로 증거의 엄청난 무게에 짓눌려 하나가 되었을 것이다. 과학의 철칙에 의해 엄격히 훈련된 그들의 대화는 구구절절 사사건건 세상을 향해 휘어져, 마침내 완벽한 합치congruence를 이루었을 것이다.

과학의 힘에 대한 나의 설명과 방법론 대논쟁에 대한 나의 의견은 두 가지 주요 부분—철칙의 절차적 합의procedural consensus와, 그 합의를 가능케 하는 베이컨적 수렴Baconian convergence—으로 구성되어 있는데, 이제 웬만큼 윤곽이 드러났다. 그러나 나는 한 가지 요소를 덧붙이려 한다.

1887년 오하이오주州의 한 지하실에서,[10] 앨버트 마이컬슨Albert Michelson과 에드워드 몰리Edward Morley는 두 개의 광선을 발사했다. 첫 번째 광선은 지구의 공전과 같은 방향으로 여행했고, 두 번째 광선은 첫 번째 광선과 직각 방향으로 여행했다. 동일한 거리를 여행한 후, 두 개의 광선은 출발점으로 반사되어 비교되었다. 만약 중첩된 파형wave form이 정확히 일치하지 않는다면 첫 번째 광선이 두 번째 광선보다 늦게 도착했기 때문일 텐데, 마이켈슨과 몰리의 당초 예상도 그러했다. 그 실험의 목표는 태양계가 '에테르ether'를 통과하는 속도를 측정하는 것이었다. 에테르란 19세기의 물리학자들이 (물이 해파ocean wave를 전달하고, 공기가 음파sound wave를 전달하는 것처럼) 광파light wave를 전달하는 것으로 가정했던, 보이지 않는 물질이다. 광파가 에테르를 통과하는 속도가 빠를수록 지구와 나란히 여행하는 광선은 늦게 도착할 것이므로, 두 개의 중첩된 광선 간의 차이는 커질 것이다. 그 실험의 중차대한 결과는 궁극적으로 에테르의 존재 여부에 대한 직접적 증거가 될 터였다.

그것은 매우 까다로운 실험이었다. 첫 번째 광선과 두 번째 광선의 상대적 차이는 수백 나노미터, 즉 0.00001인치로 예상되었다. 아무리 작은 진동—지나가는 말馬이나 멀리서 들리는 천둥소리—라도 측정

그림 5.1
마이컬슨과 몰리가 (지구의 운동 방향을 기준으로 할 때) 다양한 방향으로 운동하는 빛의 속도를 측정하는 데 사용한 장치.

장치를 교란시킬 수 있었다. 측정 장치가 지하실의 거대한 사암 블록 위에 설치된 채 수은이 담긴 탱크에 떠 있었던 것은 바로 이 때문이다(그림 5.1). 광속을 결정하는 민감한 장치를 설계하느라 10년을 쏟아부은 마이컬슨이 신경쇠약에 걸린 것도 어쩌면 그 때문인지 모른다. 공동 연구자인 몰리도 사정은 마찬가지였을 것으로 추측된다.

실험의 최종 결과는, 마이컬슨의 말마따나 "결정적으로 부정적decidedly negative"이었다. 에테르와 관련된 어떠한 움직임도 탐지하는 데 실패했기 때문이다. 한동안 에테르 자체와 실험의 세팅 모두를 둘러싸고 논쟁과 혼란이 벌어졌다. 그것은 아인슈타인에 의해 해결되었는데, 그의 특수상대성이론이 에테르를 생략하고 마이컬슨과 모틀리가 부지불식중에 관찰한 현상(당신이 광원에 대해 정지되어 있든 그것을 향해 고속으로 여행하든, 도착하는 광선의 속도는 동일하다)을 완벽히 설명했기 때문이다. 이로써 그는 200년 동안 영화를 누린 뉴턴 물리학에게 사망선고를 내렸다. 그것은 0.00001인치라는 미세한 차이가 만들어낸 결과물이다.

2장에서 살펴본 바와 같이, 아인슈타인의 중력 논의는 그로부터 30

여 년 후 '비슷하게 미세한 디테일'을 정밀 조사함으로써 검증되었다. 즉, 에딩턴은 개기일식 실험에서, '화성의 최소 겉보기 직경의 3분의 1'과 비슷한 별의 겉보기 위치 변화를 측정했다. 또한 일반상대성이론을 검증한 중력탐사 B(GP-B)는 연간 약 0.00001도의 각도 차이를 포착하도록 설계되었다. 뉴턴과 아인슈타인의 물리학은 우주의 구조에 대해 판이하게 다른 이야기를 들려줬다. 그러나 둘 중 어느 것이 정확한지 알아내려면 무한소infinitesimal에 가까운 차이를 측정할 필요가 있다.

우주의 비밀이 '미세한 구조'와 '거의 식별할 수 없는 디테일'과 '가장 민감하고 부서지기 쉬운 고가高價의 장비로만 탐지할 수 있는 패턴' 속에 도사리고 있다는 사실은 너무나 중요한 통찰이어서 이름을 붙일 만한 값어치가 있다. 나는 16세기의 덴마크 천문학자 튀코 브라헤Tycho Brahe의 이름을 따서, 그것을 튀코의 원리Tychonic principle라고 부른다. 그는 망원경이 발명되기 직전에 활동한 마지막이자 가장 위대했던 '육안 천문학자naked-eye astronomer'로, 하며 육분의sextant*와 사분면quadrant을 이용하여 별의 위치와 행성의 움직임을 0.02도 이내의 범위에서 측정했다. 튀코는 이런 놀라운 수준의 정확성을 달성하기 위해 스티에르네보르그Stjerneborg('별들의 성castle of the stars')라는 지하실 깊이의 천문대를 건설했는데, 이는 훗날 마이컬슨과 몰리가 그랬던 것처럼 외부세계의 부산함과 소음으로부터 정확성을 보호하

* 두 점 사이의 거리를 정밀하게 측정하는 광학장치. 보통 천체와 수평선 사이의 각도를 측정한다.

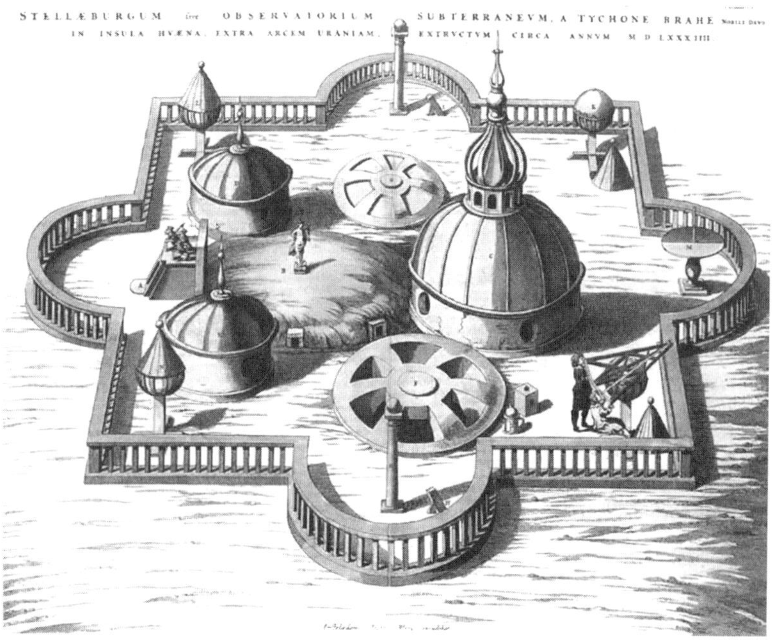

그림 5.2 튀코가 지하에 건설한 천문대인 스티에르네보르그.

기 위한 조치였다(그림 5.2).

튀코의 원리는 기초물리학과 엄밀한 정량적 디테일quantitative detail에만 적용되지 않는다. 생물학적 유전과 진화, 또는 다세포 생물의 발생 및 성장 메커니즘의 복잡성을 발견하기 위해, 연구자들은 미시적 차원의 복잡한 인과 구조causal structure를 공들여 다룬다. 신경과학자와 지질학자와 고고학자, 기후과학과 경제학의 모델링 연구자, 그리고 (방법은 좀 다르지만) 인류학자와 사회학자들의 경우에도 정확한 양exact amount과 정교한 관련성elaborate connection을 다루기 위해 기초물리학과 생물학에 못지않은 세심한 노력이 요구된다.

나는 기괴한 생각outré thought으로 독자들의 상상력을 테스트하려 한다. 튀코의 원리가 성립할 필요가 없다고 가정해 보자. 만약 그렇다면 우리는 물리학의 근본 법칙이 입자들의 궤적을 매우 느슨하게 제어함으로써, 그것들의 운동을 소수점 첫째 또는 둘째 자리까지만 결정하는 우주에 살고 있을 것이다. 그런 세계에서 소수점 여섯째 자리까지 측정하는 것은 시간적·금전적 낭비이며, 해변의 자갈이나 바다의 물방울을 헤아리는 것이나 다름없을 테니 지식에 기여하는 바가 미미할 것이다. 또한 우리는 생물의 형태가 정교한 구조를 지닌 분자 사슬이 아니라 생명혼vital spirit이나 신의 변덕에 의해 결정되는 우주에 살고 있을 것이다. 그러나 우리는 그런 우주에 살고 있지 않다. 우리의 세계는 하나부터 열까지 튀코적인 듯하다.

베이컨이 제안하기를, 만약 우리가 설명력explanatory power을 안내자로 받아들인다면 경험적 시험이 궁극적으로 진리를 가려낼 것이다. 튀코의 원리가 말하기를, 그런 실험 중 상당수는 너무나 까다롭기 때문에 수행하기 어렵다. 철칙이 현대과학의 성공에 필수적인 것은 바로 이 때문이다. 튀코의 세계에서 베이컨적 수렴이 작동하는 데 필요한 관찰 가능한 사실의 라이브러리가 형성되려면 엄청난 노력이 필요하므로, 사람들에게 '극히 예외적인 환경에서만 프로젝트를 수행하라'고 설득·유도·재촉할 수 있다. 철칙은 그런 환경을 조성함으로써 "과학자들에게 자연의 일부를 다른 방법으로는 상상할 수 없을 만큼 세부적이고 심오하게 탐구하도록 강요한다".[11] 이것은 토머스 쿤의 말이다. 그는 강요compulsion를 보편적인 절차적 합의가 아니라 패러다임에 귀속시키는 우를 범했다. 이 점만 빼면, 이 말은 그가 쓴 문장 중에서 단연 최고라고 할 수 있다.

철칙은 과학자들에게, 관찰 가능한 사실을 가장 잘 설명하는 이론을 찾음으로써 진리를 추구하라고 말한다. 철칙이 그렇게 획기적이고 혁명적인 이유가 뭘까? 혹자는 대수롭지 않다고 말할지도 모른다. 구석기시대의 조상들이 눈 속에서 발견한 검치호saber-tooth 발자국의 유의미성을 처음 파악한 이후, 인류는 '눈에 보이는 것이 무엇인지'뿐만 아니라 '그것을 가장 잘 설명하는 것은 무엇인지'를 추론하는 방법까지 익히 알고 있었기 때문이다.

더 나아가, 이런 설명적 사고방식explanatory way of thinking의 가치는 선사시대의 사냥꾼은 물론 고대와 중세의 사상가들에도 두드러졌다. 최초의 그리스 철학자들—탈레스는 모든 것이 물로 구성되어 있다는 이론을 펼쳤고, 헤라클레이토스는 불을 선호했고, 아낙시만드로스는 사물의 기본적인 구성요소가 '무한정자boundless'라고 생각했다—은 자신들의 주변 세계에서 본 것들(무지개, 자성magnetism, 화석, 뇌전증epilepsy, 바닷물의 짭짤함, 밤하늘 별의 총총함, 서식지 생물들의 정교한 적응성adaptedness)을 설명하려 최선을 다했다. 아리스토텔레스는 거의 모든 현상—토네이도에서 시작하여 호흡, 인간의 손, 물새의 물갈퀴발에 이르기까지—을 자신의 목록에 추가했고, 그것들을 설명하는 체계적인 물리학·생물학·심리학 이론을 제공했다. 사실, 그는 때때로 역사상 최초의 위대한 과학자[12]로 거론된다.

11세기의 이슬람 철학자 이븐 시나Ibn Sīnā—서양에서는 아비센나Avicenna라고 부른다—는 의학 실험을 위한 일곱 가지 규칙을 정했다.

영국의 스콜라 철학자 로버트 그로스테스트Robert Grosseteste는 베이컨보다 수 세기 전인 중세 융성기High Middle Ages에 대조실험controlled experiment의 개념을 창안했다. 그리고 실험은 이론적으로만 부각되지 않고 실제로 수행되었다. 역사가 데이비드 린드버그David Lindberg는 과학혁명 이전에 실시된 실험에 대한 부분적인 목록을 제시했는데,[13] 그 범위는 고대 로마제국에서 중세 유럽을 거쳐 이슬람 페르시아까지 확장되었으며, 대표적인 과학자를 살펴보면 프톨레마이오스, 이븐 알하이삼Ibn al-Haytham(알하젠Alhazen), 카말 알딘Kamāl al-Dīn, 프라이베르크의 디트리히Theodoric of Freiberg, 랍비 레비 벤 게르숀Rabbi Levi ben Gershon, 요하네스 데 무리스Johannes de Muris, 타란토의 폴Paul of Taranto이 있다.

철칙이 이들보다 나은 점이 무엇일까? 그 참신함은 어디에 있을까? 아리스토텔레스가 예리하게 관찰한 현상들을 설명함으로써 자신의 이론의 힘을 과시한 게 분명함에도, 내가 무슨 근거로 그를 가리켜 현대적인 과학자가 아니었다고 하는 것일까?

세계를 설명하는 데 주안점을 뒀고 실험에 마음을 열었음에도, 고대의 자연철학자들은 (현대과학에 최고의 지식 생산 능력을 제공한) 절차적 합의를 확립할 수 없었다. 철칙을 제정함으로써 현대과학을 만들기 위해, '진정한 이론은 자체적인 설명력으로 인정받을 수 있다'는 해묵은 교리에 뭔가가 추가되어야 했다. 그러한 추가는 네 가지 방법론적 혁신의 형태를 띤다.

첫 번째 혁신은, 철칙을 구성하는 재료—설명 자체—를 재구성하는 것이다. 과학혁명 이전에는 설명이 철학적 원칙과 뒤섞여 있었기 때문에, 설명력은 주관적인 문제로서 관찰자의 기질과 지적 편향에 따라 달라졌다. 현대과학에서는 설명의 개념이 철학과 그 밖의 이데올로기에서 해방되었기 때문에, 마치 원소 금속elemental metal처럼 순수하다. 결과적으로 설명력은 성장 배경과 성향에 관계없이 모든 현대 과학자들에게 동일한 것을 의미하므로, 모든 과학자들은 '철칙이 말하는 것'과 '유의미한 과학실험에 대한 철칙의 기준을 충족하는 것'에 대해 동의한다.

두 번째 혁신은 공간, 장소, 영역의 문제다. 철칙은 아리스토텔레스가 수립한 전통적 논리 법칙처럼 '과학자가 생각하는 것'이 아니라 '그들이 공식적인 토론에서 주장하는 것'에 초점을 맞춘다. 이 경우 그들의 뇌는 규칙에 의해 제한받지 않으며, 규칙의 엄격한 요구사항에 예속되는 것은 그들의 공식적인 발표뿐이다. 곧 알게 되겠지만, 이러한 혁신은 세 번째와 네 번째 혁신을 모두 가능케 한다.

세 번째 혁신은 특별한 종류의 객관성으로, 과학적 추론의 본질적인 주관성에 의해 뒤집히지 않으면서 과학적 토론에 부과될 수 있다. 요컨대 그것은 내가 2장과 3장에서 언급한 과학자들의 '도덕적 약점' 및 '개연성 순위의 다양성'과 100퍼센트 양립한다.

네 번째 혁신은 철칙의 금지 조항negative clause이다. 자연철학자들은 자신들의 이론이 자연현상을 얼마나 잘 설명하는지에 신경을 많이 썼다. 또한 그들은 자신들의 이론의 철학적 완전성philosophical integrity, 신학적 순수성theological purity, 형식미formal beauty에도 신경을 썼으며, 언제라도 기회가 주어지면 이러한 관점들의 정당함을 입증할 준비가 되어 있었다. 그러나 철칙이 과학적 논증의 과정을 결정하기 위해 허용하는 것은 설명력(이론이 관찰 가능한 사실들을 설명하는 능력) 밖에 없다. 신학, 철학, 심지어 형식미조차도 엄격히 금지된다. 만약 논증을 원한다면, 과학자들은 규칙이 정한 바에 따라 실험을 수행함으로써 실증적 방식을 견지해야 한다.

현대과학을 만든 네 가지 혁신

1. 모든 과학자들이 동의하는 설명력 개념
2. 공적인 과학적 '논증Argument'과 사적인 과학적 '추론' 구별
3. 과학적 논증—과학적 추론과 대조됨—에서 객관성 요구
4. 오로지 경험적 시험의 결과에 호소하는(그리고 철학적 일관성, 이론적 정치성精緻性 등에는 호소하지 않는) 과학적 논증 요구

4장과 이 장에서, 독자들은 (철칙에 의해 확립된) 현대과학의 절차적 합의가 (튀코의 세계에서 과학의 진보를 가능케 한) 풍부하고 복잡하고 계시적인 데이터의 창조 및 수집을 촉진한 과정을 살펴봤다. 이제부터 네 가지 혁신이 철칙에게 그러한 합의를 창조하는 능력을 부여한 과정을 살펴보기로 하자.

6장

설명의 재구성

설명은 어떻게 객관적 재료objective material로 재구성되어
모든 과학자들에게 똑같이 읽히는 철칙으로 가공될까?
(철칙의 첫 번째 혁신)

남극해의 어딘가에 발견되지 않은 섬이 하나 있다. 그 섬은 한 조각의 땅이며, 그곳에 사는 사람들은 현대세계와 아직 접촉하지 않았다. 그곳을 아틀란티스라고 부르자. 만약 그 섬이 존재하지 않는다면 거짓으로라도 지어내기로 하자. 우리는 철학적 목적을 위해 그 섬을 필요로 한다.

그러나 아틀란티스인들—비록 몇 명 안 되지만—은 아주 재미있는 문명을 보유하고 있다. 시인, 건축가, 극작가, 수학자들이 가시적인 세계(행성, 빛, 낙하하는 물체, 생명체)의 작동을 이해하려는 자연철학자들과 나란히 궁정과 장터를 어슬렁거리는 것이다. 그러나 고대 그리스인들—또는 중국의 명明 왕조나 영국의 엘리자베스 1세 시대 사람들—과 같이, 아틀란티스인들은 현대과학을 보유하지 않고 있다.

너무나 많은 항법 오류 끝에, 당신은 아틀란티스의 해변에 떠밀려

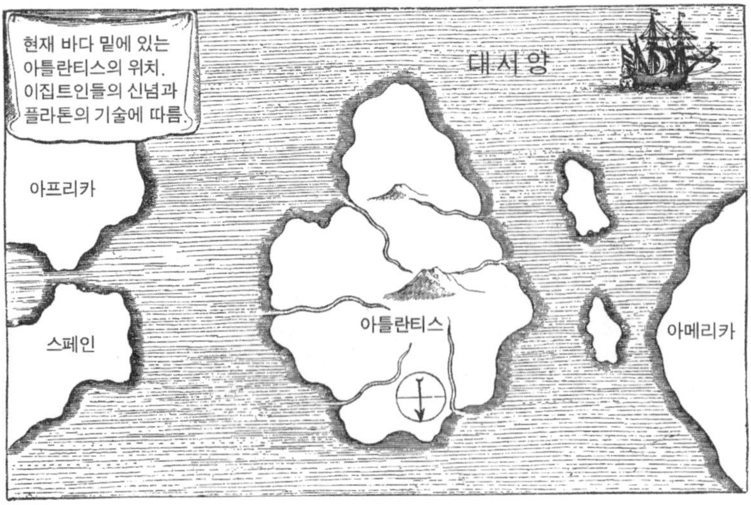

그림 6.1 독일의 학자 아타나지우스 키르허Athanasius Kircher(1602~1680)가 상상한 아틀란티스의 위치.
이 지도는 이집트의 지도에 기반하여 작성되었으며, 위가 남쪽이고 아래가 북쪽이다(나침반의 화살표가 아래를 가리키고 있음을 주목하라).

온 자신을 발견한다. 불가사의한 방문자와 마주친 아틀란티스인들은 스릴과 당혹감을 느낀다. 당신은 그들에게 백신, 항생제, 복강경 수술laparoscopic surgery에 대해 이야기한다. 당신은 그들에게 스마트폰—놀라운 물건이지만, 신호의 감도에 대해서는 장담할 수 없다—을 보여준다. 당신은 넘쳐나는 식량, 반 마일 높이의 탑, 날아다니는 기계가 있는 세상을 기술한다. 더욱 근사한 것은, '빛의 본질'과 '행성의 운행 원리'와 '생명을 프로그래밍하는 코드'를 이해하는 세계를 기술하는 것이다. 아틀란티스인들은 그런 것들을 전혀 갖고 있지 않다. 당신이 그들에게 과학 하는 방법을 가르칠 수 있을까?

현대문명과 접촉하지 않은 원주민들에게 과학 하는 방법을 가르친다는 것은 좋은 발상이다. 설사 효과를 보지 못하더라도, 시간 보내는 데 큰 도움이 될 테니 말이다. 당신이 개설한 '현대과학 입문'이라는 제목의 첫 번째 강좌에 자연철학자와 학구열 넘치는 학생들이 모여들었다고 치자.

첫째 날, 당신은 철칙을 강의한다. 아틀란티스의 자연철학자들에게 '설명력이 큰 이론을 찾으라'고 설득할 필요는 없다. 그들이 수 세기 동안 해온 일이 바로 그런 일이기 때문이다. 새로운 점이 있다면, 그런 통찰을 이용하여 과학을 발전시키려면 심사숙고보다는 까다로운 측정과 수고스러운 실험에 많이 의존해야 한다는 것이다. 우리의 튀코적 세계에서, 진리는 1센티미터나 1도의 몇천~몇만 분의 1에 해당하는 수치를 설명함으로써 밝히 드러난다.

둘째 날, 당신은 경악스러운 사실을 발견한다. 아틀란티스인들은 하나의 사실을 설명하는 이론을 고려하는데, 그럴 때마다 사실과 이론의 운rhyme을 맞춘다. 예컨대 자연을 노래하는 직관적인 시인들에 따르면, "흙물질earthly matter로 이루어진 사물은 우주universe의 중심을 찾으려고 노력한다"라는 가설은 "폭풍 속으로 던져진 지푸라기들이 왼근 각지로 날아가는fly away" 이유가 아니라 "높은 바위에서 떨어진 사람이 훨씬 더 큰 부상much the worse을 입는" 이유를 설명한다고 한다. 왜냐하면 'worse'는 'universe'와 운율이 맞지만 'away'는 그렇지 않기 때문이다.

아틀란티스인들은 도대체 무슨 생각을 하고 있는 걸까? 아마도 그들은 세상이 "천상의 위대한 시인Great Poet in the Sky"의 지시에 따라 운영된다고 상상하는 것 같다. 이 초자연적 시인은 특정한 포고령(예컨대 "흙물질로 이루어진 사물은 우주의 중심을 찾으려고 노력한다")을 내리고, 세상에 직접 개입함으로써 '포고령과 운율이 맞는 사건'만 일어나게 하는 것 같다. 이것은 엽기적인 시각이지만 이해할 수 없는 건 아니다. "음, 알겠어요." 당신은 아틀란티스인들에게 말한다. "북반구에 사는 우리와 마찬가지로, 당신네 아틀란티스인들은 '하나의 사건을 설명하는 것'과 '사건을 일으키는 요인을 찾아내는 것'을 동일시하는군요. 그러나 우리와 달리, 당신들은 중력을 믿는 게 아니라 운율을 통해 사건을 일으키는 신을 믿는 것 같아요."

"아니에요, 그건 절대 아니에요." 아틀란티스의 철학자들은 말한다. "천상의 시인은 없어요." 사실, '사건을 일으키는 것'은 없다. 세상은 그저 존재할 뿐이다. 그럼에도 삼라만상이 (마치 한 편의 시처럼) 잘 들어맞는 과정을 파악함으로써, 세상의 존재 상태state of being를 이해하고 그 작동 방식working을 설명할 수 있다. 아틀란티스인들에게, 우주를 이해하는 것은 문학적 해석literary interpretation의 문제다.

아틀란티스에 과학을 도입하는 것은 당신이 상상하는 것보다 어렵다. 당신은 헛기침을 한 후, 설명에 대해 몇 가지 알아둬야 할 게 있다고 말한다. 또는 최소한 '철칙에 원재료를 공급하는 설명'에 대해 알아야 한다고 말한다. 가장 중요한 것은, 사건을 설명하는 것은 운율이 아니라 원인을 찾아내는 문제다. 단어의 어미語尾를 면밀히 조사함으로써 진정한 이론을 발견한다는 것은 어불성설이다. 아틀란티스의 철학자들은 자기들끼리 수군거리며, 간헐적으로 당신을 향해 연민의 눈길을 보낸다. 훌륭한 기술을 이해하지도 못하면서, 한 철학자가 말한다. "아니에요, 유감스럽지만 틀리는 것은 우리 이론이 아니라 당신의 이론이에요." 이쯤 되면 누가 선생님이고 누가 학생인지 모르겠다.

사실 돌이켜보면, 우리에게도 아틀란티스인들과 다를 바 없는 시절이 있었다. 아 … 현실 세계의 전깃불, 마취, 광대역 인터넷! 그것들은 모두 어둠 속의 판타지였다. 그렇지 않은가?

아틀란티스 이야기는 진실과 별로 동떨어지지 않는다고 많은 과학사가들이 이구동성으로 말한다. 그들은 과거로 눈을 돌려, '이해에 관한 사상idea about understanding의 군도群島'와 '수 세기 동안 이어진 문화의 열도列島'를 바라본다. 역사에 등장한 사상과 문화는 '하나의 이론이 일상적 사건의 패턴과 실험 결과를 충분히 설명한다는 것이 무엇을 의미하는지'에 대해 제각기 독점적이고 편협한 개념을 갖고 있다. 각각의 시대는 세상을 이해하는 자기 나름의 규칙을 갖고 있으며, 현대의 역사가인 피터 디어Peter Dear에 따르면 "세상을 만족스럽게 이해하도록 도와주는 것이 무엇인지를 결정하기 위한, 영원하고 비역사적인 기준timeless, ahistorical criterion은 존재하지 않는다".[1]

토머스 쿤에게 눈을 돌려, 경력 초기에 아리스토텔레스의 물리학을 이해하려고 애쓰던 모습을 생각해 보라. 그는 몇 가지 특이한 사상과 마주쳤다. 아리스토텔레스는 '공간에서 사물의 위치'를 여러 가지 속성 중 하나(이를테면 색깔)로 간주하고, 운동(위치 이동)을 색깔 변화와 동일시했다. 결과적으로, 공간에 빈 위치vacant position는 있을 수 없다. 위치는 사물의 속성이므로, 위치가 있는 곳에는 사물이 있다. 색깔이 있는 곳에, 그 색깔을 띤 사물이 존재하는 것처럼 말이다. 사실, 아리스토텔레스에 따르면 공간 같은 것은 없고 '장소'가 있을 뿐이며, 장소는 가득 채워져 있다(아리스토텔레스는 아마도 도심 주차inner-city parking에 대한 최초의 이론가였을 것이다). 한걸음 더 나아가, 운동의 특징적 패턴(예: 무거운 물체가 땅으로 떨어지는 경향)에 대해서는 생물학적이거나 심지어 심리학적인 듯한 설명을 내놓았다: 불활성물질의 무거운 변종을 위한 "자연스러운 최종 상태"는, 우주의 정확한 중점midpoint을 차지하는 것이다. 모든 사물, 동물, 식물,[2] 광물질은 저마다 자연스러운 상태를 찾아낸다. 따라서 불활성물질은 세계의 중심을 직접 향하는데, 세계의 중심은 지구의 중심이기도 하다. 처음에, 쿤은 이 모든 것들을 전혀 납득할 수 없었다. 아리스토텔레스의 주장은 너무나 애매모호해서 도무지 이해할 수 없었다.

다음으로, 그는 창밖을 내다보며 "모든 것이 제자리를 찾아갔다"[3]라고 말했다. 그는 아리스토텔레스처럼 세상을 바라보고, 아리스토텔레스의 원칙—아틀란티스의 원칙만큼이나 이상한 원칙—을 이용하여 세상을 설명하는 능력을 터득했다. "나는 이제야 아리스토텔레스가 그렇게 말한 이유를 이해할 수 있다." 쿤은 그러한 경험에서 영감을 얻어, '일련의 틀 간 도약a series of leaps from framework to framework'이라는 과학 발전 개념을 창안했다. 그는 각각의 도약을 '패러다임 전환'이라고 부르고, 이 과정에서 새로운 설명 체계explanatory system가 도입됨으로써 낡은 세계관하에서 교육받은 과학자들을 혼란에 빠뜨린다고 갈파했다.

패러다임은 설명적 틀explanatory framework보다 포괄적이다. 그것은 과학 하기를 위한 완전한 레시피로, 이해 방식mode of understanding뿐만 아니라 목표와 방법까지도 포함한다. 앞에서 살펴본 바와 같이, 현대의 역사가들은 '과학자들의 행동이 쿤의 패러다임만큼 전체주의적인 체계에 순응한다'는 주장에 회의감을 표한다. 그러나 피터 디어와 마찬가지로, 많은 역사가들은 설사 나머지를 폐기하더라도 쿤의 청사진에 포함된 설명적 요소explanatory component를 고수하며, 쿤과 함께 설명적 상대주의explanatory relativism라고 불리는 사상을 공개적으로 지지한다. 설명적 상대주의의 논지를 한 문장으로 요약하면, 각각의 시기나 학파는 자기 나름의 설명 및 이해 기준을 보유하고 있으며, 한 시기의 기준은 다른 시기의 사상가들에게 거의(또는 전혀) 납득되지 않는다는 것이다.

여기서 '납득되지 않는다'가 단순히 '개연성이 낮아 보인다'를 의미하는 것은 아니다. 그것이 의미하는 것은, 다른 시기의 설명이 설명력을 상실한 것처럼 보인다는 것이다. 우리가 아틀란티스인들의 운율을 가리켜 '아무리 아름답더라도, 사물의 발생 원인에 대해 진정한 이해를 제공할 수 없다'고 하는 것처럼 말이다. 그러므로 시기적으로 부적절한 설명은 전혀 고려 대상이 아니며, 게임이 시작되기 전에 실격 처리된다. 노련한 역사 해석가—쿤은 이렇게 자임했다—만이 그것의 진면목을 평가할 수 있는데, 설사 그렇더라도 약간 예상 밖의 (거의 신비적인) 현현epiphany*을 경유하는 듯하다.

만약 설명적 상대주의의 논지가 정확하다면 '상이한 이론의 시간 경과에 따른 설명적 성패explanatory success'에 대한 평가가 불가능할 수 있다. 왜냐하면 각 이론별로 '성공'이 의미하는 바가 완전히 다

* 평범하고 일상적인 대상 속에서 갑자기 경험하는 영원한 것에 대한 감각 혹은 통찰을 뜻하는 말. 원래 'epiphany'는 그리스어로 '귀한 것이 나타난다'는 뜻이며, 기독교에서는 신의 존재가 현세에 드러난다는 의미로 사용되어 왔다.

르기 때문이다. 이런 경우, 절차적 합의를 확립하는 방법이 존재하지 않으므로 지식 기계를 가동할 수 없다. 그러므로 설명적 상대주의는 철칙과 양립하지 않으며, 만약 그게 사실이라면 현대과학은 존재할 수 없을 것이다.

설명적 상대주의는 한때 사실이었다. 그러나 그 후 과학혁명이 진행되는 동안 퇴위退位되었다. 나는 이 장에서 상대주의가 합의의 기반을 약화하는 과정과, 그 자체의 기반이 약화되어 철칙에 의해 지배되는 새로운 형태의 탐구에 길을 내주는 과정을 설명할 것이다.

기원전 4세기, 당신은 아틀란티스보다 덜 가상적인 섬—고대 그리스의 레스보스섬Lesbos—을 아리스토텔레스와 함께 배회하며, 그곳의 석호lagoon에서 다양한 수서생물을 관찰하고 있다. (기원전 340년경, 위대한 철학자 아리스토텔레스는 레스보스섬과 인근의 본토 도시인 아소스Assos에서 여러 해를 보내며 생물학을 연구하고 논문을 썼다.)*

당신과 아리스토텔레스는 면밀하고 규칙적인 관찰을 통해 많은 것에 대한 합의에 도달하게 되었다: 어떤 물고기는 신음소리나 새된 소음을 내고, 수컷 문어는 교미에 특화된 촉수를 갖고 있고, 돌고래는 알을 낳는 대신 새끼를 낳고, 석호에는 굴이 풍부하고, 겨울에는 많은 물고기들이 더 따뜻한 바다로 이동한다. 당신은 (아리스토텔레스가 해부한 것으로 알려져 있는) 갑오징어 한 마리를 해부하여, 위장관胃腸管이 입에서 시작하여 위胃까지 내려갔다가 후진하여 머리 바로 밑에서 밖

* 아르망 르로이, 『과학자 아리스토텔레스의 생물학 여행 라군』(동아엠앤비, 2022).

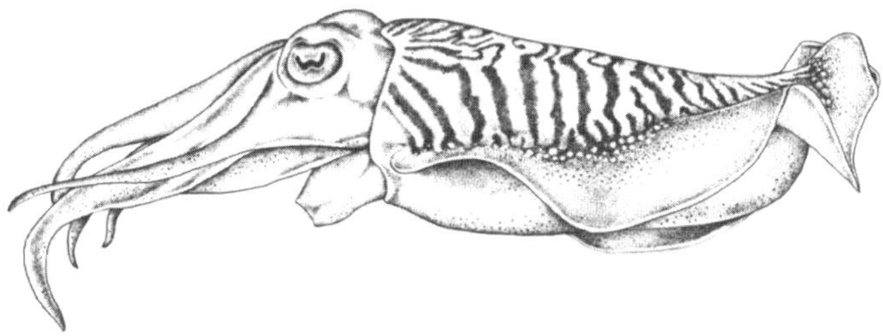

그림 6.2 갑오징어*Sepia officinalis*.

으로 나간다는 것을 확인한다.

그러나 갑오징어의 해부학과 행동을 설명하는 부분에서 공통 기반이 불안정하게 흔들리기 시작한다. 갑오징어의 심장은 무슨 일을 할까? 당신은 그게 피를 펌프질한다고 생각하는데, 아리스토텔레스의 생각은 다르다. 심장은 혈액의 주요 원천인 동시에 느낌—쾌락, 통증, 감각 경험—이 있는 곳이며, 고등동물의 경우에는 생각을 관장하는 기관이라는 것이다. (이 문제에 대해, 아리스토텔레스는 상당수의 동시대인들과 생각을 달리했다. 그들은 생각이 뇌의 소관 사항이라고 여겼다.) 그것은 의견 충돌이지만, 캐퓰릿과 몬태규의 '열의 본질'에 대한 의견 충돌과 전혀 다르지 않다. 경험적 시험을 통해 시시비비가 가려질 것이다.

일의 진행을 돕기 위해, 당신은 이상한 물건들(수술용 칼, 세포벽과 다른 생물학적 경계를 두드러지게 하는 염료, 현미경)을 가져와 철학자 친구를 놀라게 한다. 당신은 이러한 최신 장비들의 도움을 받아 갑오징어 심장의 미시적 구조를 조사함으로써 작동 메커니즘을 이해하고, 물리학의 역학적 원리에 기반하여 그 구조가 전신 행동으로 귀결되는 과정을 파악할 수 있을 것이다.

“음, 흥미롭군.” 아리스토텔레스는 잘 다듬은 턱수염[4]을 두드리며 말한다. “그러나 오래된 유물론자인 엠페도클레스Empedocles와 데모크리토스Democritus—그는 여기서 오래전 세상을 떠난 자신의 선임자와 라이벌들을 거론한다—의 생각과 마찬가지로, 당신의 설명은 전혀 타당해 보이지 않아.” 그는 간당간당한 눈썹을 추켜올린다. “그들의 세계관은 매우 소박하고 지나치게 단순해. 우리 눈에 보이는 사물과 현상은 모두 (무생물을 거칠게 다루는) 맹목적인 물리학에 의해 초래된다고 그들은 가르쳤어. 만약 그들이 옳다면, 우리는 도처에서 괴물성monstrousness과 기능 장애malfunction 사례를 발견하게 될 거야. 아마도 단순한 우연에 의해, 기계 부품들의 우발적 컬렉션이 유기체처럼 합체하여 먹고 숨 쉬고 복제품을 쏟아낼 테니 말이야. 그러나 이런 것들은 혼돈 중에서도 지극히 예외적인 케이스일 거야.” 그는 갑자기 언덕, 석호, 섬 전체를 가리키며 평소답지 않게 엉성하고 커다란 제스처를 취한다. “이 모든 생명체를 봐! 얼마나 아름답게 조직되어 있는지 보라고. 모든 식물, 동물, 나뭇가지, 팔다리, 기관이 신중하고 규칙적이고 정밀하게 작동하며 세상의 서식지에서 자기 나름의 방식으로 번성하고 있어. 이건 절대 우연이 아니야. 물리학만으로 생명을 설명하는 것은 불가능해.”[5]

“갑오징어의 특징적인 형태와 활동을 설명하려면,” 그는 계속한다. “생물 전체organism as a whole의 속성인 프시케psuche—종종 ‘영혼soul’으로 번역된다—를 상정하는 수밖에 없어.” 그것은 듣기와 달리 호락호락한 개념이 아니다. 아리스토텔레스의 프시케는 동물에서 이탈할 수 있는 무형물immaterial thing이 아니다. 그러나 그것은 다리, 뇌, 심장

같은 동물의 신체부위도 아니다. 그보다는 차라리,[6] 그것은 동물의 몸속에 존재하며 전반적인 형태를 갖도록 해준다. 프시케의 본질은, 동물의 궁극적인 선善을 위해 사물들을 조직하는 것이다. 프시케 덕분에, 동물의 신체부위들은 각각의 기능을 수행하며 그 기능들이 합쳐져 동물의 성장·번성·증식을 초래한다.

모든 현대 해석가들은 아리스토텔레스의 프시케에서 수수께끼를 발견한다. 아리스토텔레스는 그것을 가리켜 '동물의 몸속에 있는 형상form'[7]이라고 하는데, 이는 프시케가 단지 동물의 물리적 구조임을 시사한다. 그러나 그것은 아리스토텔레스의 진의가 아닐 공산이 크다. 만약 그게 아리스토텔레스의 진의라면, 그는 자신이 그토록 비판하는 유물론자들과 다를 바 없다. (그들은 생물의 생존력과 효율성을 '우연히 직무job에 안성맞춤인 신체 구조를 보유하게 되었다'는 사실에 귀속시킨다.) 그와 동시에 프시케는 신체를 초월한 개념은 아닌 듯싶다. 그것은 몸의 물리적 형태이지만, 그 형태를 설명하고 뒷받침한다.

프시케를 이해하려고 애쓸수록, 그것은 멀리 달아나 심연 속으로 사라진다. 그것은 우리 같은 범인凡人들에게 포착되지 않을 것이다. 이것은 설명적 상대주의의 특징적인 징후다. 아리스토텔레스만 납득하는 생명에 대한 설명—아틀란티스의 설명적 시인들의 시구詩句와 다를 바 없다. 그들은 서재에 앉아 '갑오징어cuttlefish'의 운율을 곰곰이 생각할 것이다—이 우리에게 납득될 리 없다.

사정이 이러하다 보니, 두 명의 인물은 석호의 기슭에서 티격태격하게 될 수밖에 없다. 당신은 현미경을, 아리스토텔레스는 자연의 질서에 대한 개념을 품 안에 품고 있다. 당신은 현미경을 이용하여 견해

차를 해소하고 싶어 한다. 당신은 그것이 (육안으로 식별할 수 없는) 갑오징어 조직의 물리적 구조를 드러냄으로써, 심장과 다른 기관의 작동 방식에 대해 귀중한 단서를 제공할 거라고 말한다. "소용없어." 아리스토텔레스가 대꾸한다. 그건, 물리적 구조가 신체의 기능에서 아무런 역할을 수행하지 않는다는 뜻이 아니다(그러나 사실, 아리스토텔레스는 유기 조직organic tissue이 미시적 구조를 갖고 있다는 사실을 부정한다). 그보다는 차라리, 물리적 구조는 생물학적 기능을 설명하는 올바른 기준이 아니라는 뜻이다. 설사 물리적 구조가 갑오징어의 운동 메커니즘을 설명하더라도, 운동이 세련되게 조율되어 생명을 촉진하는 이유까지 설명할 수는 없을 것이다. 오로지 프시케만이 그런 일을 할 수 있기 때문이다.

아리스토텔레스가 보기에, 당신의 탐구 프로그램—갑오징어를 매우 얇게 썰어 현미경으로 들여다봄—은 정교한 과학이 아니라 명백한 살생이다. 설명에 몰두하는 당신의 관점에서 볼 때, 아리스토텔레스의 프로그램은 뜬구름을 잡으려는 것처럼 보인다. 프시케는 어떻게 탐지하고, 그 속성과 작동 방식은 어떻게 분석한단 말인가? 또는 좀 더 정확히 말해서, 프시케를 내포하는 물리적 형태는 쉽게 탐지될 수 있지만, 단순한 물리적 형태를 넘어선 곳에 있는 프시케의 설명적 측면을 어떻게 탐지하고 측정한단 말인가? 아리스토텔레스가 생각하는 정답은 명백하다: 모든 생물의 외모와 활동은 그 프시케로 설명될 수 있다. 프시케의 본질에 대한 증거는 도처에 있으므로, 생물학자는 그것을 보고 싶어 할 것이다. 생물학적 설명에 관한 다른 개념을 갖고 있는 당신에게, 그것은 실증 탐구가 아니라 선결문제 요구의 오류begging the question*인 것처럼 보인다.

설명 체계에 대한 의견 충돌은 지적 교착상태intellectual impasse로 귀결된다. 아리스토텔레스의 입장에서 볼 때, 현미경이 천문학자보다 생물학자에게 더 유용한 것은 아니다. 설사 그것이 뭘 탐지하더라도, 생명을 설명할 힘이 부족하다는 것을 미리 알 수 있을 뿐이다. 당신의 입장에서 볼 때, 프시케의 설명력은 미스터리다. 당신은 각종 도구를 이용하여 프시케를 독립적으로 파악하고 싶어 하지만, 그 구조를 도표로 그리려면 애매모호하기 짝이 없는 설명적 세분화explanatory ramification를 거쳐야 한다.

설명적 상대주의는 이런 유類의 의사소통 단절을 조장함으로써, 현대과학에 필수적인 절차적 합의(과학자들에게 동일한 게임을 하고 있다는 확신을 주고, 설명 규칙을 둘러싼 끊임없는 논쟁에서 그들을 해방시킴으로써, 모든 노력을 관찰과 실험에 쏟아붓도록 해준다)에 극복할 수 없는 장애물로 작용한다. 따라서 철칙은 상대주의를 금지하고, (모든 과학자들이 동의하는) 설명력에 대한 고정적인 개념을 제공함으로써 모든 의견 충돌을 차단한다. 이것은 현대과학이 이룬 위대한 혁신 중에서 단연 으뜸이다. 과학자들은 '무엇이 무엇을 설명할 수 있는지what can explain what'에 동의하므로, 모든 가설(심지어 프시케, 엔트로피, 양자역학같이 난해하거나 논란 많거나 애매모호한 용어가 포함된 가설까지도)을 검증하는 방법에 동의한다.

* 증명되어야 할 결론적인 주장이나 명제를 오히려 증명을 위한 전제로 삼는 오류를 말한다. 예를 들면 '아편이 사람을 잠들게 하는 것은 아편에 최면력이 있기 때문이다'와 같은 것이다.

설명적 합의explanatory accord는 어렵게 얻어진 것이다. 그것이 어떻게 생겨났는지 알아보기 위해, 우리는 타임머신을 타고 레스보스섬의 아리스토텔레스를 떠나 2,000년 후 유럽의 북서쪽으로 여행해야 한다. 그곳에서 우리는 최상급 사상가 두 사람을 만나 그들의 사상을 경청할 예정이다. 그중 한 명은 최후의 위대한 자연철학자로, 물질과 그 행동—시대정신Zeitgeist에 예속된, 특이하고 형이상학적으로 규제되는 설명 체계에 따른다—에 대한 이론을 고안해 낸 사람이다. 다른 한 명은 그 이론을 파괴했으며, 그 과정에서 과학적 설명에 대한 철학의 지배를 박살내고 설명적 상대주의 자체를 타도했다. 두 사람의 지적인 삶을 연결하는 곡선의 궤적에서, 새로운 설명적 철칙의 향기가 모락모락 피어난다.

프랜시스 베이컨이 『신기관』을 집필하던 1618년, 유럽의 반대편에 있는 보헤미아Bohemia에서 전쟁이 발발했다. 그러자 프랑스의 한 법대생이 학업을 중단하고 네덜란드 군에 입대했다. 그로부터 1년도 채 안 지나 그는 네덜란드를 떠나 바이에른 선제후 막시밀리안 1세의 동맹군에 입대했다. 이 결정을 계기로 그는 신성로마제국Holy Roman Empire의 상당 부분을 차지하는 독일 왕국과 뜻을 같이하게 되었으며, 대부분의 전투와 사망은 그곳에서 일어나게 된다. 30년 전쟁Thirty Years' War이 끝날 즈음 바이에른의 국민 중 거의 절반, 보헤미아의 국민 중 3분의 1, 중부유럽 전체의 국민 중 5분의 1 이상이 목숨을 잃었다.[8] 지금까지 유럽에서 일어난 어떤 전쟁도 이 비율을 능가하지 못했다.

독일의 왕자들이 전쟁에 휘말리기 몇 달 전의 한가롭고 평화로운 시절, 프랑스인 병사는 도나우 강변의 울름Ulm시에 있는 민가의 임시 숙소에서 나태한 삶을 사는 자신을 발견했다. 때는 11월이었으므로 날씨가 꽤 추웠다. 그는 난방이 잘되는 방에 틀어박혀 골똘한 생각에 빠지기 시작했다. "그런 사유 과정에서," 그는 나중에 이렇게 썼다. "나는 경이로운 과학의 토대를 발견했다."

그는 어느 날 밤 세 가지 꿈을 꿨다.[9] 첫 번째 꿈은 공포에 관한 꿈으로, 그는 귀신, 마비paralysis, 일진광풍 때문에 똑바로 걸을 수가 없었다. 두 번째 꿈은 초자연적인 힘에 관한 꿈으로, 불과 천둥이 난무했다. 세 번째 꿈은 책과 학식, 여행의 시작, 모든 지식의 통합에 관한 꿈이었다. 그 후 며칠 동안 그는 일생을 바쳐 자신만의 경이롭고 새로운 과학을 구축하기로 결심했다. 그리하여 법학도이던 르네 데카르트René Descartes는 철학자가 되었다.

그는 재빨리 군대(그리고 전쟁)에서 벗어났다. 그러고는 향후 30년간, 자신의 주변에서 유럽이 파멸하는 동안 프랑스와 네덜란드에서 은둔자의 삶을 살았다. 그는 고독 속에서 수학, 물리학, 철학, 신God, 환상, 사고thought, 그리고 궁극적으로 '영혼의 정념passions'에 대한 책을 썼다. 그는 깊이 지각depth perception, 빛의 굴절, 무지개의 본질을 설명했으며, 오늘날 수학에서 카테시안 좌표Cartesian coordinate라고 부르는 것을 앞장서서 사용했다('카테시안'이란 '데카르트에 의해 제안되거나 발명되었다'는 것을 의미한다). 그러나 그의 가장 장엄하고 야망찬 프로젝트는 아마도 첫 번째 프로젝트 중 하나인 우주의 구조 기술description of the structure of the universe이었을 것이다. 그는 1633년에 집필을 완료하고, 책 이름을 『세계The World』라고 붙였다.

데카르트는 다음과 같이 제안했다: 세계를 구성하는 모든 활동은 천체의 단순한 궤도에서부터 인체의 복잡한 기능에 이르기까지 물질 덩어리의 운동이며, 이런 덩어리들은 오직 한 가지 방식으로—즉 직접적인 접촉을 통해, 달리 말해서 서로 떠밂으로써—상호작용한다. 행성들은 빈 공간을 질주하는 것처럼 보이겠지만, 그럴 리 만무하다. 만약 뭔가가 움직인다면 다른 뭔가가 영향력을 행사했기 때문이며, 그런 힘을 전달하는 유일한 방법은 직접적인 물리적 접촉이다.

데카르트는 다음과 같은 가설을 제시했다: 행성들이 태양 주변의 궤도를 유지하는 것은, 외견상 텅 빈 공간을 꽉 채운 감지할 수 없을 만큼 미세한 입자들이 행성을 밀착 수행하며 태양 주변을 돌기 때문이다.

데카르트는 감히 이렇게 말했다: 우주는 이런 식으로 회전하는 거대한 구상체球狀體들로 가득 차 있다. 각 구상체의 중심에는 태양이 있고, 독자적인 행성들이 태양의 주변을 회전한다. 그런 태양들은 우리 눈에 먼 별distant star로 보인다(그림 6.3).

중력은 힘의 문제이므로, 지구상에서의 중력은 (중력을 경험하는) 다른 천체와의 직접적인 접촉에 의해 초래됐음에 틀림없다. 데카르트는 다음과 같은 복잡한 스토리를 꾸며냈다: 모든 몸체들은 일종의 원심력[10]에 의해 지구에서 멀어져 가는 경향이 있다. 공기의 입자는 무거운 물체(예: 바위, 인간)를 구성하는 입자들보다 "흥분해agitated" 있으므로, 원심성 경향이 더 강하다. 예컨대 당신의 몸은 하늘로 날아오르려 하지만, 당신 주변의 공기는 훨씬 더 그렇다. 결과적으로 만약

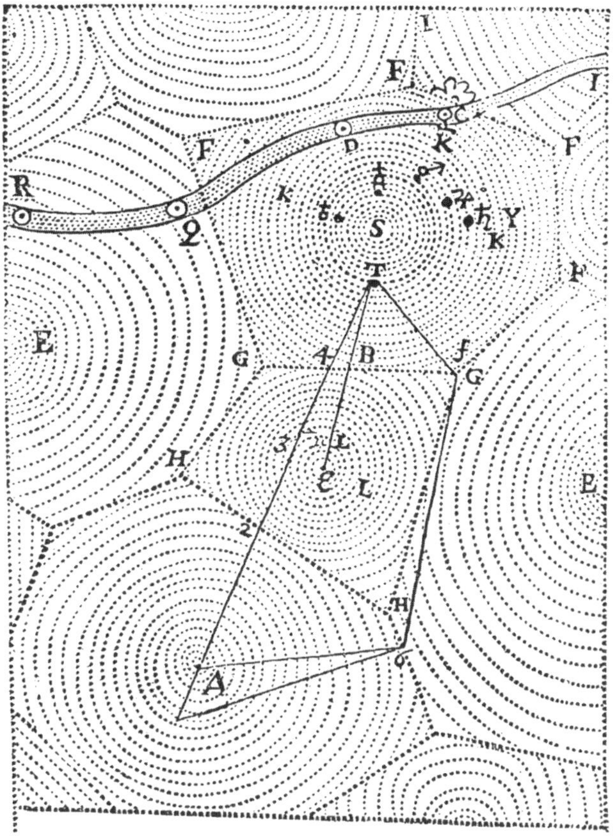

그림 6.3 데카르트의 우주.
각각의 다각형 단위체는, 중심에 하나의 별을 보유한 거대한 회전 구상체 rotating globe다. 우리의 태양은 S로 표시되어 있고, 행성들은 천문학 기호(예컨대 ♂은 화성, ♃는 목성)로 표시되어 있다. 혜성(☉)은 불규칙한 경로를 따라 태양계의 북쪽을 통과하는 것으로 표시되어 있다.

당신이 단단한 땅 위에 서 있지 않다면, 당신 발밑에 있던 공기가 당신을 제치고 치달으며 '본래 공기가 차지했던 공간'으로 당신을 눌러 넣는다. 그러면 당신은 공기에 짓눌려 낙하하는데, 이 같은 하방압력

downward pressure은 당신의 몸의 상향이동 경향tendency to move upward 보다 강하다. 이와 동일한 메커니즘이 애당초 당신의 상향이동을 막는다. 그건 마치 당신이 화재에서 탈출하기 위해 군중을 밀치며 출구를 향해 나아가는 것과 같다. 그러나 다른 사람들이 당신보다 힘이 세고 의지가 강하다면, 당신은 그들에게 떠밀려 한 발자국도 앞으로 나아가지 못하다 땅바닥에 주저앉을 것이다.

데카르트의 중력 설명은 기발하지만 바로크적이며, 사실 상당히 어색하다. 만약 그 어색함이 데카르트를 당혹스럽게 만들었다면, 그런 설명이 아예 나오지도 않았을 것이다. 그가 그런 무리수를 둔 것은, 아마도 자신의 충돌에 기반한 물리학collision-driven physics이 웬만한 실증적 제안보다 훨씬 낫다고 여겼기 때문일 것이다. 그가 자신의 물리학을 확신한 것은, 세상이 다른 방식으로 작동할 리 없음을 증명할 수 있다고 믿었기 때문이다. 현대적 의미에서, 그의 증명은 과학적이 아니라 차라리 철학적이고 신학적이었다. 그것은 형이상학적 주장으로 시작되었다.

그의 주장에 따르면, 우주는 본질적으로 연장적extended이므로 넓은 공간을 차지한다. 따라서 빈 공간은 '연장된 무extended nothing'인 것 같지만, "무無는 어떠한 연장자extension도 보유할 수 없다".[11] 결론적으로 빈 공간은 존재할 수 없으며, 공간은 (아리스토텔레스도 주장한 바와 같이) 필연적으로 물질로 채워져 있다. 사실 데카르트에 의하면, 물질과 공간은 어떤 의미에서 동일하며 기술되는 방법만 다를 뿐이다. 그는 다음과 같이 썼다. "빈 공간이 있을 수 없는 것은, 계곡 없는 산이 있을 수 없는 것과 마찬가지다."[12]

'만약 공간이 꽉 채워져 있다면, 아무것도 시작될 수 없다'고 당신은 생각할지 모른다. 그러나 데카르트에 의하면, 신이 우주를 창조하고 철학을 신학으로 바꿨을 때, 우주의 물질을 모두 작동하고 그림 6.3과 같이 거대한 회전 구상체들을 창조했다. 그 이후 줄곧, 사물들은 데카르트의 물리학 원리를 따랐다. 한 구상체 내부의 물질은 다른 물질이 방해하지 않는 한 중심점 주위를 지속적으로 회전했고, 다른 물질이 방해하는 경우에는 (충돌한 물질을 새로운 방향으로 보내는 힘을 가진) 충돌이 발생했다(모든 공간은 물질로 가득 차 있으므로, 데카르트의 충돌은 발사체 충돌projectile impact보다는 거대한 인파 속의 밀고 밀림에 더 가깝다. 러시아워의 뉴욕시 지하철을 연상하면 이해하기 쉽다).

그러므로 정상운동상태steady state of motion에서의 이탈—유의미한 변화—은 직접적인 접촉에 의해서만 초래되는데, 이것은 두말할 필요 없이 명백한 충돌(예: 대포알이 성벽에 충돌함)에 적용되는 사항이다. 그러나 데카르트는 신과 철학을 등에 업고, 다른 모든 경우에도 변화는 그런 식으로 일어난다는 주장을 증명하려고 노력했다. 예컨대 중력 인력gravitational attraction의 경우, 설사 뭔가가 짓누른다는 가시적 징후가 없더라도 '지구를 향한 직접적 눌림'의 문제일 수밖에 없다는 것이다. 따라서 데카르트는 '중력은 작은 입자들에 의해 초래되며, 그 입자들의 임무는 하늘을 향해 쇄도하는 커다란 입자들을 제치는 것이다'라는 이야기를 지어냈다.

그와 마찬가지로, 시지각visual perception은 충돌에 의해 구동되는 것임에 틀림없다. 데카르트는 이렇게 제안했다: 빛이 망막을 때리면, 망막이 복잡한 수력기계hydraulic machinery—'동물 정기animal spirit'를 전신에 펌프질하는 장치—를 경유하여 뇌에 신호를 보낸다. 그와 동일한 이유로, 충돌은 다른 모든 신체기능의 밑바탕을 이룬다.[13] 모든 생물학적 과정은 필연적으로 기계적이며, 모든 메커니즘은 충격을 경유하여 상호작용하는 물질의 흐름에 의해 실행된다.

데카르트와 아리스토텔레스의 견해는 크게 다르다. 디테일도 그렇지만, 기본적인 설명 원칙은 훨씬 더 그렇다. 앞에서 살펴본 바와 같이, 아리스토텔레스에 따르면 각각의 물체는 자연스러운 운동natural motion을 한다. 무거운 물체(흙과 물로 이루어진 물체)의 본성적 운동은 우주의 중심, 즉 우리가 사는 구상체의 중심을 향한다. 제5원소—공기, 불, 흙, 물보다 신성divinity에 더욱 가깝다—로 구성된 별과 행성들의 본성적 운동은 원운동이다. 그러므로 금속은 땅으로 떨어지는 반면, 달은 영원히 지구의 주위를 돈다. 두 가지 경우 모두에서, 물체들은 아무런 도움 없이 본성대로 행동한다.

데카르트는 이와 동일한 운동을 밀고 밀림이라는 관점에서 설명한다. 심지어 신에게 길을 점지 받은 행성도 원형 경로를 유지하려면 다른 보이지 않는 입자의 압력이 필요하다. 운동을 논하는 데에서 다른 어떠한 원인을 상정하더라도 진정한 과학에 어긋난다고 데카르트는 생각한다. 그는 이렇게 말할 것이다: 다른 가설이 제안하는 설명을 면밀히 검토해 보면 운율과 다름없는 관련성이 드러난다. 운율은 감정에 호소할 수 있지만, 원인과 결과 사이의 진정한 설명적 관계를 확립할 수는 없다.

식물과 동물의 생물학도 사정은 마찬가지다. 데카르트는 기계 같은 유기체를 상정하지만, 아리스토텔레스의 경우에는 앞서 살펴본 것처럼 '생물은 프시케를 가졌다는 점에서 기계와 구분된다'고 생각한다. 프시케란 신체의 물리적 구조에 내재하는 설명원리로, 그 구조 내에서 그 구조에 의해 초래되는 행동의 규칙성과 합목적성을 설명한다.

데카르트는 아리스토텔레스의 설명을 '이해할 수 없다'고 일축하고, 아리스토텔레스는 데카르트의 설명을 '절망적'이라고 일축할 것이다.[14] 두 사람 모두에게 상대방의 독자적인 설명 틀은 혼란스럽고 공허하고 이해할 수 없고 터무니없어 보일 것이며, 아틀란티스인들의 운율만큼이나 지적으로 이질적intellectually alien일 것이다.

그러나 가장 추상적인 수준에서, 데카르트와 아리스토텔레스는 매우 중요한 공통점을 갖고 있다. 두 사람 모두 고차원적인 힘higher power—가장 두드러지는 것은, 철학적 이성philosophical reason의 힘—에 의존하여 '무엇이 물체와 생물의 운동을 타당하게 설명할 수 있는지'를 결정하는 것이다. 두 사람으로 하여금 정반대 입장을 고수하게 하는 것은 바로 이 철학화philosophizing다. 그들은 설명 원칙에 합의했지만, 물리학과 생물학의 이론에 대해서는 영구적으로 불화를 면치 못할 수 있다.

그다음에는 무슨 일이 생길까? 만약 아리스토텔레스가 1600년대의 지적 전쟁터를 조사했다면, 장담하건대 이렇게 외쳤을 것이다. "또 그 타령이군!" 4세기의 아테네에서 사라졌던 해부학자와 다른 유물론자들이 되살아나 다시 싸움을 걸고 있었으니 말이다. 베이컨이 말한 대로, 똑같은 논쟁이 영원히 제자리걸음을 하고 있었던 것이다.

만약 뭔가 새로운 것이 나타나 악순환의 고리를 끊고 자연 탐구를 완전히 새로운 궤적으로 유도하지 않았다면, 설명 기준에 대한 뿌리

깊은 갈등은 알려지지 않은 채 똑같은 논쟁이 지금까지 계속되고 있을지도 모른다.

1650년, 데카르트는 세상을 떠났다. 유럽의 30년 전쟁이 끝난 지 2년 뒤였다. 독일은 폐허가 되어 있었고, 프랑스는 의기양양해 있었고, 영국은 찰스 1세를 처형한 후 공화국이 되어 있었다. 조용한 전쟁터 위에, 탈진한 채 태어난 평화가 깃들었다. 그와 대조적으로, 유럽의 대학과 학계에서는 중력 전쟁gravity war의 전운이 감돌고 있었다.

아이작 뉴턴Isaac Newton은 일곱 살이었다. 열한 살의 나이에, 그는 링컨셔Lincolnshire주 그랜섬Grantham에 있는 킹스 스쿨King's School의 한 학급에서 끝에서 2등을 했다. 그러나 어느 시점부터—아마도 끝에서 3등인 급우의 괴롭힘에 대한 반응으로—그는 학업에 전념하여 케임브리지 대학교 트리티니 칼리지University's Trinity College에 들어갔다. 데카르트와 마찬가지로, 그는 혼자 있는 것을 선호했으며 방해받지 않고 공부할수록 더 좋은 성과를 거뒀다. "진리는 침묵과 깨지지 않는 명상의 산물이다."[15] 그러나 프랑스에서 태어나 스웨덴에서 죽은 데카르트와 달리, 그는 자신이 태어난 나라를 떠나지 않았다.

사실 뉴턴은 모교를 거의 떠나지 않았으며, 25년 후 루카스 수학 석좌교수Lucasian Professor of Mathematics로서 가장 위대한 저서인 『자연철학의 수학적 원리Mathematical Principles of Natural Philosophy』—흔히, 오리지널 라틴어 제목을 따서 『프린키피아Principia』라고 부른다—를 출간할 때에도 여전히 케임브리지에 머무르고 있었다. 세계는 뉴턴의 시스템

같은 것을 전혀 본 적이 없었다. 그것은 가장 야심 찬 물리학(이를테면 아리스토텔레스와 데카르트의 물리학)의 범위와 최고의 천문학(예컨대 프톨레마이오스와 케플러의 천문학)의 수학적 정밀성을 지니고 있었지만, 그 핵심은 한 줌의 단순한 공식(뉴턴의 세 가지 운동법칙과 만유인력의 법칙)으로 요약될 수 있었다.

'모든 물리적 인과관계는 직접적인 접촉에 의한다'고 주장한 데카르트와 달리, 뉴턴은 '중력의 힘'에 호소했다(즉, 중력은 하나의 물체를 다른 질량체 쪽으로 잡아당기는데, 이 과정에서 다른 메커니즘은 일절 개입하지 않는다). 그의 동시대인 중 상당수는 뉴턴의 새로운 힘new force에서 엄청난 이론적 허점theoretical hole을 봤다. 중력을 발생시킬 수 있는 물리적 수단(성간유체currents of interstellar fluid의 흐름, 또는 미세한 입자와의 충돌)이 존재하지 않는다면, 도대체 무슨 수로 중력을 진지하게 받아들인단 말인가? 행성들을 연결함과 동시에 밂이나 당김이나 그 밖의 '내재적 원기visceral oomph'를 전달하는 가촉적tangible 물질이 없다면, 행성 간의 인과력causal forces은 어불성설이었다. 인과관계가 다른 방식—하나의 행성이 멀리 떨어진 다른 행성에 (마치 귀신이 임의의 먼 거리에 손을 뻗듯) 영향을 미침—으로 성립할 수 있다는 개념은 가당찮아 보였다. 뉴턴이 『프린키피아』 2판을 발표한 1713년, 수학과 형이상학의 신동인 G. W. 라이프니츠G. W. Leibniz는 뉴턴의 이론을 "야만적인 물리학barbaric physics"[16]이라고 묵살했는데, 이는 "빛이 세상에 왔으되, 사람들이 자기 행위가 악하므로 빛보다 어두움을 더 사랑한 것이니라"*라는 서글픈 현실을 적나라하게 드러낸 증거였다.

그러나 뉴턴이 등장한 지 수십 년 동안, '원거리 작용action at a

distance'—아무런 인과적 연결고리connecting causal link 없이, 텅 빈 공간을 사이에 둔 천체들이 서로의 운동에 영향을 미친다—이라는 아이디어는 친숙해지다가 마침내 용인되었다. 어느 편인가 하면, 의심스러워 보인 쪽은 충돌에 의한 인과관계causation by collision였다. 접촉한 두 개의 물체가 관입貫入하기를 거부하는 이유가 뭘까? 매우 가까운 범위에서 작동하는 일종의 반발력이 그들의 중복을 방해하는 게 틀림없다. 만약 그렇다면, 외견상 진정한 충돌genuine impact처럼 보이는 것은 사실상 '물리적 접촉과의 썸 타기flirtation 실패'에 지나지 않는다. 즉, 입자들은 문자 그대로 접촉하는 게 아니라, 저항할 수 없는 대항력countervailing force이 힘껏 떠밀어 갈라놓을 때까지 극단적으로 가까이 접근할 뿐이다. 그로부터 한 세기 후인 1786년 물리학에 대한 글을 쓸 때, 독일의 위대한 철학자 임마누엘 칸트는 다음과 같이 주장했다: 물체들이 (뉴턴의 중력법칙 같은 법칙에 따라) 공간을 가로질러 투사되는 완력 이외의 방식으로 서로에게 작용할 수 있다는 주장은 도저히 납득할 수 없다.

데카르트에 관한 이야기도 그렇지만, 뉴턴에 관한 이야기도 설명적 상대주의의 연대기에서 또 하나의 장章—또는 '하나의 설명적 틀에서 또 하나의 틀로의 불연속적인 도약discontinuous jump'이 반복되는 지성사의 또 한 가지 사례—인 것처럼 들린다. 17세기까지만 해도 인과관계는 접촉에 의해서만 전달되어야 했고, 그 밖의 모든 것은 어두움으로 간주되었다. 상대주의의 역사에 따르면, 1700년경 뉴턴이 나타나 (타당한 설

* 신약성서 요한복음 3장 19절.

명으로 여겨졌던) 데카르트의 개념을 성공적으로 밀어내고 자신의 개념으로 갈아치웠다. 1630년경 데카르트가 나타나 아리스토텔레스의 설명 방법을 밀어낸 것처럼 말이다. 뉴턴 이후 줄곧, 접촉은 철학적 논리가 결여된 것처럼 보였다. 원거리 작용은 사건을 일으키는 단 하나의 논리적 방법으로 자리 잡았다.

쿤이 『과학혁명의 구조』에서 '중력의 역사'의 수레바퀴를 해설한 것도 그런 식이었다.[17] 그러나 그의 상대주의적 해석은 틀렸다. 뉴턴은 17세기에 통용된 설명explanation의 개념을 바꾼 게 아니라, 훨씬 더 심오한 업적을 남겼다. 그 내용인즉 실증적 탐구empirical inquiry의 개념을 바꾼 것이다.

그 과정을 이해하려면, 1713년에 나온 『프린키피아』 2판의 후기後記[18]에서 뉴턴이 자신의 방법을 해설한 구절을 유심히 살펴봐야 한다. 뉴턴은 그 부분에서 중력의 기본적 속성—'고체의 질량에 비례'하며, 거리의 제곱에 반비례한다—을 요약한 다음 이렇게 말했다.

> 나는 아직까지 현상으로부터 중력이 이런 속성을 갖는 이유를 추론할 수 없었고, 가설을 가장하지도 않는다. 현상으로부터 추론되지 않은 것은 무엇이든 가설이라고 불려야 마땅하기 때문이다. 형이상학적이든 물리적이든, 신비주의적 특성에 기반을 두든 기계적이든, 가설은 실험철학에서 설 자리가 없다. … 중력이 실제로 존재하고 우리가 제시한 법칙에 따라 작용하며, 천체와 바다의 모든 운동을 충분히 설명한다면 그것으로 족하다.[19]

이 유명한 구절을 통해, 철칙의 본질적 측면이 세계사에 결정적으로 모습을 드러낸다.

뉴턴이 말하는 중력의 메커니즘을 살펴보라. 당신은 그가 원거리 작용의 열렬한 옹호자가 아니었음을 단박에 알 수 있을 것이다. 그는 중력이 역학적으로—접촉이 됐든 충돌이 됐든—초래될 가능성뿐만 아니라 '비술적 특징'에 의해 초래될 가능성까지도 허용한다. 비술적 특징이란 일종의 비기계적 인과관계nonmechanical causation(이를테면 원거리 작용)로, 라이프니츠 같은 철학자들에게 마술보다 지적으로 나을 것 없다는 취급을 받는다. 위 구절에서, 역학적 가능성과 비술적 가능성은 완전히 동등하게 취급된다. 둘 다 가설일 뿐이므로, 현재로서는 어느 쪽이 맞는지 판단할 방법이 없다.

하지만 그건 중요하지 않다. 정말로 중요한 것은, 중력이 관찰된 현상(행성의 궤도, 혜성의 경로, 조석 주기cycle of tides, 치명적인 발사체의 방전arc of deadly projectile)을 정량적으로 매우 정확하게 '설명하는 것으로 족하다'는 것이다. 데카르트 같은 철학자에게, 이렇게 겸허한 제안은 아무런 의미가 없을 것이다. 만약 진정한 설명자genuine explainer 여부를 판정하는 테스트—충돌 검사collision test—를 통과하지 않는다면, 중력은 아무것도 설명할 수 없다는 것이 그의 견해다. 데카르트의 견해를 다른 방식으로 표현하면, '뭔가를 설명한다'는 것은 '그 원인을 파악'하는 것을 의미하고, '그 원인을 파악한다'는 것은 '사건을 일으킨 일련의 밂 또는 충돌을 이해'하는 것을 의미한다. 그런 이해가 없다면, 어떤 이해도 진짜 설명도 존재하지 않는다.

그와 대조적으로, 뉴턴은 위의 구절에서 보는 바와 같이 설명을 기술하는 얕은 철학적 개념philosophically far shallower notion을 창안했다. 그 개념에 따르면, 현상은 중력이론의 인과 법칙—즉, 『프린키피아』에서 제시된 수학적 원칙—에서 도출되기만 하면 설명될 수 있다. 얕은 설명은 설명자에게 '원칙의 이행을 파악하라'고 요구하지 않는다. 더욱 중요한 것은, 원칙을 가리켜 '철학적 테스트를 통과하라'거나 '쿤적 패러다임의 설명 규정을 준수하라'고 요구하지 않는다. 중력은 충격에 의해 전달되는 것으로 밝혀질 수도 있지만, 진정한 원거리 작용인 것으로 밝혀질 수도 있다. "어떤 것으로 밝혀지든," 뉴턴은 주장한다. "경험적 탐구—뉴턴은 이것을 '실험철학'이라고 부른다—의 목적에 부합하도록 '설명하는 것으로 족하다.'" 포퍼적 반증자들과 마찬가지로, 뉴턴적 설명자들은 지적 수칙intellectual precept이 아니라 관찰된 현상observed phenomena에 충실함으로써 자신의 가치를 증명한다. 요컨대 설명에 관한 얕은 철학적 개념 덕분에, 과학 이론 수립자들은 (설사 이데올로기적으로 혐오스럽더라도) 모든 현상을 가능한 한 다각적으로 설명하려는 시도에 치중하게 되었다.[20]

뉴턴은 이러한 해방 선언을 통해 설명적 상대주의의 악순환 고리를 끊고, 과학자들에게 '영원하고 비역사적인 기준'을 제공했다. 이로써 설명력이 철칙의 원재료로 사용되어, 타당한 경험적 시험으로 간주되는 것이 무엇인지를 결정하는 고정된 기준을 제시하게 되었다. 하나의 과학 이론은 약간의 인과 법칙을 상정하므로, 그 이론은 '인과 법칙에서 논리적으로 도출될 수 있는 것'이라면 무엇이든 설명할 수 있다. 이것이 바로 설명의 기준으로, 시대와 장소를 불문하고 언제나 동일한 것을 의미한다.

그러나 과학 실무에서 '무엇이 객관적이고, 무엇이 주관적인지'를 제대로 평가하려면, 이론과 이론적 코호트를 구분하는 데에서 뉴턴보다 더욱 신중을 기할 필요가 있다. 주지하는 바와 같이, 이론이 독자적으로 설명할 수 있는 것은 거의 없으며, 보조가설의 도움 없이 이론에서 도출될 수 있는 것도 거의 없다. 예컨대 아인슈타인이나 뉴턴의 중력 이론만 갖고서 에딩턴의 사진건판에 표시된 별의 위치를 독자적으로 예측하는 것은 불가능하다. 별의 위치를 예측하기 위해, 에딩턴은 망원경의 위치, 사진 촬영 횟수, 별 자체의 위치, 망원경이 제대로 작동한다는 가정, 빛에 대한 특별한 이론적 가정에 대한 정보를 추가할 필요가 있었다. 이러한 정보와 배경 조건에 대한 진술이 확보되었을 때, 하나의 이론은 이론적 코호트를 형성하여 특정한 예측과 설명을 내놓을 수 있다.

뉴턴의 얕은 설명력shallow explanatory power 기준과 관련된 철칙은 이론 자체보다는 이론적 코호트에 적용된다. 그것은 하나의 코호트가 하나의 현상을 설명하는지(즉, 코호트의 인과적 사실과 법칙에서 현상이 도출될 수 있나?) 여부에 대한 객관적이고 탈이데올로기적인 시험을 제공한다. 아리스토텔레스의 집중화 욕구centralizing urge, 데카르트의 민주적 부대낌democratic jostling, 뉴턴의 원거리 작용은 모두 '중력을 설명하는 인과 법칙'의 자격을 갖추고 있으며, 과학계에서 따뜻한 환영을 받는다.[21] 철칙이 요구하는 것을 한 문단으로 요약하면, 그런 원칙과 코호트에 '발생하는 장면이 실제로 관찰되는 현상'만 포함되어야 한다는 것이다. 설명에 대한 현대과학 기준의 경험적 까다로움empirically demanding은 철학적 느슨함philosophically lax과 극명하게 대조된다.

아리스토텔레스의 프시케는 어떨까? 그런 형언할 수 없는 개념이, 과학에서 설명적 구성물explanatory construct로 용인될 수 있을까? 만약 보조가정이 제공되어, 명백히 관찰 가능한 결과를 수반하는 코호트를 형성한다면 가능하다. 심지어 어떤 의미에서 21세기인들에게 납득될 수 없다 할지라도, 그 인과적 시사점causal implication이 적절한 이론적 맥락에서 명백하고 충분히 디테일하다면, 철칙의 관점에서는 여전히 잠재적인 과학적 설명자일 수 있다.

비록 지나칠 정도로 관대하지만, 철칙의 설명 개념은 그럼에도 "뭐든 상관없다anything goes"의 문제는 아니다. 예컨대 설명력에 대한 아틀란티스인들의 견해는 자격 미달이다. 운율은 당신에게 과학적 영예를 안겨주지 않는다. 당신의 이론은 인과율에 입각한 스토리를 기술해야 한다.

1727년 세상을 떠날 즈음, 뉴턴은 위대한 시대적 인물 중에서도 단연 독보적이었다.[22] 그의 장례식에 운구자로 나선 사람들은 공작, 백작, 대법관이었다. 장례식에 참석한 프랑스의 젊은 계몽사상가 볼테르Voltaire는 "왕처럼 성대히 장례가 치러졌다"고 적었다. 그의 탁월함을 기린 헌사들이 18세기를 언어의 불꽃놀이verbal firework로 환하게 밝혔다. 스코틀랜드의 철학자 데이비드 흄David Hume은 그를 가리켜 "인류의 교양과 학식을 드높인 책을 쓴 가장 위대하고 드문 천재"라고 했고, 볼테르는 "사상 유례없는 위대한 천재"라고 거들었다. 프랑스의 수학자 기욤 드 로피탈Guillaume de l'Hôpital의 헌사는 그중에서도 압권이었다: "뉴턴은 물질을 완전히 초월한 천상의 지성인celestial intelligence이었다."

뉴턴이 신과 거의 동급同級임을 암시하는 구절의 원조는 에드먼드 핼리Edmond Halley가 『프린키피아』 초판을 위해 쓴 시인데, 그 시의 맨 마지막 행은 다음과 같다: "어떤 인간도 신에게 더 가까이 올라갈 수 없다." 영국의 미술가 조지 비컴George Bickham은 언어 대신 그림의 형태로 표현했다. 그는 1732년 제작한 판화에서, 뉴턴을 천사, 뮤즈, 푸토*로 둘러싸인 태양으로 묘사했다(그림 6.4). 그와 거의 같은 시기에, 베네치아의 화가 조반니 바티스타 피토니Giovanni Battista Pittoni는 〈뉴턴에 대한 경의Homage to Newton〉라는 그림을 구상했다. 그 그림에서, 한 명의 천사와 지혜의 여신 미네르바Minerva가 뮤즈의 행렬을 이끌고 뉴턴의 성지shrine로 향한다. 이 성지는 로코코식 건축물로, 뉴턴의 유골이 담긴 거대한 항아리와 (뉴턴이 프리즘을 이용하여 빛을 여러 가지 색의 스펙트럼으로 분해한) 광학실험의 재현 및 기념이 특징이다(그림 6.5).

그러나 철칙의 '얕은 설명' 개념을 전파하는 데 가장 중요한 것은 그 주창자인 뉴턴이 최고의 과학자로 추앙받은 것도, 천국에 올라갔다는 메타포도 아니었다. 과학사가인 모르데카이 파인골드Mordechai Feingold가 지적한 바와 같이, 그것은 뉴턴 자신이 "과학의 화신science personified"[23]으로 탈바꿈한 것이었다. 파인골드는 다음과 같이 덧붙였다. "그 결과 뉴턴적 과학Newtonian science은 … 벤치마킹 모델과 최

* 르네상스기期의 장식적인 조각으로, 큐피드 등 발가벗은 어린이의 상像.

그림 6.4 조지 비컴(1732)의 〈아이작 뉴턴 경Sir Issac Newton〉.
신들에게 영접받는 뉴턴의 모습을 그렸다.

그림 6.5 조반니 바티스타 피토니(1727~1729)의 〈뉴턴에 대한 경의〉.
천사와 미네르바가 뮤즈의 행렬을 이끌고 뉴턴의 성지로 향하고 있다.

상급 지식superior knowledge의 현신이 되어, 다른 모든 과학적 탐구의 방향을 선도했다." 과학적scientific이라는 것은 곧 뉴턴적Newtonian이라는 것을 의미했다.

그리하여 과학적 탐구의 방식은 영원히 바뀌었다. 데카르트의 시스템을 공고히 했던 깊은 철학적 통찰은 이제 지식의 왕국으로 들어가는 열쇠로 더는 간주되지 않았다. "기본적인 문제는 제쳐놓고," 뉴턴적 과학은 이렇게 촉구하는 것 같았다. "인과 법칙의 구성에 총력을 기울여라. 그것은 예측을 통해 관찰 가능한 세계의 윤곽을 정밀하게 추적한다." 뉴턴의 동시대와 후대 사상가들은 하나둘씩 뉴턴의 취지에 공감했다.

그로부터 3세기 후, 철칙의 얕은 설명 개념은 과학을 계속 전진시키고 있다. 역사상 가장 까다로운 이론—양자역학quantum mechanics—에 직면하여 통째로 삼켰을 때만큼, 철칙의 희한한 효율성을 잘 설명해 주는 사례는 없을 것이다.

우리는 유체 속에 뜬 채 생명을 얻은 다음 고체의 세상에 태어난다. '하나의 물질이 유체인 동시에 고체일 수 있다'는 이원론duality은 초창기부터 과학적 상상력을 지배했다. 기원전 580년 탈레스가 '세상은 물로 구성되어 있다'는 가설을 제시했을 때, 그는 근본적인 유체성fluidity을 선택한 것이었다. 그의 제자인 아낙시만드로스는 공기를 제안했는데, 공기 역시 일종의 유체다. 그와 대조적으로, 고대 그리스의 해부학자들은 '고체성solidity이 만물의 근저를 이루며, 모든 물질이(심지어 물과 공기도) 미세하고 단단하고 눈에 보이지 않는 입자로 구성되어 있다'고 생각했다. 시칠리아 출신인 엠페도클레스의 4원소설four element theory에서처럼, 이러한 두 가지 견해는 결합될 수 있다. 그는 만물이 공기, 불, 흙, 물의 혼합물로 구성되어 있다고 말했다. 그로부터 한참 후, 데카르트는 고체와 유체를 혼합하는 다양한 방법을 발견했다: 물질은 본질적으로 단단하지만, 크기가 매우 다양하다. (한쪽 극단에 있는) 행성처럼 엄청나게 커다란 덩어리는 고체로 구성되어 있는 데 반해, (반대쪽 극단에 있는) 무한히 작은 입자들은 일종의 먼지로 구성되어 있으며 모든 구석과 틈새로 흘러 들어갈 수 있다.

19세기에는 설명을 위해 더욱 이국적인 형태의 유체와 고체의 행동이 거론되었다. 몬태규와 캐퓰릿의 이야기만큼이나 극적으로, 열熱이 처음에는 유체였지만 결국에는 고체의 운동motion of solid—무수한 미세 입자의 무질서한 진동—으로 낙착되었다. 동일한 지적知的 추이推移 때문에, 가촉적 유체tangible fluid 중에서 가장 희박한 가스gas가 '고속으로 이동하며, 현미경으로만 볼 수 있는 고형 입자solid particle'로 구성되어 있는 것으로 밝혀졌다. 그와 대조적으로, 빛은 1900년까지 어떤 가스보다도 미묘하고 형언할 수 없는 유체—전자기에테르electro-magnetic ether—를 통과하는 파동wave으로 여겨졌다. 한 작지만 영향력 있는 과학자 집단은 이러한 생각에서 영감을 얻어, 모든 고체가 '에테르'임을 검토하겠다고 제안했다. 독일의 물리학자 구스타프 미Gustav Mie가 1911년에 쓴 글에는 다음과 같이 적혀 있다.

> 기본적인 물질 입자들은 … 에테르 속의 특이한 장소들singular places

일 뿐이며, 그곳에서 에테르의 전기 응력선들lines of electric stress이 수렴한다. 간단히 말해서, 그것들은 에테르 속에 존재하는 전기장의 '매듭들knots'이다.[24]

그것은 마치 물리학자들이 타임머신을 타고 2,500년 전의 밀레토스를 여행하여, '만물은 유체이며, 유체성이 전부다'라는 과감한 추측을 제기한 탈레스에게 경의를 표하는 격이었다.

그러나 시간여행 계획은 실패로 돌아갔다. 1930년대에 이르러, 고체/유체 이원론이라는 거대한 개념적·형이상학적 주춧돌이 말소되었기 때문이다. 물질—오늘날에는 전자와 양자 같은 입자들의 혼합체로 상정된다—은 아직 명맥을 유지하고 있었지만, 양자역학 덕분에 더는 일상적인 경험 속의 평범한 물질(유체나 고체)처럼 행동하지 않았다. 그것은 차라리 '중첩superposition'이라고 부르는 불가사의한 존재양식 속에서 나날을 보냈다.

중첩은 거의 이해할 수 없었지만, 그건 현역 과학자들에게 중요하지 않았다. 그들이 관심을 가진 것은 얕은 설명이었으며, 양자역학은 그런 노력에서 유례없는 성공을 거뒀다. 양자역학은 현대과학에서 뉴턴의 수칙('실험철학'의 목적에 부합하는 유일한 설명은, 관찰 가능한 것의 도출derivation of the observable이다)이 패권을 지키고 있음을 여실히 보여준 사례였다.

중첩에 관한 최초의 단서는 20세기의 첫 10년 동안 복사radiation와 빛에 관한 헷갈리는 현상을 이해하기 위해 설계된 일련의 이론에서 나왔다. 아마도 그중에서 가장 기념비적인 것은 알베르트 아인슈타인의 광전효과photoelectric effect(특정한 물질에 충돌한 빛이 전자의 방출을 초래하는 현상) 설명일 것이다. 아인슈타인은 '빛이 통상적으로 파동처럼 행동한다'고 상정했는데, 이 경우 빛은 입자—'광자photon'—의 흐름처럼 행동한다. 데카르트는 일찍이 빛이 입자(a)로 이루어져 있다고 주장했다. 19세기의 과학자들은 그게 파동(b)임을 밝혔다. 이제 그것은 a나 b가 아니며, 왠지 모르겠지만 a인 동시에 b로 밝혀진 것이다.

1920년대에 양자역학의 온전한 버전이 최초로 발표되었을 때, 이중생활을 하는 것은 빛뿐만이 아닌 것이 명백해졌다. 평범한 입자라고 흔히 가정되었던 전자의 흐름도 파동처럼 행동할 수 있었다. 사실, 모든 물질은 일종의 파동-입자 키메라wave-particle chimera인 것 같았다. 그렇다면 고대 신화가 고대 물리학보다 우주의 숨겨진 구조에 더욱 충실했다는 이야기가 된다. 그리스 신화에 등장하는 반인반마 종족인 켄타우로스centaur나, 반은 여자이고 반은 사자인 스핑크스가 아리스토텔레스의 물질이나 원자보다 실재에 대한 모형models of reality이었다니!

그것은 철학적 비상사태philosophical emergency였다. 실재의 본성이 위험에 처했으니 말이다. 양자역학은 현실에 대해 무엇을 말해주려 했을까? 이 문제는 서신과 연구실 복도에서 강도 높게 논의되었지만, 그중 대부분은 덴마크 코펜하겐에 있는 닐스 보어Niels Bohr의 이론물리학 연구소Institute for Theoretical Physics에서 이루어졌다. 보어는 양자역학의 열렬한 지지자로서, 그것이 탄생하는 데 힘을 보탠 인물이기도 했다. 아인슈타인은 초창기 기여가 있었음에도 양자역학에 회의를

그림 6.6 1927년 벨기에 브뤼셀에서 열린 제5차 솔베이 학회에 참가한 과학자들. 보어는 두 번째 줄 맨 오른쪽에, 아인슈타인은 첫 줄 한가운데에 있다.

품고 있었다. 두 과학자는 1927년과 1930년 벨기에 브뤼셀에서 열린 제5차 및 제6차 물리학과 화학에 대한 솔베이 학회Solvay Conference on Physics and Chemistry에서 논쟁을 벌인 것으로 유명하다. 물리학자 파울 에렌페스트Paul Ehrenfest는 그 장면에서 느낀 인상을 이렇게 전했다.

> 보어는 철학적인 연기구름 속에서 나와, 모든 사례를 차례로 깨부술 도구를 끊임없이 찾고 있었다. 아인슈타인은 마치 상자 속의 잭Jack in the box*처럼 매일 아침 불쑥 튀어나왔다. 오, 그건 돈 주고 볼 수 없는 명장면이었다.[25]

* 뚜껑을 열면 뭔가가 튀어나와 깜짝 놀라게 하는 장난감 상자를 일컫는다.

아인슈타인은 일찍이 양자역학의 또 다른 창시자인 막스 보른Max Born에게 다음과 같은 편지를 썼다. "양자역학이 눈길을 끄는 것은 분명하다. 그러나 한 내부자의 의견을 들어보니, 진짜 이론은 아직 나오지 않은 듯하다."[26] 그 후 90년이 흘렀지만 물리학자들은 아직도 대안이 없다. 양자역학은 진짜 이론처럼 보이기 시작하고 있지만, 그 의미에 대한 논란은 계속되고 있다. 그럼에도 과학은 흔들림 없이 승승장구하고 있다. 왜냐하면 1930년 이후 양자역학의 영역이 확대되어 전자기력, 원자핵의 내부, 그리고 (비록 아직 걸음마 단계에 있지만) 중력 자체에까지 적용되고 있기 때문이다.

그것은 괄목할 만한 과학적 성과다. 또한 그것은 주목할 만한 사회적 성과이기도 하다. 고대 그리스나 뉴턴 이전의 17세기 세계에서, 경합하는 철학competing philosophy은 경합하는 과학competing science을 의미했다. 그러나 양자역학은 철학적 학파로 나뉘지 않았다. 심지어 보어, 아인슈타인, 그 밖의 많은 핵심 인물들이 1927년 솔베이 학회에 모여 맹렬한 철학적 논쟁을 펼쳤음에도, 이론 자체는 "신속히 발전했고, 매우 신속하게 전파되었고, 거의 저항에 직면하지 않은"[27] 통합된 아이디어의 집합unified set of ideas으로 남았다. 학생들에게 양자역학을 설명하기 위해 집필된 새로운 교과서들은 그 논쟁을 거의 언급하지 않았다.

간단히 말해서, 양자역학의 해석은 고도로 철학적인 상부구조superstructure로서, 하부구조인 과학의 꼭대기에 얹혀 있을 뿐 거의 통합되지 않는 것으로 간주되었다. 오늘날에도 사정은 마찬가지다. 하지만 그렇다고 해서, 과학자들이 이론의 기묘도strangeness를 간과하는 것 같지는 않다. 쿼크quark의 발견자인 머리 겔만Murray Gell-Mann은 양자역학을 "불가사의하고 혼란스러운 분야mysterious, confusing discipline"[28] 라고 불렀다. 20세기 말 최고의 수리물리학자 중 하나인 로저 펜로즈 Roger Penrose에 따르면, "양자역학은 전혀 말이 안 된다". 리처드 파인먼Richard Feynman에 따르면, "아무도 양자역학을 이해하지 못한다고 말해도 무방하리라 생각된다". 하나의 이론이 어떻게 '불가해不可解함'과 '우리가 사는 물리 세계에 대한, 현존하는 최고의 설명'이라는 평가를 동시에 받을 수 있을까?

정답은 인과적 설명의 얕은 개념에 있으며, 여기서 가장 중요한 것은 이해comprehension가 아니라 도출derivation이다. 모범답안을 자세히 살펴보기 위해, 양자역학 설명의 얕은 물에 발을 담가보기로 하자.[29] 비록 전문 용어는 하나도 없지만, 개략적으로 기술하는 데 몇 페이지가 필요할 것이다. 그러나 장담하건대, 당신의 귀중한 시간을 할애할 가치가 충분하다. 우리가 살펴볼 것은 중첩의 '애매모호한 본질 obscure *nature*'과 '명확한 결과clear *consequence*'의 극명한 대조다. 아리스토텔레스와 데카르트 같은 자연철학자들은 물론 자신들의 이론의 인과 법칙의 결과에 신경을 썼지만, 그와 동시에 그 본질—즉, 그 원칙이 세계의 인과적 구조의 형이상학적 기반metaphysical foundation of the world's causal structure에 대해 무엇을 말하는가—에도 많은 신경을 썼다. 그와 대조적으로, 현대과학은 법칙의 본성을 의식하지 않는다. 우리가 아리스토텔레스의 프시케에 대해 왈가왈부하지 않는 것처럼, 뉴턴의 적수인 라이프니츠는 원거리 작용에 대해 왈가왈부할 필요가 없다. 왜냐하면 그것은 실체가 없기 때문이다. 철칙이 신경 쓰는 문제는 오로지 '인과 법칙이 어떤 종류의 사물을 가져올 수 있는가'밖에 없다.[30] 나는 독자들에게, 양자역학이 (인간의 이해를 완전히 벗어난) 중첩이라는 개념에서 정확한 예측을 도출하는 과정을 보여줄 것이다.

양자역학에 의하면, 물질은 관찰되지 않을 때 중첩이라는 상태를 유지하고 있다. 중첩된 전자는 공간에서 특정한 지점을 차지하지 않는다. 그 대신, 그것은 전형적으로 '동시에 여러 장소에 존재함'이라는 일종의 '혼합체mix' 상태에 있다. 그 혼합체는 완벽한 균형을 이루지 않으며, 어떤 장소는 다른 장소들보다 훨씬 더 많이 점유되어 있다. 따라서 특별한 전자의 중첩은 거의 모두 '특정한 원자핵에 가까운 위치'로 구성되어 있고, 다른 위치는 거의 포함되지 않을 수 있다. 이 정도면 '전자가 핵의 주변을 돈다'는 양자역학의 개념에 가장 가까운 설명이라고 할 수 있다.

이러한 '혼합체'의 본질은 미스터리다. 이것을 중첩이라고 부르기로 하자. 그러나 거기에 철학적 설명을 붙일 수는 없다. 우리가 할 수 있는 일은 모든 중첩을 대변하는 수학 공식을 만드는 것인데, 그 공식을 '파동함수wave function'라고 한다. 한 전자의 파동함수는 전자의 물리적 상태를 정확하게 표시하는데, 그 정확성은 뉴턴 물리학에서 수치를 이용해 표시할 수 있는 전자의 정확한 위치 및 속도와 동일하다. 당신은 양자역학의 '불확정성 원리uncertainty principle'라는 말을 들어봤을 것이다. 그러나 여기서는 불확정성일랑 잊어라. 파동함수는 전자의 물리적 상태에 대한 모든 사실을 하나도 빠짐없이 포착한 완벽한 기술complete description[31]이라고 해두자.

나는 지금까지 모든 특정한 물질의 상태에 대한 수학적 표시를 언급했지만, 그 상태가 시간 경과에 따라 어떻게 변화하는지에 대해서는 언급하지 않았다. 그게 바로 슈뢰딩거 방정식Schrödinger's equation의 임무인데, 이 방정식은 뉴턴의 유명한 두 번째 운동법칙($F=ma$)의 양자역학 등가물로, 모든 종류의 힘—중력, 전기력 등—이 양자 입자에 미치는 영향을 설명한다. 슈뢰딩거 방정식에 따르면, 파동함수는 물리학자들이 "파동 같다wavelike"라고 직감하는 방식으로 행동한다. 양자역학에 따르면, 심지어 전자 같은 입자도 마치 파동처럼 행동하는 이유는 바로 이 때문이다.

양자역학의 초창기에, 에르빈 슈뢰딩거Erwin Schrödinger(1926년 슈뢰딩거 방정식을 만든 오스트리아의 물리학자)와 루이 드브로이Louis de Broglie(프랑스의 물리학자)—두 사람 모두 궁극적으로 노벨상을 받았다—는 양자역학에 의해 기술되는 파동이 (우주에 만연한) '양자 에테르quantum ether'의 바다를 여행하는 문자 그대로의 파도literal wave인지 궁금해했다. 그래서 그들은 구식 유체 모형을 이용하여 양자역학을 이해하려고 노력했다. 그것은 놀라운 이유 때문에 불가능한 것으로 밝혀졌다: 하나의 파동함수를 종종 단일 입자(예: 전자)가 아닌 하나의 입자계 전체a whole system of particles에 할당해야 하는 상황이 발생한 것이다. 그런 파동함수가 규정된 공간에서는 시스템을 구성하는 모든 입자가 3차원을 가지므로; 2입자계2-particle system의 경우 6차원, 10입자계10-particle system의 경우 30차원을 갖게 된다. 그러므로 만약 그 파동이 에테르 속에서의 진동으로 구성된 실체라면, 6 또는 30 또는 그 이상의 차원을 가진 공간을 여행해야 한다. 그러나 우리의 우주는 인색하게도 사물이 발생할 수 있는 차원을 세 개만 제공한다.[32] 슈뢰딩거와 드브로이가 이윽고 깨달은 바와 같이, 양자역학에서 물질을 유체로 간주하는 개념은 완전한 실패작이었다.

양자역학에는 또 하나의 구성요소가 있다. 그것은 보른 규칙Born's rule이라고 부르며, 한 입자의 위치나 다른 상태를 측정할 때 무슨 일이 일어나는지를 말해준다. 하나의 전자가 중첩, 즉 "어디에나 있고 아무 데도 없는everywhere and nowhere" 혼합체 상태에 있다고 가정하자. 당신이 적절한 도구를 이용하여 그것을 들여다본다면, 뭐가 보일까? 불가사의하게도, 그것은 뚜렷한 위치definite position를 차지하고 있는 것으로 보일 것이다. 보른 규칙에 따르면 그것은 확률의 문제다. 즉, 하나의 입자가 특정한 위치에 나타날 확률은, 그 위치가 혼합체에 표시되는 정도에 비례한다.

중첩은 마치 극단적으로 복잡한 칵테일처럼 보인다. 그것은 다양한 양의 '엄청나게 많은 성분들'의 조합으로, 각각의 성분은 특별한 위치에 존재하는 전자를 표시한다. 만약 당신이 그 칵테일의 맛을 본다면, 당신은 엄청나게 복잡한 맛 대신 보른 규칙에 따라 오직 하나의 성분 맛을 볼 것이다. 그 성분을 맛볼 확률은 (중첩을 구성하는) 혼합체에 포함된 성분의 양에 비례한다. 만약 하나의 전자 상태가 주로 특정한 원자핵 주변 위치의 혼합체라면, 그것은 당신이 관찰할 때 원자핵 주변에 나타날 확률이 가장 높을 것이다.

한 가지만 더 이야기하고 넘어가기로 하자. 하나의 관찰된 입자의 외견상 뚜렷한 위치는, 단지 '뭔가 더 복잡한 것'의 덧없는 일별fleeting glimpse은 아니다. 일단 당신이 특정한 위치에 있는 입자를 봤다면, 그것은 (뭔가가 나타나 그 상태를 바꿀 때까지) 마치 그 위치에 정말로 존재하는 것처럼 행동한다. 혼합학mixology 용어로 표현한다면, 일단 당신이 칵테일의 맛을 봤다면, (마치 칵테일 전체가 하나의 성분으로만 구성된 단순용액simple solution으로 변신한 것처럼) 뒤이어 홀짝인 칵테일의 맛은 모두 동일할 것이다. 물질이 관찰되었을 때 ('입자 같은' 행동을 설명하는) 확실한 장소에 고정되어 있는 것은 바로 이 이상한 성질 때문이다.

요약하자면, 양자역학 물질—우리를 온통 구성하는 물질—은 거의 모든 시간을 중첩 상태에서 보낸다.[33] 관찰되지 않는 동안 중첩(그리고 물질)은 구식 파동처럼 행동하는데, 이것은 (비록 무한히 많은 차원을 갖고 있지만) 유체성의 전형이다. 만약 관찰된다면, 그 물질은 중첩에서 무작위로 튀어나와 구식 입자처럼 뚜렷한 위치를 차지한다. 이것은 고체성의 전형이다.

이러한 양자역학 물질의 정체를 설명할 수 있는 사람은 아무도 없으며, 그것은 매우 이상한 방식으로 행동한다. 그것은 고체도 유체도 아닌 것 같지만, 우리 인간이 포착할 수 있는 가능성을 모두 포함한다. 다음으로, 양자역학은 아리스토텔레스에서부터 데카르트까지 철학자들이 추구해 왔던 세계의 작동 방식에 대한 깊은 이해를 제공하지 않는다. 그것이 제공하는 것은, 원인에서 도출된 결과를 계산하는 정밀한 수학적 도구다. 파동함수로 표시되는 최초의 물리계physical system를 선택하여 슈뢰딩거 방정식(그리고 적절하다면 보른 규칙)을 적용하면, 이론은 당신에게 그 계系가 어떻게 행동할 것인지를 보여준다(만약 보른 규칙을 적용했다면, 확률론적 반전이 있다). 이런 식으로, 양자론은 '전자가 때때로 파동처럼 행동하는 이유'와 '광자(빛알)가 때때로 입자처럼 행동하는 이유'와 '원자가 특정한 구조를 갖고, 특정한 방식으로 상호작용하는 이유'를 설명한다.

그러므로 양자역학은 깊은 이해를 제공하지 않겠지만, 얕은 인과적 설명을 경유하여 관찰 가능한 현상을 여전히 설명할 수 있다. 그것은 뉴턴이 선호하고 철칙이 중시하는 설명으로, 철칙은 이것을 이용하여 현대과학의 절차적 합의를 감독한다. 양자론은 1920년대와 1930년대에 매우 순조롭게 받아들여졌는데, 그 이유는 해석을 둘러싼 철학적 논쟁이 있었음에도 (심각한 라이벌이 없는) 얕은 설명을 제공하기 위한 명확하고 잘 규정된 시스템을 공급했기 때문이다. 만약 솔베이 학회에서 보어가 아니라 뉴턴이 아인슈타인과 논쟁했다면, 다음과 같이 선언했을 것이다.

> 나는 아직까지 현상으로부터 양자 중첩의 본성을 추론할 수 없었으므로, 가설을 가장하지 않는다. 중첩이 정말로 존재하고 우리가 정한 법칙에 따라 작용하는 것으로 충분하며, 물질을 구성하는 입자의 모든 운동을 설명하면 그것으로 족하다.

에렌페스트는 그 장면을 보며 즐거워했을 것이다.

설명에 관한 기준은 시대의 지배적인 철학적 견해와 함께 변화하며, 과학 탐구를 (제각기 다른 세계관을 탑재한) 패러다임들의 가두행진parade of paradigms으로 간주하는 쿤의 사상에는 설명적 상대주의론의 이러한 논지가 내재한다. 이 논지는 일말의 일시적인 진실을 포함한다. 지난 수천 년 동안 설명 기준은 정말로 바뀌었다: 형이상학적 수레바퀴가 돌아간 것처럼, 설명의 톱니바퀴도 아리스토텔레스의 목적론teleology에서 데카르트의 충돌론까지 돌아갔다.

17세기 말, (수레바퀴와 톱니바퀴가 함께 돌아가는) 철학적으로 통합된 탐구기계philosophically unified machinery of inquiry에 대못이 박혔다. 주범은 뉴턴이었으므로, 현대과학의 첫 번째 위대한 혁신의 주요 설계자는 바로 그였다. 뉴턴은 궁극적 본성과 이해가능성intelligibility에 구애 받지 않고 깊은 철학적 이해보다 얕은 설명, 즉 하나의 인과 법칙에서 현상의 정확한 기술記述을 도출하는 능력을 추구했다. 그는 이렇게 함으로써 엄청난 능력을 지닌 중력이론을 수립하여, 자신의 후계자들이 기꺼이 추종하는 모범사례를 제시할 수 있었다.

그리하여 예측력이 형이상학적 통찰을 압도하게 되었다. 과학사가인 존 헤일브론John Heilbron은 뉴턴 이후의 전기 연구를 언급하며 다음과 같이 말했다.

> (이해가능하다고 간주되는) 정성적 모형과 (명확한 물리적 기반이 결여된) 정확한 기술 중 하나를 선택해야 하는 기로에서, 선도적인 계몽 물리학자는 정확성을 선호했다.[34]

이해하기 어려운 것만큼이나 정확한 양자역학이 점점 더 발달하고 용인됨에 따라, 긍정적인 사례가 날로 증가하고 있다. 뉴턴적 관행에 내재하는 설명적 성패의 기준은 항상 고정되어, 현대과학의 중심에 있는 절차적 합의를 확립했다. 얕은 설명이라는 원재료가 가공되어 철칙이 완성된 것이다.

7장

객관성 강화

철칙은 과학적 추론에 만연한 주관성을 허용하면서도
어떻게 과학적 논증의 객관성을 강화할까?
(철칙의 두 번째 및 세 번째 혁신)

1868년 어느 여름날 밤, 두 명의 인물이 도둑질을 할 요량으로 달빛 비치는 스페인 공동묘지의 담을 기어올랐다.[1] 남아도는 뼈 몇 개를 어디에서 줍는다? 뼈가 임자들에게는 이제 쓸모가 없었으므로, 도굴꾼들은 새로운 고객들을 위한 공간을 확보하기 위해 그것들을 빼돌릴 셈이었다. 두 사람은 자기들이 찾던 것이 '혼란에 빠진 채 풀 속에 반쯤 묻혀 있음'을 발견했다. 그들은 도굴을 감행한 다음 도주했다.

만약 도굴꾼들이 현행범으로 체포됐다면, 아예르베Ayerbe의 작은 마을인 아라고네세Aragonese 경찰은 기절초풍했을 것이다. 그도 그럴 것이, 체포된 사람들이 마을의 의사 후스토 라몬 카사수스Justo Ramón Casasús와 그의 열여섯 살 난 아들이었기 때문이다. 카사수스 박사는 자포자기한 상태였다. 학교에서 낙제한 후 끊임없이 말썽을 일으키던 그의 아들은, 예술가로서 보헤미안적인 삶을 시작했다. 의사의 엽기적인 아이디어는, 공동묘지에서 훔친 뼈를 예술과 교육의 소재로 동시에 사용하는 것이었다. 그 내용인즉, 그의 아들에게 뼈를 스케치하고 골학osteology의 기초를 익히게 하여 의학 경력에 대한 새로운 열정을 품게 만드는 것이었다.

그의 아들 산티아고 라몬 이 카할Santiago Ramón y Cajal이 1906년 노벨상을 거머쥐었을 즈음, 아버지의 전략은 신중히 계획된 성공considered success이었다고 말해도 무방해 보였다. 카할은 뇌가 개별적 세포discrete cell—뉴런—들로 구성되어 있으며, 자극이 뉴런의 머리에서 꼬리로 전달된다는 사실을 발견한 공로로 노벨상을 수상했다. 이른바 '뉴런설neuron doctrine'은 현대 신경과학의 시작이었다.

많은 노벨상과 마찬가지로, 1906 노벨 생리의학상은 공유되었다. 또 한 명의 수상자는 이탈리아의 카밀로 골지Camillo Golgi로, 신경조직의 섬세한 구조가 현미경하에서 명확히 보이도록 염색하는 기법을 개발했다. 카할은 그 기법을 채용하여 개량한 다음, 독보적인 관찰력을 이용하여 개별 뉴런과 그들 간의 상관관계를 파악했고, 그 과정에서 신경 구조에 대한 주목할 만한 삽화들을 많이 그렸다(그림 7.1).

스톡홀름에서 열린 노벨상 시상식에서, 골지가 먼저 수상 연설을 했다. 그는 자리에서 일어나 카할을 맹렬히 비난하기 시작했다. 그의 주장에 따르면 카할의 뉴런설은 모든 면에서 잘못됐다. 즉, 어느 면에서 봐도 뉴런은 고립된 세포isolated cell가 아니라 서로 연결되어 하나의 커다랗고 지속적인 네트워크great continuous network를 이루고, 신호는 그 네트워크를 통해 모든 방향으로 흐를 수 있다는 것이었다. 이것

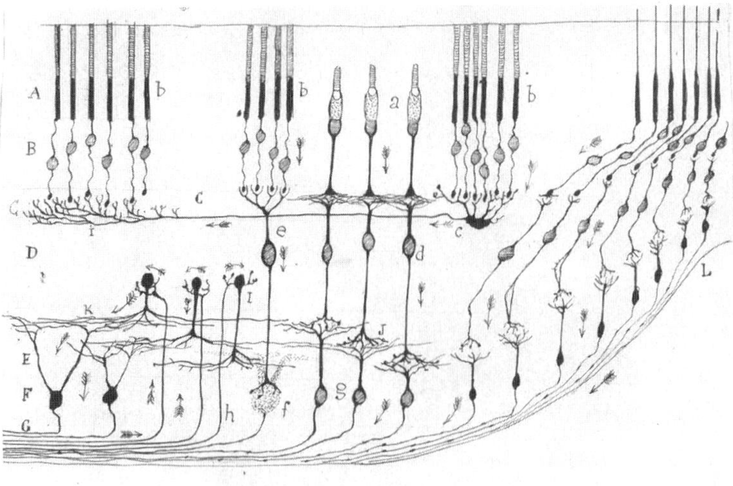

그림 7.1 카할이 그린, 망막을 구성하는 세포들.
맨 위(A와 B층)에는 광 감지 세포light-sensitive cell가 있고, 맨 아래(F층)에는 망막의 원심성 뉴런efferent neuron이 있다. 신호는 화살표 방향으로 전달된다.

이 바로 뇌에 관한 망상체설reticular theory인데, 카할이 세심하게 그린 삽화—예컨대 그림 7.1. 이 그림을 보면 뉴런들끼리 명확한 분리되어 있음을 알 수 있다—를 통해 논파되었다고 간주한 구식 이론이었다. 그러나 골지는 연설 도중에 제시한 자작화自作畵를 통해 신경이 연속체continuum임을 주장했다.

카할은 나중에 기죽이는 멸시withering scorn로 골지에게 앙갚음을 했다. 그는 망상체설을 '게으른 사람의 술수'라고 묘사하며, 이렇게 말했다. "그것은 감탄할 만큼 편리하다. 왜냐하면, 회색질gray matter에서 신경 섬유로 이어지는 경로를 결정하는 데 수반되는 분석 노력이 모두 생략되었기 때문이다."[2] 그의 비판은 이렇게 계속되었다. "얍삽

한 방법을 추구한 나머지, 골지는 망상체설을 뒷받침하기 위해 인위적으로 왜곡되고 조작된 삽화를 제시했다."[3]

카할은 한걸음 더 나아가 골지에게, "표본을 적절히 살펴보지 않았고, 선입관과 심리적 욕구psychic needs가 견해에 개입하도록 허용했으며, 눈앞에 놓인 것을 객관적으로 설명하는 데 실패했다"라고 직격탄을 날렸다. 그와 대조적으로, 카할은 자기 자신을 일컬어 세심한 과학 보고자scrupulous scientific reporter라고 했다. 역사가 로레인 대스턴Lorraine Daston과 피터 갤리슨Peter Galison은 이렇게 썼다. "그의 경력을 통틀어 뉴런설을 방어하는 데에서 … 객관성은 지도 원리인 동시에 통합 원리였다."[4] 카할이 생각하기에, 뇌의 구조에 대한 그의 기술은 오래전 공동묘지에서 훔친 뼈를 그렸을 때만큼이나 사물의 본질을 확실히 포착했다. 그는 아버지의 비정통적 설득 프로그램unorthodox program of persuasion이 성공한 비결에 대해 이렇게 회고했다. "객관성과 구체성에 목마른 나머지, 나는 뼈들이 나에게 제시한 확고한 실체의 편린을 간절한 심정으로 움켜잡았다."[5] 그는 자신에게 노벨상을 안겨준 것도—그리고 골지와의 경쟁에서 승리하여 뉴런설이 망상체설을 대체하게 해준 것도—그와 동일한 객관성과 구체성이라고 믿었다.

카할의 가시 돋친 말은 골지의 심기를 자극했다. 그리고 거기에는 그럴 만한 이유가 있었다. 왜냐하면 골지는 과학적 발견을 발표하는 데에서 카할 못지않게 객관성에 주력했기 때문이다. 그는 자신의 다이어그램을 가리켜 "자연에 따라 정확히 준비되었다"[6]라고 주장했다.

노벨상 수상자들 간의 이 같은 충돌은 '객관성은 과학자들의 공유된 목표shared goal인 동시에 공동 기준communal standard으로서, 경쟁자의 연구를 측정하여 결함을 찾아내는 데 꼭 필요하다'는 것을 여실히 보여준다. 이것은 비단 카할과 골지만의 문제가 아니다. 당신의 주변을 둘러보라. 과학자가 동료의 연구를 객관적이라고 부르는 것은 높은 찬사를 보내는 것인 반면, 객관성을 부정하는 것은 과학적 가치를 문제 삼는 것이다.

그러나 만약 과학자들의 추론이 본질적으로 주관적이라면, 객관성은 말장난일 뿐인 것일까? 절대 그렇지 않다. 과학에는 객관성을 위한 여지가 있다. 왜냐하면 그것은 철칙에 의해 부과된 절차적 합의를 감독하는 데에서, 다소 특이하고 제한적인—그러나 결정적인— 역할을 수행하기 때문이다. 그러한 역할의 패셔닝fashioning*은 내가 앞에서 언급한 현대과학의 두 번째 및 세 번째 위대한 혁신을 구성한다. 현대과학의 객관성과 스스로 부과한 한계self-imposed limit를 더 잘 이해하기 위해, 에딩턴과 함께 마지막으로 '1919년 개기일식을 관측함으로써 아인슈타인의 일반상대성이론을 검증하기 위한 탐사여행'을 떠나기로 하자.

당신은 일식을 관측하기 위해 세 개의 망원경이 준비되었다는 사실을 기억할 것이다. 브라질의 두 망원경에서는 관측 결과가 상충되게 나왔다: 4인치 망원경은 아인슈타인이 예측한 것과 얼추 비슷하게 휜 빛이 관측되었고, 다른 망원경—천체항법도 망원경—에서

* 패션 업계 용어로 성형成型이란 뜻. 엮은 코를 줄이거나 늘리면서 엮은 폭을 바꿔감에 따라 편직물을 만드는 것을 말한다.

는 뉴턴 물리학이 예측한 휨이 관측되었다. 에딩턴은 '사진의 초점이 맞지 않았다'는 근거를 들어 천체항법도 망원경의 결과를 무시한 데 반해, 똑같이 흐릿한 프린시페 사진에 세심한 주의를 기울여 아인슈타인에 유리한 결과를 뽑아냈다. 다음으로, 그는 영국의 다양한 과학계 권위자들을 설득하여 '일식 관측 결과, 아인슈타인의 새로운 이론이 확증되었다'는 자신의 결론을 지지하게 만들었다. 천체항법도 망원경은 거의 잊혔다.

에딩턴의 행동은 사기詐欺가 아니었지만, 그의 추론은 부분적이고 이기적이었다. '아인슈타인 이론의 우아함'과 '제1차 세계대전으로 인해 발생한 영국과 독일 과학의 균열 봉합'이라는 대의명분에 미혹된 나머지, 그는 아인슈타인의 승리를 갈망했다. 그래서 그는 프린시페섬에서 자신이 찍은 사진을 '심각하게 손상됐지만 아직 매우 유익한 것'으로 취급했음에도, 브라질의 천체항법도 망원경에 대해서는 성급하게 '도저히 손을 쓸 수 없을 정도로 오작동했다'는 결론을 내렸다. 그 자신의 관점에서 볼 때 진리를 향해 나아가는 방법을 논리적으로 추리했지만, 그의 추리에 개입된 개연성 순위—특히 브라질 천체항법도 망원경에 체계적인 오류가 발생했을 확률의 추정치—는 (진리에 대한 방향 감각에 영향을 미치는) 희망과 기대에 의해 왜곡되었다.

물론 이 모든 것은 방법론 대논쟁의 붕괴에서 얻은 교훈을 반복하고 강조하는 것에 지나지 않는다: 과학적 추론은 언제 어디서나 주관성에 감염되기 마련이다. 철칙이 요구하는 '완전히 객관적인 논쟁'이 발붙일 곳은 없는 것 같다. 과연 그럴까?

에딩턴과 공동 연구자들은 「1919년 5월 29일 일어난 개기일식에

IX. 1919년 5월 29일 일어난 개기일식에서의 관측에 기반한, 태양의 중력장에 의한 빛의 굴절 결정

저자: F. W. 다이슨 경, F.R.S.*

— 왕실 천문학자, A. S. 에딩턴 교수, F.R.S., C. 데이비슨.

(교신: 합동 상설 일식 위원회)

1919년 10월 30일 접수 / 1919년 11월 6일 검토

[1판]

목차

I. 탐사의 목적

1. 이 탐사의 목적은 중력장이 그것을 횡단하는 광선의 경로에 미치는 영향—만약 영향을 미친다면—을 결정하는 것이었다. 뜻밖의 사건을 논외로 하면 세 가지 대안이 있는 것으로 보였는데, 구체적인 내용은 다음과 같다.

(1) 광선의 경로는 중력에 의해 영향 받지 않는다.

(2) 빛의 에너지나 질량은 보통 물질과 마찬가지로 중력에 예속된다. 만약 뉴턴의 중력법칙이 엄격하다면, 태양의 가장자리에 가까운 별의 겉보기 위치를 0"·87만큼 밖으로 이동시킬 것이다.

(3) 광선의 경로는 아인슈타인의 일반상대성이론에 따른다. 이는 태양의 가장자리에 가까운 별의 겉보기 위치를 1"·75만큼 밖으로 이동시킬 것이다.

그림 7.2 과학 논문: 에딩턴의 일식에 관한 보고서의 도입부.
(왕실 천문학자인 프랭크 다이슨이 프로젝트의 명목적인 지휘자였기 때문에, 그의 이름이 맨 앞에 나온다.)

* Fellow of the Royal Society(영국 왕립학술원 회원)의 이니셜.

서의 관측에 기반한, 태양의 중력장에 의한 빛의 굴절 결정」이라는 제목의 논문에서 자신들이 탐사 결과를 보고했다. 그 논문은 공식적인 연구 보관소인 《왕립학회 철학 회보The Philosophical Transactions of the Royal Society》라는 과학 저널에 게재되었다(그림 7.2).

그 논문을 대충 훑어보면, 당신은 빽빽이 늘어선 수치와 신중한 계산에서 매우 객관적인 것처럼 보이는 내용들을 많이 발견할 것이다. 예컨대 그림 7.3에는 일식을 둘러싼 비교적 밝은 별들의 이름 및 위치와 함께, 별 위치의 겉보기 변화에 대한 아인슈타인의 예측이 나열되

번호	이름	사진 등급*	좌표 단위 = 50'		중력 변위			
					소브라우		프린시페	
			x	y	x	y	x	y
		m			"	"	"	"
1	B.D., 21°, 641	7.0	+0.026	-0.200	-1.31	+0.20	-1.04	+0.09
2	Piazzi, IV, 82	5.8	+1.079	-0.328	+0.85	-0.09	+1.02	-0.16
3	κ2 Tauri	5.5	+0.348	+0.360	-0.12	+0.87	-0.28	+0.81
4	κ1 Tauri	4.5	+0.334	+0.472	-0.10	+0.73	-0.21	+0.70
5	Piazzi, IV, 61	6.0	-0.160	-1.107	-0.31	-0.43	-0.31	-0.38
6	ν Tauri	4.5	+0.587	+1.099	+0.04	+0.40	+0.01	+0.41
7	B.D., 20°, 741	7.0	-0.707	-0.864	-0.38	-0.20	-0.35	-0.17
8	B.D., 20°, 740	7.0	-0.727	-1.040	-0.33	-0.22	-0.29	-0.20
9	Piazzi, IV, 53	7.0	-0.483	-1.303	-0.26	-0.30	-0.26	-0.27
10	72 Tauri	5.5	+0.860	+1.321	+0.09	+0.32	+0.07	+0.34
11	66 Tauri	5.5	-1.261	-0.160	-0.32	+0.02	-0.30	+0.01
12	53 Tauri	5.5	-1.311	-0.981	-0.28	-0.10	-0.26	-0.09
13	B.D., 22°, 688	8.0	+0.089	+1.007	-0.17	+0.40	-0.14	+0.39

그림 7.3 객관성의 완벽한 예: 일식을 둘러싼 별들의 이름과 위치('좌표'), 브라질의 장소(소브라우)와 아프리카의 프린시페섬에서 바라본 위치의 겉보기 이동에 대한 아인슈타인의 예측('중력 변위').

어 있다. 에딩턴을 신랄하게 비판하는 사람들조차 거기에 제시된 정보의 정확성과 불편부당함을 인정할 것이다. 별의 이름과 위치가 그렇고, 아인슈타인이 계산한 예측치에도 아무런 오류가 없다.

또는 내가 논문에서 발췌한 두 개의 표 중 두 번째 표(그림 2.2)로 돌아가 보자. 당신은 거기에서 브라질의 천체항법도 망원경에서 촬영된 18장의 사진에 대한 충실한 기록과 함께, 각각의 사진이 암시하는 '중력에 의한 빛의 휨' 계산을 발견할 것이다. 맨 오른쪽 줄 맨 아래칸에 적힌 숫자는 그 결과를 요약한 것이다: 그 사진들은 '휨 값'이 0.86임을 보여주는 것처럼 보이는데, 이 수치는 뉴턴 물리학의 예측과 거의 정확히 일치한다. 역시 마찬가지로, 그 숫자가 정당하고 정확하게 계산되었다는 데 이의를 제기하는 사람은 없다.

한마디로, 일식에 관한 논문 전체에서 객관성이 분출한다. 그렇다면 주관성은 어떨까? 주지하는 바와 같이 에딩턴이 이끄는 팀은 브라질의 천체항법도 망원경 데이터를 제쳐놓았는데, 이는 그들이 아래와 같이 극적인 결론을 도출하는 데 기여했다.

> 따라서 소브라우[브라질]와 프린시페에서의 탐사 결과는 '태양 주변에서 빛의 굴절이 일어나며, 그 정도는 아인슈타인의 일반상대성이론에 의해 요구되는 수치와 일치한다'는 주장에는 의문의 여지가 거의 없다.[7]

* 사진으로 별의 등급을 계급화(사진 등급photographic magnitude)한 것으로, 안시등급에 대응한다.

따라서 상식적으로 볼 때, 논문의 주관성은 '브라질의 천체항법도 망원경이 심각하게 오작동했기 때문에, 그 측정치는 무시되었다'라는 에딩턴의 주장에 명확히 드러나야 한다.

그러나 그 주장을 찾기 위해 논문을 아무리 샅샅이 뒤져도 당신은 허탕을 치게 될 것이다. 에딩턴이 독자들에게, 천체항법도 망원경의 사진은 "흐릿하고 초점이 안 맞았다"[8]라고 말한 것은 맞는다. 그리고 그는 그 원인("태양열 때문에 [망원경의 외부] 거울이 불균등하게 팽창했다")을 그 나름대로 추측한 후, 그 사진에 "훨씬 더 낮은 비중"[9]을 둬야 한다고 분명히 말한다. 급기야 논문의 말미에서, 그는 천체항법도 망원경의 사진을 완전히 무시한다.

그러나 이상과 같은 추론 과정에는 뭔가 필수적인 게 누락되었다. 설사 '흐릿함'이 거울의 뒤틀림에 의해 초래됐다는 에딩턴의 말이 맞는다 치더라도, 그도 인정하는 바와 같이 "흐릿함이 이미지의 크기를 실제로 변화시켰는지, 아니면 선명도만 저하시켰는지 여부를 판단하기는 어려웠다".[10] 이미지 크기의 변화는 체계적 오류로 귀결되어 휨 각도를 유의미하게 감소시켰겠지만, 단순한 선명도 저하는 그러지 않았을 것이다. 그렇다면 브라질 사진이 무시된 것을 정당화하기 위해, 에딩턴은 '이미지 크기가 실제로 변화했다'고 믿을 만한 근거를 제시해야 했다. 하지만 그는 그런 일을 하지 않았다.[11]

결과적으로 일식 논문에는 수사학상으로 특별한 결격사항이 있지만, 에딩턴은 이 결점을 막후에서 해결했다. 그와 동시에, 그것은 동일한 이유 때문에 외관상의 객관성을 유지할 뿐만 아니라, 진정한 객관성을 유지한다. 그 논문의 내용에는 흠잡을 데가 거의 없다: 측정, 계산, 다양한 사진건판 세트의 선명함이나 흐릿함에 대한 논평, 흐릿함의 원인과 가능한 결과에 대한 추측(단순한 추측에 이의를 제기하기는 매우 어렵다), '망가진 장비에서 나온 데이터는 거의 고려할 필요가 없다'는 논리. 객관성이 완전하지는 않지만—천체항법도 망원경이 유용한 정보를 제공할 수 없다는 주장은 확실히 논란의 여지가 있다— 완전에 가깝다. 장담하건대 (상대성이론의 아름다움에서 전후戰後 정치학의 추악함에 이르기까지) 에딩턴을 떠밀어 그런 결론을 내리게 했다고 가정할 만한 주관적 고려사항은 전혀 눈에 띄지 않는다.

모든 과학적 의사소통에 대해 그러하듯, 철칙은 에딩턴의 논문에 객관성을 요구한다. 철칙에 의하면, 과학적 논증에서 주관적인 것은 모두 제거되어야 한다. 과학자들이 애용하는 것은 개연성 순위인데, 이것은 다양한 주요 가정의 가능성에 대한 과학자들의 추정치를 말한다. 만약 개연성 순위가 '광범위한 과학적 합의'나 '이론의 여지가 없는 전제에서 유래한 결론'에 위배된다면, 건너뛸 필요가 있다. 에딩턴은 '브라질의 천체항법도 망원경 사진의 이미지가 변형되었음을 확신한다'고 말할 수 없었을 것이다(우리는 그가 그렇게 믿었을 거라고 추측할 수 있다). 그는 이미지가 변형되었다고 생각할 만한 이유를 제시하도록 허용되었겠지만, 그 이유가 개인적 견해나 추측이 아닌 다른 것에 실질적으로 기반해야 했다. 하지만 이 경우에는 그렇지 않았다. 그는 단순한 초점 상실이나 흐릿함에 대한 독립적 증거를 갖고 있지 않았다. 따라서 그는 논증을 보류하는 수밖에 없었다.

일반적인 과학적 논증 과정은 다음과 같다: 하나의 과학 논문이 작성될 때, 실험의 핵심적인 가정 중 상당수의 근거(이것들은 부분적이거나 전적으로 주관적이다)는 제거된다. 사정이 이러하다 보니, 최종적으로 남는 것은 관찰 보고, 이론과 다른 가정에 대한 진술, 양자兩者를 연결하는 파생물뿐이다. 결과적으로 공식적인 과학 채널에서 제기되는 주장들[12]—예컨대 에딩턴의 논문에 나오는, 브라질의 천체항법도 망원경을 무시해야 한다는 주장—은 특징적으로 불완전하고, 형식적이고, 이상하리만큼 직설적이다. 희한하게 보일지 모르지만, 이것은 철칙이 객관성을 강조하기 때문에 수반되는 필연적 현상이다.

나는 위대한 멸균자sterilizer인 파스퇴르에게 경의를 표하는 뜻에서, (과학적 논증에서 주관성이 제거되는) 이러한 과정을 '소독sterilization'이라고 부른다. 그는 객관성의 외관이 내용만큼 중요하다는 점을 이해했다. 내가 간결하게 공식화한 철칙에는 소독에 대한 요구가 뚜렷이 드러나지 않는 경향이 있다. 그러나 철칙에는 소독 과정이 내장되어 있다.

과학적 방법의 강적인 급진적 주관주의자들은, 과학에 객관성 규범이 존재한다(사실, 현저하다)는 사실에 이의를 제기하지 않는다. 그러나 그들은 그것을 일종의 선전propaganda으로 받아들인다. 철칙은 과학적 논증이 소독되어야 한다(즉, 모든 주관성이 청소되어야 한다)고 규정할 수 있지만, 과학적 추론의 현실을 들여다보면 보통 사람들의 이야기로 점철되어 있다: 편향, 맥락성contextuality, 욕망과 공포로 가득 찬 인간 정신의 생태계, 적대감과 충성, 쾌락을 추구하려는 욕구와 믿음을 유지하려는 의지.

동일한 신경 조직을 면밀히 검토할 때, 신경과학자 카할과 골지는 각각 자신들의 뇌 이론이 예측하는 것을 관찰하며, 상대방의 이론에 대해서는 '객관성이 매우 부족하다'고 호되게 비판했다. 그런 거만함은 "당신은 내가 보고 싶은 것을 보지 않는다"라고 말하는 것이나 다름없는 것처럼 보인다. 철학자 칼 포퍼의 주장에 따르면, 증거는 논란의 여지 없는 논리 규칙rule of logic을 이용하여 해석될 수 있다고 한다. 하지만 사실, '반증된 이론'은 개연성 순위, 즉 다양한 결정적 가정의 가능성에 대한 주관적 추정치에 의존한 것으로 밝혀진다.

그렇다면 철칙은 은폐 공작, 즉 사실은 전혀 그렇지 않으면서도 객관적인 것—과학적 심사숙고—으로 분장하는 계략임에 틀림없다. 주관주의적 과학철학자 파이어아벤트는 다음과 같이 말한다.

> 자신들의 법을 신의 법이라는 이유로 옹호하는 '원시' 부족의 구성원과 … '객관적' 기준에 호소하는 합리주의자들 사이에는 차이가 거의 없다.[13] 한 가지 차이가 있다면, 전자는 자신들이 무슨 일을 하는지 알지만 후자는 모른다는 것이다.

파이어아벤트 같은 주관주의자들이 생각하는 철칙의 기능은 뭘까? 첫째, 과학자들의 기분을 좋게 만드는 것이다. 둘째, 과학을 후원하는 국민들의 기분을 좋게 만드는 것이다. 셋째, 서양 문명의 기분을 좋게 만드는 것이다. 인간 본연의 다양한 감정·편파성·편견을 극복하고, 인간의 기원에서 정제된 고귀한 지식을 획득했다고 말이다.

1936년, 스탈린은 소비에트연방USSR에 언론·출판·집회·결사의 자유를 보장하는 새로운 헌법을 제정했다. 1937년, 그의 체제는 아마도 1,000명의 사람들을 매일 처형했을 것이다. 이처럼, 가장 멋진 말은 때때로 허울에 지나지 않는다. 더욱 급진적인 주관주의자들에 따르면, 철칙도 마찬가지다. 그것은 소비에트 헌법, 말보로 맨Marlboro Man,* 노동이 너희를 자유롭게 하리라Arbeit macht frei**와 다름없는 빛 좋은 개살구라고 할 수 있다.

주관주의자들은 언뜻 모순으로 보이는 아래의 두 문장에서, '철칙의 도덕적 파산'과 '과학적 이데올로기와 현실 간의 괴리'를 본다:

> 이데올로기: 경험적 시험의 객관적 시사점만을 다루는 과학적 논증argument.
>
> 현실: 경험적 시험의 주관적 해석에 본질적으로 의존하는 과학적 추론reasoning.

그러나 두 문장은 전혀 모순되지 않고, 거의 상충되지 않는다. 철칙에 관한 한, 논증과 추론은 완전히 별개의 행위다.

추론이란 과학자들이 실험의 결과로부터 의견·확신·행동계획을 얻기 위해 머릿속으로 하는 행위다. 그것은 어떤 이론이 완전히 거짓인지, 참일 가능성이 있는지, 아직 미정인지 여부를 결정하는 과정이다. 그것은 어떤 연구 프로그램이 고루한지, 어리석은지, 위험하지만 대담한지 여부를 결정하는 과정이다. 그것은 어떤 치료법이나 실험 절차가 신뢰할 만한지, 절망적인지, 단지 증명되지 않았을 뿐인지 여

* 1954년 미국의 담배 제조회사 필립 모리스Philip Morris가 만들어낸 가공의 인물이자, 담배 브랜드 말보로Marlboro를 홍보하는 광고 캠페인.

** 독일 아우슈비츠 강제 수용소의 정문에 걸려 있던 표어.

부를 스스로 결정하는 과정이다. 그런 사고 행위에 필수적인 것은 개연성 순위로, 모든 과학적 추론의 기반이 되는 보조가정을 공급한다. 과학적 추론이 본질적으로 주관적인 것은, 개연성 순위가 본질적으로 주관적이기 때문이다.

그와 대조적으로, 과학적 논증은 철칙에서 중시된다는 점에서, 과학자들이 연구를 널리 알리는 공식적인 채널, 즉 과학 저널과 학회 발표장에서 나타나는 행위라고 할 수 있다. 객관성이 요구되는 부분은, 그런 채널에서 '배포된 책자'와 '상영된 슬라이드'일 뿐이다.

물론 과학자들이 논쟁하는 곳은 과학 저널과 학회 발표장 말고도 많다: 연구실 미팅, 힘든 하루 일과를 마친 후 맥주 한 잔을 마시며 나누는 대화, 텔레비전 인터뷰, 대중 서적, 공공 도서관과 수련회 등에서의 대화. 철칙은 그런 비공식적인 곳에서 객관성을 요구하지 않는다. 내가 '규칙은 전적으로 과학적 논증과 관련 있다'고 말할 때, 논증이라는 용어는 좁은 의미—사실상 "공식적인 과학 논증"의 약칭—로 사용된다는 점을 명심하기 바란다.

공식적인 과학 논증은 과학자들의 비공식적인 의사소통뿐만 아니라 사적인 생각까지도 배제한다. 그것은 과학의 본질적인 주관성과 철칙 간의 긴장을 해소한다. 추론과 논증은 과학에서 평화롭게 공존한다: 추론은 과학자들의 마음속에 존재하며 그들의 판단·감정·성향에 의존하는 반면, 논증은 과학이 지정한 의사소통 기관에 존재하며 소독에 의해 그런 것들(판단·감정·성향)이 배제된다.

객관성 요구 자체는 현대과학의 전유물이 아니다. 예컨대 수학적 탐구도 객관성을 요구한다. 과학을 다른 '뜻을 같이하는 추구'와 구별하는 것은, 첫째로 공식적인 출판물에서만 객관성을 요구하고 사적인 추론에서는 그러지 않는다는 것이다. 둘째로, 객관적 이상을 추구하는 데에서, 과학은 논쟁을 분해하여 본질적인 부분(주관성)을 도려낸다. 에딩턴이 자신의 논문에서 '천체항법도 망원경의 거울이 이미지의 크기를 변화시켰다'고 생각할 만한 근거를 모두 생략한 것처럼 말이다. 이렇게 하면, 과학에 특별한 것은 객관성이 아니라 '소독에 의해 달성된 독특한 객관성'[14]이 된다.

과학적 객관성이 선전에 지나지 않는다고 비판하는 주관주의자들은, 과학 논문의 주요 기능은 논점을 정리하고 주장을 펼치고 가설을 수락하거나 기각할 이유를 제공하는 것이라고 가정한다. 그 가정은 충분히 자연스럽다. 과학 논문은 종종 논증의 형태를 띠며, 나는 앞에서 이런 형태의 의사소통을 '과학적 논증'이라고 불렀기 때문이다. 그러나 그것은 전혀 옳지 않다. 과학 논문은 두 가지 중요한 기능을 수행하는데, 두 가지 모두 진정한 논증을 요구하지 않으며 소독 과정에서 엄청난 이익을 얻는다.

과학 논문의 한 가지 기능은 과학 게임에서 표준 행마—정석定石—의 역할을 수행하는 것이다. 소독은 그러한 행마가 취할 수 있는 형태를 제한함으로써 게임의 규칙을 가능한 한 단순명료하게 만들고, 현대과학의 절차적 합의를 뒷받침한다. 소독된 논문에 포함되는 것은 경험적 시험의 결과와 '이런저런 이론적 코호트들이 그 결과를 설명하거나 설명하지 못한다(또는 그 결과에 일정한 확률을 부여한다)'는 증명뿐이다. 어떤 논문이 이러한 기준을 충족하는지 여부를 결정하는 것은 '얕은 인과적 설명' 개념으로, 모든 과학자에게 알려져 있고 동의되어 있다. 따라서 타당한 논문을 작성하는 규칙은 체스 게임의 규칙만큼이나 평이하다. 심지어 동료들이 자신의 행마의 품질에 의문을 제기하더라도, 모든 과학자는 그 규칙을 신뢰할 수 있으며 행마의 기본적인 허용성permissibility에 도전하지 않을 것이다. 이러한 사실을 안 이상, 그들은 부화뇌동하지 않고 게임에 완전히 전념하게 될 것이다.

과학 논문의 또 다른 기능은 기록 보관archival으로, 과학자의 경험적 시험 결과를 영구적인 기록permanent record에 추가하는 기능을 수행한다. 소독은 이 같은 기록물을 성문화된 형태codified form로 만드는데, 이것은 논문 저자의 선입관을 배척하는 독자에게 유용하다. 소독된 논문에는 경험적 시험의 결과와 '그 결과와 하나 이상의 이론적 코호트 간의 설명적 관계'만 포함되는데, 이것은 다른 과학자들이 자신만의 논증을 구성하는 데 사용할 수 있는 구성 키트construction kit와 같다. 예컨대 일식 논문이 '브라질의 천체항법도 망원경 사진의 이미지가 변형되어 휨 각도가 불충분하게 보고되었다'는 가정에 대한 높은 개연성 순위를 첨가한다면, 당신은 아인슈타인의 상대성이론에 대한 강력한 논증을 보유하게 될 것이다. 그와 대조적으로, 만약 그 망원경의 초점이 상실되었을 뿐이라는 가정에 대한 높은 개연성 순위를 첨가한다면, 당신은 '그것은 뉴턴의 휨 각도를 제안하는 (정제되지 않았을망정) 유용한 정보를 제공함으로써, 다른 방향을 암시하는 상이한 측정 세트와 함께 아인슈타인에 대한 전반적으로 양가적인 사례ambivalent case를 산출했다'는 결론을 내리게 될 것이다.

다음으로, 모든 독자는 과학 논문의 건조한 틀desiccated framework에 자신의 개연성 순위를 쏟아부어 생기를 불어넣고, 그에 상응하는 결론—주관성으로 포화되어 있으며, 결과적으로 과학자마다 다른 결론—을 도출할 것이다. 각 기간별로, 각 연구팀별로, 개별 과학자별로 과학 문헌을 다르게 해석할 것이므로, 축적된 과학적 증거의 유의미성은 자기 나름의 방향으로 갈 것이다.

초창기에는 의심과 의견 충돌이 존재하겠지만, 증거가 축적됨에 따라 당신이 어떤 개연성 순위를 보유했든 하나의 이론이 나머지 이론보다 지금껏 관찰된 것을 훨씬 더 잘 설명하게 될 것이다. 소독된 형태의 데이터가 세심하게 보존될수록 이러한 베이컨적 수렴 과정이 원활하고 빠르게 진행될 것이다.

간단히 말해서 소독된 논문의 기록 보관 기능은, 미래 세대가 사용할 수 있도록 증거를 일종의 비추정적 가사 상태suspended animation*로 포착하는 것이다. 당신은 꼼꼼히 정리된 냉동 팩에 적힌 설명서보다 소설을 읽고 싶어 할지도 모른다. 과학의 작동 과정에 대한 저술이 흥미 만점인 데 반해, 과학 저널과 학회 발표장에서 접하는 과학 문헌이 무미건조하고 점잖은 것은 바로 이 때문이다.

에딩턴의 일식 논문이 게재된 과학 저널—《왕립학회 철학 회보》—은 1665년에 창간되어 해당 분야에서 가장 역사 깊은 출판물로 널리 간주된다. 《왕립학회 철학 회보》는 초창기부터 객관적 사실에 대한 기록부의 성격을 띠어, 토머스 스프랫에게 "거대한 실험 더미

* 생명 활동이 일시적으로 멈춰, 외관상 사망한 것처럼 보이는 상태.

vast pile of experiments"[15]라는 평을 들었다. 스프랫은 왕립학회의 창립 멤버 중 하나로, 1667년에 학회의 목적을 다음과 같이 기술했다:

> 학회는 중요한 관측 내용들을 하나의 공통된 보관소에 모아놓고 공적 기록부public register에 등재함으로써, 다음 세대에게 적나라하게 전달되도록 했다.[16]

공식적이고 공개적인 과학 저술은 전적으로 적나라한 사실naked fact만을 다루고 견해를 배제해야 하며, 저자의 의도에 오염되지 말아야 한다. 이것은 소독의 이상ideal으로서 이 장章의 제목인 "객관성 강화"와 일치하며, 초창기 과학에서 볼 수 있는 현상이다.

객관성의 수사학은 진화했다. 스프랫의 시대—왕립학회가 출범한 지 처음 수십 년 동안—에, 저자들은 자신들이 실험실에 상주하며 활발한 1인칭 내러티브first-person narrative를 통해 목격한 장면을 생생히 전달한다고 강조했다. 그들은 시시콜콜한 장면까지 매우 디테일하게 묘사하며, 독자들에게 '저자는 실험자들과 나란히 서서 자기들의 눈으로 현상을 지켜봤나 보다'라는 인상을 심어주려 노력했다. 한 특징적인 보고서에, 물리학자 로버트 보일Robert Boyle은 다음과 같이 썼다.

> 우리는 가늘고 기묘한 갈색 유리 대롱을 이용했다. 이 대롱의 길이는 거의 3피트, 구멍의 직경은 겨우 4분의 1인치로, 한쪽은 완전히 밀폐되었고 다른 쪽은 수은으로 가득 채워졌다. ….[17]

나머지는 당신의 상상에 맡긴다. 이 구절을 인용한 역사가 피터 디어가 말한 바와 같이, 그런 보고서의 저자는 '개별 사건의 진상'을 전달하려고 무진 애를 썼다.

그로부터 250년 후 발표된 에딩턴의 일식 보고서에는 그 잔재가 약간 남아 있다. 그 보고서에는 수많은 불요불급한 디테일—이를테면 에딩턴과 공동 연구자들이 탄 배의 이름, 프린시페섬의 식생과 기후("매우 해롭지만, 건강을 해칠 정도는 아니다")—이 적혀 있다. 그와 대조적으로, 동시대 과학 저술들은 그런 상술詳述을 가차없이 배제함으로써 객관성을 분명히 보여준다. 한마디로 매우 간소하고 꾸밈이 없다.

수 세기에 걸친 스타일의 변화보다 더욱 유의미한 것은 내용에 대한 기준의 변화다. 에딩턴의 일식 보고서에 사용된 통계분석 방법의 경우, 비록 타당하지만 다소 비형식적이고 일관성이 부족하다. 더욱 중요한 것은, 브라질의 천체항법도 망원경의 측정치가 다른 측정치보다 "훨씬 덜 중요하다"라고 단도직입적으로 주장한다는 것이다. 이는 개연성 순위의 완곡한 선언에 해당하는 진술이다. 학문 분야와 저널에 따라 관행은 다양하지만, 오늘날 과학 논문에서는 이런 진술을 찾아보기가 매우 힘들 것이다. 장기적인 추세는 '더욱 철저한 소독'과 '경험적 시험 결과를 (저자의 개입 없이) 독자들에게 직접 노출하는 프레젠테이션 방법'을 지향하는 것이다.

새로운 아이디어와 기술이 등장하여, '객관성의 이상을 완전히 실현할 수 있다'는 희망을 제시했다. 첫째로, 19세기에 사진술이 등장함에 따라, 관찰된 장면을 언어나 그림을 이용해 포착하는 데 내재하는 주관성이 극복될 수 있다는 가능성을 제시했다. 예컨대 뇌의 미세한 구조를 명확히 촬영하는 방법을 이해하면, 카할과 골지의 불화는 문젯거리가 되지 않는다. 모든 사람들이 뉴런의 연결 메커니즘을 스스로 파악할 수 있기 때문이다. 장담하건대, 카메라는 '있는 그대로의 세계'를 과학자의 마음이나 눈과 독립적으로 보여줬다.

그와 동시에, 형식을 갖춘 통계적 방법의 발달은 논쟁에서 흠잡을 데 없는 객관성을 약속했다. 간단한 수학 공식은 원 자료raw data를 입력input으로 받아들여, 인간의 개입이나 평가 없이도 '특정한 과학적 주장이 출판될 수 있을 만큼 믿을 만한가'—흡연이 암을 초래할 수 있는가, 힉스 입자Higgs boson가 존재하는가, 인간의 행동이 글로벌 기후변화를 초래하고 있는가—에 대한 판단을 출력output으로 제공한다.

이러한 약속 중에서 완전히 실현된 것은 없다. 심지어 가장 객관적인 통계 기법도 과학자들에게 약간의 선택 여지를 남기는데, 그런 선택이 데이터를 가장 호의적인(또는 출판 가능한) 각도에서 바라보게 한다[18]는 주장이 점점 더 힘을 얻고 있다. 사진의 경우, 눈송이의 과학적 분석을 통해 이상적인 객관성을 달성하기가 어려운 것으로 밝혀졌다.

눈송이의 기하학을 파악하려면, 당신은 현미경과 적당한 저온—표준으로 여겨지는 6각형 모양의 눈송이는 섭씨 영하 15도(또는 화씨 영상 5도) 이하에서만 형성된다—을 필요로 한다. 눈송이를 조사하고 묘사하려는 연구는 17세기에 로버트 훅Robert Hooke의 유명한 현미경 관찰 개요서 『마이크로그라피아Micrographia』에서 시작되어, 그 후 200년 동안 더 나은 현미경들이 개발되어 6면의 대칭을 훨씬 더 정교하게 설명함에 따라 계속되었다(그림 7.4).

훅의 눈송이는 덜 세련된 데 반해, 북극 탐험가인 윌리엄 스코스비

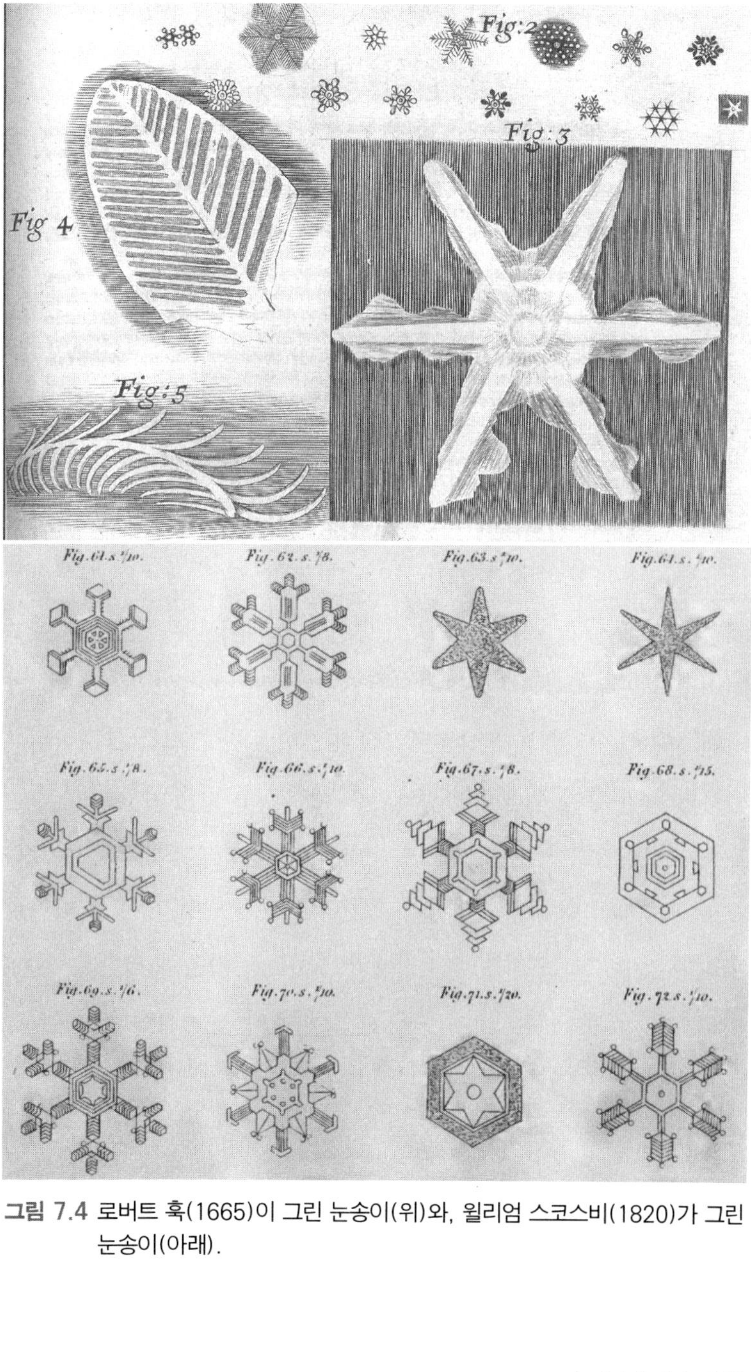

그림 7.4 로버트 훅(1665)이 그린 눈송이(위)와, 윌리엄 스코스비(1820)가 그린 눈송이(아래).

William Scoresby가 1820년에 그린 휘황찬란한 형태는 모범적인 대칭성을 드러낸다. 스코스비는 신神이 자신의 창조물에 자신의 완벽성을 부여한 것을 보았다.

> 비슷한 종류의 결정체들의 특별하고 무한한 변형은, 위대한 제일원리 Great First Cause*의 뜻과 기쁨에서 유래한다고 설명할 수밖에 없다. 그의 작품은 아무리 작고 덧없는 것이라도 … 완전히 감탄할 만하다.[19]

눈송이들이 정말로 티 하나 없이 깔끔할까? 스코스비는 그렇게 그렸지만. 다른 눈송이 과학자들의 보고서는 재고再考를 촉구할 수 있다.

유난히 혹독한 겨울 한파가 몰아닥친 1885년,[20] 영국의 기상학자 제임스 글레이셔James Glaisher는 눈송이를 스케치하여 한 삽화가에게 건네주며 마무리를 부탁했다. 완성된 그림들은 사랑스러웠으며, 각각의 눈송이들은 그 나름대로 6각형 모양이었다. 그러나 글레이셔가 주목한 바와 같이, 이상적인 형태는 지각된perceived 것이 아니라 추론된inferred 것이었다. 즉, 삽화가는 완성된 그림을 우아하게 만들 요량으로 눈송이의 대칭을 가정했다. 결론적으로 말해서, 그림은 사람이 그리는 것이므로 그 과정에서 전제가 스며드는 것을 배제할 수 없다. 이 경우, 글레이셔의 책에 수록된 그림들의 규칙적인 비율regular proportion은 세상이 아니라 삽화가의 확신을 반영했다.

이 같은 주관성을 제거하겠다고 약속한 것이 사진술이었다. 사진에

---

* 신神을 우주의 최초의 창시자로 보는 철학적 용어.

는 해석도, 예술적 이상화artistic idealization의 기회도 없으며, 눈송이에서 출발하여 사진건판에 도착한 빛이 책을 경유하여 독자들의 눈에 들어갈 테니 말이다.

그 일은 맡은 사람은 버몬트주州의 농부 윌슨 벤틀리Wilson Bentley였다. 그는 열아홉 살인 1885년부터 눈송이를 포착하여 사진을 찍기 시작했는데, 그에게 필요한 것은 극심한 추위, 주름상자 카메라, 어머니의 현미경, 그리고 섬세한 미적 감각이 전부였다. 1931년 폐렴으로 사망할 즈음 그는 수천 장의 사진을 촬영했는데, 그중에서 2,000여 장이 『눈의 결정체Snow Crystals』라는 책에 수록되었다. 그림 7.5에서 맨 왼쪽이 그의 책에 수록된 그림의 샘플인데, 보는 바와 같이 스코스비의 그림만큼이나 완벽한 비율과 대칭성을 나타낸다.

그런 완벽함이 독일의 기상학자 구스타프 헬만Gustav Hellmann의 화를 돋우었다. 헬만은 수년 동안, 현미경을 통해 잠깐 들여다본 이미지에 근거하여 눈송이의 실제 구조를 수동으로 재구성했다(글레이셔의 삽화가가 대칭의 원리에 입각하여 누락된 부분을 채운 것과 정반대였다). 그는 궁극적으로 새로운 사진 기술에 눈을 돌려, 1892년 공동 연구자 리하르트 노이하우스Richard Neuhauss와 함께 진보된 카메라를 이용하여 눈송이를 촬영하기 시작했다. 그들이 본 것은 벤틀리의 사진에 포착된 형태와 판이하게 달랐다. 헬만과 노이하우스의 눈송이는 자연 그대로의 아름다움rough beauty을 자랑했지만, 완벽한 대칭성은 지극히 드물었다(그림 7.5의 오른쪽). 그들은 이렇게 결론지었다. "벤틀리는 불완전성을 '수정'하기 위해 자신이 찍은 사진을 보정했다." 설상가상으로, 노이하우스는 나중에 다음과 같이 썼다.

그림 7.5 왼쪽 사진들은 윌슨 벤틀리가 촬영한 눈송이고, 오른쪽 사진 두 장은 캘리포니아 공과대학Caltech의 리브레히트가 촬영한 눈송이로서 헬만과 노이하우스가 관찰한 불규칙성이 만연한 것을 보여준다.

> 많은 이미지에서, 벤틀리는 윤곽을 '향상시키는' 데 국한되지 않고, 칼로 결정체의 심장부를 조작하여 임의적인 형상arbitrary figure을 만들었다.

달리 말하면, 벤틀리의 결정체는 그가 스스로 디자인한 얼음 조각품이었던 것이다.

불화는 수십 년 동안 계속되었다. 노이하우스의 최악의 의심이 정확한지는 알 수 없지만, 벤틀리가 약간의 뒤처리—오늘날의 눈송이 사진가인 캘텍의 물리학 교수 켄 리브레히트Ken Libbrecht의 표현을 빌리면 "포토샵의 구식 버전"[21] —를 마다하지 않은 것은 분명해 보인다. 장담하건대, 벤틀리가 묘사한 자연계는 오해의 소지가 많다. 리브레히트에 의하면, 6면의 대칭성을 가진 눈송이는 1,000개당 한 개꼴이라고 한다. 사진술도 과학자의 편집 성향을 위한 공간을 허용하는 듯하며, 심지어 카메라도 제 나름의 관점을 갖고 있다.[22]

눈송이에 관한 스토리는, 공식적인 과학적 의사소통에 등장하는 철칙의 '논쟁을 위한 이상적인 객관성'이 다른 모든 것과 마찬가지로 부분적으로 달성되었을 뿐임을 보여준다. 그러나 객관성은 단순한 가식도 선전도 아니다. 완벽한 객관성에는 못 미칠 수 있지만, 과학적 증거와 논증의 발표는 대부분의 경우 근본적인 기능(미래 세대를 위하여 '실험의 결과'와 '실험 결과와 이론과의 설명적 관계'를 기록함, 과학자의 에너지와 관심을 의견·설득·욕설에서 벗어나 디테일한 경험적 사실을 생산하는 쪽으로 향하게 함)을 여전히 수행한다.

8장

관찰의 우위

철칙은 어떻게 과학적 논쟁에서 모든 것을 제거하고,
관찰 가능한 현상에 대한 이론의 설명력만 남길까?
(철칙의 네 번째 혁신)
그렇게 된 역사적 배경과 과정은?

과학에서 중요한 것은 오로지 경험적 시험뿐이다. 이러한 생각은 과학계를 통틀어 어떤 형태로든 계속적으로 표현되고 있다. "실험은 과학적 진리의 유일한 재판관이다"(물리학자 리처드 파인먼).[1] "어느 누구의 말도 믿지 말라"(왕립학회의 좌우명). "우리는 경험을 물리적 탐구의 유일한 근거로 여긴다"(19세기의 과학자 존 허셜John Herschel). "과학적 발견에서 생산적 활동은 관찰이다"(생물학자 피터 메더워Peter Medawar). "나의 유일한 관심사는, 이론이 측정 결과를 예측해야 한다는 것이다"(물리학자 스티브 호킹). 이상과 같은 말들은 현대과학의 네 번째 위대한 혁신에 대한 기원과 축하라고 할 수 있다. 네 번째 혁신이란 고대古代의 경험적 탐구에서 완전히 벗어난 것으로, 아무리 근거가 충분하고 객관적이라 할지라도 경험적 시험에 기반하지 않은 어떠한 형태의 설득도 금지한 것을 말한다.

그러한 금지의 작동 메커니즘을 설명하고 그 참신함과 특별함에 대한 감感을 잡기 위해, 우리는 1830년대의 영국을 방문할 것이다. 그곳에서는 금지 규정이 이미 완전한 성능을 발휘하고 있었고, 철학이나 종교적 사상을 과학적 논쟁에 도입하려는 모든 시도가 차단되어 있었다. 그러나 우리의 최종 목적지는 그곳이 아니다. 우리는 그곳에서 한 세기 이상을 더 거슬러 올라가, 철칙이 지배권을 장악하는 순간의 검열적 충동censorious impulse을 포착할 것이다. 그와 동시에, 우리는 현대과학—아마도 사상사에서 가장 중요한 발명품—이 창조된 결정적인 순간을 목격할 것이다.

윌리엄 휴얼William Whewell은 1866년 말에서 떨어진 후 사망했다. 그는 그 당시 일흔한 살로, 찬란히 빛나는 일련의 업적을 남겼다. 목수의 아들로 태어나, 케임브리지 대학교 트리니티 칼리지에 '준급비생subsizar'*으로 들어가, 다른 학생과 선임 연구원Fellow들이 밥을 먹는 동안 식탁에서 기다리는 조건으로 학비를 감면받았다. 그는 시詩와 수학 부문의 상을 휩쓸었고, 그 자신이 트리니티의 선임 연구원이 되었으며, 광물학mineralogy에 이어 도덕철학 교수로 임명되었다. 그리고 1841년, 식탁에서 시중드는 장학생table- waiting scholarship student으로 케임브리지에 진학한 지 29년 만에 그는 트리니티 칼리지의 학장Master으로 선출되었다.

---

* 일종의 근로장학생으로, 대학의 연구원이나 돈 많은 자비생自費生들의 방을 청소하고 식사를 준비해 주는 일을 하면서 생활했다.

휴얼이 높다란 사회적 사다리를 밟고 오르는 데는 그만한 대가가 따랐다. 언제나 사회적으로 '더 나은 사람들'에게 둘러싸여 있었던 탓에, 그는 민감하고 자존심이 강했으며 화를 잘 냈다. 시골 학교에서 엘리트 그래머스쿨*로 전학한 노동자 계급의 어린이로서, 그는 이윽고 상당한 덩치를 이용하여 일진 동급생들을 제압하는 자신을 발견했다. 그의 친구 존 허셸은 나중에 이렇게 술회했다. "휴얼에게 온순한 성격을 기대하기는 여간 어려운 게 아니었다!"[2]

명문 대학의 학장이었음에도 그는 사회성이 부족했다. 전기 작가 레슬리 스티븐Leslie Stephen은 아래와 같이 썼다.

> 그는 초창기에 사회적 세련미를 갈고닦을 기회가 거의 없었다. 그리고 그는 친절함을 베풀기를 갈망했지만, 사회적 지위에 대한 자존감 때문에 격식을 차리기 일쑤였다. 사정이 이러하다 보니, 그의 응접실은 사교적인 장소와 거리가 멀었다.[3]

그러나 그는 부족한 매력을 근면함으로 만회했다.

그는 트리니티에서 교육 개혁 프로그램을 시작하는 한편, 거의 모든 것(밀물과 썰물, 천문학, 고딕 건축, 신학, 역학, 윤리학, 다른 행성에 생명체가 존재할 가능성)에 대한 책을 저술했다. 그는 괴테와 플라톤의 저술을 번역했다. 그는 자동 기록 풍속계self-registering anemometer를 발명했다. 그는 콘월Cornwall의 한 광산 속으로 들어가 지구의 중력장을 측

* 공부 잘하는 11~18세의 청소년들이 대학 입학을 위해 다니던 중등학교.

정했고, 스위스 산맥의 최고봉에 올라가 신의 영광을 묵상했다. 그리고 그는 자신이 등장할 때까지 '과학인men of science'이나 '자연철학자'로 불렸던 사상가들을 지칭하는 새로운 단어—과학자scientist—를 만들었다.

이 모든 풍성한 결과물 중에서 휴얼의 가장 위대한 업적은, 1837년 과학사 3부작을 발간한 데 이어 1840년 과학적 방법에 대한 두 권짜리 철학서를 완성한 것이었다. 이 책들은 제목이 의미하는 바와 같이 과학의 역사에 기반했으며, 휴얼을 '현대과학에 대한 최초이자 가장 뛰어난 역사가 및 철학자' 중 하나로 만든 기념비적 5부작monumental pentalogy이었다.

휴얼의 과학사에서 '마지막 과학'으로 간주된 것은, 신생 학문인 지질학이었다. 휴얼은 인습에 얽매이지 않고 생명사history of life를 지질학에 포함시켰는데, 그것은 겨우 50년 전 산업혁명기에 운하를 파고 철로를 건설하던 인부들이 발견한 '화석화된 조개껍데기와 뼈의 층層'에서 불쑥 등장한 스토리였다. 이 단편적인 연대기에서 가장 놀라운 장章이 밝힌 것은 '대형 포유동물이 나타나기 한참 전, 지구는 공룡과 그 친척들에 의해 지배되었다'는 사실이었다. 화석을 사냥하던 의사 기디언 맨텔Gideon Mantell은 『파충류의 지질 시대The Geological Age of Reptiles』(1831)에서 그것을 다채롭게 기술했다.

> [알을 낳는] 까무러칠 만한 크기의 네발동물이 지구를 주름잡던 시대가 있었다. 그리고 … 인류가 존재하기 전에는 파충류가 만물의 영장Lords of the Creation이었다!

그림 8.1 파충류 시대의 영국: 조지 닙스George Nibbs가 상상력으로 시각화한 〈서섹스의 고대 삼림 지대The Ancient Weald of Sussex〉(1838).
그림의 한복판에는 이구아노돈iguanodon이 매우 부정확하게 재현되어 있다. 이구아노돈은 기디언 맨텔이 최초로 기술한 공룡이다.

그것(파충류의 지질 시대)은 완전히 다른 생명 형태들이 지구에 우글거리던 여러 시대 중 하나일 뿐이었다. 공룡이 등장하기 전, 지구상에는 이상한 해양동물들—삼엽충, 암모나이트, 원시 무악어류jawless fishes—이 우글거리는 바다로 뒤덮여 있었다. 그리고 파충류 다음에는 난쟁이 말과 거대한 나무늘보가 모습을 드러냈다.

휴얼이 보기에, 암석이 제공하는 교훈은 명백하고 평이했다. 그는 이렇게 썼다. "지층 속에서 발견되는 식물과 동물의 종種들은 오늘날 지표면에 존재하는 어떤 종과도 다르다. … 그들이 암시하는 것은 … 모든 생물의 창조는 갱신renewal되었으며, 그 갱신이 여러 번 일어났다는 것이다."[4] 휴얼은 이렇게 자문自問했다. "이 같은 간헐적 갱신—이를테면 포유동물에 의한 공룡 대체—은 어떻게 일어났을까?" 그리고 그는 이렇게 자답自答했다. "새로운 생명 형태는, 우리가 자연적 사건

natural event이라고 부르는 것 말고 다른 힘(달리 말해서, 기독교의 신Christian God)에 의해 창조되었을 것이다."[5]

1837년 휴얼의 과학사가 출간되었을 때, 그런 설명은 합리적이고 관습적이었다. 찰스 다윈은 겨우 스물여덟 살로, HMS 비글호를 이용한 세계일주 여행에서 갓 돌아와 있었다. 그의 걸작인 『종의 기원On the Origin of Species』이 나오려면 20년을 더 기다려야 했다.[6] 휴얼과 그의 동시대인들이 "하나님이 흙으로 각종 들짐승과 공중의 각종 새를 지으셨다"(구약성서 창세기 2:19)라는 성서의 내용을 의심할 이유는 거의 없었다.

화석은 '신이 한 번 이상 생명을 창조했다'는 이론의 여지가 없는 증거였다. 생명은 태초의 한 순간뿐만 아니라 여러 번 창조되었으며, 새로운 버전의 윤곽은 화석에 빼도 박도 못 하게 각인되어 있었다.

그것은 두 가지 원대한 프로젝트를 추진할 절호의 기회를 제공했다. 첫째, '갱신된 창조renewed creation에 상응하는 암석 속의 패턴'에 대한 지식은 훈련된 눈과 지질학자의 망치를 가진 사람이라면 누구나 획득할 수 있으며, 자신의 최애 발명품인 인류를 위해 지구를 설계하려던 신의 마음과 의도와 계획을 밝혀낼 수 있다. 둘째, 신의 의도와 계획에 관한 지식은 성서와 성령聖靈에 접근할 수 있는 사람이라면 누구나 획득할 수 있으며, 웅장하게 행진하는 생명의 대열隊列과 자연사의 비밀을 밝혀낼 수 있다.

첫 번째 프로젝트의 경우, 일부 사상가들은 '과학 지식을 이용하여 신성한 지식divine intellect을 탐구하는 것은 불경스럽다(또는 이유 여하를 막론하고 무모하다)'며 움찔했을 것이다. 그러나 휴얼은 그러지 않았다. 목사 겸 자연사학자 겸 골동품 수집가인 제8대 브리지워터 백작 Earl of Bridgewater이 '자연에서 신의 계획의 징후'를 발견하는 데 헌신하는 연구의 출판을 후원하기 위해 유산을 따로 남겨놓았을 때, 휴얼은 기다렸다는 듯 서명했다. 그는 1833년 발간한 책—『브리지워터 논문Bridgewater Treatises』으로 알려지게 된다—에서, "우주에 대한 지식의 진보는 하나에서 열까지 가장 지혜롭고 선하신 신에 대한 믿음과 조화를 이룬다"[7]라고 주장했다. 행성들의 배치, 지표면의 배열, 생명체의 정교한 설계에서, 우리는 "지혜롭고 자애로운 물리적 세계의 창조자"가 "도덕적 세계의 정의롭고 거룩한 지배자"인 동시에 "인류의 재판관"임을 알 수 있다는 것이었다.

과학사와 과학철학에 대한 책을 출간한 1830년대 후반, 휴얼은 두 번째 프로젝트까지도 이끌 수 있는 이상적인 인물로 보였다. 그 프로젝트에서는 '지질학과 신학의 지식을 통합하면, 지구의 생명사를 완벽하게 설명할 수 있다'는 가능성이 엿보였는데, 그는 실증적 경험과 종교적 동기와 과학계에서 걸출한 지위라는 삼박자를 갖추고 있었기 때문이다.

그러나 그는 총대를 메지 않았다. 사실 그는 『귀납적 과학의 역사History of the Inductive Sciences』에서 어느 누구도 그런 일을 해서는 안 된다고 단언하고, 한 걸음 더 나아가 "과학은 신학을 전혀 고려하지 말아야 하며, 신학도 물리학이나 지질학에 영향을 미치도록 허용되지 말아야 한다"[8]라고 주장했다. 생물학자와 지질학자들은 오로지 "과학의 일상적인 증거"[9]—다시 말해서, 경험적 관찰의 결과—에 전념해야 하며, 증거에 어긋나는 주장을 하지 말아야 한다는 것이었다. 그에 반해 신학은 독보적인 자원(예컨대 신의 본성에 관한 철학적 추론, 성서의 해석)을 이용하여 생명의 창조에 대해 제 나름의 추론을 할 수 있다. 만약 두 가지 노력이 조사를 마치고 나면 각각의 결론을 통합하여 생명사에 대한 완전한 그림을 제공할 수 있지만, 그 이전에는 어림도 없다.

신학의 부적합성이나 비현실성이 두 번째 원대한 프로젝트(신학을 지질학에 도입함)에 대한 휴얼의 엠바고를 재촉한 것은 아니었다. 그가 최선을 다했다면 그 프로젝트는 실현 가능했을 것이고 아마도 결실을 맺었을 것이다. 지질학자들의 목표는 생명사의 경로와 원인을 밝히는 것이었는데, 휴얼이 생각하기에 생명사에서 가장 중요한 전기를 마련한 것은 신의 손길이었다. 그러므로 신학의 도움이 없다면, 지구의 과학적 연대기에 표시된 모든 전환점에는 빈 공간만 남을 것이다. 한걸음 더 나아가, 휴얼은 신학이 이 모든 공백을 메울 수 있다[10]고 믿었다. 그는 『브리지워터 논문』에서, 신의 본성과 계획이 자연계의 모든 측면에 저절로 드러난다고 주장했다. 그럼에도 그는 두 번째 프로젝트를 공식적으로 거부했다.[11]

그것은 수수께끼다. 두 번째 프로젝트에 대한 수요가 있고 그 수요를 충족할 수단도 있는데, 휴얼이 방법론적 분리정책methodological apartheid에 따라 프로젝트 금지 결정injunction을 내렸으니 말이다.

그런 결정은 문화적으로 납득하기 어렵다. 1830년대와 1840년대에 사실상 모든 과학자들은 신자信者였으며, 우주의 존재와 우주의 모든 경이로운 특성을 창조자의 계략 탓으로 돌렸다. 브리지워터 사업에서 볼 수 있는 것처럼, 시대정신은 자연사와 종교의 통합을 위한 충분한 여지를 만들었다.

그것은 논리적으로도 납득하기 어렵다. 동일한 목표를 가진 두 가지 프로젝트는 언제나 협업에 개방적이어야 한다. 잃어버린 반려견을 찾는 어린이 두 명을 상상해 보라. 한 명은 이 집 저 집을 찾아가 문들 두드리며, 길 잃은 개를 본 적이 있냐고 묻는다. 다른 한 명은 거리와 공원과 쓰레기장을 헤매며 개의 이름을 부른다. 그들은 각자의 독특한 전략을 구사하기 위해 흩어져야 한다. 그러나 때때로 서로 확인하는 것이 그들의 이익에 명백히 부합한다. 만약 그들이 찾는 개가 마을의 동쪽에서 목격되었다면, 서쪽보다는 동쪽의 공원을 탐색하는 것이 바람직하기 때문이다. 신학과 지질학이 분리되는 것은, 두 소년의 탐색이 단절되는 것과 마찬가지로 비효율적이다.

마지막으로, 휴얼의 지적 분할intellectual partition은 그의 정서나 심리에도 부합하지 않는다. 그는 통합정신synthesizing spirit이 충만해 있었는데, 이는 그가 영국 레이크 디스트릭트English Lake District* 방문을 앞두고 기쁨에 겨워 친구에게 털어놓은 이야기에 잘 드러난다.

> 자네는 내가 산을 얼마나 다양한 용도로 사용하는지 알지 못할 거야. 나는 맨 밑에서 산을 스케치한 후 꼭대기까지 올라가며 기압계로 높이를 측정하고, 지질학용 망치로 암석 한 조각을 떼어내 그 조성을 살펴본 다음, 그 위의 잔잔한 공기 속에서 워즈워스의 시구를 읊을 거라네.[12]

* 잉글랜드 북서부에 위치한 국립공원으로, 영국인들이 가장 사랑하는 힐링 여행지이며, 자연과 인간이 함께 만들어낸 경관을 갖추고 있다 하여 2017년 유네스코 세계유산으로 지정되었다.

휴얼은 인간의 사고와 행동을 가리켜 '세상의 여러 방향에서 나오지만, 한 가닥의 실로 엮여 태피스트리tapestry'*를 이룬다'고 했다. 그러나 신을 지질학에서 배제한다면 그 실이 끊어지므로, 사고와 행동의 태피스트리가 갈기갈기 찢어져 잡다하고 너덜너덜한 지식으로 돌변할 것이다.

이처럼 정서적·문화적·논리적으로 도저히 납득할 수 없지만, 휴얼의 결정을 한마디로 요약하면 '철칙을 간단히 적용하라'—더욱 정확히 말하면, '과학에서 중요한 것은 오로지 경험적 시험뿐이다'—는 것이었다. 휴얼이 '지질학에서는 경험적 고려사항과 암석·화석·땅속에서 나온 단서만을 인정해야 한다'고 주장했을 때, 그는 (과학적 관행에 이미 확고하게 자리 잡은) 철칙이 명령하는 대로 행동했을 뿐이다. 그의 동료 과학자들이 그의 제안을 분노나 우려, 심지어 활발한 논평 없이 받아들이고 '지질학에서 종교적 사고를 배제하는 것은 적절하고 관습적이다'라고 생각했을 때, 그들도 21세기의 여느 과학자들과 마찬가지로 규칙에 따라 움직였다.

현대 과학자 중 상당수는 종교가 지구의 생명사를 설명하는 데 거의(또는 전혀) 도움이 되지 않는다고 믿는다. 그와 대조적으로, 휴얼과 그의 동료들은 자신들의 종교적 지식을 '신뢰할 만하며 생물학적으로 시사하는 바가 많다'고 간주했다. 내가 오늘날의 과학적 관행을 검토하는 대신 독자들을 휴얼의 시대로 안내한 것은 바로 그 때문이며, 그런 의미에서 1837년에 철칙이 작동한 것을 눈여겨볼 필요가 있다. 그

* 여러 가지 색실로 그림을 짜 넣은 직물, 또는 그런 직물을 제작하는 기술.

자신이 철칙을 발명한 것은 아니지만—그는 그러기에는 너무 늦게 태어났다—휴얼은 자신의 과학적 연구와 종교적 신념을 조화시키려 노력함으로써 긴장 완화에 크게 기여했다.

이런 점들을 감안할 때, 철칙이 과학적 논쟁에서 제외하는 것은 '주관적' 추론만이 아닌 게 분명해 보인다. 아무리 설득력이 강하거나 잘 확립되어 있더라도, 비경험적인 고려사항들은 일절 제외된다. 휴얼의 입장에서 볼 때, 기독교 신의 존재는 어떤 관찰 가능한 사실보다도 명백하고 확실했다. 그럼에도 그는 신학적 고려가 철칙에 따라 공식적인 과학 논쟁에서 배제되어야 한다는 데 동의했다. 그건 신학적 추론이 나쁘거나, 순전히 개인적이거나, 논리적인 결점을 포함하기 때문이 아니었다. 그건 신학적 추론이 과학 하는 데 적절하지 않기 때문이었다.

다음으로, 철칙은 '과학적 추론과 비과학적 추론' 간의 차이를 규정하는데, 그것은 '객관적 추론과 주관적 추론' 간의 차이나 '강한 추론과 약간 추론' 간의 차이나 '좋은 추론과 나쁜 추론' 간의 차이와 전혀 다르다. 하나의 이론을 지지하는 과학적 추론은 객관적이고 강력하고 훌륭할 수 있지만, 그것만으로는 충분하지 않다. 심지어 가장 강력한 주장일지라도, 경험적이지 않다면—즉, 이론의 '관찰된 사실을 설명하는 능력'에 기반하지 않는다면—과학에서 제외된다.

휴얼의 사례는 (철칙의 작동 과정에서 핵심인) "과학에서 중요한 것은 오로지 경험적 시험뿐이다"라는 규칙에 대해 뭔가 다른 것을 설명한다. 그 규칙은 사적인 과학 추론에는 적용되지 않고 공적인 과학 논쟁에만 적용되며, 심지어 과학에서 제도적으로 승인된 논쟁 장소에서 벌어지는 논쟁에만 적용된다. 그것은 휴얼이 혼잣말로 종교의 생물학적 유의미성을 읊조리는 것을 금지하지 않는다. 그것은 (과학적 의사소통이 주요 목적인) 학술적 출판물에서 종교의 유의미성을 탐구하는 것을 금지할 뿐이다. 그러므로 휴얼이 자신의 유명한 신학적 저술인 『브리지워터 논문』에서, 생명사에서 신이 차지하는 부분을 자유롭게 묵상한 것은 아무런 하자가 없다.

과학의 영향을 받은 종교적 감정의 비공식적 표출은 사라지지 않았다. 켈빈의 경우, 지구의 나이에 대한 공식적인 출판물에서 신을 언급하지 않았다. 그러나 1889년 기독교 증거 학회Christian Evidence Society에서 행한 강연에서, 그는 휴얼의 뒤를 이어 과학적 세계를 아름답게 묘사하며 창조자의 존재에 대한 명백한 증거를 자유롭게 언급했다. 인간유전체프로젝트Human Genome Project를 지휘한 프랜시스 콜린스Francis Collins는 2006년 발간한 『신의 언어The Language of God: A Scientist Presents Evidence for Belief』에서 이러한 전통을 계승했다.

철칙은 그런 것들—과학의 성유聖油를 바른 저널 및 학회와 동떨어진 것—을 모두 무시하는데, 그 이유는 현대과학의 게임에서 행마를 구성하지 않기 때문이다. 철칙의 유일한 관심사는 게임을 규제하는 것이다. 철칙의 위대한 혁신 중에서, 앞에서 언급한 세 가지—얕은 설명, 객관성 요구, 주관적 추론과 객관적 논쟁 구별—가 합세함으로써 모든 과학자들이 '게임에서의 경험적 행마'에 대한 이해를 공유할 수 있었다. 네 번째이자 마지막 혁신인 "과학에서 중요한 것은 오로지 경험적 시험뿐이다"는 모든 행마가 경험적이어야 한다고 주장함으로써, 게임 참가자들을 '관찰 및 실험의 신동observational and experimental prodigy'과

'탁월한 증거 추출기extractor of evidence par excellence'로 변신시켰다.

휴얼은 신학이 자연계에 대한 지식의 필수적인 원천이라고 믿었다. 그럼에도 그는 게임을 하고 싶어 했다. 사정이 이러하다 보니, 신학과 (그의 관점에서 볼 때) 신학에 수반되는 모든 통찰은 경기장 밖에 방치되었다.

그런 방치로 인한 고통은 휴얼의 습관인 사고의 명료함clarity of thought을 산산조각 냈다. 그는 신학과 지질학적 추론을 통합하려는 어떤 노력에도 반대하면서, 그런 통합을 시도하려면 다음과 같은 전제조건이 필요하다고 썼다.

> 유한하든 무한하든, 추론은 자체적인 일관성을 지니고 있다는 점을 명심해야 한다. 따라서 유한한 추론은 무한한 추론을 이해하고, 도덕적·물질적 우주의 한 영역에서 다른 영역으로 이동하며 그 방향을 추적하고 그 경계를 연결할 수 있어야 한다.[13]

어쩌면 이 구절은 일부 독자들에게 깊은 인상을 남겼을 것이다. 철학자인 내 귀에, 이것은 까다로운 우회적 표현으로 들린다. 철칙의 지시사항과 자신의 지적 양심intellectual conscience을 조화시키지 못하고 방황한 나머지, 휴얼은 학창시절로 돌아가 우격다짐으로 곤경에서 벗어나려 노력하고 있었던 것 같다.

휴얼의 고통은 다음과 같은 결정적 사실에 대한 단서다: 모든 존중할 만한 이유, 적절한 고려사항, 훌륭한 논증에 개방적인 지성인에게, 이제 친숙해진 "중요한 것은 오로지 경험적 시험뿐이다"라는 교리는 그 편협함illiberality에서 매우 이질적이다. 그 부담스러운 교리는 휴얼이 과학 경력을 시작했을 때 이미 확고히 자리 잡고 있었다. 그게 어떻게 과학계의 구조에 대한 모든 심사숙고를 지배하게 되었을까? 철칙에서 가장 두드러지고 중요한 요소라 할 수 있는, 그 교리의 기원은 무엇일까? 이 의문을 해결하기 위해, 우리는 현재 방문하고 있는 트리니티 칼리지에 머물러 있을 수도 있다. 그러나 우리는 타임머신을 타고 150년을 더 거슬러 올라가야 한다.

1681년의 늦은 봄, 행동이 민첩하고 규정을 무시하는 경향이 있는 당신은 트리니티 칼리지의 정문 오른쪽에 있는 개인 정원—벽으로 둘러싸여 있다—으로 들어가는 길을 찾고 있을 것이다. 당신이 용케 그 길을 찾았다고 가정하자.

당신은 정원의 벽에 기대어 지어진 목조 건물과, 그 안에 자리 잡은 잘 갖춰진 실험실well-provisioned laboratory을 발견한다. 실험대 위에는 공책이 한 권 놓여 있다. 공책을 무작위로 펼쳐본 당신은 다음과 같은 이상한 진술을 발견한다.

> 삼지창trident을 손에 든 넵튠Neptune이 철학자를 지혜의 정원으로 이끈다.

주변을 아무리 둘러봐도 '바다의 신'은커녕 삼지창도 없고, 용광로, 도가니, 증류기alembic와 다량의 이름 없는 물질이 있을 뿐이다. 그러나 철학자의 정체에 대해서는 의심의 여지가 없다. 왜냐하면 당신은

그림 8.2 케임브리지 대학교 트리니티 칼리지의 뉴턴 실험실은 개인 정원의 어딘가에 있었는데, 2층에 있는 그의 방과 트리니티의 정문 오른쪽을 잇는 (지붕으로 덮인) 계단을 통해 들어갈 수 있었다. 뉴턴은 1673년부터 (트리니티를 떠난) 1696년까지 이 방에 살았다.
자료: 1690년 데이비드 로건David Loggan이 제작한 판화.

아이작 뉴턴의 실험실 안에 서 있기 때문이다. 주지하는 바와 같이 그는 계산기를 발명하고 운동과 중력의 법칙을 발견하고 빛을 분석했으며, 그 시대 최고의 연금술사 중 하나였다.

오후의 사위어가는 빛 속에서 뉴턴의 공책장을 넘기며 빼곡히 적힌 글을 해독하다가, 당신은 유명한 '녹색 사자green lion'에 대한 흥미진진한 설명을 발견한다.

> 마그네시아Magnesia 또는 녹색 사자에 대하여.[14] 프로메테우스와 카멜레온Prometheus & the Chameleon이라고 부른다. 또한 안드로진Androgyne이라고도 부르는데, 순수한 초록색 흙으로서, 태양이 아버지이고 달이 어머니임에도 햇빛을 받아본 적이 없다.

당신은 공책의 맨 마지막 페이지로 이동한다. 거기에는 놀라운 발견이 기록되어 있다.

> 1681년 5월 10일. 나는 샛별이 비너스Venus이고 사투르누스Saturn의 딸이며 디아나Diana*의 비둘기들 중 하나라는 것을 이해했다. … 5월 14일. 나는 삼지창을 이해했다. 5월 18일. 나는 이상 용액ideal solution을 완성했다. … 독수리가 주피터Jupiter를 운반한다.

뉴턴이 도대체 뭘 발견한 걸까?

이 의문에 대한 해답은, 아마도 날짜가 적혀 있지 않은 공책에 있는 듯하다. 그 공책에는 '녹색 사자의 정맥에서 추출된 비범한 것'이 기술되어 있다.

> 비너스의 중심 염central salt에 휘발성 녹색 사자를 용해하여 증류하라. 이 증류수는 … 녹색 사자 비너스green lion Venus의 피인 바빌로니아의 용Babylonian Dragon이며, 그 독毒으로 모든 것을 죽인다.

다른 공책에서는 녹색 사자의 피를 "생기를 띤 수은vivified mercury"과 동일시하는데, 이것은 심지어 금gold까지도 파괴하는 능력—"태양

---

* 로마 신화에 나오는 여신. 그리스 신화의 아르테미스와 동일시된다. '빛나는 것'이라는 뜻의 이름이다. 원래는 숲의 여신 또는 수목의 여신이었으나, 나중에 숲 속에 사는 동물의 수호신, 사냥의 신, 나아가서는 가축의 신으로 간주되었다. 따라서 임신과 출산을 돕는 신으로 숭배되었다.

을 잡아먹는 녹색 사자"—을 지닌 물질이다:

생기를 띤 수은의 본성에 관한 한, 우리는 어둠 속에 있다(보통 수은과 혼동하지 말아야 한다). 그와 마찬가지로 '삼지창'은 일종의 화학 공정chemical process인 것 같지만, 우리는 그 메커니즘에 대해 거의 아는 게 없다. 뉴턴의 기이한 언어는 일종의 연금술 용어로, 다른 연금술사들의 언어에서 영감을 얻은 것이다. 그들은 휘안석stibnite, 즉 안티모니antimony 광석을 '녹색 사자'라고 부르고, 구리를 '비너스'라고 부르며, 은silver을 '디아나의 비둘기들'이라고 부른다. 그러나 이 같은 관습적 의미를 바탕으로 그의 연금술을 완전히 이해하는 것은 불가능하다. 사실, 바빌로니아의 용은 안티모니 광석이나 보통 수은보다는 불가사의한 광석에 더 가깝다. 그러나 뉴턴은 실험의 목적이나 핵심 용어를 설명하지 않았으므로, 그가 1681년 5월 중순에 발견한 것이 정확히 무엇인지 알 길이 없다.

목적이 뭐였든 간에, 뉴턴은 연금술을 끈질기게 밀어붙였다. 그는 케임브리지의 루카스 수학 교수로 임명된 후 수십 년 동안 연금술에 몰두하며, 그 주제에 대해 "100만 단어가 족히 넘는 글"[15]을 썼다. 그는 모든 글을 개인적으로 보관했으며, 단 하나도 출판하지 않았다.

뉴턴이 연금술에 그렇게 큰 관심을 가졌던 이유가 뭘까? 답은 간단하지만 '순수한 과학적 지성'과 '계몽주의의 선구자'라는 뉴턴의 대중적 이미지와 어울리지 않는다. 휴얼과 마찬가지로, 뉴턴은 모든 것—즉, 우주의 작동에 숨겨진 비밀의 힘을 드러낼 수 있는 모든 것—에 관심을 가졌다. 그래서 그는 행성의 운동을 연구함으로써 만유인력의 원리를 밝혀냈다. 그러나 그가 연금술 실험을 한 것은, "신체의 거추장스러운 배설물에서 정신spirit이나 활동적인 미덕active virtue을 해방시키기 위해서였다".[16] 그리고 그는 실험과 관찰을 배제하고 오로지 독서와 생각에 의존하여 탐구를 진행했다.

이러한 비경험적 추구에는 공간·물질·운동의 본질에 대한 철학적 탐구가 포함되어 있었다. 이를 위해, 뉴턴은 당대의 탁월한 영국 형이상학자들—케임브리지 플라톤학파Cambridge Platonists—의 저술을 탐독하고, '빈 공간은 존재할 수 없다'는 데카르트의 주장을 반박하기 위해 연금술 등에 관한 논문을 썼지만 출판하지는 않았다. 나중에 쓴 논문에서, 그는 데카르트의 또 다른 생각(운동의 변화는 모두 충돌에 의해 초래된다)을 맹렬히 비난했다. 뉴턴의 생각에 따르면, 기름과 물같이 섞이지 않는 물질은 충돌하는 분자에 의해 설명될 수 없으며, 그것들이 분리되는 경향은 '비밀스러운 비사교성의 원리secret principle of unsociableness'로 설명되어야 했다. 같은 맥락에서, 그는 모든 운동의 원인인 것으로 보이는 생명의 불꽃spark of life, 즉 생명혼vital spirit을 설명하려고 시도했다.

> 지상의 만물에 퍼져 있는 생명력은 동일하다. 그리고 그것은 변덕스러운 정신으로, 극도로 미묘하고 극도로 불안정하다.[17]

비슷한 시기—뉴턴이 상당수의 수학적·물리학적 발견을 한 후인 1670년대경—에 작성된 다른 논문들을 살펴보면, 뉴턴이 '성서와 성서 속 예언의 적절한 해석'에 큰 관심을 기울였음을 알 수 있다. 뉴턴은 성서에서 예언된 사건에 상응하는 역사적 사건을 찾아내기 위해 열심히 노력했으며, 예루살렘에 있는 거대한 유대교 사원의 정확한 계획을 재구성하려고 시도했다. 그리고 그는 선지자들의 말과 자신의 성서 연대기를 이용하여, 예수 재림Second Coming 일자를 19세기 후반의 어느 때쯤으로 예측했다. 그 과정에서, 그는 불가피하게 '예수 그리스도는 기독교 신과 동일하지 않으며, 신에 의해 창조되었다'는 아리우스파 교리Arian doctrine에 이끌리는 자신을 발견했다. 이단적인 믿음으로 인해 케임브리지에서의 지위가 위태로워졌음에도, 그는 그러한 믿음을 포기하지 않았다.

일부 역사가들은 이러한 노력을 감안하여, 태곳적 지혜prisca sapientia—고대의 현인sage들이 파악하고, 피타고라스와 플라톤 같은 인물들이 암시적·비유적으로 전달한 것으로 추정되는 사물의 본성에 대한 지식—에 대한 믿음[18]을 뉴턴의 탓으로 돌렸다. 그 지혜를 해독하려면 물리학자뿐만 아니라 철학자와 시인의 감수성까지도 필요하다. 뉴턴과 다른 연금술사들에 따르면, '불과 대장장이의 신 불카누스Vulcan가 마르스Mars의 품에 안긴 자신의 아내 비너스를 놀라게 하고, 마르스와 비너스를 황금 그물에 가둔다'는 로마 신화는 '그물net'[19]—마르스의 정자와 비너스의 난자를 결합한 '자웅동체hermaphrodite'—이라는 비옥한 물질의 레시피로 이해되어야 한다. 비유와 증류에 모두 통달한 연구자, 즉 엄밀한 실험자 겸 메타포적 참관인만이 그런 단서를 완벽하게 이용할 수 있을 것이다. 물리학, 철학, 연금술, 성서의 해석에 대한 뉴턴의 저술은 모든 가능한 방법으로 태곳적 지혜에 도달하려는 몸부림처럼 보인다.

그로부터 수십 년 전, 프랜시스 베이컨은 "미신과 약간의 신학"이 과학적 탐구를 오염시키고 "환상적이고 도도하고 시적인 철학"이 이해력을 마비시킨다고 경고했다.[20] 그는 이렇게 생각했다: "고상하고 고매한 성격의 소유자"는 "극장의 우상idol of the theater"에 특히 민감하므로, 이론적인(심지어 신비로운) 장면의 황홀함에 도취하여 관찰 가능한 사실의 평이한 기술을 도외시한다.

우리는 방금 뉴턴의 실험실에 잠입하여, (상상할 수 있는) 가장 비非베이컨적인 행동을 하고 있는 그를 적발했다. 우리가 무단 침입을 감행한 것은, 중요한 것은 오로지 경험적 시험뿐이라는 철칙의 포고령의 근원, 즉 현대과학의 가장 중요한 교리의 기원을 찾기 위해서였다. 그러나 우리가 발견한 것은, 뉴턴이 이 점에서 최초의 과학자 중 하나가 아니라 위대한 경제학자 존 메이너드 케인스John Maynard Keynes가 말한 바와 같이 "마지막 마법사"[21]라는 것이었다. 그렇다면 우리가 시간이나 장소를 착각한 것일까? 전혀 그렇지 않다. 뉴턴의 연구를 유심히 살펴보면, 이 특별한 마법사가 약간 특이한 방식으로 마법을 걸었다는 것을 알게 될 것이다.

한편으로, 뉴턴의 관심은 르네상스기의 모든 마법사들과 마찬가지로 광범위했다. 그러나 다른 한편으로는, 그가 자신의 관심사를 추구하기 위해 사용한 방법은 상당히 달랐다. 운동·빛·중력의 물리학을 연구하는 데에서, 그의 추론의 유일한 기반은 수학, 천문관측과 실험이었다. 연금술을 연구하는 데에서도 가장 중요한 것은 역시 실험이었지만, (생명력, 변덕스러운 정신 등에 대한) 비유적 사고allegorical thinking 및 완전히 새로운 가설과 혼합되었다. 물질과 공간의 본질에 대한 데카르트와의 형이상학적 논쟁에서, 그의 방법은 순수한 사유pure thought, 즉 철학적 논증이었다. 그리고 '신의 본성'과 '인류에 대한 신의 계획'에 대한 신학적 연구에서, 뉴턴은 중력과 생명의 불꽃만으로 설명할 수 없는 역사의 측면들을 설명하기 위해 성서적 해석—그는 이를 위해 열다섯 가지 규칙을 세웠다—과 문헌 비평textual criticism이라는 방법을 사용했다. 하지만 전체적으로 볼 때, 뉴턴은 한 분야에서 내린 결론을 다른 분야와 관련짓는 시도를 거의(또는 전혀) 하지 않았다. 간단히 말해서, 그의 지성은 마치 "비밀스러운 비사교성의 원리"에 따르는 것처럼 작동했다.[22] 그러므로 설사 주제가 겹치더라도 상이한 연구들이 비밀을 공유하기 위해 합쳐지는 경우는 없었다.

이 같은 방법의 격리sequestration of methods(휴얼에게는 부담스러웠지만, 뉴턴과는 궁합이 잘 맞았다) 덕분에, 뉴턴을 유명하게 만든 연구—중력과 빛의 물리학—는 "중요한 것은 오로지 경험적 시험뿐이다"라는 철칙의 포고령과 아무런 마찰 없이 진행될 수 있었다. 연금술과 신학과 태곳적 지혜는 이러한 연구에서 아무런 역할을 수행하지 않았다. 뉴턴은 오직 (이론이 설명할 수 있는) 관찰 가능한 현상에 대해서만 물리학 이론을 판단했다.

그러나 그는 철칙을 따르지 않았으며, 어떠한 방법론적 교리도 따르지 않았다. 그를 이끈 것은 순수한 본능, 즉 그를 (17세기의 동료들과 달리) 타고난 지적 구획화 전문가intellectual compartmentalizer로 만든 기이한 심리 상태였다.

연금술 실험실에 들어섰을 때, 그는 연금술사의 가운만 입은 게 아니라 연금술사의 페르소나persona에 빙의되어, 그들의 비유적 언어, 비유적 사고방식, 물질 개념, 화학적 상호작용의 원리를 받아들였다. 신념으로 보나 행동으로 보나 언어로 보나, 그는 모든 면에서 연금술

그림 8.3 18세기의 영국 화가 조지프 라이트Joseph Wright of Derby가 상상한 연금술사의 모습.

그림 8.4 윌리엄 블레이크가 뉴턴의 모습을 상상해 그린 수리물리학자.

사가 되었다.

동틀 녘에 실험실을 떠나 중력 연구로 복귀했을 때, 연금술사의 가운은 작은 유리병, 깔때기, 증류기 사이에 아무렇게나 놓여 있었다. 그는 이제 완전한 물리학자가 되어 '기하학적 방법을 이용한 운동의 패턴 설명'에 열중하며, '어떤 수학 법칙에서 어떤 궤적을 도출할 수 있는가'라는 문제에만 관심을 쏟았다.

마치 위대한 연극배우처럼, 뉴턴은 자신의 모든 캐릭터에게 완전한 자유를 부여하고, 그들을 압도하기보다는 그 안에 거居했고, 그들의 독특한 관심사·집착·가정·추론 방식을 한계까지 밀어붙였고, 모든 가치 있는 지식을 위해 연기했다. 그래서 뉴턴의 방법은 항상 다양했고, 연극배우가 보유한 가면의 캐비닛, 극적인 역할의 레퍼토리를 방불케 했다. 각각의 탐구는 상이한 대본을 따라 상이한 설정에서—즉 연금술은 실험실에서, 중력은 천문대에서, 신학은 은둔자의 동굴에서, 철학은 물론 지혜의 정원에서—진행되었다.

종교와 철학을 경험적 탐구와 분리하기 위해, 휴얼은 철칙(그의 시대에는 모든 진지한 과학자들에게 인정되고 존중받은 사회적 규범)을 따랐다. 그와 대조적으로, 뉴턴은 '물리학에서는 오로지 경험적 시험만 필요하다'고 말해줄 규칙이 불필요했다. 그런 편협성은 그의 사고 경로channel of thought에 내장되어 있었다.

또는 최소한, 1667년부터 1696년까지 케임브리지의 트리니티 칼리지에서 생활하며 연구한 뉴턴의 경우에는 그랬다. 그로부터 몇 년 후, 그는 자신의 성공이 구획화 방식에 얼마나 의존했는지 알게 되었음에 틀림없다. 그리고 런던의 왕립 조폐국Royal Mint에서 거의 20년 동안 감사와 국장으로 재직한 후, 그는 일흔의 나이에 자신의 본능적인 정신적 습관mental habit을 방법론적 원리로 공식화하여, 『프린키피아』 2판(1713)의 후기後記를 통해 전 세계에 전파했다.

> 현상에서 추론되지 않은 것은 무엇이든 가설이라고 불려야 한다. 그리고 가설은 … 실험철학에서 설 자리가 없다.

그는 이 말로 위대한 반쪽 진실half-truth을 표현했다. 인간 뉴턴의 방법론을 요약하자면, 그가 말한 것은 순전히 신화였다. 그는 연금술에서 신비로운 상징을 읽으려 했고, 공간과 시간의 탐구에서는 데카르트의 유령과 함께 격렬하게 철학을 논했기 때문이다. 그러나 수리물리학자 뉴턴—살아 있는 인간living person이라기보다는 극적인 페르소나dramatic persona이지만, 그럼에도 『프린키피아』의 진정한 저자—의 방법론을 요약하자면, 그가 말한 것은 매우 정확했다. 그 비범한 연구에 대한 통찰은 특별한 과정, 즉 우리가 오늘날 철칙(특히 '현상을 설명하는 능력 외에, 이론의 다른 미덕에는 신경 쓰지 말라'는 명령)의 구현embodiment으로 인식하고 있는 방법을 통해 달성되었다. 그러므로 『프린키피아』의 후기에서, 뉴턴은 자신의 후계자와 전 세계에 '과학에서, 종교와 철학을 비롯한 비경험적 논쟁을 금지한다'(철칙의 네 번째 위대한 혁신)고 선포했다.[23]

철칙의 더욱 긍정적인 측면—얕은 인과적 설명의 관점에서 경험적 시험을 규정함—과 마찬가지로, 이러한 금지는 뉴턴의 아우라에 힘입어 생기가 넘치고 반짝였다. 그것은 뉴턴 이후의 사상가들에 의해 경험적 발견의 생명혼으로 간주되었다. 철칙의 두 가지 측면(얕은 설명, 비경험적 논쟁 금지)을 고수하는 경향은 유럽 전체에 요원의 불길처럼 퍼져나가 혁명—과학혁명—을 촉발했다. 그리하여 자연철학의 삐걱거리는 구닥다리 장치는 현대과학의 최신형 지식 생산 기계로 대체되었다.

뉴턴이 **과학혁명**의 전장戰場에서 고군분투한 것은 아니었다. 17세기를 선도한 많은 자연철학자들이 철칙의 채택에 보탬이 되었다. 결정적인 요인은 뉴턴의 영향력이었지만, 이 인물들은 혁명의 성공에 십시일반으로 기여했다. 나는 여기서 잠시 멈춰, 공로자 명단에서 몇 명을 호명하고자 한다.

앞에서 친숙해진 베이컨의 과학 설명서prospectus for science에서, 우리는 철칙의 '주관성 및 비경험적 논쟁 금지'와 비슷한 것을 찾을 수 있다. 그는 단순한 관찰의 증거 제시 능력probative power을 선호하고, 인간의 본성·언어·문화에 내재하는 '우상'을 배척했다. 또한 베이컨은 설명의 얕은 개념을 예상하고, 초기 자연철학자들을 (그의 주특기인) 가차 없는 논조로 비판했다.

> 철학과 관찰에서 사물의 원리와 자연의 궁극적 원인을 탐구하고 처리하는 데 노력을 낭비하는 것은 문제가 있다. 왜냐하면 적용의 모든 효용과 기회는 중간 원인intermediate cause에 있기 때문이다.[24]

얕은 설명에 대한 베이컨의 근거[25]는, 뉴턴과 달리 형이상학적 의미뿐만 아니라 도덕적 의미에서도 안이하다. 그는 이렇게 말하는 것 같다. '일단 훌륭한 인과적 법칙을 보유하게 되면, 그 법칙이 작동하는 근본적인 메커니즘을 배운다고 해서 형편이 더 나아지는 것은 아니다.' 그럼에도 그는 철칙의 두 가지 측면을 분명히 한 공로를 인정받아야 한다.

천체를 맨눈으로 놀랍도록 정밀하게 측정한 덴마크의 천문학자 튀코 브라헤(1546~1601)는 그의 조수 요하네스 케플러(1571~1630)가 행성운동법칙(나중에 뉴턴의 중력이론에 의해 설명된 물리학 원칙)을 공식화하도록 돕는 데 결정적인 역할을 수행했다. 케플러는 튀코의 관찰을 이용함으로써, 철학자들이 기본적으로 무관심한 사소한 디테일의 과학적 가치—내가 튀코의 이름을 도용한 튀코의 원리Tychonic principle에 의해 기념되는, 소수점 오른쪽 끝자리의 엄청난 중요성—를 일찌감치 증명했다.

기체와 수많은 현상들의 속성을 연구한 로버트 보일(1627~1691)은 '이론적 추측을 배제한 관찰'의 미덕을 역설했다.

> 모든 현대철학 이론에 대해, 나는 내 판단을 선입관 없는unprepossessed 상태로 유지하려고 노력했다. 그래서 원자론적이든 데카르트적이든, 또는 새로운 철학이든 부활한 철학이든 간에, 나는 그것들을 판단하는 데 도움이 되는 실험이 제공될 때까지 전체적인 체계에 대해 철저히 아는 것을 의도적으로 삼갔다.[26]

그러면서, 보일은 당대의 위대한 자연철학자들의 글을 읽지 않은 채 연구실로 직행했다고 주장한다. 그러므로, 앞의 구절이 인용된 에

세이에서처럼, 원자 가설을 옹호하게 되었을 때 그는 아마도 오로지 원 자료raw data에만 기초한 것으로 보인다. 이 같은 이론적 불가지론theoretical agnosticism은 너무나 극단적이므로 과학의 일반적인 레시피로 사용될 수 없다. 어떤 경우가 됐든, 현대 역사가들은 보일의 방법론 설명이 부정확하다고 의심한다.[27] 그럼에도 그는 (베이컨이 『신기관』에서 그랬던 것과 마찬가지로) 철칙의 정신spirit of the iron rule을 대략적인 이상으로 내세웠다.

갈릴레오 갈릴레이(1564~1641)는 현대세계의 풍경에 무수히 기여했는데, 그 과정에서 물리학 원칙들을 기술한 수학 공식을 작성하고 그 공식으로부터 특별한 물체의 운동을 유도하려고 노력했다. 예컨대 『신과학 대화Two New Sciences』(1638)에서, 그는 자신의 물리학 원칙을 이용하여 대포알의 궤적을 계산함으로써 그런 발사체가 고전적인 수학 곡선—포물선—을 따른다는 사실을 증명했다. 이러한 수학적 체계화는 물리학에서 얕은 설명의 힘을 증명한 일등공신이었다(그러나 첨언하건대, 얕은 설명은 굳이 수학적일 필요가 없다). 네덜란드의 사상가 크리스티안 하위헌스Christiaan Huygens(1629~1695)는 이러한 전통을 계승하여, 충돌의 물리학을 공식화하고 진자pendulum의 운동을 기술하는 수학을 유도했다.

여기서 마지막으로 소개할 과학혁명가는 개인이 아니라 단체다. 그것은 영국의 왕립학회Royal Society(1660년에 창립되어 아직도 활발히 활동하고 있다)로, 경험적 관찰의 객관적 기록부objective register, 즉 초기 형태의 과학 저널이라는 아이디어를 창안했다.

베이컨의 처방, 튀코 브라헤의 정확한 측정, 로버트 보일의 '이론에 대한 실험의 우위', 케플러의 수리천문학, 갈릴레오와 하위헌스의 수학적 메커니즘, 왕립학회의 출판물! 이 모든 것은 철칙에 의해 성문화된 '순수한 관찰 기반 탐구purely observation-based inquiry'라는 개념의 확립에 기여했다. 경험과학자, 특히 수리물리학자들을 위한 대본 초안은 뉴턴의 시대에 베이컨 등의 사상가들에 의해 이미 작성되어 있었다. 그러나 이러한 사상가들 중에서 뉴턴처럼 자연스럽게 행동한 사람은 아무도 없었다. 그에게는 아무런 지시가 필요 없었다.[28] 그저 자신의 구획화된 마음compartmentalizing heart을 따랐을 뿐인데, 그는 어떤 전임자보다도 더욱 엄격하고 더욱 완벽하게 철칙을 이행할 수 있었다.

나는 앞에서 지금까지 몇 장章에 걸쳐 철칙을 네 가지 혁신으로 분해하고, 각각의 구성요소를 분석했다. 이제 나는 네 가지 부품들을 다시 조립하여, 그것들이 힘을 합해 지식 기계를 작동하고 운전하는 과정을 보여주려 한다.

철칙이 과학자들에게 요구하는 것은, 과학적 논증에서 경쟁 이론들의 설명력만을 고려하라는 것이다. 철칙의 긍정적인 핵심positive core은 설명력에 대한 얕고 관대한 관점으로, 이 관점에 입각하여 이론의 인과 법칙에서 현상을 도출함으로써 현상을 설명하라고 주문한다. 인과 법칙은 어떤 철학적 실험도 통과할 필요가 없으며, 심지어 완전히 이해될 필요도 없다. 그러므로 뉴턴은 자신의 중력이론을 이용하여 행성의 운동과 조석tide을 설명했다고 생각했지만, 중력 자체의 원인에 대해서는 아무런 설명도 제공하지 않았다.

철칙의 부정적 핵심은 금지 명령으로, '과학자들이 과학 저널 같은 공식적인 장소에서 주장을 펼칠 때, 설명력 이외의 것을 이용하여 이론을 평가하면 안 된다'는 것이다. 특히 철학적·종교적 주장은 해당 사항이 없으며, 과학자들 사이와 사회 전반에서 아무리 설득력 있게 보이더라도 결코 용납되지 않는다. 그와 마찬가지로, 과학자들은 자신의 주장을 펼치는 데에서 개인적이거나 문화적이거나 그 밖의 지엽적인 고려사항을 일절 배제해야 한다. 즉, 철칙은 '과학적 논증에서 주관적인 것을 모두 제거하라'고 요구한다.

그 후, **과학혁명**은 철칙을 통해 구태의연한 숙고 형식old forms of deliberation의 깊이를 낮추는 동시에 폭을 좁혔다. 그리하여 혁명 이후의 논증post-Revolutionary argument은 설명력의 깊이가 얕아졌고, '가설과 이론의 수락 및 기각을 위한 추론'의 폭이 좁아졌다. 그러한 긴축constriction은 직관적인 호소력이 부족하지만, 매우 효과적인 탐구 엔진을 위한 상부구조superstructure를 제공한 것으로 밝혀졌다.

우리는 튀코적 세계에 살고 있으므로, 사물의 근본적인 본질에 대한 경쟁적 담론들은 미묘한 복잡성과 미세한 차이를 면밀히 조사함으로써만 구별될 수 있다. 자연 상태의 인간들은 그런 하찮은 일에 관심을 기울이지 않는 경향이 있다. 그러나 그들은 이기고 싶어 한다. 철칙에 의해 부과된 절차적 합의는 극적인 경쟁dramatic contest을 창조하고, 그 안에서 하찮은 것들은 특이한 광택을 획득함으로써 전술적 가치를 위해 맹렬한 욕망의 대상이 된다. 이런 식으로, 철칙은 (철학을 비롯한 다른 형식의 논쟁에 투여되었던) 다량의 에너지를 경험적 시험으로 전용redirection한다. 현대과학에서, 인간의 원재료는 (초조할 정도로 외곬인)

관찰자·측정자·실험자의 신무기로 주조鑄造되어, 방대하고 상세하고 다양하고 두드러진 증거 자료를 생성한다.

그와 동시에, 철칙은 이러한 증거를 보존하고 '소독'의 기술적 전통을 유지함으로써, 관찰된 현상을 (해석과 개연성 순위의 다른 결과에 의해) 가능한 한 덜 왜곡된 형태로 보관한다.

과학자들의 사고는 세대를 불문하고 본질적으로 주관적이며, 이는 철칙에 의해 용인된다. 그러나 그런 주관성은 장기적으로 중요하지 않다. 사상가들의 세대가 교체됨에 따라 관찰이 누적되어, 이윽고 옥석(어느 이론이 더 나은 설명이고 어느 이론이 더 나쁜 설명인지)이 드러나게 된다. 궁극적인 결과는, 베이컨적인 진리로의 수렴convergence on the truth이다. 정보에 입각한 의견informed opinion은 올바른 이론correct theory, 즉 축적된 증거의 모든 측면을 설명하는 단일 이론을 점점 더 선호하게 되기 때문이다.

그다음으로, 과학은 산호초처럼 형성된다. 개별 과학자들은 산호충polyp으로, 세상을 떠날 때 조개껍데기 같은 외골격shelly carapace을 분비하여 산호초에 유산으로 남긴다. 그 외골격은 연구에 대한 '소독된 공적 기록물'과 '관찰 또는 실험의 모음집'이며, 가능한 경우 '알려진 이론과 보조가정에서 나온 데이터의 설명적 도출물explanatory derivation'일 수 있다. 과학자는 산호충과 마찬가지로 완전한 생명체이며, 과학의 역사가와 사회학자가 기술한 방식대로 너무나 인간적이다. 그러나 유기체가 세상을 떠날 때, 그것이 보유한 인간성도 함께 세상을 떠난다. 그 뒤에 남는 것은 하나의 과학 경력에 대한 증거적 외골격evidential exoskeleton이다. 예컨대 당신은 흑백 숫자가 빼곡히 적힌 표(그림 2.2, 그림 7.3)에서, 에딩턴이 수행한 일식 탐사의 골자bare bone를 본다. 그것은 '사진에 표시된 별'의 위치와 '태양에 의해 휜 별빛'의 계산 결과다.

과학적 지식은 지적 건축물intellectual edifice이며, 대부분 이러한 외골격 유골exoskeleton remains로 구성된다. 산호초와 마찬가지로 그것은 생명체로 구성된 것이 아니라, (철칙에 의해 수립된) 엄격한 건축계획에 따라 생명체들이 만들고 조립한 증거와 논증으로 구성된 것이다.

과학 탐구 극장theater of inquiry을 들여다보면 생명체가 보인다. 산호초의 표면에서, 당신은 아직 번성하는 산호충들을 본다. 그것은 현역 과학자들로, 직감·직관·야망·기질·상황·문화에 따라 탐구를 진행한다. 만약 그것이 완전한 과학이라고 가정한다면, 당신은 그것이 철저히 주관적이라는 결론을 내리게 될 것이다. 그러나 그것은 커다란 실수이며, (과학적 활동의 일상적 맥락day-to-day contextuality에서 장기적인 시대적 맥락long-term epoch-to-epoch contextuality을 추론하는) 급진적 주관주의자들이 전형적으로 저지르는 실수다. 겉으로 보이는 것과 달리, 산호초와 과학은 살아 있지도, 부드럽지도, 일시적이지도 않다. 그 깊숙한 내부를 들여다보면, 둘 다 주변의 유기적인 풍요로움organic profusion보다 오래 지속되는 단순한 재료로 채워져 있다. 그것은 과학의 성공을 좌우한, 웅장하고 단단하고 엄밀한 구조다.

3부

과학은 왜 그토록 늦게 등장했나

9장

과학의 전략적 비합리성

과학이 발명되는 데, 왜 그렇게 많은 시간이 걸렸을까?
그건 철칙이 끔찍한 아이디어처럼 보이기 때문이다.

"관찰된 사실과 '이론이 확인한 것'이 일치하는 경우에만 … 그 이론을 인정해야 한다."[1] 이 말은 아이작 뉴턴이나 리처드 파인먼의 말만큼이나 과학적인 것처럼 들린다. 하지만 이것은 기원전 4세기에 아리스토텔레스가 한 말이다. 아리스토텔레스는 체계적 관찰자, 혁신적 이론가, 일급 지성인이었다. 그는 이론의 능력 중에서 '현상을 설명하는 능력'에 최우선 순위를 부여했다. 그런 그가 **과학혁명**이 일어나기 2,000년 전에 현대과학을 발명하지 못한 이유가 뭘까?

과학혁명의 역사를 쓰며 (아리스토텔레스의 시대에 거의 또는 전혀 존재하지 않았던) 17세기의 사회적·지적·경제적 요인을 지적함으로써 이 질문에 답하고 싶은 마음 간절하다: 데카르트와 보일이 제시한 기계주의 철학mechanistic philosophy의 탁월성, 수학이 적용됨으로써 이론화된 물리학, 인쇄기나 개선된 렌즈 연마lens-grinding나 유리 세공glassblowing 같은 신기술, 자연 탐구를 고상한 형태의 종교적 숭배로 간주하고 존중하는 풍조 등장, ….

그것은 매혹적인 이야기임에 틀림없다.[2] 그러나 그런 유類의 내러티브는 '현대과학에 필수적인 것'과 '17세기의 현대과학 발달에 필수적이었던 것'을 제대로 구별하지 못한다. 물론 수학이 없었다면 갈릴레오나 뉴턴이 존재할 수 없었겠지만, 모든 과학적 탐구가 고등수학을 필요로 하는 것은 아니다. (화학의 발달에는 고등수학이 필요하지 않았다.) 원자론atomism이 없었다면 보일이나 하위헌스가 존재할 수 없었겠지만, 모든 과학이 분자의 상호작용에 관한 것은 아니다. (자연선택에 의한 진화론은 분자의 상호작용에 관한 이론이 아니다.) 갈릴레오 등의 수중에 있었던 망원경이 17세기 천문학을 뒤흔든 것은 사실이지만, 튀코 브라헤가 육안으로 수행한 행성 관측은 그 자체로 새로운 중력 물리학을 뒷받침하는 데 충분했을 것이다.

그러므로 '과학은 왜 그토록 늦게 도착했는지'를 밝히기 위해, 나는 지금까지 역사적 내러티브가 아니라 현대과학 전체에 대한 철학적 검토에서 시작하여, 과학의 필수불가결한 조건sine qua non(발견력을 설명하는 데 결정적인 요소)을 찾아냈다. 그 필수불가결한 조건은 설명의 철칙인 것으로 밝혀졌다. 동서고금을 막론하고 아리스토텔레스를 비롯한 숱한 자연철학자들은 (우리가 현대과학이라고 부르는) 지식 기계를 작동하는 데 실패했다. 왜냐하면 관찰에 많은 관심이 있었음에도 철칙을 발명하는 데 실패했기 때문이다.

아리스토텔레스를 뉴턴과 비교해 보자. 두 사람 모두 동일한 목표,

즉 사물이 운동하고 변화하는 방식을 설명하는 거대이론grand theory을 추구했다. 그러나 그들의 방법은 판이하게 달랐다. 아리스토텔레스는 자신의 가설을 엄격한 철학적 검증에 예속시켰지만 뉴턴은 그러지 않았다. 뉴턴은 자신의 가설을 엄격한 정량적 검증에 예속시키고, 운동의 질quality(원운동이나 직선운동이냐, 상향이동이나 하향이동이냐) 뿐만 아니라 가장 미세한 디테일(예컨대 케플러의 법칙에 의해 포착된, 행성의 정확한 궤적)까지도 설명할 것을 요구했지만 아리스토텔레스는 그러지 않았다.

그리고 정량적 검증은 철학적 검증보다 훨씬 더 중요한 것으로 밝혀졌다. 아리스토텔레스는 모든 자연현상을 신중하게 검토했고 가설의 설명력(자신이 본 것을 설명하는 힘)에 큰 관심을 기울였지만, 광범위한 패턴을 설명하는 데 만족하고 특별한 세부사항에는 무관심하기 일쑤였다. 그러나 과학의 진실 발견 능력truth-finding power의 상당부분을 좌우하는 것은 그런 작은 사실들이다.

쿤이 지적한 바와 같이, 인간이 모든 중요한 사실들에 대해 지속적인 관심을 유지하는 것은 매우 어렵다. 세부사항은 본질적으로 거의 흥미롭지 않으며, 그것들을 자연에서 옮겨 적는 것은 종종 엄청나게 힘든 작업이다. 그리고 거창한 지적 노력—개념적이고 철학적인 체계화—은 늘 매력적이어서, 경험적 연구자들을 실험실이나 관측소에서 반짝이는 아이디어의 땅glittering land of idea으로 유인한다. 하지만 과학 연구는 대부분 시적인 자기표현poetic self-expression이나 극지탐험보다는 부기bookkeeping나 긴 나눗셈long division에 더 가깝다. 위대한 사상가들은 그런 삶을 영위하는 것을 달가워하지 않을 가능성이 높다.

철칙은 '분명히 하찮은 것'을 미화하려 시도하지 않고, 더욱 간접적이고 교묘한 전략을 통해 이 문제를 해결한다. 내가 앞에서 설명한 바와 같이, 철칙은 과학적 논쟁을 (가설이 방어되고 공격받는) 일종의 게임으로 설정한다. 그 게임에서는 오직 한 종류의 행마가 허용된다. 그것은 경험적 행마empirical move로, 가설을 공격할 때는 '관찰된 사실의 일부가 설명되지 않는다'고 지적해야 하고, 가설을 방어할 때는 '장비의 오작동, 불리한 조건, 잘못된 가정 때문에 관찰된 사실이 설명되지 않는 것처럼 보일 뿐이다'라고 변호해야 한다. 승리는 부드러운 수사smooth rhetoric, 형이상학적 탐구, 훈계, 그 밖의 달콤한 말이나 거창한 생각을 통해 오지 않는다. 승리하기 위해, 게임 참가자들은 세심한 관찰meticulous observation이라는 무기를 휘둘러야 한다.

아리스토텔레스가 자신을 철칙에 예속시키려면, 이러한 게임의 규정에 따라 자신의 물리학적·화학적·생물학적·심리학적·천문학적 탐구를 수행해야 했을 것이다. 모든 열렬한 게임 참가자들과 마찬가지로, 그는 더 높은 수준의 조화를 추구하는 일을 제쳐둬야 했을 것이다. 그로 인해 해방된 신체적·지적 에너지는 유일하게 남은 방향, 즉 끊임없는 경험적 시험을 향해 흘러갔을 것이다. 만약 그랬다면, 기원전 322년 그가 세상을 떠날 즈음 고전적 과학혁명이 한창 진행 중이었을 것이다.

그러나 아리스토텔레스는 진지한 사상가였다. 만약 그런 게임이 벌어졌다면, 그는 즉각 거부했을 것이다. 그는 철학적 추론을 포기하려 하지 않았다.

그렇다고 해서 그가 공론가ideologue*였던 것은 아니며, 그는 관찰에 반대되는 철학적 추론을 옹호하지 않았다. 그보다는 차라리, 관찰과 철학을 동일 선상에 올려놓았다. 그리고 관찰과 철학이 충돌할 때는 관찰에 우선권을 부여했다. 그는 자신의 선임자들을 비판하며 다음과 같이 말했다.

> 그들의 현상 설명은 현상과 일치하지 않는다. 왜냐하면 그들의 궁극적인 원칙이 잘못된 가정에 기초하고 있기 때문이다. 그들은 특정한 선입견을 갖고 있었으며, 매사를 그러한 선입견과 일치시키려는 경향이 있었다. … 어떤 원칙은 결과, 특히 최종 쟁점을 근거로 판단할 필요가 없는 것처럼 보였다. 그리고 자연에 대한 지식에서 … 그 쟁점은 … 지각perception에 의해 주어진다.[3]

그러나 철칙은 아리스토텔레스에게 새로운 정보원이나 정보 처리 방법을 제공하지 않았던 것 같다. 철칙은 그에게 단지 '철학을 잊으라'고 말해준 것 같다. 그것은 터무니없는 거래rotten deal처럼 보인다. 아무런 대가도 제공하지 않고 귀중한 정보원인 철학적 추론을 포기하라고 했으니 말이다. 그것은 불합리하고 야만적이고, 단순히 비합리적인 것처럼 보였을 것이다.

철칙이 믿음에 대한 종교적·영적·신학적 이유에 의도적으로 눈감은 것도 사정은 마찬가지다. 역사를 통틀어, 신자들은 자신의 종교적 교리가 영적 세계는 물론 물질적 세계, 특히 생명체의 영역에 영향

* 실속 없는 이론이나 빈 논의를 일삼는 사람.

을 미친다고 받아들였다. 철칙과 믿음의 충돌은 케임브리지 트리니티 칼리지의 학장 윌리엄 휴얼이 1841년부터 1866년 사이에 겪은 지적 고뇌에서 극적으로 나타났다. 새로 발견된 화석 기록을 조사하며, 휴얼은 (자신이 생각하기에, 신의 개입으로만 해석될 수 있는) 대규모 종 분리speciation 사건들을 목격했다. 생명사를 완전히 이해하려면 지질학·생물학·신학의 통합적인 처리가 필요했다. 그러나 학부 시절부터 휴얼의 마음에 뿌리내린 철칙은 그의 과학적 걸작에서 그런 통합이 제공되는 것을 금지했다. 그것은 잘못됐고 심지어 터무니없는 것처럼 보였지만, 그는 자신의 꺼림칙함을 억누르고 과학적 방법에 굴복했다.

휴얼이 겪은 곤경의 뿌리를 찾아, 현대과학이 등장하기 1,000년 전으로 거슬러 올라가 보자. 유럽의 중세시대와 (대략적으로 동시대인) 이슬람 황금시대Islamic Golden Age를 통틀어, 당신은 천문학과 광학과 의학 등을 통해 자연세계의 작동 방식을 탐구한 사상가들을 발견할 것이다. 그런 사상가 중에서 철칙 비슷한 것을 떠올린 사람은 아무도 없었다. 그들은 철칙을 보유할 수 없었다. 그들은 모두 각자의 방식으로 독실한 사람들이었다. 그들에게는, 신이나 신의 계획에 대한 지식이 '물질세계—역사, 생명체, 행성계—에서 사물이 배치된 방식'에 대해 우리에게 뭔가를 말해줄 수 있다는 것이 분명해 보였다. 아마도 신학은 경험적 탐구에 상대적으로 거의 도움이 되지 않을 것으로 판명되겠지만, 가능성은 탐구되어야 했다.

그러나 철칙은 그런 탐구를 단호히 금지한다. 과학에서 중요한 것은 오로지 경험적 추론뿐이다. 그러므로 휴얼과 달리 철칙이 일련의 놀라운 발견들을 감독하는 것을 목격하지 못한 사상가들에게, 과학적 탐구는 세계의 이해를 의도적으로 방해하는 것처럼 보였을 것이다. 철학적 사고에 대한 무차별적 금지가 아리스토텔레스에게 의미가 없었듯이, 신학적 사고에 대한 무차별적 금지는 그 탐구자들에게 의미가 없었을 것이다. 그러므로 아우구스티누스, 이븐 시나, 이븐 루시드 Ibn Rushd, 아퀴나스[4]가 활약했던 시기를 통틀어 철칙 같은 것이 발생하지 않았다는 것은 놀라운 일이 아니다.

심지어 **과학혁명**의 문턱에 살았던 르네 데카르트 같은 초창기 근대 사상가도 철칙의 경험적 탐구와 신학적 탐구의 분리를 견딜 수 없었을 것이다. 신의 권능과 감독은 데카르트의 자연철학에 다양한 방식으로 엮여 있다. 예컨대 우리의 정신을 '자신의 창조물에 대해 생각하기에 적합한 개념'으로 가득 채운 분은 신이며, 그 창조물을 구성하는 물질을 등속원운동uniform circular motion 하게 만든 분도 신이다. 데카르트의 관점에서 볼 때, 철칙의 명령에 따라 자연 세계를 연구할 때 신의 존재와 속성—전지, 전능, 자비로움—이라는 가장 중요한 사실을 고려하지 않는다는 것은 어불성설이었을 것이다. 그래서 우리는 데카르트의 글에서, 그 이전에 살았던 거의 모든 사람의 글에서와 마찬가지로, 철칙의 절대적인 포고령에 이끌리는 티끌만 한 성향도 발견하지 못한다. 1640년대에, 베이컨을 비롯한 몇몇 급진주의자들이 최선을 다했음에도 과학은 여전히 발명되기를 꺼리고 있었다.

인류사에서 과학이 그토록 늦게 등장한 것은 바로 이 때문이다. 과학은 한마디로 삐딱한 추구cockeyed pursuit, 의도적인 지적 빈곤화 intellectual impoverishment처럼 보였다. 철칙이 '관찰이 중요하다'고 강조한 것은 아무런 잘못이 없었지만, '오로지 관찰만 중요하다'고 주장한 것은 백 번 잘못인 것처럼 보였다. 그것은 '눈을 제외한 머리의 모든 부분을 차단하라'는 반지성적 명령anti-intellectual injunction이었다.

그리하여 악순환의 고리가 인간의 마음을 과학적 감수성scientific sensibility에서 단절시켰다. 실제로 테스트하지 않고 철칙이 얼마나 유용한지 알아낼 도리가 없었지만, 그것이 얼마나 유용할 수 있는지 눈치채지 않고 테스트할 이유는 없었다. 사실 테스트하지 않을 이유는 충분했다. 왜냐하면 철칙은 우리가 지식의 필수적인 원천으로 간주하는 것을 무시했기 때문이다. 순환 논리는 고대 그리스인들을 사로잡았고, 데카르트 같은 중세와 초창기 현대 철학자들을 사로잡았다. 내 추측이지만, 그것은 중국과 한국, 인도와 페르시아, 중앙아메리카와 안데스의 사상가들도 사로잡은 것 같다. 만약 철칙을 고려했다면, 그들은 그것을 비웃었을 것이다. 거의 확실하게, 그것은 너무나 터무니없는 생각이어서 그들의 마음에 들지 않았을 것이다.

휴얼이 정교한 창조론 아이디어를 이용하여 화석 기록을 해석하려고 노력한 지 20년 후인 1859년, 찰스 다윈은 『종의 기원』을 출간했다. '자연선택에 의한 진화'라는 아이디어는 빅토리아 시대의 과학을 열광시켰고, 빅토리아 시대에 센세이션을 일으켰다. 창조의 문제에 휘말려, 신은 그림에서 지워지고 있었다.

"불신의 수문flood-gates of infidelity이 열리고, 압도적인 무신론이 우리를 덮친다."[5] 1878년, 고뇌에 찬 진화론자 조지 로메인George Romane은 이렇게 썼다. 그것은 다윈만의 책임이 아니었다. 지질학자들은 '대홍수'의 존재에 의문을 제기했고, 원문 분석가들은 성경이 '상이한 시대의 많은 저자들이 쓴 글의 모음집'임을 증명했다. 프랑스의 혁명가, 영국의 시인, 독일의 사회 사상가들은 '조직화된 종교의 제약'에서 해방된 세상을 상상했다. 유럽의 19세기가 진행됨에 따라, 인간 정신의 어깨에서 믿음의 외투가 미끄러져 내려오기 시작했다.

오늘날 미국 과학자의 3분의 1 이상이 신을 믿는다.[6] 하지만 이들은 대부분 영적 헌신이 자신들의 연구에 실질적인 영향을 미칠 수 있다고 생각하지 않는다. 그들은 모든 실질적인 목적을 위해 "과학과 종교는 두 가지 전혀 별개의 문제entirely distinct subject matter에 대한 합법적인 탐구 형식이며, 중첩되지 않는 교도권non-overlapping magisteria* 을 지녔다"[7]라는 스티븐 제이 굴드Stephen Jay Gould의 주장에 동조한다. 만약 삶의 의미를 이해하고 싶다면 꼭 종교를 가져라. 그러나 행성의 운행과 종의 기원을 이해하려면 경험적 관찰만 있으면 된다. 이런 식이다. 따라서 대다수의 현대 과학자들에게, '종교적 고려를 배제하라'는 철칙의 요구는 전혀 불합리하지 않다.

'철학적 논증을 배제하라'는 철칙의 요구도 사정은 마찬가지다. 예컨대 대부분의 물리학자들은 '양자역학을 인간에게 이해시키기 위해 노력하는 것'을 시간낭비로 여긴다. 수학 도구를 이용하여 예측을 하고 얕은 설명을 구성하면 그만이다. "닥치고 계산하세요"[8]라고 그들은 말한다. 물리학자 스티븐 와인버그Steven Weinberg는 한술 더 떠서

* 가톨릭 용어로, 교회가 신도들을 가르칠 수 있는 권위를 뜻한다. 즉, 어떤 분야가 어떤 영역에 대해 교도권教導權을 지녔다는 것은, 해당 분야가 해당 영역에 대해 다른 분야보다 더 나은 학제나 해결 방법을 지니고 있음을 뜻한다.

다음과 같이 말한다.

> 내가 아는 범위에서, 전후戰後에 물리학 발전에 적극 참여한 사람 중에서 철학자들의 연구에서 상당한 도움을 받은 사람은 아무도 없다.[9]

현대과학에서 감지되는 '종교적·철학적 고려의 부적절함'이, 철칙의 '논리적으로 삐딱한 듯한 겉모습'이 사라졌음을 의미할까? '믿음의 이지적이고 비관찰적인 이유'가 철칙에 의해 더는 검열되지 않는다는 것을 의미할까? 그렇다면 우리는 '풍성한 성공'은 물론 '모범적인 합리성' 때문에 감탄할 만한 과학을 갖게 된 것이다.

그러나 현실은 그렇지 않다. 오늘날에도 철칙은 여전히 불합리한 분위기를 풍긴다. 내가 생각하는 것은 (자신의 신神이 물질세계에서 명백하게 역사하는 것을 보거나, 이론적 이해에 이르는 방법을 철학화하려고 노력하는) 소수의 과학자the handful of scientists가 아니다. 내가 염두에 두고 있는 것은 (와인버그 자신을 비롯하여 수많은 현대 과학자들로부터 자연 세계를 밝히는 힘 때문에 찬사를 받는) 추론의 한 형태form of reasoning다. 그 추론은 이론의 아름다움에 기반하여 이론의 진실성을 주장한다.

철칙은 과학의 공식 의사소통 채널에서 그런 주장의 사용을 일절 금지한다. 결과적으로, 현대의 연구자 중에 '미적 특징aesthetic quality이 진리에 이르는 길을 보여줄 수 있다'고 믿는 사람이 있다면, 그들은 상당한 가치가 있는 것을 의도적으로 무시하는 과학적 방법을 고려해야 한다. 이 경우, 그 방법은 생산성이 있음에도 엄밀히 말해서 이성의 원칙principles of reason을 위반하는 것이다. 나는 다음 장에서, 철칙의 아름다움과의 전쟁war against beauty과 그것이 합리성에 대해 시사하는 바를 더욱 자세히 조사할 것이다. 비합리적인 것은 어느 쪽일까? 규칙일까, 아니면 아름다움의 지도력guiding power을 믿는 사람들일까?

10장

아름다움과의 전쟁

'미학에 호소하는 것은 공적 논쟁에서 설 자리가 없다'고 철칙은 주장한다.
이러한 '아름다움 금지'는 이성에 대한 공격이기도 하다:
항상 그런 건 아니지만, 우아함은 종종 진리에 이르는 길을 가리킨다.

균형, 아름다움, 대칭! 온갖 티끌, 때, 마구 뒤섞인 사멸 방식ways of death이 있음에도, 우주는 이러한 천상의 속성들ethereal properties의 우아함—즉, 구조의 고귀함과 미세한 질감의 우아함—을 잘 알고 있다고 대부분의 사람들은 믿고 싶어 한다. 미학적 전체aesthetic whole로 간주해야만 세계가 납득되는 경우가 존재한다.

이 같은 숨겨진 조화hidden harmony는 과학혁명 전후의 수많은 위대한 사상가들이 가정했던 '사물에 대한 더 깊은 이해'의 열쇠다. 자연의 내적 원리inner principle를 지배하는 패턴을 찾으면, 균형 감각과 은총 및 우아함에 대한 안목을 소환함으로써 우주의 구성과 인과관계를 식별하는 데 도움을 받을 수 있다. 훌륭한 이론은 관찰 가능한 사실을 설명해야 하지만, 설명력과 더불어 아름다움도 진리에 이르는 길을 보여준다.

그러나 철학적·신학적 추론과 마찬가지로, 미학적 추론aesthetic reasoning은 공식적 과학 논쟁과 저널 및 학회의 발표에서 철칙에 의해 완전하고도 무차별적으로 배제된다. 그것은 고도의 기능적인 금지functional prohibition로, 과학이 평범한 인간들의 마음을 지칠 줄 모르는 경험적 시험 기계empirical-testing machines로 만드는 조작 프로그램의 중요한 부분이다. 그러나 그게 과연 합리적일까? 이 의문을 해결하기 위해, 우리는 진정한 아름다움에 대한 지침이 얼마나 효과적인지 알 필요가 있다. 따라서 우리는 역사적 기록을 참고해야 한다.

'소우주microcosm와 대우주macrocosm의 조화'는 가장 오래된 보편적 조화universal harmony의 원칙으로, 오랫동안 가장 명령적commanding이었다. 인간 세계는 물질세계를 반영하며, 더 나아가 동일한 패턴이 모든 수준—물리적·화학적·생물학적·심리학적—에 존재하는 사물들 간의 연결을 통제한다고 이 원칙은 선언한다. 천상과 마찬가지로 지상에서도 그러하며, 사람들 사이에서와 마찬가지로 천사들 사이에서도 그러하다고 한다.

이러한 견해—모든 수준에 나타나는 단일 패턴—의 묘한 매력은 오늘날에도 프랙털fractal의 매력에 여전히 남아 있다. 이러한 기하학적 도형의 많은 사례에는 더 작은 임베드 이미지embedded image가 포함되어 있으며, 그 이미지 속에는 더더욱 작은 임베드 이미지가 꼬리에 꼬리를 물고 무한히 포함되어 있다. 잘 알려진 프랙털인, 1915년 폴란드의 수학자 바츨라프 시어핀스키Waclaw Sierpinski가 기술한 삼각형을 살펴보라(그림 10.1). 가장 큰 외부 삼각형의 경계 내에 존재하는 그보다

그림 10.1 시어핀스키 삼각형.

작은 세 개의 삼각형은, 외부 삼각형의 정확한 사본임을 알 수 있다. 따라서 동일한 삼각형 구조가 높고 낮음, 거시 및 미시 등 모든 규모에서 반복된다. 가장 작은 삼각형은 없으며, 단순한 3면 반복three-sided iteration과 소형화miniaturization에 의해 훨씬 더 작은 형태가 무한히 생성된다. 그것은 우주를 만드는 가장 우아한 방법이다. 옛날 옛적 이것은 단순한 수학적 호기심이 아니라 모든 창조물의 비밀로 여겨졌다.

모든 창조물의 마스터플랜은 무엇일까? 이 의문에 대한 한 가지 답은, 존귀한 4의 법칙rule of four에 의해 제공된다. 이것은 고대에서부터 전해 내려오는 법칙으로, 신의 창조물 전체에서 4를 찾는 원칙이다. 세계는 불, 공기, 흙, 물의 네 가지 요소로 이루어져 있다. 인체는 혈액, 흑담즙black bile, 황담즙yellow bile, 가래phlegm라는 네 가지 중요한 체액에 의해 조절된다. 네 가지 기본 덕목(정의, 절제, 불굴, 분별), 4대 복음서의 저자들(마태, 마가, 누가, 요한), 신神의 이름의 네 글자(라틴어로 데우스Deus), 사계절, 네 가지 주요 바람, 세계의 네 지역, 인간의 네 시대(유년기, 청소년기, 성인기, 노년기)가 있다. 우주의 거대한 구조에서부터 기상 역학meteorological dynamics을 통한 인간 존재의 신체적·도덕적 구성과 영적 역사spiritual history와 운명에 이르기까지, 모든 수준에서 동일한 4원적 구성tetradic configuration이 복제된다.

이 모든 것의 밑바탕에는 훨씬 더 근본적인 4중성fourhood이 도사리고 있다. 각각의 실질적인 사중항quartet에는 네 가지 물리적 속성—뜨거움과 차가움, 습함과 건조함—이 뒤섞여 있다. 여름과 청소년이 그러하듯이, 불은 뜨겁고 건조하다. 겨울과 노년이 그러하듯이, 물은 차갑고 축축하다.

보편적인 4중 조화fourfold harmony에 대한 이 같은 비전은 중세의 영국 승려 비르트페르트Byrhtferth(c. 970~c. 1020)가 자신의 논문에서 부활절 날짜를 결정하는 데 사용한 다이어그램(그림 10.2)에 극적으로 표현된다. 이 다이어그램을 자세히 살펴보면, 4의 도식scheme of four의 추가적인 의미를 밝혀낼 수 있다. 예컨대 비르트페르트가 지적한 네 지역(아나톨레Anathole, 디시스Disis, 아크톤Arcton, 메셈브리오스Mesembrios)의 첫 글자는 아담Adam이라는 첫 번째 인간의 이름으로, 좋든 나쁘든 첫 번째 지식 탐구자(또는, 더 정확히 말해서 그녀의 부지런한 조수)다.

유사한 조직화 구조organizing structure가 인간의 사상사에 걸쳐 뾰족뾰족한 꽃다발처럼 흩어져 있으며, 내적 대칭internal symmetry을 위의 하늘과 주변 세계에 투사한다. 스위스의 르네상스기 사상가인 파라켈

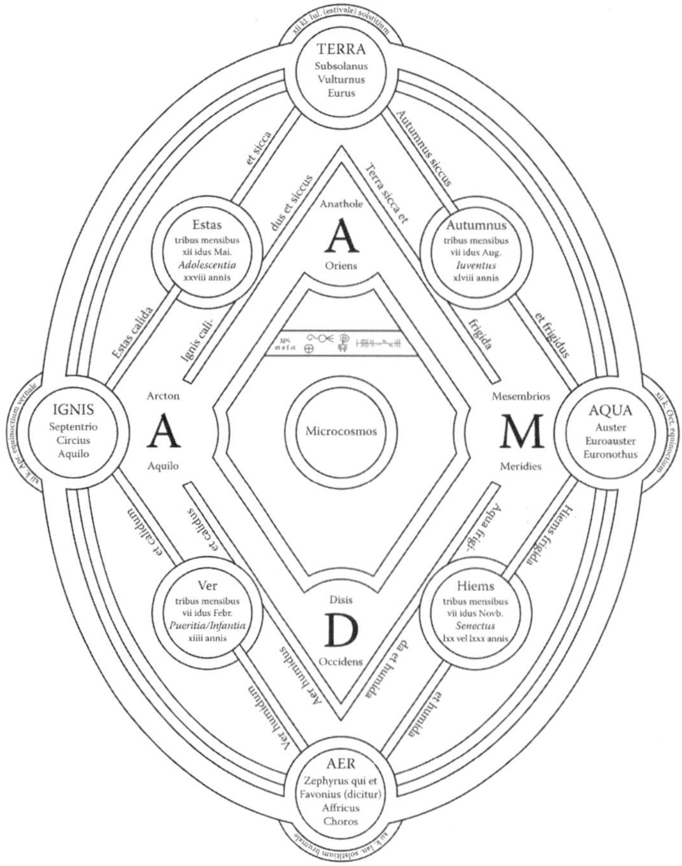

그림 10.2 비르트페르트의 다이어그램.
4원소는 공기Aer, 불Ignis, 흙Terra, 물Aqua이다. 4계절은 4원소 사이에 배치되어 있으며, 봄Ver, 여름Estas, 가을Autumnus, 겨울Hiems이다. 네 가지 물리적 속성(다이아몬드의 외곽선을 따라가 보라)은 뜨거움calidus, 건조함siccus, 차가움frigidus과 습함humidus이다.

수스Paracelsus(1493~1541)는 천체와 신체부위들이 일치하는 것을 보았다. 그는 태양이 심장과 금gold, 달은 두뇌와 은silver, 금성은 신장과 구리에 해당한다고 생각했다. 다른 알려진 네 개의 행성에 대해서도 마찬가지였다.

아이작 뉴턴은 자신이 밝혀낼 수 있는 이런 종류의 비밀에 몰두했고, 그의 상상력은 세계와 화학과 역사, 그리고 위대한 우주 계획의 실현인 신화에 대한 관념에 사로잡혔다(그림 10.3).

경제학자 존 메이너드 케인스는 1936년 경매에서 뉴턴의 숱한 연금술 논문을 구입한 후, (태곳적 지혜에 대한 뉴턴의 관심을 암시하는) 뉴턴의 세계관에서 이러한 측면을 생생하게 포착했다.

> 그는 우주 전체와 그 안에 존재하는 모든 것을 수수께끼, 즉 특정한 증거와 (신이 비밀스러운 형제애esoteric brotherhood에 대한 일종의 철학적 보물찾기를 허용하기 위해 세상에 묻어둔) 어떤 신비로운 단서에 순수한 생각을 적용함으로써 읽을 수 있는 비밀로 간주했다. 그는 이런 단서들이 부분적으로 하늘의 증거와 원소의 구성에서 발견될 수 있다고 믿었다 … 그러나 부분적으로 형제들에게 계승된 문서와

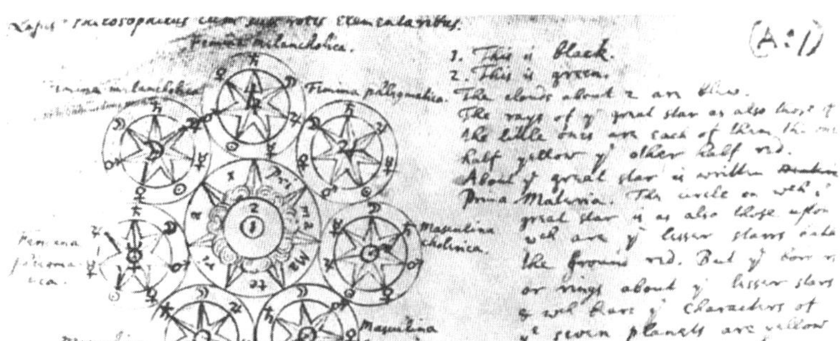

그림 10.3 철학자의 돌philosopher's stone의 비밀에 대한 뉴턴의 스케치. 연금술 교본에서 옮김.

전통에서도 발견될 수 있으며, 그것들은 끊어지지 않은 사슬을 통해 바빌로니아의 원시적인 비밀 계시와 연결된다고 믿었다. 그는 우주를 전능자가 설정한 암호로 간주했다.[1]

그것은 일종의 마법적·종교적·신비적 사고이지만, 미적 감각과 구조를 사용하여 우주를 해독하는 일종의 미학적 사고이기도 하다.

그러나 그것은 효율적인 사고방식이 아니다. 비르트페르트의 수비학numerology*은 유쾌하지만 통찰력이 없다. 우리가 지금까지 살펴본 바를 고려할 때, 과학적 논쟁에서 그런 방법을 배제하는 철칙을 비난할 수는 없다.

그러나 이것은 탐구의 기법으로 사용되는 미적 평가의 일례에 지나지 않는다. 우리는 그런 방법의 장단점을 일반화하기 전에 몇 가지 사례를 더 조사해야 한다.

1821년, 영국 정부의 관리 겸 예리한 곤충학자 윌리엄 샤프 매클레이William Sharp Macleay는 곤충에 대한 연구를 발표하며, 생명체를 분류하는 새로운 틀인 퀴나리언 시스템quinarian system을 제시했다. 그 체계의 이름은 '숫자 5'에 대한 라틴어에서 유래하며, 그 숫자에 구조적 본질이 도사리고 있다. 모든 생물학적 분류군—이를테면 새, 딱정벌레, 대형 고양이—은 다섯 개의 하위그룹으로 구성되고, 각각의 하위그룹은 다시 다섯 개의 하위그룹으로 구성되며, 이런 식의

* 수數를 이용한 점술

하위 분류가 개별 종individual species의 수준까지 계속된다고 매클레이는 믿었다.

그림 10.4에 표시된 조류aves의 분류2와 같이, 다섯 개의 자매 그룹sister group을 원 안에 배열하면 추가적인 구조가 분명해진다. 하나의 그룹은 원 내의 인접한 이웃들과 '친연성affinity'을 공유하여 많은 유

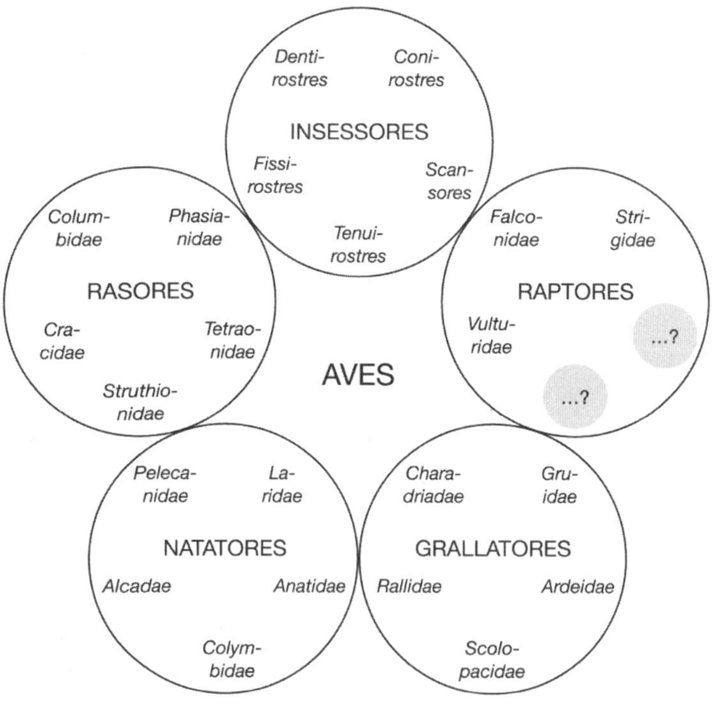

그림 10.4 니콜라스 에일워드 비거스Nicholas Aylward Vigors에 의한 조류의 퀴나리언 분류의 최상위 수준.
한 원 내의 이웃들(예: 맨 위 원의 후취류Conirostres와 반금류Scansores)과 다른 원이 접하는 위치(예: 반금류와 맷과Falconidae) 사이에서 친연성이 발견된다. 맹금류Raptores의 원에서는 세 자리만 채워져 있는데, 이는 올빼밋과Strigidae, 독수릿과Vulturidae, 두루밋과Gruidae와 적절한 친연성을 가진 분류군 두 가지가 아직 발견되지 않았음을 의미한다.

사점을 만들고, 원 자체가 접하는 곳에서는 접점 양쪽에 있는 그룹 구성원들이 친연성을 공유한다.[3] 그림 10.4의 오른쪽 위에 있는 맹금류raptores와 같이 다섯 개 미만의 하위 그룹을 포함하는 것처럼 보이는 경우, 퀴나리언 시스템은 대담한 예측을 했다. 그 내용인즉, 상응하는 친연성을 갖는 새로운 분류군[4]이 궁극적으로 발견된다는 것이다.

퀴나리언 원리의 반복은 프랙털과 같은 기하학을 창조한다. 예컨대 그림 10.4의 맨 위에 있는 연작류insessores를 더욱 자세히 보여주는 그림 10.5의 다이어그램을 살펴보라. 더 큰 규모의 그림에 표시된 다

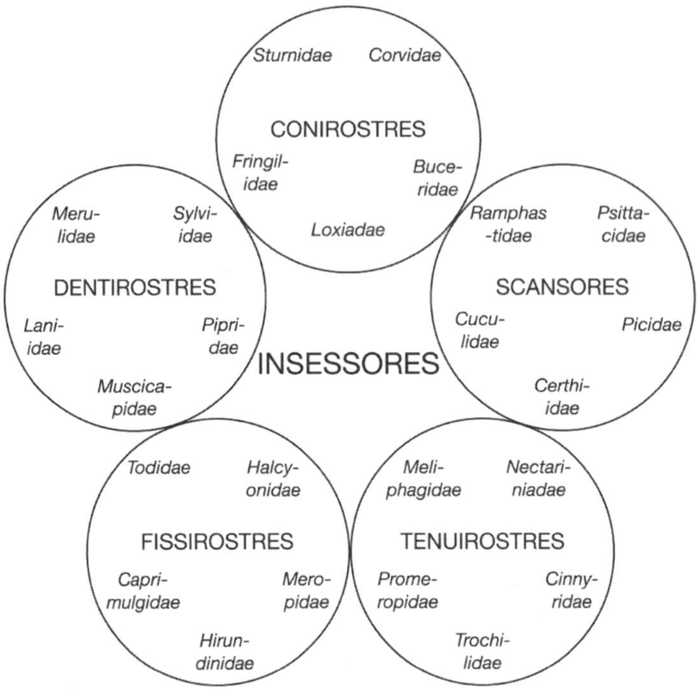

그림 10.5 비거스에 의한 연작류(그림 10.4의 맨 위에 있는 그룹)의 퀴나리언 분류. 이 그림은 그림 10.4의 맨 위에 있는 원의 더욱 자세한 구조를 보여준다.

섯 개의 하위 그룹을 볼 수 있을 뿐만 아니라, 이러한 하위 그룹 자체가 다시 다섯 개의 하위 그룹으로 나뉘는 것을 볼 수 있다. 이러한 다섯 방향 내포five-way nesting의 결과로, 생명체는 그림 10.1의 시어르핀스키 삼각형Sierpinski triangle을 연상케 하는 그림 10.6 같은 웅장한 설계를 보유하게 된다.[5]

퀴나리언 기하학과 '이웃 그룹들 간의 친연성'에 대해, 매클레이는 생명을 생성하는 일종의 분지 과정branching process의 결과라고 설명했다.

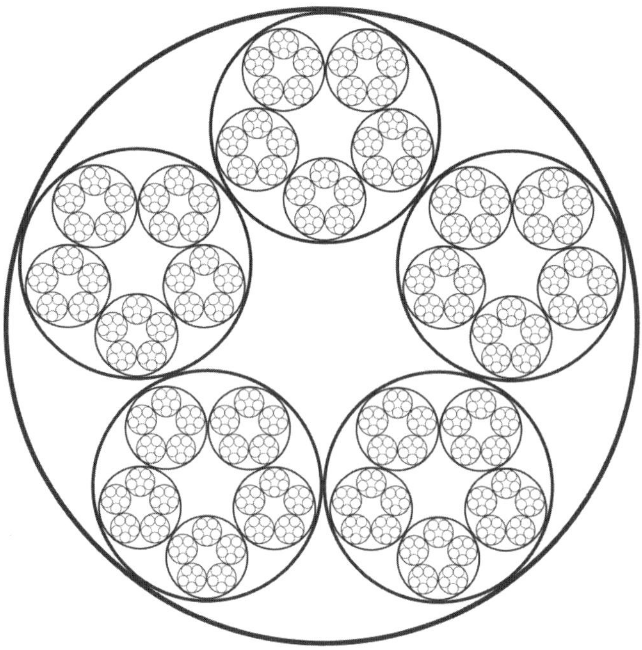

그림 10.6 퀴나리언 시스템의 내포된 구조nested structure를 도식화한 것. 그림 10.1과 비교해 보라.

> 내가 보기에, 자연은 동물계에서 … 가장 아름답고 규칙적이지만 복잡한 방식으로 분지되는 것 같다. 이는 식충류zoophyte와 비교될 수 있지만, 식충류의 경우에는 극단적인 섬유가 연결되어 가장 섬세한 원형 망상circular reticulation을 형성한다.[6]

여기서, 식충류란 산호나 해백합sea lily처럼 식물을 닮은 동물을 말한다. 매클레이는 퀴나리언 패턴을 '다섯 방향으로 계속 분지하는 나무' 같은 성장의 횡단면으로 상상했다. 그는 분지를 역사적 사건으로 생각하지 않고, 살아 있는 세계가 따라야만 하는 추상적인 수학적 주형mathematical template으로 간주했다.

매클레이가 가정한 주형의 존재를 밝힘으로써 생물학적 세계를 지배하는 기본 원리를 드러내는 것은 인간의 미적 감각이며, 그것은 필연적으로 퀴나리언 시스템이 생명체의 집합에서 식별한 5중 대칭fivefold symmetry에 이끌리기 마련이다. 철칙이 이러한 미적 감각의 판단을 무시함으로써 우리의 발견 능력을 무력화할까?

매클레이의 퀴나리언 시스템은 영국에서 한동안 엄청난 인기를 끌었다. 1820년대 후반과 1830년대 초반의 많은 자연사학자들은 자신의 전문 분야에서 특징적으로 반복되는 다섯 방향 구조five-way structure를 찾았다. 그런 추종자 중 하나[7]가 젊은 찰스 다윈이었다. 그는 자신의 '변형 노트transmutation notebooks'에서 진화적 변화evolutionary change 개념과 퀴나리언주의quinarianism를 조화시키기 위해 80페이지 이상을 할애했다. 매클레이가 관찰한 것처럼, 다윈의 "변형을 동반한 계승descent with modification"* 에 의해 영향을 받은 분지 구조는 자연스럽게

그림 10.6의 내포된 원형 측면nested, circular aspect을 생성했을 것이다. 그러나 다윈은 엄격한 5의 법칙law of five에 당황했다. 분지가 예컨대 네 방향 또는 여섯 방향이 아니라 항상 다섯 방향으로 일어나는 이유가 뭘까? 그는 환경 적응 과정에서 5중성fivehood을 추출하기 위해 용감한 시도를 했지만, 결국 "각 그룹의 5라는 숫자는 터무니없다"라고 기록하며 포기했다.

그때는 1838년 봄이었고, 퀴나리언주의는 빠르게 인기를 잃어갔다. 많은 퀴나리언적 분류 노력을 정밀 분석한 결과, 다섯 방향 구조는 종종 다른 형태의 프로크루테스** 분류학적 폭력Procrustean taxonomical violence과 마찬가지로 어떤 그룹을 '진정으로 속하지 않는 수준'으로 강제로 승격하거나 강등하는 것으로 밝혀졌다. 영향력 있는 자연사학자 휴 에드윈 스트릭랜드Hugh Edwin Strickland는 퀴나리언주의를 맹비난하며, 동료들에게 다음과 같이 촉구했다.

> 자연을 '존재하는 그대로' 연구하라. 유기적 친연성organic affinity이 있는 나무를 잘린 주목 나무clipped yew-tree처럼 대칭적으로 가지치기하고 왜곡하는 대신, 자연의 광활하고 풍요로운 파문ramification을 따라 가라.[8]

---

* 『종의 기원』 초판에서, 다윈은 '진화evolution'라는 단어 대신 '변형을 동반한 계승'이라는 표현을 사용했다.

** 그리스 신화에 나오는 9척 거인 강도. 지나가는 여행객을 잡아다 본인의 침대에 맞지 않으면 침대에 맞춰 늘이거나 잘라서 죽였다고 한다.

(1)

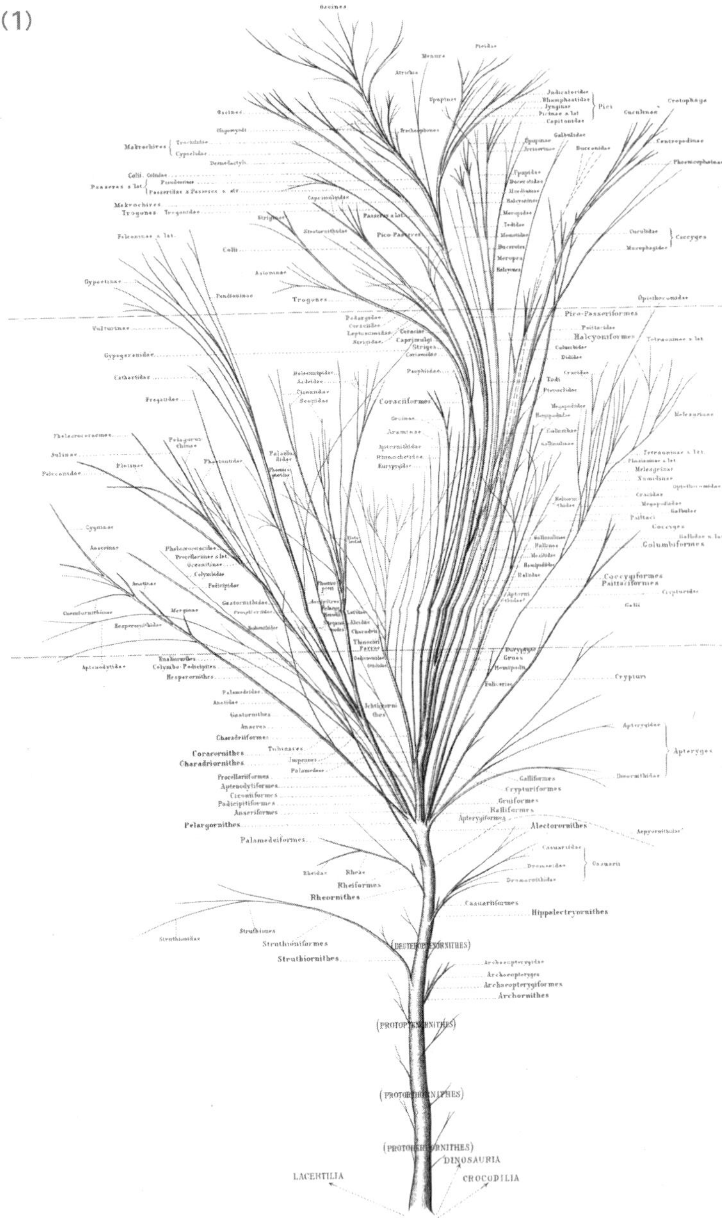
Pico-Passeriformes
Halcyoniformes
Coraciiformes
Columbiformes
Coccygiformes
Psittaciformes
Coracornithes
Charadriornithes
Procellariiformes
Aptenodytiformes
Ciconiiformes
Podicipitiformes
Anseriformes
Pelargornithes
Palamedeiformes
Galliformes
Crypturiformes
Gruiformes
Ralliformes
Apterygiformes
Alectorornithes
Apteryges
Rheiformes
Rheornithes
Casuariiformes
Hippalectryornithes
Struthioniformes
Struthiornithes
Archaeopterygiformes
Archornithes
LACERTILIA
DINOSAURIA
CROCODILIA

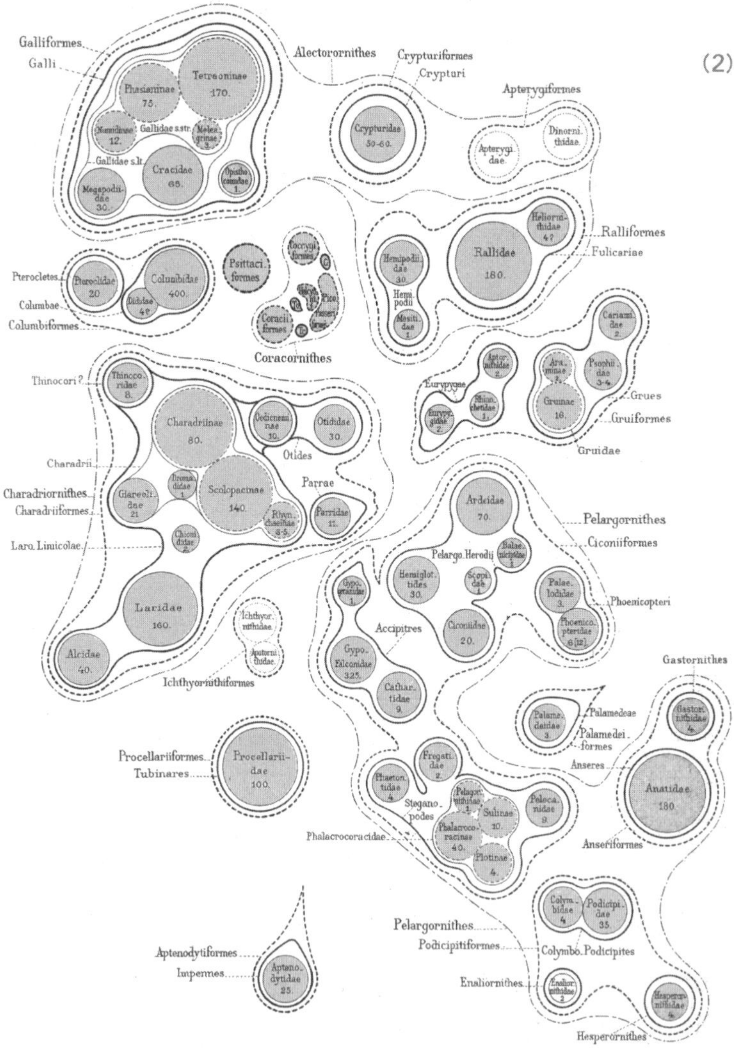

그림 10.7 다윈 이후의 계통수.
막스 퓌르브링거Max Fürbringer가 1888년 제안한 조류 분류를 살펴보면, 퀴나리언 시스템의 특징인 고정된 다섯 방향 분지fixed five-way branching를 전혀 찾아볼 수 없다. 앞 페이지 (1)은 나무 전체의 모습이고, (2)는 그림 10.6의 대칭과 비교되는 불규칙한 횡단면의 모습이다.

1859년 다윈의 『종의 기원』이 출간된 후, 이 "풍요로운 파문"을 따라가야 하는 이유가 분명해졌다. 새로운 종류의 유기체는 보편적인 수학적 지상과제universal mathematical imperative를 실행하기 위해 진화하는 게 아니라, 지역의 환경 기회를 이용하거나 환경 위협을 회피하기 위해 진화하는 것으로 밝혀진 것이다. 윌리엄 휴얼의 친구인 과학자 존 허셜은 자연선택을 조롱하듯 "뒤죽박죽 법칙law of higgledy-piggledy"이라고 불렀다. 그는 옳았다. 자연선택의 땜질tinkering, 즉 즉각적인 상황에 직면한 임시방편jury-rigging은 놀라운 변형을 이루지만, 기하학적 관점에서 보면 (기괴할 정도로 유기적일망정) 다소 무질서한 계통수tree of life를 만든다(그림 10.7).

퀴나리언 시스템은 비르트페르트의 4의 법칙처럼 형이상학적 환상이었다. 그것의 쇠퇴는 방법론적 교훈(자연과학에서는 형식적인 아름다움에 현혹되지 말고, 오로지 관찰된 사실에 의해서만 안내되라)을 지닌 우화처럼 보일 수도 있다. 그렇다면 철칙 자체와 '철칙의 미학 배척'의 또 다른 승리라고 할 수 있을까? '엄격하게 경험적인 사고'와 '(더도 아니고 덜도 아닌) 있는 그대로의 원 자료에 훈련된 눈'의 승리?

그러나 결론을 내리기는 아직 이르다. 우리는 지금껏 이야기의 한 면만을 부각시켰기 때문이다. 몇몇 성공 사례가 밝혀지겠지만, 올바른 종류의 조화harmony와 형태form에 눈을 뜬다면 자연 연구에서 실제로 얻을 수 있는 것이 많다.

스코틀랜드의 자연사학자 다시 웬트워스 톰슨 경Sir D'Arcy Wentworth Thompson(1860~1948)은 다음과 같은 신조를 제시했다.

> 내가 알기로 수number, 질서order, 위치position는 물질을 연구할 때 정확한 지식을 얻기 위한 3중 단서threefold clue다. 수학자의 손에 있는 이 세 가지 단서는 우주를 스케치하는 데 필요한 첫 번째 윤곽선을 제공한다.[9]

톰슨이 말하는 '물질'에는 식물과 동물이 포함되는데, 이 모든 것은 물리적 메커니즘을 통해 번식하고 성장한다. 이와 관련하여 톰슨이 1917년 발간한 걸작 『성장과 형태에 관하여On Growth and Form』에서 주장한 내용은 이렇다: 다양한 생물학적 형태는 종종 동일한 기본적 인과 과정으로 생성되는데, 그런 경우 다양성 속에 숨겨진 수학적 통일성이 발견될 수 있다.

예컨대 비눗방울과 눈송이가 취하는 형태에 관한 연구에서, 해양 플랑크톤의 많은 부분을 구성하는 단세포 유기체인 방산충류radiolarians의 다양하고 복잡한 골격 구조의 물리적 기초가 밝혀졌다. 이와 마찬가지로 히드로충류Hydrozoa(퀴나리언주의자인 매클레인에게 영감을 준 분지형 '식충류'는 여기에 속한다)에서 폴립polyp의 주둥이를 둘러싼 촉수 고리의 성장 과정에서, 우유 한 잔에 떨어진 조약돌이 만드는 방사성 튐radial splash의 패턴을 결정하는 것과 동일한 물리적 원리가 작용한다고 톰슨은 썼다.

『성장과 형태에 관하여』의 마지막이자 가장 중요한 장章에서, 톰슨은 명백하게 구별되는 동물들의 신체 유형 사이의 심오한 유사성을 밝혀내기 위해, 대단히 우아한 기법—말하자면 미학적 힘aesthetic power의 움직임—을 소개했다. 물고기인 폴리프리온Polyprion의 신체 형태

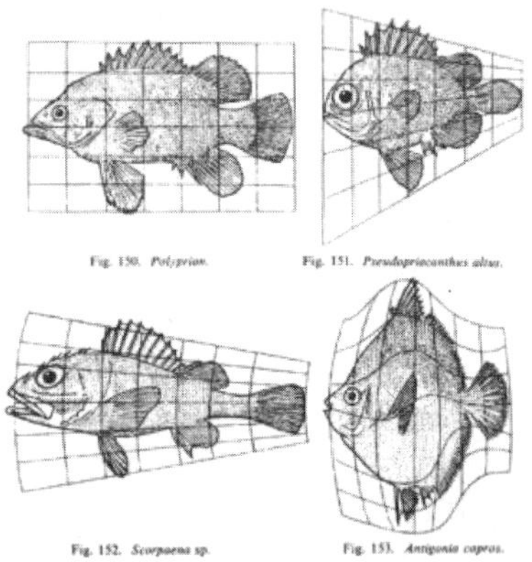

그림 10.8
상이한 세 종류의 물고기로 변신하는 폴리프리온(왼쪽 위).
변신의 내용은 폴리프리온에 그려진 정사각형 격자의 단순한 늘임으로 설명된다. 고무 시트에 그려진 폴리프리온이 하나 이상의 다른 위치와 방향으로 당겨져 변형되는 장면을 상상해 보라.

는, 마치 어떤 수학적 마법에 의해 세 가지 관련 종related species으로 변화하는 것처럼 단순한 기하학적 변형에 예속된다고 그는 주장했다(그림 10.8).

훨씬 더 멋진 시연에서, 톰슨은 평범한 복어를 (생물학적으로 관련이 있지만 생리학적으로 매우 다르고 다소 이국적인) 개복치sunfish로 변신시키기 위해, 간단한 늘이기stretching 작업을 수행했다(그림 10.9). 이 사례에 대해 톰슨은 다음과 같이 썼다.

> 단 한 번의 적분 변환integral transformation에 의해 … 둥근 몸체, 과장된 등지느러미 및 배지느러미, 잘린 꼬리 등 모든 필수적 세부사항의 새롭고 눈에 띄는 윤곽을 설명할 수 있다.[10]

톰슨은 '물고기의 변형이 단순함과 아름다움의 관점에서 발생과 성장에 대한 심오한 진실을 암시한다'고 덧붙이며, 관련 종에서 작용하는 하나의 근본적인 물리적 메커니즘—다윈의 자연선택이 아니라, 자

그림 10.9
개복치(오른쪽)로 변신한
복어(왼쪽),

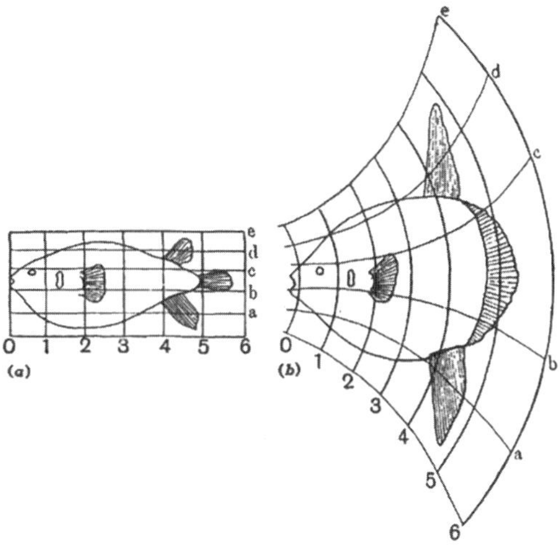

연선택 이전에 존재하며 자연선택에 의해 이용될 수 있는 메커니즘—을 제안했다. 사실, 물고기의 변형은 다음과 같은 '증거'를 제시한다고 볼 수 있다.

> 포괄적인 '성장 법칙law of growth'[11]이 전체 구조에 완전히 스며들어 있으며, 다소 단순하고 인식 가능한 세력 체계system of forces에 의해 통제되고 있다.

갑각류, 악어류, 유제류ungulates, 그 밖의 수많은 동물 그룹에서 발견된 수학적으로 관련된 신체 형태mathematically related physical form도 사정은 마찬가지라고 톰슨은 믿었다.

방산충과 히드로충에 대한 자신의 생각과 대조적으로, 톰슨은 이러한 성장 법칙의 기초로서 특별한 물리적 메커니즘을 제안하지 않았다. 그러나 그는 자신의 견해를 바탕으로 구체적인 예측을 할 수 있었

(1)

(2)

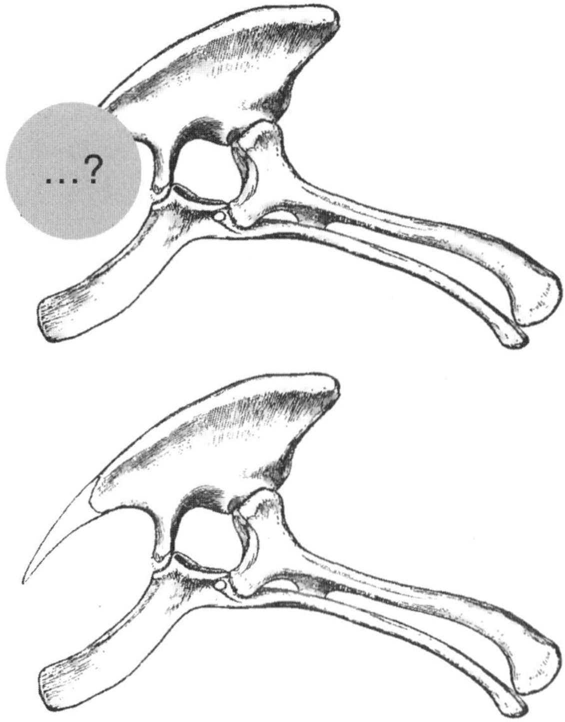

그림 10.10 캄프토사우루스 디스파르Camptosaurus dispar의 장골 재구성(1)~(4).
(1): O. C. 마시O. C. Marsh가 분석한 화석화된 장골로, 앞부분이 누락되었다.
(2): 마시가 재구성한 장골로, 뼈가 날카롭고 치아가 완성되었다.

다. 즉, 그는 당시 알려져 있던 인류의 선조들—예컨대 호모 에렉투스와 네안데르탈인—이 '직선의 혈통straight line of descent'을 형성하는 게 아니라, 인류를 하나의 가지(비록 아직까지는 유일한 가지일망정)로 거느린 복잡한 나무에서 발견될 것이라고 정확히 예측했다. 그리고 그는 최초의 새 중 하나인 시조새Archaeopteryx와 후대의 새를 연결하는 과도기 화석일 가능성이 높은 형태를 결정했으며, 수학적 방법을 이용

(3)

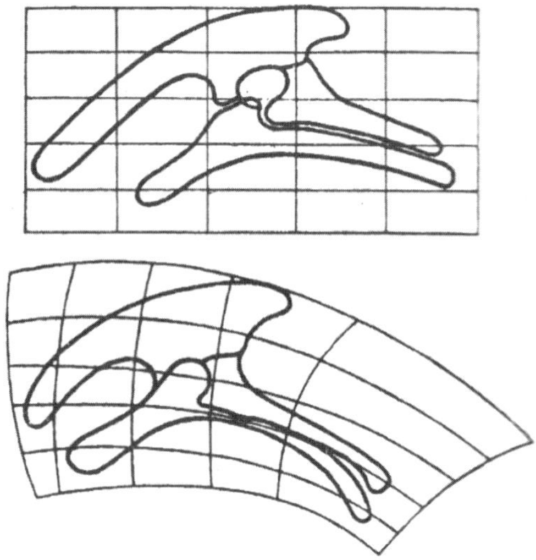

(4)

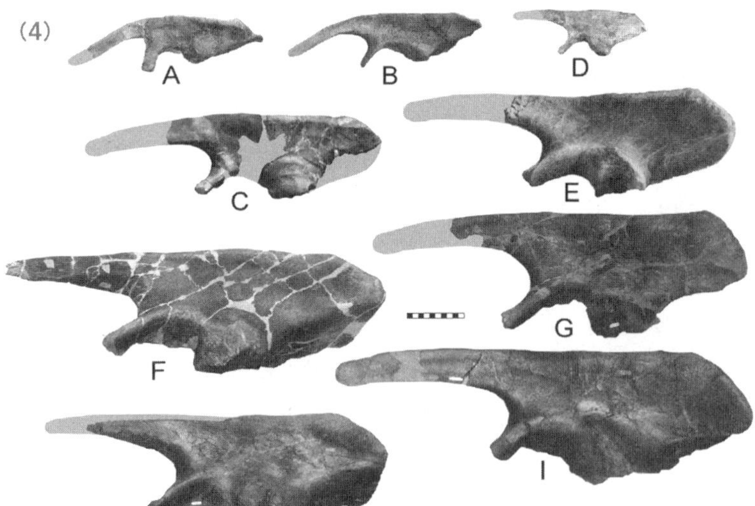

(3): 스테고사우루스에서 동일한 뼈(상단 격자)의 수학적 변환mathematical transformation에 기반한 톰슨의 재구성(하단 격자).
(4): 더욱 완전한 캄프토사우루스 디스파르의 장골로, 톰슨의 재구성이 마시의 재구성보다 우월함을 보여준다.

하여 스테고사우루스의 알려진 장골ilium bone(골반 상부)로부터 캄프토사우루스Camptosaurus의 장골의 누락된 부분의 모양을 추정할 수 있었다(그림 10.10).

오늘날, 성장 법칙은 톰슨이 가정한 것처럼 단순한 물리적 원리가 아니라 발생유전학developmental genetics의 복잡한 메커니즘의 결과물인 것으로 알려져 있다. 그러나 이러한 현대적 틀 내에서도, 많은 생물학자들은 톰슨의 변형을 '복잡한 생명체의 진화로 인해 제기된 가장 큰 설명 퍼즐explanatory puzzle 중 하나'에 대한 해결책의 일부로 간주한다.

개복치(그림 10.9)처럼 특이한 체제body plan는 어떻게 진화할까? 우리는 다음과 같이 알고 있다: 복어와 비슷하게 생긴 조상에서 시작하여, 자연선택은 개복치의 독특한 체격(그리고 크기)—성숙한 개복치의 무게는 최대 2.5톤이다—을 달성하기 위해 많은 대규모 형질largescale trait들을 조정했음에 틀림없다. 만약 이러한 형질들이 각각 별도의 유전자 세트에 의해 결정된다면, 그런 협응된 조정coordinated adjustment은 불가능하지는 않더라도 극도로 어려울 것이다. 자연선택은 우연한 변이chance variation에 작용하기 때문에, 최종 산물에 이르는 과정에서 단 한 걸음이라도 내디디려면 '수많은 독립적인 변이'의 행복한 우연의 일치happy coincidence를 기다려야 할 테니 말이다.

톰슨의 발견은 더욱 만족스러운 스토리를 제시한다. 그에 따르면, 복어와 개복치의 체제와 같이 현저하게 다른 생리학적 배치physiological layout는 작은 유전적 차이의 결과로, 이 차이들이 성장의 제어판에 있는 손잡이를 조작함으로써 완제품에 '요술 거울 집fun house mirror' 같은 효과를 부과한다. 따라서 다이얼을 '개복치 설정' 쪽으로 아주 약간 돌리는 데는 하나 또는 몇 개의 변이만으로 충분할 수 있다. 개복치의 생활방식을 선호하는 환경에서, 이러한 일련의 사건들은 이 거대하고 이상한 생물에게 (자연선택이 따르기에 그렇게 어렵지 않은) 진화 경로를 제공한다.

보다 일반적으로 말하면, 사소한 유전적 변경genetic tweak을 통해 근본적인 생리학적 변화를 일으킬 수 있는 능력은 자연선택으로 하여금 종種의 표준 체제에 대한 수많은 대안—종종 이상하지만 때때로 매우 유리한 대안—을 쉽게 탐색할 수 있도록 해준다. 그런 능력이 존재하지 않았다면 복잡한 생명체가 진화하지 못했을 거라고 많은 진화발생생물학자evolutionary developmental biologist들은 믿는다. 그들의 말마따나 지구는 방산충과 폴립, 또는 그보다 더 단순한 것으로 만족해야 했을지도 모른다.

그 자신이 인정하는 것처럼, 톰슨의 통찰력은 아름다움과 형태에 대한 높은 수준의 존중심[12]에 기반하여 구축되었다. 올바른 방법으로 올바른 장소에서 함양된 수학적 단순성과 우아함에 대한 관심은 결국 뒤죽박죽인 생물학의 세계를 환하게 밝힐 수 있다.

나는 아름다움의 가치를 높이 평가한다. 그러나 논의의 균형추를 미적 감각의 진실 발견 능력 쪽으로 옮기려면(그리하여 현대과학을 수용하기 어렵게 만든 철칙의 미에 대한 경멸scorn for beauty과 논리적 추함logical ugliness의 비합리성을 확고히 확립하려면), 우리는 물리학을 살펴보아야 한다.

"방정식을 실험에 맞추는 것보다, 방정식의 아름다움을 유지하는 것이 더 중요하다."[13] 영국의 이론물리학자 폴 디랙Paul Dirac은 이렇게 썼다. "방정식이 아름답다는 것은, 이론이 올바른 방향으로 가고 있으며 이론과 실험의 불일치는 (추가적인 발달로 인해 정리될) 사소한 특징 때문임을 시사하는 징후다." 아름다움은 진실을 비추는 등대다. 물리학자 유진 위그너Eugene Wigner에 따르면, 아인슈타인의 생각도 디랙과 다르지 않았다: "우리가 기꺼이 수용할 수 있는 유일한 물리학 이론은 아름다운 이론이다."[14] 이론물리학의 뒤안길이나 수브라마니안 찬드라세카르Subrahmanyan Chandrasekhar, 데이비드 도이치David Deutsch, 프랭크 윌첵Frank Wilczek 같은 물리학자들의 대중적인 저술에서 이와 유사한 감정을 찾는 것은 그리 어렵지 않다.[15]

역사적 기록은 그들이 중요한 일을 하고 있음을 시사한다. 뉴턴의 미적 감각은 그를 태곳적 지식으로 이끌었을 뿐만 아니라, 그에게 포탄·행성·혜성이 그리는 곡선의 이면에 있는 간단한 수학을 알려줌으로써 만유인력의 비밀을 드러냈다. 그보다 앞선 '과학의 아름다운 사상가' 중에는 코페르니쿠스와 갈릴레오가 있었으며, 더 많은 사람들이 그의 뒤를 이었다. 사실 물리학 연대기에서 미학적 추론에 성공한 사례들이 너무 많아 열거할 수조차 없기 때문에, 나는 입자물리학의 최근 역사에서 단 하나의 중요한 에피소드만 언급하려고 한다. 그것은 아름다움을 옹호하고, 따라서 철칙의 합리성에 반대하는 주장을 공고히 할 것이다.

이야기는 1931년, 제임스 채드윅James Chadwick이 중성자의 존재를 확인하면서 시작된다. 그 발견으로, 물질의 기본적인 빌딩블록의 본질이 해결된 것처럼 보였다. 원자는 전자로 둘러싸인 양성자와 중성자의 중심 클러스터로 구성되고 전자기방사선electromagnetic radiation은 광자로 구성된 것으로 여겨져, 기본입자fundamental particle는 총 네 개가 되었다. 수도승인 비르트페르트는 4의 법칙이 고대와 중세의 형이상학에서 20세기 물리학으로 매끄럽게 이행하는 것을 보고 쾌재를 불렀을 것이다.

또는 완전히 매끄럽지 않은 부분이 있었는데, 가설이 제시되었지만 아직 확인되지 않은 두 개의 추가적인 입자가 그것이었다. 그중 하나는 (원자핵을 유지하는 데 도움이 되는 것으로 보이는, 바쁜 일을 하는) 파이온pion이었고, 다른 하나는 (특정한 종류의 방사성 붕괴 중에 방출되는, 작고 신비로운 입자인) 중성미자neutrino였다. 아리스토텔레스도 다섯 번째 원소—천체를 구성한다고 생각했던 제5원소quintessence—를 추가했는데, 여섯 개의 원소는 왜 안 될까?

입자 수 헤아리기가 거기서 멈췄으면 얼마나 좋았을까. 1930년대와 1940년대의 입자물리학자들은 아메리카와 유럽의 고산 봉우리로 향했다. 그들의 목표는 소위 우주선cosmic ray이라고 하는, 우주 공간의 알려지지 않은 원천으로부터 날아와 지구의 상층 대기를 강타하는 고에너지 복사high-energy radiation에 가능한 한 가까이 접근하는 것이었다. 그곳에서는 갈피를 못 잡게 하는 광경이 기다리고 있었다. 공기 분자와 충돌했을 때, 우주선은 이전에 아무도 본 적이 없는 것을 창조했다. 그것은 뮤온muon, 카온kaon, 신비로운 람다lamda와 같은 전혀 새로운 입자였다.

그런 다음, 뉴욕시에서 동쪽으로 100킬로미터쯤 떨어진 브룩헤이븐 국립연구소Brookhaven National Laboratory의 코스모트론Cosmotron 같은 정교한 입자 가속기의 개발로 산山은 불필요해졌다. 롱아일랜드Long Island 외곽의 교외에서 이상한 입자가 생성될 수 있었기 때문이다. 한편, 훨씬 더 민감한 탐지기—그중에서 두드러진 것은, 1952년 도널드 글레이저Donald Glaser가 발명한 거품상자bubble chamber—는 그것들을 더 쉽게 볼 수 있게 해줬다. 그리고 새로운 종류의 입자들이 계속 나타났다: 크시xi, 시그마, 델타, 새로운 종류의 파이온과 카온, 에타 중간자eta meson….

입자의 다양성은 당혹스러울 정도로 눈부셨고, 소위 우주의 기반암bedrock보다 열대우림의 무성함을 더 연상시켰다. 그것은 생물학의 뒤죽박죽 법칙을 무색하게 했다. 로버트 오펜하이머Robert Oppenheimer의 표현을 빌리면, 입자의 진정한 '동물원'이 탄생한 것이었다. 현실의 기본 단위에 대한 선하증권bill of lading(입자 목록)은 비르트페르트의 4의 법칙의 실현보다, 현대 생물학적 분류체계—이를테면 그림 10.7에 표시된 조류의 계통수—에 더 가까운 것으로 판명된 것일까? 아니면 누군가가 동물원에서 숨겨진 질서와 단순함을 찾을 수 있는 것일까?

머리 겔만Murray Gell-Mann은 뉴욕시의 열악한 환경에서, 아메리칸 드림을 거머쥐지 못한 동유럽 이민자의 자녀로 태어났다. 그는 일찌감치 신동으로 인정받아, 학교에서 월반을 거듭한 끝에 열다섯 살에 예일 대학교에 들어갔다. 때는 1944년으로, 예일 캠퍼스의 많은 부분이 군사훈련을 위해 징발되어 있었다. 당시 겔만의 주요 관심사는 고고학과 언어학이었지만, 그의 꼬장꼬장하고 까다로운 아버지는 뭔가

실용적인 것—공학이 아니라면 적어도 물리학—을 연구하라고 윽박질렀다. 주변의 모든 사람들이 입대하자, 열다섯 살 소년은 자연세계의 미묘한 조화에 빠져들었다.

광범위한 발견이 기다리고 있는 가운데, 겔만은 근본적인 아름다움에 대한 안목 덕분에 20세기의 가장 중요한 물리학자 중 한 명이 되었다. 입자 동물원의 문이 활짝 열려 숱한 물리학자들이 새롭고 독특한 형태의 물질로 쇄도하는 와중에서, 그는 1951년 박사학위를 취득했다. 얼마 지나지 않아, 그는 물질의 새로운 속성을 생각해 내고 '기묘도strangeness'라고 불렀다. 하나의 입자가 특정한 전하電荷를 가질 수 있는 것처럼, 그것은 양이든 음이든 일정한 양의 기묘함을 가질 수 있었다. 예컨대 양성자와 중성자는 전혀 기묘하지 않으며, 더 정확히 말하면 '기묘수strangeness number'가 0이다. 그러나 람다로 시작하는 새로운 입자들 중 일부는 정말 기묘했다(람다 입자의 기묘수는 −1이다). 입자가 충돌하거나 붕괴하여 다른 입자로 변할 때, 기묘도는 "대략적으로 보존approximately conserved"된다. 마치 물질의 집합체가 고정된 양의 기묘함을 포함하는 것처럼, 기묘수의 합은 전후前後에 동일하게 유지되는 경향이 있다. 기묘도는 쉽게 이동할 수 있지만, 증가하거나 감소하려면 최대한의 노력이 필요하다.

기묘함에 대한 가정은 입자 동물원에 어떤 규율을 도입했는데, 그것은 입자의 기묘도를 전하 및 기타 알려진 속성들과 연결하는 공식의 형태를 띠었다. 또한 그것은 람다 입자가 붕괴하는 데 걸리는, 신비로울 정도로 긴 시간을 설명했다. 세상에서 기묘함의 양을 바꾸지 않고서는 붕괴가 일어날 수 없는 것으로 밝혀졌다. 그렇다고 해서 붕괴

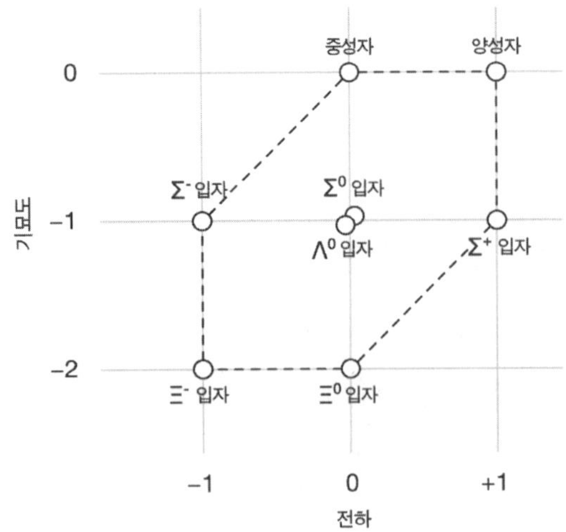

그림 10.11 양성자와 중성자를 포함하는 겔만의 팔중항.
행row은 동일한 기묘도 값을 공유하고, 열column은 동일한 전하 값을 공유한다. 한복판에는 λ^0라고 표시된 람다 입자가 있다.

를 막을 수 있는 것은 아니고, 브레이크를 작동시킴으로써 람다가 붕괴되기 전에 나노초의 몇 분의 1 동안 더 머무를 수 있게 한다.

기묘함은 물질의 구조에 대한 겔만의 통찰 중 첫 번째에 지나지 않았다. 1961년, 그는 입자 동물원에 있는 양성자와 중성자와 대부분의 다른 입자들을 포함하는 입자의 한 부류인, 강입자hadron의 기하학적 구조를 발표했다. 이 모형에서, 겔만은 자신이 '8중도eightfold way'라고 부른 방식에 따라 강입자를 여러 가지 상이한 그룹에 배치했다.

8중도는 주어진 여덟 개의 입자 집합—'팔중항octet'—을 (입자의 기묘수에 해당하는) 행row과 (전하에 해당하는) 열column로 이루어진 표로 구성하는 것으로 간주할 수 있다(그림 10.11). 팔중항에는 심오한 대칭이 존재하는데, 두 개 이상의 공간 차원이 필요하기 때문에 이러한 그림으로 포착할 수 없지만 'SU(3) 대칭군'이라고 부르는 수학적 개념으로 코딩된다. 겔만을 비롯한 이론물리학자들이 보기에 입자의 이러한 배열은 '일종의 형식적 아름다움formal beauty, 수학적 정당성mathematical rightness을 갖고 있다'고 말하는 것으로 충분한데, 이는 퀴나리언 시스템이나 비르트페르트의 다이어그램에 표시된 질서와 완전히 동일하다.

그로부터 2년 이내에, 겔만은 자신의 팔중항이 열 개의 더 많은 이국적인 입자의 '십중항decuplet'과 함께 더욱 심오한 자연의 원리를 암시한다고 추론했다. 비르트페르트의 복잡한 다이어그램 구조가 사중항quartet—뜨거움, 건조함, 습함, 차가움—에 의해 생성되고, 퀴나리언의 구조가 반복되는 5중 대칭에 의해 생성되는 것과 마찬가지로, 3의 원리에 의해 생성된 SU(3) 대칭을 바라보는 수학적 안목을 가진 사람들에게 팔중항과 십중항은 3의 원리, 즉 SU(3)의 '기본 표시fundamental representation'라고 부르는 삼중항에 의해 생성된 것이었다. 겔만은 이 삼중성three-ness을 포착하여, 자신의 팔중항과 십중항에 있는 모든 입자들이 보다 근본적인 입자인 쿼크quark로 구성되어 있으며, 쿼크에는 '반입자antiparticle'와 함께 세 가지 쿼크—위up 쿼크, 아래down 쿼크, 야릇한strange 쿼크—가 있다고 가정했다. 예컨대 양성자는 '위' 쿼크 두 개와 '아래' 쿼크 한 개로 구성되는 반면, 양의 파이온positive pion은 위 쿼크 한 개와 아래 반쿼크down antiquark 한 개로 구성된다. 한때 독특했던 람다 입자는 위 쿼크 한 개, 아래 쿼크 한 개, 그리고 (물론) 야릇한 쿼크 한 개의 연합에 지나지 않는 것으로 밝혀졌다.

아름다움의 추구는 진실로 이어졌다. 거의 모든 현대 과학자들은 쿼크의 실체를 받아들이고 있으며, 오늘날에는 총 여섯 가지 쿼크(겔만의 세 개와, 그보다 훨씬 더 큰 세 개)가 있는 것으로 밝혀졌다. 그러나 1961년에만 해도 겔만은 카리스마적 대칭과 미적 감각의 충족에 기초한 팔중도를 주장할 수 없었다. 그러려면 확고한 증거가 필요했는데, 그 증거의 일부는 입자 동물원에 속하는 것으로 알려진 수많은 입자의 관찰된 속성을 설명하는 이론의 능력이었다. 훨씬 더 아름다운 것은 이후의 관찰에 의해 입증된 새로운 예측일 터였다. 미학적 관점과 반대되는 경험적 관점에서, 그것은 진리의 표식mark of truth이 될 것이었다.

1962년 7월 스위스 CERN에서 열린 회의에서, 두 개의 새로운 크시 입자[16]인 Ξ^{*-}와 Ξ^{*0}가 발견되었다고 발표되었다. 그날 청중석에 앉아 있던 겔만은 (그림 10.12와 같이) 새로운 입자가 기존에 알려진 일곱 개와 함께 열 개 입자의 잠재적 십중항에서 단일 공간을 제외한 모든 공간을 채울 거라는 사실을 깨달았다. 퀴나리언주의자들이 다섯 방향 분류학의 우아한 원을 완성하기 위해 맹금류의 추가적인 과科를 상정하거나(그림 10.4), 다시 톰슨이 자신의 기하학적 변형의 단순성과 연속성을 보존하기 위해 캄프토사우루스 볼기뼈에서 누락된 부분의 구조를 추론한 것처럼(그림 10.10), 겔만은 팔중도의 아름다움을 유지하기 위해 하나의 추가적인 입자가 존재해야 한다고 추론했다. 토론 시간 동안, 그는 칠판을 어슬렁거리며 암시적인 간극suggestive gap이 있는 십중항을 그린 다음, 특정한 전하·기묘함·질량을 가진 새로운 입자—오메가 마이너스omega-minus—의 존재를 과감하게 예측함으로써 그 간극을 메웠다. 그리스 알파벳의 마지막 글자인 오메가가

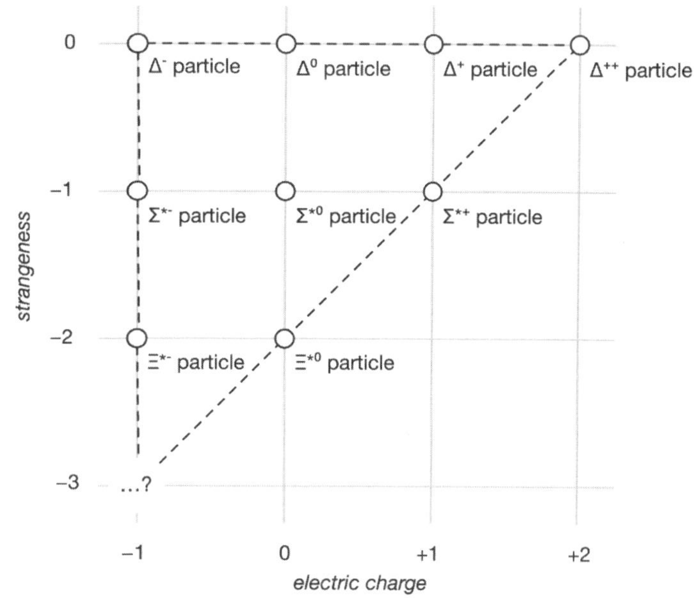

그림 10.12 왼쪽 아래의 회색 영역을 채우는 입자, 즉 기묘함이 -3이고 음으로 대전된 입자에 의해 완성되는 십중항.
겔만은 이러한 입자—오메가 마이너스—의 존재를 예측했다.

호출된 것은, 구조의 완성을 의미하기 때문이었다.

누락된 입자는 1964년 롱아일랜드에 나타나 교번구배 싱크로트론Alternating Gradient Synchrotron에 의해 존재하게 되었고, 브룩헤이븐 국립연구소의 새로운 거품상자실에서 관찰되었다. 철칙이 요구한 것은 바로 경험적 시험이었다.[17] 오메가 마이너스는 겔만에 의해 예측된 데 이어, 확실히—또는 그림 10.13에 나와 있는 것처럼 독특한 거품상자 서명으로—관찰되었다. 머리 겔만은 노벨상을 수상했다.[18]

나는 눈부신 발견의 축제를 지나, 그 이면에서 진행된 다소 특이한 사건으로 독자들의 주의를 돌리고 싶다. 겔만은 수차례의 비공식 연

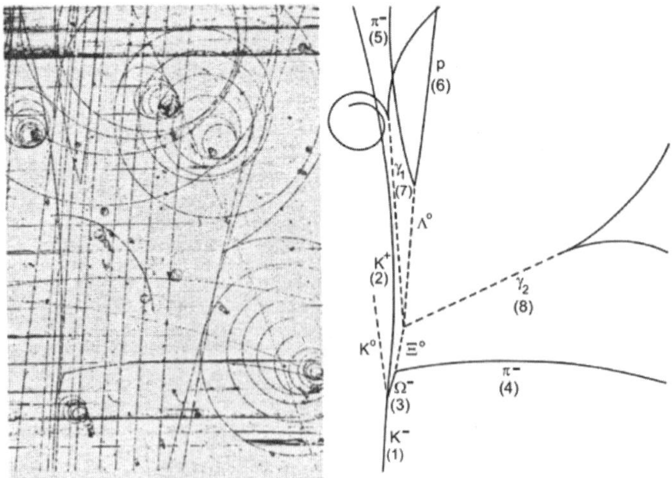

그림 10.13 과학적 논쟁에서 중요한 것: 오메가 마이너스 입자의 명백한 서명. 왼쪽은 거품상자 궤도의 사진으로, 양성자와 카온의 충돌로 생성된 다양한 입자의 궤적이 기록되어 있다. 거품상자에는 전하를 띤 입자만 나타나고, 중성자 입자는 보이지 않으므로 궤적을 유추해야 한다. 오른쪽 그림은 이미지의 중요한 요소에 대한 개략도다(점선으로 표시된, 중성자 입자의 추론된 궤적 포함). 카온(K^-, 개략도에서 1번)이 맨 아래에 들어간다. 오메가 마이너스 자체(Ω^-, 3번)는 추론된 크시 입자(Ξ^0)와 음의 파이온(π^-, 4번)으로 붕괴되기 전에 짧은 시간 동안만 존재한다.

설에서, 아름다움·단순함·우아함을 일컬어 "올바른 가설을 선택하기 위한 주요 기준chief criterion for the selection of the correct hypothesis"[19] 이라고 하며, '진리와 아름다움은 얽혀 있다'는 플라톤의 계율에 대한 충성을 여러 번 선언했다. 그러나 공식 출판물에서 팔중항을 언급할 때, 그는 이 기준에 호소하지 않았다.[20] 그의 물리학자 동료들도 마찬가지였다. 《피지컬 리뷰Physical Review》나 《피직스 레터Physics Letters》 같은 저널의 페이지를 넘겨보라. 저자는 독자의 취향이 자신의 취향과 일치하기를 은근히 희망할 수 있지만, '아름다움의 호출'이나 '이론의 은혜나 매력에 근거한 논증'을 찾아볼 수 없을 것이다. 그 이유는 '중요한 것은 오로지 경험적 시험뿐'이라는 철칙 때문이다.

우주론자인 브라이언 그린Brian Greene은 자신의 저서 『우아한 우주The Elegant Universe』에서, 이 같은 철칙의 터널시야tunnel vision의 결과를 간결하게 요약한다: "물리학자들은 부분적으로 완성된 이론partially completed theory이 나아갈 방향에 대해 선택하고 판단을 내리는데, 이러한 선택과 판단은 때때로 미적 감각—'어떤 이론이 우리가 경험하는 세계와 동등한 구조적 우아함과 아름다움을 갖고 있는가'라는 감각—에 기반을 두고 있다."[21] 그럼에도 이러하다:

> 미학적 판단은 과학적 담론을 중재하지 않는다. 이론은 궁극적으로 … 엄밀한 실험적 사실hard experimental fact에 직면했을 때 어떻게 대처하느냐에 따라 판단된다.[22]

이것은 '철칙의 지배하에서, 우아함을 사랑하는 과학자'라는 어색한 존재를 예리하게 묘사한 구절이다. 당신이 사적으로 생각할 때는, 이론의 우아함과 아름다움에 기반하여 이론의 진실을 확신해도 무방하다. 그러나 다른 사람들과 마주 앉아 그들을 설득하려 할 때는, 이러한 특징에 대한 언급을 회피해야 한다. 자신의 과학적 연구에서 신학적으로 추론할 권리를 박탈당한 휴얼처럼, 심미적인 과학자는 공개적으로—또는 적어도 공식적으로—가장 소중한 통찰의 원천을 소환할 수 없다.

이게 말이 될까? 실용적인 관점에서 볼 때, 미적 논쟁에 대한 금지령은 모든 과학자들에게 '아무리 아름다움에 매료되어 있더라도, 경험적 세부사항의 예측과 생성에 에너지—열정까지는 아니더라도—를 쏟아부으라'고 강요한다. 그러나 그런 계율에 따라 행해진 과학적 논쟁이 논리의 규칙을 존중할까? 유용한 정보를 명백히 거부하는 경우에는 그러지 않을 수 있다. 그렇다면 문제는 '모든 것을 감안할 때, 미학적 고려의 가치가 어느 정도인가'라고 할 수 있다.

미학적 고려의 가치를 평가하려면 역사를 돌이켜보라. 한편으로, 소우주microcosm가 대우주macrocosm를 반영한다는 생각은 아무런 성과도 거두지 못했다. 그것은 전혀 터무니없는 관념은 아니었다. 1600년대 초에 모든 사람들이 알고 있던 지식이 있음에도, 신神은 자신의 창조물을 모든 규모에서 동일한 계획에 따라 개괄하는 데서 큰 기쁨을 느꼈을 것이다. 뉴턴이 실험과 해석에 분산 투자한 것은 비난받을 일이 아니다. 그러나 궁극적으로, 프랙털의 아름다움은 접어두더라도 대우주와 소우주 사이에서 심오한 유사점을 찾는 것은 사실상 아무런 이득이 없었다. 퀴나리언주의자들의 피타고라스식 접근방법도 사정은 마찬가지다. 다윈 이후, 종의 짜임새에는 보편적인 형식적 구조가 없고 허셜의 뒤죽박죽 법칙만 존재한다는 것이 분명해졌다.

다른 한편으로, 성공적인 사례도 있었다. 다시 톰슨의 체형에 대한 수학적 변형이 있었고, 겔만의 팔중항과 쿼크 시스템이 있었고, 그 이전에는 수리물리학, 화학, 기타 과학에서 일련의 통찰이 있었다. 실패는 규모상으로 볼 때 엄청나지만, 성공은 너무나 중요하고 빈번하고 눈부셔서 무시할 수가 없다.

따라서 과학적 탐구는 미학적 고려에 대해 개방적인 태도를 취해야 한다. 모든 형태의 아름다움에 대해, 관찰 가능한 사실과 일치하는 지침을 제공하도록 허용해야 한다. 사례가 누적됨에 따라, 과학적 탐구의 다양한 영역에서 거둔 성공과 실패에 따라 미학적 사고aesthetic thinking의 점수를 매기는 기록지scorebook를 유지해야 한다.[23] 예컨대 현저한 대칭은 기초 물리학에서 엄청나고 중요하고, 생리학에서는 때때로 계시적이지만, 생물 분류학에서는 거의 가치가 없다. 단순한 산술—비르트페르트의 다이어그램에 묘사된 중세의 4의 법칙이나 퀴나리언 시스템의 기초가 되는 5의 법칙—에 집착하는 것은 모든 분야에서 쓸모없는 것으로 판명될 수 있다.

우주의 창조자는 그런 종류의 수학자가 아닌 것 같다. 시간이 경과함에 따라, 과학은 우리에게 쿼크 이론을 가져다 준 질서와 대칭에 대한 미묘하고 유익한 관심과 퀴나리언 시스템의 위험할 정도로 거창한 수비학數祕學을 구별하는 법을 배울 수 있었을 것이다.

하지만 철칙은 이런 합리적인 길을 가지 않는다. 철칙은 고통스러울 정도로 우직하며, 정교한 구별을 하는 데 관심이 없다. 그것은 미학적 숙고를 완전히 차단하고 '나쁜 미학'뿐만 아니라 '좋은 미학'도 거부한다.

당신이 봉투를 받았다고 가정해 보자. 그 속에 목표를 실현하는 데 중요하거나 결정적인 정보가 포함되어 있을 가능성이 높다는 것을 알고 있으므로, 당신은 주저 없이 봉투를 열 것이다. 그러나 그 속에 미적 지침aesthetic guidance이 가득하다면, 철칙은 그것을 버린다. 철칙은 비논리적이고 비합리적이며 비이성적이다.[24]

포퍼 같은 과학적 합리주의자는 경험적 시험을 높이 평가하는 철칙을 이성의 빛나는 도구gleaming instrument of reason로 간주하고, 간섭하는 신학, 무기력한 철학, 아름다움에 대한 감상적인 나약함을 (고통이 없는 것은 아니지만, 누구도 정당하게 저항할 수 없는) 냉혹한 논리로 제거할 수 있을 것이다. 나는 그와 대조적으로, '철칙의 서투른 수술은 합리성 원칙에 위배된다'고 말한 바 있다. 그것이 제거하는 것 중 일부는 없어도 그만이지만 너무 지나치다. 철칙은 특히 단순하고 무분별한 방식으로 너무 멀리 가며, 모든 형태의 비경험적 사고를 (아무리 현명하고, 실적이 좋고, 경험적 관찰과 시너지 효과를 발휘하더라도) 전면적으로 금지한다. 철칙은 논리적인 메스가 아니라 식칼로 인간의 생각을 결정한다.

이러한 도살에 의해 가능하게 된 진전progress을 거부하는 것은 불가능하다. 철칙은 과학적 논쟁에 비합리성을 부과할 수 있지만, 현대 과학을 그토록 강력한 지식 생산 기계로 만드는 것은 인간 주체를 실증적 세부사항에 올인하게 만드는 전략적으로 뛰어난 비합리성strategically brilliant irrationality이다.

쿤의 『과학 혁명의 구조』를 처음 읽었을 때, 나는 제목의 '혁명'에 너무 많은 관심을 기울인 나머지, 책에서 '진정으로 혁명적인 것'을 놓치는 우를 범했다. 그것은 '인류 최고의 합리적 성취인 과학은 일종의 편협함이나 맹목에 의해 추동된다'는 암시였다. 필라델피아와 뉴욕시 사이의 어딘가를 지나는 기차에서 두 번째 독서를 하는 동안, 나는 차창 밖을 내다보며 완전히 새로운 방식으로 책을 읽었다.

쿤은 패러다임을 오해했다. 과학자들의 사적인 사고private thinking

는 그가 생각하는 방식으로 차단되거나 제한되지 않는다. 엄격하게 제한되는 것은 (철학, 종교, 아름다움이 결여된) 과학자들의 공식 연설 official speech뿐이며, 그러한 (비이성적일 정도로 편협한) 제한이 쿤이 패러다임에 귀속시킨 것과 동일한 궁극적인 효과를 낳는다. 그 결과, 우리는 인간의 심리적 결점을 고려할 때 다른 어떤 수단으로 달성할 수 있었던 것보다도 맹렬하고 지속적이고 정확하게 '가능한 설명의 공간 space of possible explanation'을 찾을 수 있게 되었다. 이것은 놀라운 역설로, 겸손에 대한 교훈이며, 인간이 얼마나 흥미로운 존재인지를 상기시켜 준다. 외견상 돌파할 수 없는 논리적 장벽이 한때 인간과 과학 사이에 존재했었다. 과학의 첫 번째 계명인 철칙은 왜곡된 것처럼 보였고, 그러한 왜곡됨을 조금이라도 인식한다면, 지식 추구자knowledge seeker들은 철칙을 이행할 하등의 이유가 없었다. 철칙이 작동하는 것을 눈으로 보지 않고, 그것의 힘을 아는 것은 불가능했다. 인류가 백신, 전기 모터, 무선통신기—건강의 샘, 산업의 뼈대, 인간을 연결하는 끈—를 얻으려면, 예사롭지 않은 뭔가가 장벽을 부숴야 했다. 뉴턴의 특이한 정신, 즉 구획화하려는 본능적 충동은 올바른 종류의 기벽 eccentricity이었다. 그러나 그가 스스로 돌파하는 것은 불가능했다. 17세기의 서유럽에서 일어난 마음과 생각의 갑작스러운 변화의 이면에는 더욱 큰 비하인드 스토리가 도사리고 있다.

11장

과학의 등장

17세기의 서유럽에 마침내 과학이 등장했지만
다른 시기와 다른 장소에는 그러지 않은 이유가 뭘까?.

아슐리안 주먹도끼Acheulean hand ax를 손가락으로 감싼다면, 당신은 인류의 모든 기술 중에서 가장 오래된 것 중 하나를 쥐고 있는 것이다(그림 11.1). 호모 에렉투스Homo erectus와 그 후손은 100만 년 이상 동안 그 도구를 이용하여 동물을 도축하고, 가죽을 긁고 썰고, 나무를 자르고, 뿌리를 캐는 등의 작업을 수행했다.

그다지 멀지 않은 과거에 지구를 방문한 다른 항성계star system의 인류학자들은, 인류의 혈통이 진로를 결코 바꾸지 않을 거라고 생각했을 것이다. 100만 년 동안 효과가 있었던 도구라면 그 후로 100만 년 동안에도 효과가 있었을 것이다. 아슐리안 도끼는 오래도록 지구상의 지적 생명체intelligent life를 위한 표준 장비가 되었을지도 모른다.

그러나 그리 오래가지 않았다. 약 30만 년 전, 무스테리안Mousterian 도끼, 긁개, 창촉spearpoint이라는 극도로 우수한 석기 기술이 유럽에

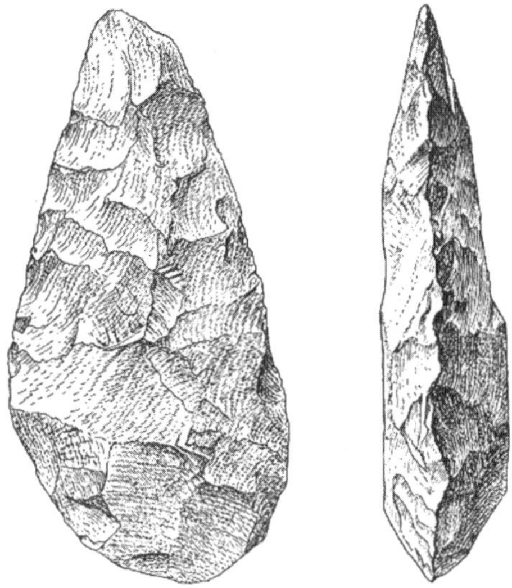

그림 11.1 아슐리안 주먹도끼(전면과 측면).

나타났다(그림 11.2). 이 갑작스러운 혁신의 원인이 뭘까? 유구한 전통을 가진 작업을 끊임없이 반복한 후, 아슐리안 방식에서 무스테리안적 망치질hammering 및 떼기flaking 방식으로 도약하는 방법을 생각해 낸 '은둔적인 동굴 속 천재', 즉 석기시대의 뉴턴이라도 있었던 걸까?

고고학적 증거는 색다른 답을 제시한다. 무스테리안 기술은 완전히 새로운 종種인 네안데르탈인Neanderthals의 진화와 함께 나타났다는 것이다. 이 과묵하고 험상궂은 눈썹을 가진 사람들은 오랫동안 전형적인 혈거穴居人, 즉 벙어리이고 단순하고 어리바리한 곤봉 소지자club bearer로 취급되었다. 그러나 연구가 거듭될수록 기존의 그림은 점점 더 부정확한 것으로 밝혀졌다. 네안데르탈인은 99.7%의 DNA를 현대인과 공유했으며, 훨씬 더 유의미한 방식으로 인간이었다. 즉, 그들

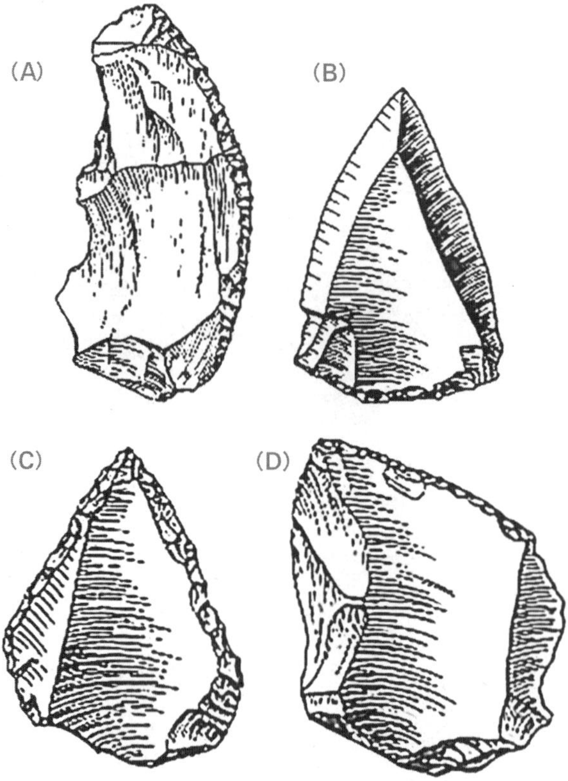

그림 11.2 무스테리안 도구. (A)는 볼록한 옆날긁개convex sidescraper, (B)는 르발루아형 창촉Levallois spearpoint, (C)는 무스테리안 창촉, (D)는 비스듬한 긁개canted scraper.

은 벙어리가 아니었으며, 예술, 의식ritual, 복잡한 사냥 기술과 함께 언어를 갖고 있었다.* 호모 에렉투스에서 호모 네안데르탈렌시스Homo neanderthalensis로의 전환은 새로운 종류의 마음의 진화evolution of a new

* 리베카 랙 사익스, 『네안데르탈』(생각의힘, 2022).

kind of mind에 달려 있었던 것 같다. 무스테리안 도구의 발명을 가능케 한 것은 아마도 이러한 향상된 사고 기관enhanced organ of thought의 탁월한 힘이었을 것이다. 어쨌든 이런 엄청난 인지적 약진cognitive leap forward 이후, 석기시대 기술은 새로운 속도로 진화하기 시작했다. 혁신 사이의 간격은 '수백만 년'이 아니라 '수만 년'으로 단축되었고, 도구는 점점 더 가볍고 날카롭고 예리해졌다.

무스테리안 도구는 30만 년 전의 고고학 기록에 처음 등장한다. 인류의 가장 예리하고 미묘하고 정교한 도구인 현대과학은 300여 년 전 처음으로 등장했다. 현대과학의 뒤늦은 데뷔는 무스테리안의 폭발과 동일한 의문을 제기한다: 왜 그렇게 장기간 동안 정체한 후 갑자기 돌파구가 생겼을까?

과학의 경우, 진화가 답이 아닌 것은 분명하다. 자연선택은 17세기에 생물학적 돌파구를 마련하지 못했다. 현대과학이 어떻게 만들어졌든, 그것은 인류가 수만 년 동안 사용한 것과 동일한 두뇌에 의해 진행되었다. 그와 마찬가지로, 현대과학은 수 세기 전부터 인간의 도구상자의 일부였던 철학, 논리학 및 수학, 도량형 시스템, 법치法治 및 분업에 의해 진행되었다. 하지만 이 중 어느 것도 과학혁명을 촉발하기에 역부족이었다. 뭔가 다른 것이 불을 붙인 게 틀림없다.

만약 현대과학이 어떻게 작동하는지에 대한 『지식 기계』의 설명이 올바른 방향으로 나아가고 있다면, 과학혁명의 결정적 혁신은 설명의 철칙이었다. 철칙의 요구사항인 담론의 협소화narrowing of discourse는 명백한 비합리성flagrant irrationality으로 귀결되었다. 이러한 요구는 오랫동안 철칙에 상심하던 인류의 의지에 흔들리지 않는 정신적 블록

mental block*을 형성했다. 그렇다면 현대과학의 출현을 둘러싼 의문 중에서 가장 중요한 것은 '철칙의 비합리성이 갑자기 거부할 수 없고, 심지어 매혹적인 것으로 다가온 이유가 뭘까?'라고 할 수 있다.

1517년, 마르틴 루터는 독일 비텐베르크Wittenberg에 있는 한 교회의 문에 자신의 '95개 논제Ninety-Five Theses'가 적힌 대자보를 붙였고, 이는 1,000년 동안 서유럽의 종교 생활을 지배해 온 가톨릭교회와의 결정적인 단절을 촉발했다.

한편 이탈리아에서는 피에로 델라 프란체스카Piero della Francesca와 레오나르도 다빈치 같은 예술가들이 원근법 기술을 발달시키며 인간의 모습을 참신하고 자연주의적인 방식으로 묘사했고, 유럽 전역의 학자, 건축가, 작가들은 중세 모델을 거부하고 그리스 로마 시대의 문학과 건축을 선호했다.

아마도 인간 활동의 가장 높은 형태를 재건再建하고 재고再考하려던 이 같은 시도 중에서 가장 급진적인 것은 철학자들의 노력이었을 것이다. 르네 데카르트는 인간의 지식을 굳건히 하기 위해 다음과 같이 썼다. "나는 모든 것을 완전히 부수고 기초부터 다시 시작하는 것이 필요함을 깨달았다."[1] 데카르트는 이 말을 통해, 르네상스와 근대 초기 사상에서 가장 짜릿한 것이 무엇인지를 예시했다. 그것은 지배적인 지적 권위prevailing intellectual authority—무엇보다도 가톨릭교회와 그 공식 철학자인 아리스토텔레스의 권위—를 거부하고 모든 것을 본질적

* 감정적 요인에 의한 생각·기억의 차단.

인 장점에 따라 처음부터 재구성하기로 결정한 움직임으로, 그 과정에서 지속성, 명성, 종교적 정통성을 지녔다는 이유만으로 특별한 가설을 고려하는 것은 있을 수 없는 일이었다. 데카르트뿐만 아니라, 17세기의 모든 위대한 철학자들—그중에서 특히 토머스 홉스, G. W. 라이프니츠, 바뤼흐 스피노자Baruch Spinoza—은 새로운 철학 체계를 만드는 데 일생을 바쳤다.

그런 체계 중 하나는 철학 자체를 거부했다. 17세기에 이르러 자연철학자들은 2,000년 동안 관찰할 수 없는 세계 구조world's unobservable structure의 문제와 씨름했지만 다소 제한적인 성공을 거두었다. 전혀 다른 것이 필요한 때라고 생각한 소수의 사상가 그룹은 협소한 형태의 경험적 탐구narrowly empirical form of inquiry에 대담한 내기를 걸었다. 물론 나는 1620년에 아리스토텔레스의 형이상학을 강력하게 거부하고 '관찰된 사실을 설명하는 능력만으로 이론을 판단하는 전략'을 지지한("가장 기초적인 토대에서 다시 시작되어야 한다"[2]) 프랜시스 베이컨을 앞세워, 갈릴레오 갈릴레이, 로버트 보일, 아이작 뉴턴 같은 작가들을 언급하고 있다.

이것은 "오로지 경험적 증거만이 중요하다"라는 개념이 번잡한 17세기의 혼합체 속으로 스며들어 간 과정이다. 그것은 시대가 특별히 경험주의를 선호했거나 철학적·신학적 논증에 적대적이었기 때문이 아니라, 모든 종류의 대담한 사고가 피어날 만큼 비정상적으로 비옥했기 때문이다. 인간 지성의 정원은 인류 역사상 유례가 없는[3] 사상적 풍요로움으로 폭발했다. 그런 엄청난 다양성[4] 속에서, 설명의 철칙 같은 것이 한 계절만이라도 꽃을 피웠을 거라고 예상할 수 있다.

그즈음 발표된 베이컨이나 보일의 저술에서 철칙의 주요 요소들을 발견하면, 당신은 '과학의 도래가 설명되고 있을 것'이라고 생각할 수 있다. 사실, 설명은 거의 시작되지 않았다.[5] 일단 공식화되더라도 철칙의 지배는 거의 예정되지 않았으며, 그것이 정원을 차지할 거라고 생각할 이유가 거의 없었다. 꽃을 피우는 것과 번성하는 것은 전혀 별개의 문제다. 베이컨은 철칙에 의해 지배되는 과학iron rule-governed science의 원칙 중 몇 가지를 제시했지만, 그것들을 합치된 방식으로 작동시키지 않았다. 갈릴레오와 보일은 다량의 데이터를 생성하고 설명하면서 베이컨보다 선전善戰했다. 그러나 이데올로기적으로 볼 때, 그들은 뉴턴만큼이나 데카르트에 속한다. 보일은 자신의 경험적 연구에 대한 보고서를 많이 썼지만,[6] 데카르트처럼 "모든 과학적 설명은 원자론 모형atomistic model에 따라 진행되어야 하며, 모든 관찰 가능한 사실을 '다양한 모양과 움직임을 보이는 작은 물체들little bodies variously figured and moved'이라는 관점에서 설명해야 한다"라고 주장했다. 보일에 따르면, 아리스토텔레스적 철학자들이 "신비로운 특징occult qualities"에 호소한 설명 중 대부분은 "이해할 수 없는unintelligible" 것이었다. 보일은 체계적인 철학자는 아니었지만, 자신이 단 하나의 정당한 설명 스타일a single legitimate explanatory style로 간주한 것을 철학적 논증을 이용하여 옹호했다. 요컨대 그들은 뉴턴의 설명적 허용성explanatory permissiveness과 여전히 거리가 멀었다.

하지만 섣부른 판단은 금물이다. 그럴 경우, 17세기 후반의 자연철학이 아리스토텔레스나 데카르트의 이상과 크게 다르지 않은 상태—정성적 사실qualitative fact과 약간의 정량적 사실quantitative fact을 설명하지만, 합리적인 철학적 틀 내에서 항상 신중하게 설명하는 자연 이론—로 되돌아가는 것을 상상하기 쉽다.

왜 안 그랬을까? 나에게 한 단어의 대답만 허용된다면, 나는 뉴턴이라고 대답할 것이다. 그는 동시대인들이 무시할 수 없는 압도적인 힘으로 철칙에 의해 지배되는 과학의 모든 잠재력을 보여준 인물이었다.

그렇다면 우리는 뉴턴에게 어떤 행복한 상황을 빚지고 있는 것일까? 뉴턴이 나타났을 때 그런 상황이 벌어진 것은 단순한 행운이었을까? 1642년, 수천 년 동안의 지칠 줄 모르는 무의미한 게임 끝에 대자연의 위대한 유전적 복권genetic lottery이 잭팟을 터뜨려, 라스베이거스 슬롯머신에서 마지막 숨을 헐떡인 도박에 대한 보상으로 뉴턴의 독보적인 유전체genome를 한 줄의 바나나처럼 조립하는 게 가능할까? 우연히 예외적으로 행복한 역사적 순간에 올바른 핵산 서열들이 주르르 연결되어, 철칙의 마법을 최대한 활용할 수 있는 천재가 탄생했을까? 또는, 뉴턴을 만드는 데 유전자 이상의 것—아마도 개인적·교육적·사회적 경험의 올바른 조합—이 필요할 수도 있다. 어느 쪽이 됐든, 17세기 중반 링컨셔의 시골에서 발생한 억세게 운 좋은 우주적 사고가 과학혁명을 생각할 수 있을 뿐만 아니라 승리할 수 있게 만들었다.

이것은 지적으로 묽은 죽intellectually thin gruel으로, 영양가도 없고 맛도 없는 설명이다. 좀 더 덧붙이자면, 17세기에는 베이컨의 초기 방법론적 처방과 뉴턴의 독특한 지성 외에도, 뭔가가 철칙의 비합리성—즉, 과학적 논증에서 모든 철학적·신학적·미학적 고려를 배제함—을 종전보다 더욱 용인할 만하고 신중하고 문명화된 것처럼 보이게 만들었다. 그렇다면 과학의 등장을 설명하는 열쇠는, 철칙의 본질적으로 협오스러운 성질intrinsically repellent nature을 중화시킨 요소들을 추적하는 것이라고 할 수 있다.

일단 루터의 '95개 논제'가 발표되자, 유럽은 영적靈的으로 영원히 분열될 운명에 처했다. 새로운 개신교 신앙과 오래된 가톨릭 신앙이 대립했고, 시민과 통치자와 대립하는 종교가 불안하게 공존했다. 얼마 지나지 않아 폭력이 뒤따라, 1520년대에 독일에서 민중항쟁이 일어났고 1550년대에는 영국에서 반체제 인사들이 화형을 당했다. 1560년대에 저지대Low Countries*에서 교회가 파괴되었고, 그 이후 16세기 말까지 프랑스에서 전면전이 일어났다.

상황은 날로 악화되었다. 1618년, 보헤미아의 개신교 귀족들은 자신들의 종교적 자유가 침해될 것을 우려하여, 가톨릭 왕인 페르디난트를 폐위하고—프라하의 흐라트차니성Hradčany Castle의 위층 창문에서 그의 신하들을 떨어뜨린 것으로 유명하다—칼뱅주의자인 왕자를 왕으로 옹립했다. 폐위된 페르디난트는 곧 신성로마제국의 황제가 되어 (가톨릭 국가와 개신교 국가가 뒤섞인) 중부유럽의 잡다하지만 강력한 연합motley but powerful confederacy의 통치자가 되었다. 그는 복수를 하기 위해 보헤미아로 진군했다. 이는 데카르트의 짧고 별 볼일 없는 군대 경력이 시작되고 유럽이 황폐화된 30년 전쟁의 시작이었다.

전쟁은 종교적 관용religious toleration 문제 때문에 시작되었지만, 이윽고 그 이상으로 발전했다: 그것은 프랑스를 통치한 부르봉 왕조와

* 유럽 북해 연안의 벨기에, 네덜란드, 룩셈부르크로 구성된 지역.

신성로마제국을 통치한 합스부르크 왕조 사이의 전쟁, 독일 왕자들이 신성로마제국 황제에 대항하여 자신들의 권리를 주장한 전쟁, 용병 대장과 스칸디나비아 왕들의 영토확장 전쟁이었다. 유럽은 결정적으로 변했다. 즉, 종교 의식religious observance과 왕조 동맹dynastic alliance으로 느슨하게 연결된 복잡하고 변화무쌍한 영지들의 거미줄web of fiefs에서 애국심과 국익이라는 아주 새로운 개념으로 연결된 민족국가들의 모자이크mosaic of nation-states로 변신했다. C. V. 웨지우드C. V. Wedgwood는 그녀의 고전적인 전쟁사에 다음과 같이 썼다.

> 개신교와 가톨릭이라는 용어는 점차 활력을 잃었고, 독일인, 프랑스인, 스웨덴인이라는 용어에는 집단의 위협이 반영되었다. 합스부르크 왕조와 그 반대자들 사이의 투쟁은 두 종교의 갈등을 멈추고, 힘의 균형을 위한 국가들의 투쟁이 되었다.[7]

이러한 민족국가 내에서, 종교는 점점 덜 중요한 조직 원리organizing principle가 되었다.

> 그렇다고 해서 대중의 믿음이 점점 더 약해진 것은 아니었다. 심지어 교육받은 사람들과 경건한 사람들도 여전히 확고한 신앙을 유지했지만, 신앙은 점점 더 개인적이 되었고 본질적으로 개인과 창조주 사이의 문제가 되었다.[8]

시민의 목적을 위해 당장 중요한 것[9]은 당신의 국적—이를테면 영

그림 11.3 30년 전쟁 동안의 생활: 교수형.
프랑스의 판화가 자크 칼로Jacques Callot가 1633년에 발표한 〈전쟁의 대참사The Great Miseries of War〉라는 연작 판화 중 하나.

국인인지 아니면 프랑스인인지—였다. 당신이 성공회 신자인지 가톨릭 신자인지는 개인적인 관심사였다. 1648년 베스트팔렌 조약Peace of Westphalia으로 전쟁이 종식되었을 때, 정치적·종교적 정체성의 분리[10]는 아직 완전하지 않았다. 그러나 새로운 조직 원리는 지식인들에게 분명했고 그들에 의해 열렬히 토론되었다.

17세기 후반, 유럽 민족국가의 시민은 두 가지 별개의 체제하에서 살아야 했다. 그중 하나는 신의 뜻에 복종하는 영적 체제spiritual regime이고, 다른 하나는 군주나 의회의 포고령에 복종하는 시민 체제civic regime였다. 한 사람이 두 주인을 섬길 수 없다면, 두 가지 역할—국가의 법을 준수하는 시민citizen과 순종하는 하나님의 종servant of God—이 요구하는 행동이 충돌하지 말아야 한다. 국가의 법이 종교를 규정해서는 안 되며, 신의 법이 국가의 특권인 조폐, 조세, 공안公安, 징집을 무효화해서도 안 된다. 또는 아이작 뉴턴이 쓴 것처럼 "신의 법칙과 인간의 법칙은 구별되어야 한다".[11] 유럽에서 평화의 대가는 도덕적 영역을 서로 겹치지 않는 영역(거룩한 교회와 주권국가)으로 영구적으로 양분하고,[12] 각 영역에 고유한 원칙과 별도의 신상필벌 체계를 허용한 것이었다.

아리스토텔레스에게, '철학적·신학적 논증을 금한다'는 철칙의 규정은 자의적이고 변명의 여지가 없는 것처럼 보였을 것이다. 그와 대조적으로, 철칙은 17세기의 지성인들에게 정치적·종교적 합의 이상을 요구하지 않았다. 규칙의 이행을 위해 전용 지적 공간dedicated intellectual space이 예약되어 있었으며, 그 안에서는 엄격하게 제한된 원칙들만이 추론 과정을 지배하도록 허용되었다. 요컨대 구획partition—시민 영역과 영적 영역—이 그 당시의 질서였다. 장담하건대, 철칙의 인지적·논리적 분할은 세련되고 화려하고 저항할 수 없을 정도로 '현대적modern'으로 보였을 것이다. 베이컨 같은 급진주의자들에 의해 '철칙의 지배를 받는 과학'의 핵심적 특징이 테이블 위에 놓이자, 그것은 인류 역사상 그 어느 때보다 진지하게 받아들여졌다.

1687년 뉴턴이 협소한 경험적 방법을 이용해 일궈낸 찬란한 발견들이 『프린키피아』에 발표된 후에도, 그의 전략이 다른 자연철학자들에게 보편적으로 채택된 것은 아니었다. 그렇다면 뉴턴의 걸작은 (아리스토텔레스의 철학이 오랫동안 그랬던 것처럼) 수 세기 동안 홀로 우뚝 서서 찬사를 받았겠지만, 어느 누구도 범접할 수 없었을지도 모른다. 그러나 그런 일은 일어나지 않았다. 사상가들은 뉴턴의 프로젝트를 받아들였으며, 뉴턴 자신이 사용한 것과 같은 엄격한 틀 내에서 그 기본을 계속 심화하고 범위를 확장함으로써 열·빛·전기와 물질의 구조에 대한 이론을 발전시켰다. 뉴턴이 그토록 효율적으로 모방되기 위해서는, 그의 후계자들이 그의 연구에서 작동한 철칙 같은 것을 식별하고 그것을 자신의 방식으로 거리낌 없이 채택해야 했다. 분별력은 아마도 큰 문제가 아니었을 것이다. 뉴턴은 1713년 『프린키피아』 2판에 유명한 방법론적 진술인 "나는 가설을 가장하지 않는다"를 추가함으로써 그들에게 도움을 주었다.

그러나 사상가가 자신의 연구에서 철칙에 전념하기 위해서는 '노골적인 비합리성'과 '가치와 무관한 철학적·신학적 추론 배제'를 극복하는 방법을 모색해야 했다. 예컨대 보일이 뉴턴 이전에 원자론을 옹호했던 것처럼, 철칙을 따르려는 의도가 진지한 사람일지라도 관련성 있고 설득력이 있어 보이는 경우에는 금지된 사고방식forbidden modes of thought으로 슬그머니 복귀하기 쉽다.

도덕적 구획화moral compartmentalization라는 시대적 대의명분은 뉴턴의 추종자들이 결의를 다지는 데 도움이 되었음에 틀림없다. 그러나 뉴턴의 작업이 보편적인 찬사를 받는 대상이 되었음에도, 그보다 훨씬 더 도움이 되는 무언가가 나타났다. 그것은 (철칙에 의해 적절히 통제되는 과학적 의사소통의 공식 채널에서 벌어지는) 공적인 논증public argument과 (철학, 신학, 아름다움이 자유로이 허용되는) 사적 사고private thought의 분리에 대한 인식이었다. 분리는 뉴턴 자신에게 있는 것이 아니었다. 우리가 말할 수 있는 한, 그는 "오로지 경험적 증거만이 중요하다"라는 격언을 자신의 발표된 선언published pronouncement만큼이나 수리물리학에 대한 자신의 내면적 사고inner thought에 적용했다. 위대한 탐구의 드라마에서 겨루는 등장인물들처럼 방법을 분리하고 구분하는, 그의 연극 정신theatrical psyche의 작용이 그러했다. 그러나 뉴턴이 아닌 좀 더 평범한 정신의 소유자에게, 철칙의 적용이 생각이 아닌 논쟁에만 필요하다면 철칙을 따르는 편이 훨씬 더 수월할 것이다. 그러므로 뉴턴 이후에는 주관성과 비경험적 논증에 대한 칙령의 범위가 과학 저널 등에 국한되고 사적 추론이 제약되지 않아, 철칙을 수용하기가 엄청나게 쉬워졌다. 그것은 규칙의 힘에 대한 자기부과적 제한self-imposed limit으로, 우리가 아는 현대과학의 필수적인 부분이다.

따라서 과학의 등장에 대한 설명은 '철칙이 공적 논증에만 주의를 기울인다'는 점을 설명해야 한다. 전체적인 이야기는 길고 복잡하며, 과학적 객관성과 '소독' 방법에 대한 표준이 발전함에 따라 여전히 전개되고 있다. 왕립학회 회원들이 자신들의 기관지house journal—뉴턴이 중력과 빛의 본질에 대해 생각하기 시작한 1665년에 창간되었다—를 "적나라한 사실"의 보관소로 생각했다는 사실이 한몫한 것이 분명하다. 그러나 저널 자체는 규칙이 감히 침범할 수 없는 과학자의 마음 속 사적인 공간private space을 일구는 것을 설명하지 않는다. 하지만 유명한 17세기 양심의 위기crisis of conscience에서, 지식 기계 완성의 마지막 단계를 유리하게 만든 사회적 조건을 일별할 수는 있다.

1675년, 아이작 뉴턴은 사회적·전문가적 재난에 직면해 있었다. 그는 7년 전 트리니티 칼리지의 선임 연구원으로 선출되었는데, 선임 연구원은 선출된 지 7년 이내에 성공회 사제로 서품받기 위해 목사가 되어야 했다. 그것은 뉴턴의 양심이 허락하지 않는, 얄궂은 운명이었다. 그는 성서에 대한 면밀한 연구를 통해, '예수 그리스도는 하나님 아버지와 동등하지 않으며, 오히려 그에 의해 창조되었다'는 확신에 이르렀는데, 그것은 삼위일체Holy Trinity 교리—신은 본질적으로 하나인 동시에 그 속에 성부聖父·성자聖子·성령聖靈의 삼위격三位格을 갖추고 있다는 교리로, 트리니티 칼리지의 이름도 여기에서 유래한다—를 부인하는 것이었다. 성공회의 관점에서 볼 때, 그는 이단인 아리우스파Arian였다. 그의 관점에서 볼 때 오류에 빠진 것은 교회였으며, 그 오류의 기원은 4~5세기에 일어난 성서의 사기적 수정fraudulent emendation[13]까지 거슬러 올라갔다. 그는 타락한 종교의 대리자가 됨으로써 자신의 영혼을 더럽힐 수 없었으므로, 성공회 사제가 될 수 없었다. 그러나 만약 사제가 되지 않는다면, 그는 선임 연구원을 그만둬야 했다(슬프게도, 그는 1675년 어느 시점에 그렇게 한 것 같다).

선임 연구원을 그만두면 수입이 끊길 뿐만 아니라, 사임 사실이 알려질 경우 대학이나 왕립학회의 동료들에게 '목사가 되기를 꺼리는 배후에 이단이 도사리고 있다'는 의심을 받아 추방당하고 "도덕적 문둥병자moral leper라고 낙인찍혔을 것이다".[14]

뉴턴은 찰스 2세에 의해 구출되었다. 케임브리지의 유력자인 누군가—아마도 루카스 교수직 전임자인 아이작 배로Isaac Barrow—의 청원에 대한 응답으로, 왕실이 특별 허가royal dispensation를 내린 것이다. 교수직을 소유한 사람은 사제 서품을 받을 필요가 없었다. 만약 자신의 믿음에 대해 침묵을 지킨다면, 뉴턴은 자신이 원하는 한 트리니티에서 자신의 지위를 유지할 수 있었다. 그래서 그는 두 가지 지적 생활을 병행하면서 살았다. 하나는 성공회의 계율을 공개적으로 따르는 트리니티 칼리지의 정통 선임 연구원이고, 다른 하나는 존경받는 사회를 화나게 할 신념에 개인적으로 몰입하는 반삼위일체 이단자anti-trinitarian heretic였다.

뉴턴의 딜레마는 17세기 내내 반복적으로 발생한 갈등[15]을 보여준다. 전쟁으로 인한 시민 생활과 종교 생활의 분할이 불완전했고, 정치와 종교의 경계가 항상 일치하는 것은 아니었기 때문에, 야심 차거나 성공한 사람들이 '사적으로 경멸하는 공공장소'에서 뭔가를 말하거나 수행하는 경우가 비일비재했다.

물론 비밀과 신중함은 전제주의나 광신주의에서 살아남는 데 항상 유용했다. 입을 다물고 있는 것이 중요하다는 증언은 차고 넘친다.

> 당신이 책망할 만한 일에 대해 왕에게 복종하고, 당신이 동의하지 않는 문제에 대해 왕에게 동의하고, 당신이 아니라 왕의 욕망에 따라 사물을 평가하는 훈련을 받기 전에는 왕과 친구가 되지 말라.[16]

14세기 초 이슬람의 카이로에서, 이집트의 공무원 시바브 알-딘 알-누와이리Shibāb Al-Dīn Al-Nuwayrī는 위와 같이 조언했다. 17세기의 유럽이 다른 시대의 다른 곳과 달랐던 점은, 공적인 것과 사적인 것의 구분이 크게 정상화되었고 사회적으로 널리 받아들여졌다는 것이다. 공개적인 연설에 관한 규칙은 매우 명확하고 엄격하게 시행되었지만, 사적인 생각을 심각하게 제한할 것으로 기대되지는 않았다. 그 대안—영구적인 종교적 갈등[17]—은 너무나 끔찍해서 동의할 수 없었다.

이것은 종교적 관용religious tolerance이라는 현대 자유주의적 이상의 실질적인 시작이었다. 그것은 오늘날 우리가 가진 이상이 아니었으며, 트리니티 칼리지도 영국 사회도 아리우스파의 이설異說을 용인하지 않았다. 그러나 왕이 뉴턴의 사제 서품 요건을 완화한 것은, 규칙에 대한 외적 순응outward conformance to the rule을 훌륭한 시민의 충분한 자격으로 받아들이려는 의지와 '초기 근대국가의 지적·영적으로 다양한 제도적 구성요소가 원활하게 맞물리도록 보장하기 위해 어느 정도의 연극이 필요하다'는 이해를 반영한다. 초기의 자유주의 덕분에 '엄격하게 통제된 외적 표현과 자유로운 개인 의견의 분리segregation of strictly policed outward expression and unfettered personal opinion'를 명시적으로 논의하고 조정하고 때때로 축하했다는 점에서, 17세기의 유럽은 역사상 다른 장소와 구별된다. 이것은 '뉴턴의 과학에 기반한 사람들이 감히 큰 소리로 말할 수 없는 아이디어에 정신이 팔렸음에도, 공개적인 과학 토론에서 철칙의 엄격함에 순응하는 것이 자연스럽고 쉽다는 것을 알게 된 이유'를 설명하는 데 어느 정도 도움이 된다.

과학을 발명한 사상가들은 이미 이론적으로(그리고 종종 실제적으로) 자율적 영역autonomous domains—정치적 영역과 영적 영역—과 표현 영역spheres of expression—공적인 영역과 사적인 영역—에서 사상을 세분細分하는 전문가였다. 그러한 구별은 세계의 다른 지역과 다른 시대에선 거의 알려져 있지 않았지만, 17세기의 유럽에서는 역사적으로 전례 없는 규모의 특권 계급 사이에서 긴급성ergency과 훨씬 더 중요한 정당성legitimacy을 획득했다. 17세기는 이미 철칙의 지배를 받을 준비가 되어 있었고, 규칙이 나타났을 때 그것을 최대한 활용함으로써 현대과학을 만들었다.

4부

오늘날의 과학

12장

과학적 마인드 구축

평범한 사람은 어떻게
도덕적·지적으로 폭력적인 과정을 통해 현대 과학자로 변신할까?

"6주 동안 매일 구덩이를 판다." 이것은 호프 자런이 회고록 『랩걸Lab Girl』에서 기술한 현장학습에서, 캘리포니아 대학교 버클리 캠퍼스 토양과학과의 고학년 학부생들에게 제시된 어젠다였다.

보통 사람은 20초—자신이 방금 떨어뜨린 물건을 집어 드는 데 필요한 시간—이상 흙을 응시하는 것을 상상할 수 없지만, 이 수업은 보통 사람을 위한 것이 아니었다.[1]

그날 파야 할 구덩이를 판 후 과학적 연구가 시작되었다.

모든 구멍의 모든 특징은 복잡한 분류법의 대상이 되었으며, 학생들은 미국 자연자원보호청Natural Resources Conservation Service에서 개

발한 공식 매뉴얼을 이용하여 각각의 식물 뿌리가 만든 미세한 균열을 기록하는 데 능숙해졌다.[2]

과학자를 꿈꾸는 학생들의 훈련 과정은 이러했다. 그들의 경력은 이제 더는 스릴이 넘치지 않을 수도 있었다. 그들 중 대부분은 교직이나 연구직이 아니라 '실질적인 토지 관리 직업'을 선택했다. 그리하여 그들의 토양 분석에 대한 전문 지식은 '캘리포니아의 센트럴밸리Central Valley에서 보낸 덥고 먼지 날리는 여름날'과 거의 동일한 방식으로 사용될 터였다.

그들은 왜 그것을 참고 견뎠을까? 나는 앞에서 "과학자들이 실증 연구의 지루함을 받아들이는 것은, '과학 한다는 것은 바로 그런 것'이라고 철칙이 말해주기 때문이다"라고 썼다. 그러나 미래 과학자의 모든 세대는 철칙에 스스로 복종해야 한다고 확신해야 한다. 대부분의 경우, 아마도 철칙이 직무기술job description의 일부인 것으로 충분할 것이다. UC 버클리의 토양과학과 학부생들은 자신들이 판 구멍을 단순히 안정적인 급여를 받는 경로로 여겼을 것이다. 이를 위해, 그들은 토양 분류법의 핵심사항Keys to Soil Taxonomy이 지시한 대로 무엇이든 했을 것이다.

그러나 모든 사람이 그렇게 쉽게 설득될 수 있는 것은 아닐 것이다. 무덤을 도굴했던 신경과학자 산티아고 라몬 이 카할과 이론물리학자 스티븐 와인버그는 둘 다 '철학에 대한 젊은 시절의 흥분'을 기록하고 있다. 하지만 그들은 노벨상을 받기 위해 그런 유혹과 거리를 둘 필요가 있었고, 카할이 말했듯이 "사실 관찰observation of facts에 대한 지칠 줄 모르는 끈기와 열정"[3]의 체제에 복종해야 했다.

과학도들이 그렇게 하도록 돕는 것은 과학교육자들—고등학교 교사, 대학 교수, 멘토, 연구실 책임자—의 임무다. 그들은 과학도들이 카할이나 와인버그 같은 감성을 품고 모든 영역의 모든 분야에서 지식을 갈망하도록 도와주며, 평생 동안 논증—경험적 시험 외에, 철학·종교·아름다움에의 호소는 아무런 역할도 하지 않는 활동—에 종사하도록 훈련시킨다.

철칙의 비합리성은 그러한 과정에 엄청난 걸림돌로 작용한다. 개과천선한 철학자인 와인버그를 다시 생각해 보자. 그는 대중적인 저서에서 아름다움의 입증된 힘을 옹호한 것으로 유명하다: "아름답지 않다면, 우리는 어떤 이론도 최종적인 것으로 받아들이지 않을 것이다." 이 선언은 추함ugliness이 결정적인 반례反例라는 명백한 확신을 드러낸 것으로, 포퍼조차도 확인하지 못한 매우 희귀한 사례다. 하지만 그와 동시에, 와인버그는 '미학적 호소aesthetic appeal는 과학적 설득scientific persuasion의 공식 채널에서 설 자리가 없어야 한다'—공적인 과학 논쟁에서, 중요한 것은 오로지 경험적 시험뿐이다—는 과학적 정통성을 논평 없이 받아들였다.

의심할 여지 없이, 와인버그는 많은 동료들과 마찬가지로 "과학의 필요에 따라, 아름다움이 막후에서 영향력을 행사하며 '미美와 진실 간의 긴밀한 관계'를 파악한 과학자의 귀에 속삭이는 것으로 충분하다"라고 생각했다. 그러나 무엇보다도, 아름다움이 왜 그림자 속에서 기어 다니도록 정죄받아야 할까? 그처럼 사려 깊은 작가가 어떻게 그런 왜곡된 요구를 받아들였을까?

그 대답은, 철칙에 대한 현대 과학자들의 충성심이 설득이 아닌 다른 방법에 의해 주입된다는 것이다.

철칙의 전파dissemination 방법을 조사하기 위해, 당신은 과학적인 접근방법을 채택할 수 있다. 즉, 학교와 대학에서 과학 교사의 강의 및 연구 활동을 주의 깊게 모니터링하고, 구덩이 파기 현장학습을 따라가 선배들의 조언을 도청하는 것이다(선배 과학자들은 실험대lab bench의 소란을 뚫고 후배들에게 조언을 제공한다). 그와 대조적으로, 나는 좀 더 철학적인 접근방법을 제안한다. 그것은 당신 자신에게 다음과 같이 묻는 것이다: 만약 철칙을 차세대 과학자의 머리와 마음에 새겨야 한다면, 당신은 그들을 어떤 식으로 교육할 것인가?

예컨대, 당신이 아틀란티스로 돌아간다고 상상해 보라. '아틀란티스인들에게 현대과학의 지적·물질적 이점을 제공한다'는 당신의 임무가 순조롭게 진행되고 있다. 당신은 '설명에 대한 운율의 개념을 포기하고 원인에 관심을 갖기 시작해야 하며, 단어의 감미로운 소리가 아니라 관찰 가능한 현상의 생성에 대해 자세히 말할 수 있는 능력에 기반하여 가설을 평가하라'고 그들을 설득했다. 다음으로, 당신은 인과적 설명causal explanation에만 관심을 갖도록 그들을 유도해야 한다. 즉, 그들은 오로지 설명력의 관점에서 과학적 대화·협력·분쟁·중재를 수행하는 데 동의하고, 그들이 가장 강력한 논거로 여기는 철학적·미학적·종교적 기댈 언덕을 공개적으로 포기해야 한다. 간단히 말해서, 당신은 철칙의 비합리성이 그들의 몸에 배도록 유도해야 한다.

아마도 당신은 그들에게, 형이상학·신·아름다움 등에 호소하는 비경험적 사고는 과학에 해롭다고 설명할 수 있을 것이다. 그러나 그들 중 일부, 예컨대 스티븐 와인버그 같은 부류의 사람들은 당신을 믿지 않을 것이며, 실제로 과학에서 비경험적 추론의 효능을 입증한 경험적 증거가 있다. 특히 '이론적 대칭 또는 우아함'의 감각은 과학적 탐구의 역사를 통틀어 다양한 지점에서 결정적이었다.

그렇다면 변명도 하지 않고 설명도 하지 않는—결연히 버티고 서서 준수를 주장할 따름인—철칙이 더 낫다고 할 수 있다. 토머스 쿤의 더욱 논쟁적인 논문 중 하나[4]에 따르면, 과학 교육자들은 과학적 사고의 습관을 전달하는 데에서 독단주의dogmatism가 중요한 역할을 수행한다는 사실을 인식할 수 있다.

그러나 비판적인 청춘에게 독단적인 신조를 심어주는 것은 그리 간단하지 않다. 설사 철칙이 교수의 포고령에 따라 강의실에서 의심의 여지가 없다 하더라도, 철학적으로나 미학적으로 그 지시를 우회하려는 부정행위의 유혹은 여전히 남아 있을 것이다. 그런 욕망을 억제하기 위해, 당신은 정치의 거친 거래rough trade에서 도덕과 소박함이라는 두 가지 아이디어를 훔칠 수 있을 것이다. 도덕적 전략moral strategy은 '철학, 신학, 아름다움에 근거한 사고는 과학의 신성함을 침해한다'는 의미를 전달한다. 소박함 전략simplemindedness strategy은 학생들에게서 '철학적·신학적·미학적으로 생각하는 능력'을 박탈한다.

도덕과 소박함 중에서 도덕이 먼저다. 당신이 초보 과학자에게 원하는 것은, 과학에서 경험적 추론 이외의 것을 추구하면 기분이 나쁘고 죄책감을 느끼고 타락했다고 느끼는 것이다. 그러나 무無에서 도덕적 중독제moral intoxicant를 만들고, 그것이 심리적인 힘psychological force을 가질 거라고 기대할 수는 없다. 그렇다면 먼저, 자존심을 굴복시키는 힘을 가진 것으로 이미 알려진 요소들—순수, 겸손, 절제, 금욕주의—을 사용하라. 학생들에게 다음과 같은 수칙을 가르쳐라.

- 과학적 추론의 순수성이 사고의 비경험적 긴장에 의해 더럽혀져서는 안 된다.
- 과학자는 최대한 겸손하게 자연에 접근해야 한다. 자연에게 뭔가를 지시하려 하지 말고, 오히려 정중하게 자연의 말을 경청해야 한다.
- 과학에서 철학적 사색은 방종self-indulgence으로, 사색의 사치를 위해 경험적 시험의 원칙을 포기하는 행위다.
- 과학적 삶은 희생하는 삶이다. 과학자는 자연계에 대한 지식을 얻기 위해, 가치 있는 것을 거의 모두 포기할 준비가 되어 있어야 한다.

이상과 같은 수칙들을 합리화하려고 해서는 안 된다. 그것들을 도덕적 절대원칙moral absolutes으로서 우뚝 서게 해야 한다. 그것들은 정당화되거나 설명되기보다는 설교되어야 한다.

이를 위해, 아틀란티스의 과학으로 하여금 영적 지도자 그룹을 갖추도록 하라. 그들은 경험적 시험의 가치를 찬양하고, 자연계에 대한 지식의 다른 경로(이를테면 철학적 추론)를 무시하거나 폄하하는 도덕주의자들이다. 이러한 도덕주의자들은 과학을 '진리와 특권적으로 연결된 기관', 즉 최고의 탐구 방법일 뿐만 아니라 유일하고 적절한 탐구 방법으로 떠받들어야 한다.

이렇게 세뇌된 아틀란티스의 과학자들은 고차원적 충동higher urge에 저항함으로써, '철학적·예술적·경험적·정치적·영적 이성의 실threads을 한데 모아 더욱 큰 전체a greater whole를 직조한다'는 원대한 프로젝트를 포기할 수 있을 것이다. 그러나 가장 쉬운 것은, 유혹이 없는 상태에서 도덕 체계의 지시를 따르는 것이다.

따라서 아틀란티스의 과학에서, 도덕 교육을 보완하려면 소박한 마음simple mind을 육성해야 한다. 미래의 과학자들에게 온갖 철학적 방법과 예술적 도구를 제공하고, 어떤 상황에서도 그런 장비를 사용하지 말라고 당부하면 어떨까? 그렇게 하면 학생들을 '더 성숙한 인격체'로 만들 수 있지만, 자칫하면 '더 나쁜 과학자'로 만들 수 있다. 그런 위험을 감수하지 않는 것이 좋으므로, 과학 교육 커리큘럼에서 철학과 예술에 관한 것들을 완전히 제거하라. 가장 확실하고 순수한 경험적 마인드를 함양하기 위해, 과학도들에게 경험적 추론 방식과 경험적 지식만을 제공하라. 그들에게 오로지 경험적 사고만 할 수 있는 능력을 제공하라. 그들에게 단 하나의 참된 길, 즉 정당하고 순결한 길을 따르게 하는 반쪽짜리 교육miseducation은 충분히 만족스러울 것이다.

아틀란티스의 젊은 과학자들을 경험주의의 고교회high church* 로 인도하는 것은 디스토피아적 발상으로, 오늘날 현실 세계의 과학 교육과 아무런 공통점이 없는 것 같다. 과연 그럴까?

사실, 현대과학의 경험주의적 제약 속에서 도덕적 특징을 분간하는

* 로마 가톨릭교회와의 역사적 연계성을 주장한 영국 국교회의 한 파.

것은 그리 어렵지 않다. 나와 같은 분야에 종사하는 사람들에게 가장 놀라운 것은, 과학계의 최고 권위자들이 철학을 끊임없이 비난한다는 것이다.

스티븐 호킹과 레너드 믈로디노프Leonard Mlodinow가 2010년에 함께 펴낸 『위대한 설계The Grand Design』는 다음과 같이 시작된다.

> 철학은 죽었다. 철학은 과학, 특히 물리학의 현대적 발전을 따라잡지 못했다. 과학자들은 과학적 지식을 탐구하는 데에서 발견의 횃불torch of discovery의 봉송자가 되었다.[5]

호킹 자신은 철학의 현대적 발전을 따라잡지 못한 게 분명하다. 끈 이론string theory의 전망, 우주론의 함의, 양자중력quantum gravity의 우여곡절을 전문적으로 연구하는 철학자가 있고, 그중 일부는 호킹이 그 글을 쓸 당시 호킹과 같은 대학에 재직하고 있었기 때문이다. 그러나 사실은 중요하지 않았다. 호킹은 세미나가 아니라 설교를 하고 있었기 때문이다. 우리가 그의 말에서 얻을 수 있는 교훈은, 철학적 사고는 과학에서 설 자리가 없다는 것이다.

천체물리학자 닐 디그래스 타이슨Neil deGrasse Tyson은 2014년의 팟캐스트 인터뷰에서 비슷한 말을 했다.

> 내가 우려하는 것은, 철학자들은 자신이 자연에 대해 심오한 질문을 던지고 있다고 믿는다는 것이다. [그러나 실제로 그들은] 자연계에 대한 우리의 이해에 생산적으로 기여하지 않는다. … 그래서 나는 실

망한다. 왜냐하면 크게 기여할 수 있음에도 오늘날 그러지 못하는 지적 능력이 넘쳐나기 때문이다. 내 말뜻은 다른 철학적 주제가 없다는 게 아니라, '종교철학·윤리철학·정치철학 등 철학자들이 다룰 주제는 많지만, 물리학의 최전선은 그들과 무관해 보인다'는 것이다.[6]

다시 말해서, 철학은 신과 도덕과 정치에 충실해야 한다는 것이다. 물리학자 로렌스 크라우스Lawrence Krauss는《디애틀랜틱The Atlantic》과의 인터뷰에서 다음과 같이 밝혔다.

> 철학은 안타깝게도 "능력이 있는 사람은 자기 일을 하고, 능력이 없는 사람은 남을 가르치고, 남을 가르칠 능력조차 없는 사람은 체육을 가르친다"라는 우디 앨런Woody Allen의 조크를 떠올리게 하는 분야다. 그리고 철학에서 최악의 부분은 과학철학이다. … 과학철학은 물리학에 아무런 영향을 미치지 않는다.[7]

격분한 수많은 논평가들이 철학을 대신해 이렇게 반박했다. "그렇게 총명한 과학자들이 그렇게 무지할 수 있다는 게 충격적이다."[8] 그러나 과학자들의 반철학적 발언antiphilosophical remark의 공정성이나 진실성에 이의를 제기하는 것은 논점이탈이다. 그들은 젊은 과학자들에게 '철학과 모든 철학적 방식을 멀리하라'고 훈계하고 있을 뿐이기 때문이다. 호킹, 타이슨, 크라우스는 철학에 대한 지식이나 관심이 있는 문화 평론가가 아니다. 그들은 경험주의적 주문empiricist invocation을 외는 성자holy men로, (진리 추구자들truth seekers의 질서를 형성하고 그들에게 영감을) 주는 신조credo를 제정한다.

마지막 예로, 생물학자인 리처드 도킨스Richard Dawkins의 2014년 트윗을 살펴보자.

> 철학자들이 다윈을 예상하지 못한 것은 역사적 실패이며, 철학의 심각한 폐단을 단적으로 드러내는 것이다. 해피 다윈 데이![9]

외견상으로, 도킨스의 발언은 전혀 이치에 맞지 않는다. 아무도 다윈을 예상하지 못했으며, 과학적 돌파구가 마련된 것은 바로 그 때문이었다. 모든 위대한 발견의 이면에는 그것을 달성하지 못한 과거 사상가들의 행렬이 늘어서 있는데, 거기에는 철학자들뿐만 아니라 다른 모든 사람들이 포함되어 있다. 믿기 어려울 만큼 경솔해 보이는 발언을 접하고, 많은 사람들이 도킨스의 그릇된 생각을 비판했다. 그러나 도킨스는 자신의 생각을 말한 게 아니라 기도문을 외운 거였다: 과학은 철학의 무게를 떨쳐버려야만 비상할 수 있습니다. 성도 여러분, 경험하는 마음을 들어 기뻐하십시오!

도덕성 외에, 철칙을 주입하기 위한 아틀란티스 전략의 또 다른 특징은 잘못된 반쪽짜리 교육이다. 그 방법 역시 현실 세계에서 소홀히 여겨진 적이 없는 것 같다.

1990년대 내내 서구 전역의 대학교에서는, 주동자들이 '과학 전쟁science wars'이라고 부른 고급 문화적·지적 논쟁이 불을 뿜었다. 전장戰場에는 다음과 같은 친숙한 의문들이 난무했다: 개인적인 충성personal allegiance이나 문화적 배경이 과학자들의 전문적인 결정에 영향을 미치는가? 과학적 추론에 객관적인 요소가 있는가? 과학이 관찰자와 독립된 실재observer-independent reality에 대한 사실을 드러내는가?

가장 유명한 교전交戰에서, 물리학자 앨런 소칼Alan Sokal은 포스트모더니즘 저널인《소셜 텍스트Social Text》에 「경계의 침범: 양자중력의 변형 해석학을 위하여Transgressing the Boundaries: Toward a Transformative Hermeneutics of Quantum Gravity」라는 제목의 논문을 투고했다. 논문이 출판된 후, 소칼은 그게 엉터리 논문이었으며, 사실은 다음과 같은 질문에 대답하기 위한 실험이었다고 밝혔다: "북아메리카 최고의 문화연구 저널에 … 허튼소리만 잔뜩 늘어놓은 논문을 투고한다고 치자. 만약 ⓐ 그럴듯해 보이고 ⓑ 편집자의 이데올로기적 선입견에 부응한다면, 그 논문이 과연 출판될까?"[10] 그리고 그는 결과를 보고했다: "유감스럽게도 대답은 예yes다." 소칼의 논문이 다룬 주제는 적절하게도 과학 전쟁 자체였다. 그 후 "소칼 사건"은 신문과 잡지에서 널리 논의 되었고, 소칼과 다른 사람들의 책에 단골메뉴로 등장했다.

그런데 이상하게도, 과학자들은 자신들을 둘러싼 전투가 벌어지고 있다는 사실을 깨닫지 못한 것 같았다. 스티븐 제이 굴드는 그들에게 단서를 제공하기 위한 자신의 노력을 다음과 같이 설명했다.

> 대부분의 과학자들에게 '과학 전쟁'에 대해 이야기하면—나는 50번 이상 해봤다—그들은 전혀 믿을 수 없다는 표정으로 당신을 쳐다볼 것이다. 그들은 그런 일을 직면한 적도 없고, 그것에 대해 읽은 적도 없고, 하던 일을 멈추고 사정을 살피려 하지도 않는다.[11]

그들의 무지를 무엇으로 설명할 수 있을까? 과학자들은 인본주의자 동료들의 관심사가 자신들의 관심을 끌 가치가 없다고 생각하는 걸까?

"아니다," 굴드는 이렇게 썼다. "정답은 오만함arrogance이 아니라 '속물근성의 아류philistinism lite'다." 대부분의 과학자들은 과학 밖에서는 아무것도 알아차리지 못한다. 또는 더욱 정확하게 말하면, 그들은 뉴스, 스포츠, 음악, 교회, 가족에 관심을 기울일 수 있지만, 과학적 탐구와 교차하는 다양한 형태의 생각—철학, 신학, 철학, 과학의 역사와 사회학—에 대해서는 거의 알지 못하고 관심을 기울이지 않는다. 그들은 주장의 본질을 이해하고 다른 지적 추구의 관련성을 평가하는 게 아니라, 뉴턴이나 휴얼 같은 구획주의자compartmentalizer처럼 과학의 더 큰 이익을 위해 귀를 막는다. 그보다는 차라리, 그들은 다른 사고방식이 존재한다는 사실을 거의 인식하지 못한다.

다른 구획이 비어 있을 때, 다른 구획에 있는 것과 경험적 사고를 분리하는 것은 간단하다. 따라서 평균적인 과학자들은 경험적 과학에 대한 베이컨의 처방—공개적인 담론에서는 오로지 데이터만 참조하라—을 아주 쉽게 따를 수 있다. 그들은 다른 방법을 모른다. E. O. 윌슨이 말하는 것처럼, "너무나 많은 과학자들이 편협하고 어리석다".[12]

윌슨은 언급하지 않았지만, 그게 바로 그들의 성공 비결이다. '상자 밖에서는 생각할 수 없다'는 무능력은 과학자들로 하여금 모든 정신적·신체적·정서적 에너지를 상자 자체에 쏟아부음으로써, 단일 질문에 대한 경험적 탐구, 단일 구조의 탐구, 단일 물질의 제작에 집중하게 만든다. 이러한 집중을 통해, 철칙은 지식 기계에 (현실의 속살을 파헤치는) 레이저 같은 힘을 부여한다.

톨스토이의 안드레이 왕자가 『전쟁과 평화War and Peace』에서 군사적 탁월함에 대해 말한 것은, 많은 위대한 현대 과학자들에게 그대로 적용된다.

> 훌륭한 지휘관은 천재성이나 특별한 자질 대신, 가장 훌륭하고 고상한 자질—사랑, 시, 부드러움, 성찰하는 철학적 의심—의 부재가 필요하다.[13]

TRH 호르몬의 구조를 발견한 공로로 로제 기유맹과 함께 노벨상을 수상한 앤드루 섈리가 자신의 과학적 노력을 나폴레옹 전쟁에 비유한 것은 적절해 보인다.[14]

내가 이 장에서 스케치한 도덕화와 반쪽짜리 교육 프로그램은 철칙 그 자체에 의해 규정된 것이 아니다. 철칙은 공식 채널을 통해 전달되는 과학적 논쟁과 대화에 협소함을 부과하지만, 이제 당신도 잘 알다시피 과학자의 사적인 생각과 감정에 어떠한 제약도 가하지 않는다.

사실, 실제로 성공한 과학자들 중에는 전문적인 글technical writing에서 철칙을 따르지만 결코 편협하지 않은, 비범한 사람들이 있다. 그들은 전통적인 과학적 훈련의 경계를 훨씬 넘어 배회했으며, 그곳에서 발견한 것을 기뻐했다. 그들은 호킹이나 도킨스의 도발에 거의 관심을 기울이지 않는다. 그들은 철칙이 허용하는 북방한계를 즐겁게 활용하며, 어느 곳을 가든 자신만의 취향과 성향을 따른다.

그들 중에는 '철학자 겸 과학자'인 알베르트 아인슈타인과 18세기의 물리학자 겸 수학자 겸 사회사상가인 에밀리 뒤 샤틀레Émilie du Châtelet(뉴턴의 『프린키피아』를 프랑스어로 번역함)가 있고, 자기들의 전문적 장치만큼이나 역사와 문학에 익숙한 사상가인 스티븐 제이 굴드와 머리 겔만이 있다. 그들은 이론물리학자 프랭크 윌첵처럼, 자연의 아름다움에 관한 책을 쓰며 피타고라스와 플라톤의 사상을 찬양할 수도 있다. 그들은 레이첼 카슨Rachel Carson과 E. O. 윌슨처럼, 자연의 다양성의 미학적·도덕적 중요성을 옹호할 수도 있다. 그들은 심리학자 앨리슨 고프닉Allison Gopnik과 스티븐 핑커Steven Pinker처럼, 삶과 역사에 관한 인간 인지human cognition의 의미를 탐구할 수도 있다. 이러한 사상가들[15]은 이처럼 광범위한 관심 때문에, (과학적 훈련을 통해 육중한 죔쇠iron clamp를 고정시킨) 위대하고 과묵하고 과학적인 대다수보다 독자들에게 훨씬 더 많이 알려져 있다.

그러나 죔쇠는 규범norm이다. 그것은 20세기와 21세기의 새로운 과학자들을 배출하기 위한 표준 메커니즘으로, 계몽이나 설득보다는 심리적 책략psychological stratagem을 통해 철칙을 주입한다.

17세기와 18세기에 뉴턴의 방법을 계승한 최초의 현대 과학자들과 얼마나 대조적인가? 그들은 철칙을 따랐지만 그 포로는 아니었다. 뉴턴이 수리물리학자, 연금술사, 성서 주석가의 역할을 수행한 것과 동일한 방식으로, 그들은 공적 논쟁에 참가하여 '경험주의자'의 역할을 수행했다. 그리고 그런 맥락 밖에서는 자신들만의 사적인 과학 세계에 머물며, 철칙을 제쳐놓고 적절하고 설득력 있어 보이는 모든 것

그림 12.1 경험주의자.

에 마음을 열었다.

17세기의 유럽은 이 같은 연극적 위업theatrical feat을 달성할 준비가 된 과학자를 양성하는 데 탁월했다. 그들은 대중적 참여public engagement의 엄밀하거나 자의적인 규칙에 대한 경험이 풍부했기에 과학적 역할을 완벽하게 수행할 수 있었고, 경험적 단계를 뚜벅뚜벅 걸으며 모든 의도와 목적을 위해 긴급한 철학적 요구의 합창에 귀머거리가 되고 가장 깊은 영적 믿음에 무감각했다. 그들은 가장 가혹한 공식적 규율 속에서도 멈칫하거나 소심하거나 무뚝뚝하거나 의무적이거나 반항적이거나 (너무) 전복적이지subversive 않았고, 성공에 대한 강렬한 열망으로 자신들의 캐릭터를 충실히 연기하며 번창했다. 그들은 단순한 관습을 망각하지 않고 틀을 진지하게 받아들였으며, 모든 마음을 역할에 쏟아붓되 그 부분이 영혼을 삼키도록 허용하지는 않았다.

그런 종류의 기질 때문에, 좁고 가차 없는 경험주의의 지속적이고 일상적인 대중공연public performance은 내부의 철학적·영적·미학적 도관conduit을 폐색閉塞하지 않는다. 그런 공연은 과학적 삶의 중심이 되어야 하지만, 공연에서 제외된 것은 위축되지 않고 한 공연과 다른 공연 사이의 막후幕後에서 참을성 있게 기다리며 통제권을 되찾을 준비를 하고 있었던 것이다.

이런 변화무쌍하고 다양한 정신이 진화한 조건은 억압과 유혈사태였다. 운 좋게도, 우리 중 대부분은 그렇게 위험하고 힘든 상황에서 살고 있지 않다. 지구상의 부유한 절반에서, 인류는 종교·정치·철학 문제에 대해 상당한 수준의 관용과 개방성을 누리고 있다. 외적 언행outer action or word과 내적 신념inner belief의 일관성은 제재制裁 없이, 심지어 큰 노력을 들이지 않아도 달성될 수 있다.

그리고 그런 일관성이 최고의 목표highest goals 중 하나여야 한다고 우리 현대인들은 믿는 경향이 있다. 진정성authenticity은 우리 시대의 기본적인 미덕이다.

> 자기 자신의 가장 깊은 속삭임에 따르겠다고 결심하라.[16]
>
> —D. H. 로렌스D. H. Lawrence

> 아무도 아닌 당신 자신nobody-but-yourself이 된다는 것은, 당신을 다른 사람으로 만들려고 불철주야로 최선을 다하는 세상에서 인간이 싸

울 수 있는 가장 힘든 싸움을 한다는 것을 의미한다.[17]

—E. E. 커밍스E. E. Cummings

이 끊임없이 변화하는 사회에서, 가장 강력하고 오래 지속되는 브랜드는 마음에서 만들어진다. … 오래 지속되는 기업은 진정성을 가진 기업이다.[18]

—스타벅스 창업자 하워드 슐츠Howard Schultz

이러한 계율에 순응하면, 인간됨being human이 무엇을 의미하는지에 대한 우리의 이상을 보다 순수하고 완벽하게 실현할 수 있다. 그러나 그와 동시에, 철칙을 적절한 위치에 배치하고 있는 연극성theatricality과 규범적인 구획화normative compartmentalization에 부적절한 마인드가 구축될 수 있다. 과학은 매우 수용적이고—모든 주파수에서 우주에 동조되어tuned 있다— 경험에 고도로 집중되어 있는데, 자유민주주의의 표출이 최고조에 이르면 과학을 유지하는 데 필요한 인지적·정서적·사회적 기술이 약화된다.

초점은 필수적이며, 그것이 없으면 지식 기계는 세상에 대한 견인력을 잃는다. 그러므로 우리는 (말은 물론 생각에서도 경험적인) 과학적 마인드를 구축한다. 그것을 통해 과학자들이 진정한 삶을 영위하고, 개인적으로나 전문적으로 더 넓은 세상에서 경험적 가치를 깨닫게 된다. 그것은 과학이 모든 삶을 물질적으로나 지적으로 향상시킬 수 있도록 힘을 실어준다. 그것은 우리가 훨씬 더 나은 정체far better polity라고 간주하는 것과 화해하며, 우리는 17세기의 시민·종교·사회 생활의 복잡성 및 경직성과 협상하는 것보다 자유민주주의 체제에서 사는 것을 훨씬 더 선호한다. 그러나 지적·문화적 관점에서—아마 도덕적 관점에서도—그것은 덜 호의적인 과학을 만든다. 현대화된 지식 기계는 인간의 선善을 고양하는 데 매우 효과적이지만, 그것의 고차원적인 표출은 아니다.

13장

과학과 휴머니즘

과학적 사고의 빈곤함에 대비되는 인본주의적 사고의 충만함;
인본주의적 사고의 무력함에 대비되는 과학적 사고의 효율성

"오 아버지시여, 우리를 지성과 (우리로 하여금 신과 결합되는 황홀경에 빠지도록 하는) 소크라테스적 광기에 이끌리게 하소서."[1] 르네상스기의 인문주의자 조반니 피코 델라 미란돌라Giovanni Pico della Mirandola(1463~1494)는 때때로 르네상스 선언문manifesto of the Renaissance이라고 불리는 『인간의 존엄성에 관한 연설Oration on the Dignity of Man』에 이렇게 썼다.

인류는 어떤 수단을 이용하여 지성과 자아가 '신과 결합될' 정도로 고상한 지식을 얻었을까? 단도직입적으로 말해서, 모든 가능한 수단을 총동원했다. 피코 자신은 라틴어와 그리스어를 읽고 히브리어, 아랍어, 아람어를 공부했다. 그는 플라톤과 아리스토텔레스, 이븐 루시드 같은 이슬람 철학자, 탈무드와 카발라Kabbalah* 문헌을 참고하여 자신의 철학적·종교적·신비주의적 출처를 통합함으로써 지식의 정

수를 찾으려고 노력했다. 인간의 존엄성에 관한 연설은 피코가 로마에서 개최하기를 희망한 '위대한 마음들의 모임great meeting of minds'의 서문으로 의도되었는데, 이 모임에서는 고대 그리스, 기독교, 유대교, 이슬람교의 출처에서 발췌한 900여 가지 논제가 토론될 예정이었다. 대화가 진행되는 동안 각각의 지혜가 추출되고 증류된 다음 혼합되어, 인간의 마음을 가장 높은 수준의 이해로 끌어올릴 수 있는 짜릿한 혼합물exhilarating concoction을 만들 것으로 기대되었다.

현대의 많은 독자와 추종자들이 그러하듯, 우리는 피코의 프로젝트에서 그의 개념—탐구의 종말은 신과의 신비로운 결합mystical union with God이다—을 제쳐놓고 앎에 대한 인본주의적 이상humanist ideal of knowing의 묘사와 축하에 주목한다. 이러한 이상은 지식의 통합 개념을 지지하는데, 그 개념에 따르면 가장 중요한 진리에 이르는 가장 확실한 경로는 모든 통찰의 원천(세상에서의 일상적 경험은 물론 철학적·영적·시적·수학적·실험적 원천)을 총망라하는 것이다. 이것은 10장에서 언급한 16세기 초의 스위스 의사 파라켈수스를 비롯하여 숱한 르네상스 사상가들이 계획한 깨달음으로 가는 길이다. 파라켈수스는 '의학과 화학에서의 경험적 시험'과 '연금술에 대한 우화적 사고allegorical thought'를 (천문학적 범위와 인간적 범위 모두에서 우주를 지배하는) 장엄한 대칭성grand symmetry에 대한 아이디어와 결합했다.

그로부터 100년 후, 우리는 데카르트에서 동일한 것(모든 것을 포용하는 이상)을 만난다. 데카르트는 거의 모든 것—운동의 원인, 우주의

* 히브리어로 '전승傳承'을 뜻하며, 중세 유대교의 신비주의를 가리키는 말이다.

구조, 감정, 생각의 본질, 신神, 수학, 지식의 기초(철학, 심리학, 물리학, 신학 등)—을 주제로 삼았다. 종횡무진하는 그의 추론은 이러한 별개의 주제들을 연결하고 촘촘하게 엮었다. 그의 물리학 이론은 '빈 공간은 불가능하다'는 자신의 철학적 논증에 기반했다. 그는 어떻게 그렇게 자신만만할 수 있었을까? 그는 지식철학philosophy of knowledge에 힘입어 '분명한 아이디어에 기초한 신중한 추론은 잘못될 수 없다'고 확신했는데, 그 부분적 이유는 신神이 그러한 아이디어를 우리의 머리에 심어준다고 생각하기 때문이었다. 그가 신이 존재한다고 생각한 이유는 무엇이며, 그와 관련하여 '신은 우리가 무지하고 두려워하기보다는 깨닫기를 원한다'고 생각한 이유는 뭘까? 데카르트는 자비로운 신benevolent God의 존재에 대해 두 가지 철학적 논거를 제시했다. 그러므로 그의 물리학은 그의 물질철학에 의존하고, 물질철학은 그의 지식철학에 의존하고, 지식철학은 그의 신학에 의존하고, 신학은 더 많은 철학에 의존한다.

종교적으로 전통적인 프랑스 합리주의에서, 데카르트는 파라켈수스나 피코 같은 르네상스 인물들과 사뭇 달랐다. 그에게 물질세계의 본질에 대한 가장 깊은 사유 형식은, 혼합적이고 마술적인 신비주의syncretic magical hermeticism보다는 엄격하고 체계적인 형이상학rigorous and systematic metaphysics이었다. 그러나 "우리가 세상을 무슨 수로 알까?"라는 질문에 대한 그의 대답은 피코와 마찬가지로 '모든 가능한 수단을 총동원하여'였다. 형이상학과 수학, 성찰introspection과 관찰observation을 통해 세계에 대한 하나의 일관된 이론a single, coherent theory을 도출해야 한다는 것이 그의 지론이었는데, 이것이 바로 휴머니즘적인 방법humanistic way이었다.

휴머니즘humanism이라는 용어는 많은 것을 의미하는 데 사용되었다. 현대적 사상인 세속적 인본주의secular humanism는 모든 신, 모든 종교적 의미의 원천을 포기하는 것을 의미한다. 이것은 내가 염두에 둔 것과 다르다. 왜냐하면 피코와 데카르트 모두에게, 신과 영적 차원spiritual plane은 지식의 대상이자 기초였기 때문이다. 어떤 의미에서, 휴머니즘은 르네상스기에 국한된 역사적 현상으로, 고전학문의 부활과 관련되어 있다. 내가 염두에 둔 휴머니즘은 르네상스 사상에 충분히 반영되어 있지만 범위가 훨씬 더 넓다. 예컨대, 아리스토텔레스는 철학적 논증을 관찰, 설명적 사색explanatory speculation, 약간의 신학과 결합한 일종의 휴머니즘의 전형이다.

만약 아리스토텔레스, 피코, 데카르트가 모두 근본적으로 인본주의적이라면, 위대한 사상가 중에서 그렇지 않았던 사람은 도대체 누구일까? 바로 과학 자체의 현신personification인 아이작 뉴턴이다.

뉴턴은 어떤 의미에서 최고의 르네상스인이었고, 그의 관심은 데카르트만큼이나 광범위했다. 그는 경험적 과학자일 뿐만 아니라 수학자, 연금술사, 경전 해석가, 그리고 데카르트처럼 철학적 논증을 이용해 공간과 물질의 본질을 이해하려 한 형이상학자였다. 데카르트와 달리, 그는 의도적으로 이러한 탐구들을 통합하지 않았다. 각각의 탐구는 다른 탐구의 도움 없이 독자적인 기법의 힘으로 전진했다. 그는 탐구를 구획화하면서 휴머니즘의 종합적 기풍synthesizing ethos을 완전히 부정하는 접근방법을 실천했으며, 개척했다고 해도 과언이 아니다.

데카르트가 대학이라면, 복도와 계단통이 넘쳐나는 난잡하고 활기

찬 곳일 것이다. 교수진의 모든 구성원은 다른 모든 구성원들의 저술을 읽고 토론하고 논쟁할 것이다. 물리학자와 철학자, 신학자와 심리학자는 세계를 지배하는 원리에 대한 공유된 담론shared discourse에 동등하게 참여할 것이다.

뉴턴이 대학이라면 쥐 죽은 듯 조용하고, 휴게실은 온통 먼지로 뒤덮일 것이다. 모든 교수들은 항상 사무실이나 연구실에 틀어박혀 자신만의 방법으로 연구를 수행하고, 자신의 주제와 직접적으로 관련된 책만 읽고, 동일한 요구사항을 충족하는 책만 집필할 것이다. 그들은 1년에 한 번씩 만나 주차와 커피 예산에 대해 논의할 것이다.

어느 대학이 더 번창할까? 합리성의 원칙과 휴머니즘 정신은 데카르트 대학의 손을 들어줄 것이다. 활기찬 사회성과 개방성이라는 측면에서 가장 인간적인 자질the most human quality의 화신이기 때문이다. 경험론은 그렇지 않을 것이다. 지식으로 가는 더 나은 길은 뉴턴 대학의 과묵한 전문화taciturn specialization이기 때문이다. 작지만 효과적인 사실diminutive but telling fact을 찾아내기 위해 좁고 촘촘하게 초점을 맞춘 광선narrow, tightly focused beam으로 인해 얻는 것은, 삶에 대한 웅장한 견해grand view of life에 대한 무관심과 묵살로 인해 잃는 것을 보상하고도 남음이 있다.

휴머니즘 사상의 쓰라린 운명은, 인간 정신이 보유한 완전하고 통합된 지적 잠재력의 우아함이 야윈 과학 정신이 달성한 자연계 지식의 훨씬 큰 기여에 의해 가려지는 모습을 보는 것이었다. 또한, 낮고 부끄러운 경험의 문low and shameful gate of experience을 통해 얻은 부富와 비교할 때, 상상의 황금 문 너머golden gate of the imagination에서 발견된 것[2]이 얼마나 빈약한지를 이해하는 것이었다.

뉴턴 대학은 진짜 연구 및 고등교육 기관이 아니라 뉴턴의 마음을 비유한 것이지만, 현대과학의 프로젝트와 공통점이 있다.

그것은 부분적으로, 과학이 세상에 말하는 방식을 지배하는 철칙 때문이다. 다양한 과학 저널을 훑어보면, 좁은 경험론적 코드narrow empiricist code의 전형인 냉담하고 배타적인 자족적 구획self-contained compartment의 깔끔한 배열을 찾아볼 수 있다.

그와 동시에, 철칙은—나중에 다시 말하겠지만—과학자들이 사생활과 내적 숙고에서 탐구하고자 하는 신학적·철학적·미학적 영역을 넘나들도록 내버려둔다. 과학의 위대한 공적 공간에서 특정한 뉴턴적 고요함Newtonian quietude이 지배적이라 할지라도, 뒷방과 연결 통로는 구속받지 않는 데카르트적 소란Cartesian hubbub에 활짝 열려 있다. 사실, 과학적 발견은 (머리 겔만, 다시 톰슨, 알베르트 아인슈타인 같은 사상가들이 비범한 이론을 찾는 데 미학적·철학적 감각을 사용하도록 허용하는) 이 같은 은밀한 개방성furtive openness에 적잖이 의존한다. 이 위대한 과학자들은 한 가지 이상의 측면에서 탁월했다. 그들은 총명하고 상상력이 풍부했을 뿐만 아니라, 현대과학이 선호하는 철칙 부과 방법의 약화 효과deadening effect(비경험적 지식을 보유한 초보 과학자를 굶주리게 하고, 비경험적 사고방식을 깎아내리는 효과)를 회피하는 데 성공했다.

이러한 시스템의 표준 산물은 철저한 경험주의자이며, 공적 저술뿐만 아니라 사적 사고에서도 휴머니즘적 태도에 정면으로 배치되는 '과학적 태도'를 취하는 개인이다. 과학적 태도는 가시적인 증거를 요구한다. 그것은 철학을 비웃고, 말로 표현할 수 없는 미적 감각이나 의미를 언짢아한다. 그것은 아이디어와 주장에 관한 직접적이고 냉정한 무채색 표현에서 성취감을 느낀다. 그것은 설명의 철칙을 과학적 사고의 묵직한 법칙으로 변형시킨다.

간헐적으로 발생하는 전염병을 빼면, 중세의 대학 생활은 오늘날과 매우 흡사했던 것 같다: 강의실, 학사주점, 벼락치기 공부의 꾸준한 반복. 그러나 책들은 다소 달랐다. 12세기에는 『노튼 영문학 개관Norton Anthology of English Literature』이 없었다. 그러나 그 시절에는 "중세의 표준 교과서"[3]인 마르티아누스 카펠라Martianus Capella의 『필롤로지*와 머큐리의 결혼에 대하여On the Marriage of Philology and Mercury』가 있었다.

『필롤로지와 머큐리의 결혼에 대하여』는 지중해에서 고대 로마제국의 정권이 무너질 때—서고트족의 알라리크Alaric가 로마를 약탈한 410년부터, 반달족이 마르티아누스의 모국인 카르타고의 도시를 침략한 429년 사이의 어느 때일 가능성이 높다—를 배경으로 쓰인 책으로, 최외곽 행성outermost planet 너머에 떠 있는 주피터Jupiter와 주노Juno의 궁전에서 거행된 천상의 결혼을 기술한다. 신랑 머큐리는 '웅변과 설득의 기술'을 의미하며 문법·논리학·수사학 연구에서 구현되는 반면, 신부 필로로지는 '세계의 작동에 대한 학습 및 탐구에 대한 사랑'을 의미하며 수학·기하학·음악·천문학 연구에서 구현된다.[4] 따라서 결혼식은 세

* 문헌학.

가지 '인문학'과 네 가지 '과학'의 결합을 통해 일곱 가지 교양 과목liberal art을 구성한다. 이 과목들은 일종의 들러리 역할을 하는데, 각각의 지식 영역에 대한 프레젠테이션으로 책의 내용을 빼곡히 채우며, 교육받은 정신educated mind의 이상을 과학과 인문학을 아우르는 사고방식으로 유창하게 묘사한다.

수많은 작가들이 현대과학의 시대에 사실상의 이혼de facto divorce으로 보이는 것을 한탄했다. 1959년 영국의 화학자 겸 소설가인 C. P. 스노C. P. Snow는 '과학과 인문학이 두 가지 별개의 문화를 형성함으로써, 상대방의 주제와 방법을 거의 인식하지 못할 정도로 갈라졌다'고 선언한 것으로 유명하다. 스노는 상황을 개탄했다. 그도 그럴 것이, 그의 이상은 '전문가는 아닐지라도, 모든 분야의 지식과 발명에 정통한 사상가'였기 때문이다. 과학과 인문학에 관한 스티븐 제이 굴드의 책 『고슴도치, 여우, 그리고 마지스터의 두창The Hedgehog, the Fox, and the Magister's Pox』에도 동일한 감정이 표현되어 있다. 만약 그가 더 오래 살았다면, 자신의 스파링 파트너 E. O. 윌슨이 『인간 존재의 의미Meaning of Human Existence』의 최절정 문장에서 비슷한 견해를 표명한 것을 보고 놀랐을 것이다.

> 과학의 발견적·분석적 힘heuristic and analytic power이 인문학의 자기성찰적 창의력introspective creativity과 결합될 수 있다면, 인간의 존재는 무한히 더 생산적이고 흥미로운 의미로 떠오를 것이다.[5]

솔직히 말하자면, 너무 훌륭해서 믿어지지 않을 정도다. 어느 누가 이러한 비전에 감동하지 않겠는가!

그러나 스노의 유명한 강연에는 두 가지 실수가 있다. 첫 번째 실수는, 우리가 구축한 현대과학, 즉 우리의 현대적 지식 기계를 하나의 문화로 간주한 것이다. 심지어 하위문화subculture도 아닌데 말이다. 그것은 사회적 관행social practice이고 정원의 화초처럼 신중하게 배양되지만, 인류학자가 문화라고 부르는 것과 거의 유사하지 않다. 그것은 규범—원한다면 도덕률moral code이라고 불러도 좋다—을 갖고 있지만, 그 규범의 중심 신조central tenet는 과학자들에게 '전문직 생활에서 더욱 광범위한 지적 또는 영적 문제와 얽히지 말라'고 요구한다. 그것은 사회적으로 내장되어 있으며, 여느 사회적 단위social unit와 마찬가지로 전통과 특징을 갖고 있다. 달리 말하면, 그것은 하나의 생활 형태라기보다 규정집, 기업의 본사, 군부대military unit에 가깝다. 그것의 기능은 특정한 존재 방식a certain way of being을 가능케 하는 것이 아니라, 우리의 존재가 '세상에 대한 지식'에 미치는 영향을 억제하는 것이다.

스노의 두 번째 실수—윌슨도 마찬가지다—는 '만약 과학자들이 나머지 존재에 대해 더 많이 알고 관심을 기울인다면 과학이 번성할 것'이라고 제안한 데 있다. 그와 정반대로, 망각obliviousness이야말로 '철칙이 제시한 경험적 경로를 일탈 없이 따르는 과학자'를 양성하는 가장 확실한 방법이다. 스노와 윌슨이 바랐던 '세상을 개선할 수 있는 힘'은 바로 여기에 있다.

구약성서 창세기의 한 구절에 따르면, 인류의 창조는 영감을 불어넣은 행위act of inspiration였다.

그림 13.1 윌리엄 블레이크, 〈아담을 창조하는 엘로힘Elohim* Creating Adam〉(1795)의 세부도.

> 여호와 하나님이 땅의 흙으로 사람을 지으시고 생기를 그 코에 불어 넣으시니 사람이 생령living soul이 되니라. (창세기 2:7)

지식 기계의 탄생은 그와 정반대였다. 엔지니어들은 마음의 방에서 공기—철학적 공기, 신학적 공기, 아름다움의 공기, 인본주의 정신—를 빨아냄sucking out으로써 그것을 탄생시켰다. 경험적 탐구가 사실을 가장 효과적으로 예측할 수 있는 공백을 만든 것은, 바로 이 박탈 행위act of deprivation였다.

조지프 라이트Joseph Wright of Derby의 가장 유명한 그림인 〈새를 대

* 엘로힘은 히브리어로 하나님이라는 뜻이다.

그림 13.2 조지프 라이트, 〈새를 대상으로 한 공기 펌프 실험〉(1768).

상으로 한 공기 펌프 실험An Experiment on a Bird in the Air Pump〉에서, 한 무리의 구경꾼들은—황홀과 경악이 교차하는 가운데—새가 갇혀 있는 유리 거품에서 산소가 빠져나감에 따라 서서히 죽어가는 새를 바라보고 있다. 과학 도구는 마치 고문 도구처럼 테이블 전체에 흩어져 있다. 실험실의 유일한 광원光源은 이름 모를 공포가 떠 있는 잔goblet으로 가려져 있다.

창문을 통해, 창백하고 괴기스러운 달빛이 들어온다. 기다란 회색의 뉴턴식 자물쇠를 가진 실험자는 자비를 보이지 않는다. 그림 속의 새는 죽을 운명이다. 그러나 과학은 다른 종류의 창조물이다. 그것은 거품을 좋아하고, 진공 속에서 번성한다. 냄새, 소란, 외부 세계의 즐거움을 받아들이면 그것의 수명을 단축하게 된다.

14장

지식 기계의 유지·보수

연구는 우리에게 모든 것이 잘 될 거라는 희망을 줬다.
모든 것은 안 될 때까지 잘 될 것이다. 지금은 안 된다.
—「시poem」, 모린 맥레인Maureen Mclane, 『같은 삶Same life』

"우리가 아는 범위에서, 자연철학은 기원전 6세기에 밀레토스의 탈레스Thales of Miletus가 세상을 구성하는 원소가 물이라고 추측했을 때 시작되었다. 그 당시 물은 지역경제—우주가 아닐망정—의 생명혈lifeblood이었음에 틀림없다. 밀레토스는 지중해 동부의 활발한 무역망의 중심에 있는 항구를 통제하던 도시로, 탈레스 시대에 전 세계에서 가장 부유한 도시로 일컬어졌다. 오늘날의 밀레토스는 바다에서 수 킬로미터 떨어진 텅 빈 폐허다. 수백 년에 걸친 삼림벌채와 과도한 방목으로 인해 엄청난 양의 토사가 메안데르강Meander River으로 유입되어, 밀레토스와 바다를 연결하는 만灣으로 흘러 들어갔다. 만은 해마다 수심이 얕아지다 사라지기 시작했고, 마침내 밀레토스의 남은 돌들로 뒤덮인 건조하고 먼지 날리는 평야가 되었다.

마지막 바닷물은 1500년경 밀레토스에서 물러났다. 그로부터 500

그림 14.1 19세기의 밀레토스 유적지.

년 후, 그것은 뉴욕시에 들이닥쳤다. 허리케인 샌디Sandy는 다섯 개 자치구 전체의 저지대를 침수시킨 14피트(약 4.3미터)의 폭풍해일을 가져왔다. 금융 지구Financial District의 로비에서는 보안 카메라와 회전문, 서류 캐비닛, 평면 모니터 주변에 파도가 일었다. 일주일 동안 전원이 끊겼다.

오늘날 엄청난 자연재해의 빈도는 점점 더 증가하고 있다. 최근 보고에 따르면, 2050년까지 해수면 상승[1]으로 인해 3억 명의 해안 거주자들이 집을 버리고 떠날 수 있다고 한다. 밀레토스가 몰락한 이유는 염소 떼와 목재 더미로 짐작할 수 있다. 그러나 근본적인 원인은 밀레토스 사람과 그 이웃들의 끝없는 욕망이었다. 자신들의 욕망을 충족하기 위해, 그들은 내부의 수풀이 우거진 경사면을 개간하여 농지로

그림 14.2 2012년 10월 29일, 뉴욕시의 브루클린-배터리 터널을 범람시킨 허리케인 샌디.

개조했다. 나머지 임무를 수행한 것은 자연적으로 건조한 기후와 끊임없는 침식이었다. 밀레토스는 더 부유해질수록 더 빨리 자멸했다.

우리 현대인들도 왕성한 식욕을 갖고 있다. 그 결과는 매우 두려운 것처럼 보일 수 있다. 그러나 꼭 그런 것은 아니다. 지식 기계가 산업에 과부하를 겪으로써 서식지 황폐화에 일조했다 하더라도, 그와 동시에 우리에게 구원의 기회를 제공하기 때문이다. 과학은—가능한 한—생명 유지에 필요한 모든 것을 땅에서 고갈시키지 않으면서 우리의 욕구를 충족하는 방법을 제시할 것이다. 또한 우리가 올바로 사용한다면, 그것은 이미 손상된 것 중 일부를 복구하는 방법을 제시할 수도 있다.

그렇다면 현대과학을 구성하는 개인·기관·도구의 복합체를 육성하여 지속 가능한 삶을 영위할 수 있게 해주는 지식을 얻으려면 어떻게 해야 할까? 우리는 두 가지 일을 해야 한다. 첫 번째는 어젠다를 설정하고, 보조금과 정부 이니셔티브를 이용하여 많은 과학자들을 중요한 문제로 유도해야 한다. 두 번째는 지식 기계 자체의 원활한 작동 방식을 강구하여, 우리가 21세기와 그 이후를 헤쳐나가는 동안 효율적이고 반응성이 뛰어나고 역동적이고 강력하게 작동하게 하는 것이다.

이러한 문제를 완전히 해결하는 것은 방대한 작업이므로, 또 한 권의 책이 필요할 것이다. 그래서 나는 지면 관계상 어젠다 설정 문제[2]를 한쪽으로 제쳐놓고 두 번째 문제에 집중하려 한다. 아쉽지만, 지식 기계의 내부 공학의 유지·보수에 관한 질문을 던지는 것은 이 책을 마무리하는 만족스러운 방법이며, 방법론 대논쟁을 해결하려는 나의 시도를 마지막으로 되돌아보는 방법이기도 하다. 나에게 영감을 제공하는 동시에 적수이기도 한 칼 포퍼와 토머스 쿤이 조언할 수 있는 것이 무엇인지를 묻는 것으로 시작하기로 하자.

위대한 방법주의자인 칼 포퍼는 과학과 문명의 근거를 단순한 자명함simple truism에 두고, 잘못된 예측을 하는 이론은 그 자체가 틀렸음이 분명하다고 갈파했다. 이 반증의 원리principle of falsification야말로, 포퍼가 자신의 젊은 시절을 맴돌던 어둠—사회적 붕괴, 군중의 폭력, 기계화된 학살—에서 벗어나 높이 치켜든 횃불이었다.

논리적 규칙을 개선하는 것은 불가능하다. 그러나 그것을 가장 확실히 사용하는 사람들의 양심을 개선하는 것은 가능하다. 그러한 목적을 달성하기 위해, 포퍼는 과학의 비판정신을 부채질하는 것이 필수적이라고 믿었다. 실험복 내부와 묵직한 안경 뒤에는, 예측력 부족이라는 결점을 간과하지 않는 냉혹한 감성이 깔려 있음에 틀림없다. 흔들리는 이론faltering theory이 아무리 신성하고 그럴듯하고 사랑받더라도, 그것은 거짓을 밝힐 만반의 준비가 되어 있을 것이다. 포퍼에 따르면, 지식 기계를 구성하는 인간의 마음에 이식하고 배양해야 하는 것은, 충성loyalty 위에 우뚝 선 비인간적 논리inhuman logic다.

그러나 우리는 포퍼의 계획이 극복할 수 없는 기술적 장애물을 보았다. 논리만으로는 이론을 완전히 반증할 수 없으며, 개연성 순위—즉, 다양한 보조가정의 가능성에 대한 주관적인 추정치—가 늘 모종의 역할을 수행한다. 실제로 이러한 순위 탓에 과학적 의견이 바뀌고, 궁극적으로 베이컨적 수렴 과정을 통해 진실을 향해 흘러간다. 순전히 논리적인 기계는 빈약한 과학자가 될 것이다.

그럼에도 우리는 가능한 한 편향되지 않고 편견이 없고 비당파적인 과학적 사고를 위해 노력하지 않는가? 확실히, 맹렬하고 비판적이고 이타적인 마음을 가진 과학은 의인의 통치government of the just나 거룩한 자들의 친교communion of the holy처럼 비범한 것이라고 할 수 있다. 그러나 우리는 그것을 꿈에서만 볼 것이다. 왜냐하면 지식 기계는 천사장angelic host이 아니라 인간으로 구성되어 있기 때문이다. 따라서 우리에게 필요한 것은 인간의 나약함을 용인하거나 더 잘 활용하는 과학이다.

어쨌든 비판정신이 지배하는 과학은 철칙의 비합리적인 요소를 철회하고, 철학적·미학적 추론을 과학적 토론의 장으로 불러들일 수 있다. 그 결과로 생긴 프로젝트는 현대과학이 아니라 아리스토텔레스와 수 세기 동안 논쟁을 벌였던 데카르트처럼 고대의 자연철학에 더 가까울 것이며 더는 효율적이지 않을 것이다.

우리의 정치에는 비판정신이 더 많이 존재한다. 우리의 관료제에도 그렇고, 사회 전반에 걸쳐서도 분명히 그렇다. 인간사human affairs의 세계에서는 포퍼적 합리성이 할당해 준 빈약한 자원보다 훨씬 더 많은 자원을 사용할 수 있다.

토머스 쿤의 '건강한 과학을 위한 핸드북'은 다소 다른 권장 사항을 제시한다. 쿤의 위대한 통찰은, 현대과학을 고대 및 중세의 과학—즉 '자연철학'—과 구별하는 것은 우월한 논리적 도구상자나 첨단 기술이 아니라 사회 조직화의 특수한 형태인 '패러다임'이라는 것이다. 쿤에 의하면, 패러다임—모든 것을 아우르는all-encompassing 방법론적 틀—은 과학자들에게 "자연의 일부를 다른 방법으로는 상상할 수 없을 만큼 세부적이고 심오하게 탐구"[3]하는 데 필요한 도덕적·지적·정서적 지원을 제공한다.

그러므로 효율적인 과학적 탐구를 위한 쿤의 처방은, 틀을 강화하고 패러다임을 떠받드는 것이다. 주어진 영역의 모든 과학 연구 프로그램은 독특한 설명 및 방법론적 교리creed에 따라 형성된 한 벌의 공유된 규칙single, shared set of rules 내에서 언제든지 통합되어야 한다. 그러한 프로그램에 종사하는 과학자들은 패러다임에 전념한 나머지, 패러다임의 정당성을 당연시하는 한편 대안적인 틀을 터무니없거나 심지어 상상할 수 없는 것으로 간주한다.

결과적으로 쿤적 과학자는 자유롭고 비판적인 영혼이라고 할 수 없으며, 쿤은 이러한 자유와 비판의 결여가 좋은 과학에 필수적이라고 생각한다. 지식 기계의 최적화를 목표로 하는 쿤적 과학 교육 프로그램[4]은 자율성, 자유로운 사고, 현 체제에 대한 저항resistance to the status quo을 저해할 것이다.

과학적 탐구가 작동하려면 근본적인 것, 즉 경험적 증거를 추구하는 강렬한 열정이 중요하다는 쿤의 주장은 백번 옳다. 그러나 포퍼의 체제와 마찬가지로, 그의 체제는 구성원들에게 너무나 많은 것을 요구한다. 50년에 걸친 과학사회학에서 볼 수 있는 바와 같이, 과학자들이 『과학혁명의 구조』에서 쿤이 상정했던 패러다임을 맹목적으로 따를 것—더욱 중요한 것은, 패러다임이 완전히 붕괴하기 전에는 어떤 상황에서도 그 유효성에 대한 완전한 믿음을 유지할 것—이라고 가정하는 것은 비현실적이다. 때로는 부지런하고 때로는 부주의한 인간의 의지(그리고 헌신과 저항이 번갈아 나타나는 인간의 정신)에 내재하는 강점과 약점의 고약한 혼합pungent mix이 관건이다. 규약을 엄격하게 준수하는 이상적인 쿤적 과학자는 대학의 교수진보다 군사 퍼레이드를 연상시키며, 실제로도 마음보다는 다리를 맞추는 쪽이 훨씬 더 쉽다.

오래된 방법주의자인 포퍼와 쿤에 대한 이야기는 이 정도로 하자. 내가 『지식 기계』에서 제안한 새로운 방법론은 과학의 번영을 위한 세 가지 필수 요소를 제시한다.

첫 번째 요소는 투혼fighting spirit이다. 내가 의미하는 것은, 사심 없는 논리적 고지logical heights에서 이론적 풍경을 면밀히 조사하는 포퍼적 비판정신이 아니다. 내가 염두에 두고 있는 것은 훨씬 더 풍부한 보급품, 즉 편파적이고 이기적인 야망이다. 그런 야망이 반드시 겸손할 필요는 없다. 진리 추구와 인간의 행복 증진에 관심을 기울이고 싶은 심정은 인지상정이기 때문이다. 그렇다고 해서 전투적이거나 비열할 필요도 없다. 훌륭한 운동선수는 은혜로 충만할 수도 있기 때문이다. 그러나 승리하려면 게임을 할 준비가 되어 있어야 한다.

그런 다음, 투혼은 철칙 안에 갇혀야 한다. 게임의 본질은 다음과 같이 정의된다: 지식 기계의 모서리를 날카로운 연마하는 증거—힘들고 값비싼 증거—를 게임자에게서 이끌어내어, 그 증거를 앞으로 수 세기 동안 사상가들을 위해 안전하게 저장한다. 인류는 투혼을 풍부하게 제공하는 데 반해, 철칙은 구하기가 여간 어렵지 않았다. 왜냐하면, 어느 모로 보나 그 요구가 이성에 어긋나기 때문이다. 사실, 이론적인 아름다움과의 전쟁에서 드러난 바와 같이, 철칙은 가장 완전한 의미에서 비합리적이다. 그럼에도 모든 형태의 자연 탐구에 대한 철칙의 지배는 이제 잘 확립되었다. "중요한 것은 오로지 경험적 시험뿐이다"라는 말이 당연하게 느껴지고, 오히려 지루하게 느껴질 정도가 되었다.

어쩌면 너무 지루한 감이 있을 수도 있다. 따라서 지식 기계의 세 번째이자 마지막 요구사항은 오늘날 가장 충족하기 어려울 수 있다. 그것은 과학을 혼자 내버려두는 것, 즉 과학을 손보고 더욱 최신화하고 더욱 유연하게—또는 이 문제에 대해서는 더욱 합리적으로— 만들려는 충동에 저항하도록 허용하는 것이다.

과학을 '개선하라'는 압력은 모든 방향—연구비 지원 기관, 첨단 기술 업체, 정치인—에서 올 수 있다. 심지어 과학자들 자신이 압력을 행사할 수 있다. 마지막 가능성의 한 가지 놀라운 사례—지식 기계 내부에서 일어난 철칙에 대한 반란—는 지난 20여 년 동안 끈 이론의 지위를 둘러싸고 벌어진 논쟁에서 볼 수 있다.

끈 이론(보다 적절하게는 '초끈 이론superstring theory')은 '만물의 이론theory of everything'으로 제안되어 왔으며, (현재 아인슈타인의 일반상대성이론에서 다뤄지는) 중력과 (현재 입자물리학의 표준 모형에 의해 다뤄지는) 다른 기본력fundamental force들을 모두 설명하는 통합 틀unified framework을 제공한다. 끈 이론은 많은 매혹적인 특징을 갖고 있지만, 철칙이 요구하는 방식으로 검증하기가 매우 어렵다. 결정적인 것으로 판명된 특정 실험을 하려면, 목성만 한 크기의 탐지기[5]나 우리 은하만 한 크기의 입자 가속기가 필요하다고 한다.

끈 이론을 옹호하는 입장에서, 일부 물리학자들은 철칙을 수정한 것처럼 보이는 것을 개발했다. 제안된 수정안 중 하나[6]는, 끈 이론의 단일성과 아름다움과 일관성이 사적인 생각—이미 허용됨—뿐만 아니라 공식적인 과학적 논증 과정에서도 선호되도록 허용하자는 것이다. 이것은 '모든 공식적인 토론은 경험적 시험을 거쳐야 한다'는 철칙의 포고령을 유예하는 것에 해당한다. 이 제안을 지지하는 과학자들은 때때로 '탈경험적 물리학post-empirical physics'[7]을 옹호한다고 일컬어진다. 그런 시도를 과연 허용해야 할까?

그것은 매력적인 전망이다. 나는 미학적 추론이 자연의 원리에 대한 깊은 통찰을 낳을 수 있으며, 따라서 과학적 논증에서 자연의 원리를 배제하는 것은 합리적 사고의 근본적인 계율을 위반하는 것이라고 말한 적이 있다. 따라서 모든 끈 이론 옹호자들은 과학적 방법을 논리적으로 업그레이드할 것을 요구한다.

그럼에도 과학적 방법에는 한탄스러운 논리lamentable logic를 초월하는 기능이 있다. 그것은 심오하고 정확한 실험을 위해 존재한다. 미학을 과학으로 받아들이면, 측정에 대한 압박이 줄어들 것이다. 그것이 재앙으로 이어질 거라고 확신할 수는 없지만 위험부담이 크다.

그렇다면 철칙에 간섭하지 말아야 하며, 지식 기계의 작동 방식을 변경하지 말아야 한다. 어젠다를 설정한 뒤 뒤로 물러나, 그것이 진행되도록 내버려둬야 한다.

그러나 나는 급진적 주관주의자들, 즉 '기계와 과학에는 특별한 방법이나 고정된 작동 절차가 없다'고 주장하는 사상가들과 상의하는 것을 소홀히 했다.

급진적 주관주의자의 전형인 사회학자 해리 콜린스Harry Collins와 트레버 핀치Trevor Pinch는 과학을 골렘golem에 비유한다. 골렘은 탈무드에 등장하는 비활성 물질로 만들어진 자동기계automaton로, 종이에 적어 입으로 밀어 넣는 마법의 단어에 의해 작동하는데, 매우 강력하지만 억제하는 것이 거의 불가능하다. "그것은 명령에 따라 당신의 일을 하고 당신을 위협적인 적으로부터 보호할 것이다."[8] 그들은 이렇게 말한다. "그러나 그것은 서투르고 위험하다. 만약 통제가 없다면, 골렘은 가공할 만한 위력으로 주인을 파괴할 수 있다."

만약 내가 '과학은 혼자 내버려둘 때 더 잘 번성할 것'이라고 제안한다면, 콜린스와 핀치는 내가 동문서답을 하고 있다고 생각할지도 모른다. 그들은 이렇게 상기시킬 것이다: 우리가 묻고 있는 것은, 과학이 어떻게 통제될 수 있는가이다.

전형적인 골렘은, 1500년대 후반 프라하의 유대인 랍비인 유다 뢰브 벤 베잘렐Judah Loew ben Bezalel이 도시의 유대인 인구를 보호하기 위해 만든 것이다. 한 기록에 따르면, 그것이 미치기 시작했을 때 랍비는 골렘의 입에서 생기를 불어넣는 주문animating incantation—히브리어로 '진리'를 뜻하는 에메트emet—을 회수해야 했다. 그러자 그의 창조물은 먼지가 되었다.

그 전설에서, 당신은 급진적 주관주의자들의 어젠다를 식별할 수 있을지도 모른다. 그것은 '절대적 진리에 대한 과학의 권리를 박탈하면, 과학이 길들여진다'는 것이다. 그러나 콜린스와 핀치의 메타포를 더욱 주의 깊게 읽으면, 지식 기계의 무효화neutralization가 그들의 열망과 거리가 매우 멀다는 것을 알 수 있다. 그들은 골렘을 "갈팡질팡하는 거인",[9] "우리의 예술과 공예의 창조물"로 간주하며, 모든 결점이 있음에도 "있는 그대로를 사랑하는 법how to love for what it is"을 배워야 한다고 생각한다. 그들이 쓴 책의 목적은 과학을 굴복시키는 것이 아니라, '과학이 어떻게 작동하는지' 이해하고, '지식이 어떻게 만들어지는지'를 알아보는 것이다.

나의 프로젝트도 그것과 일치한다. 주지하는 바와 같이, 나는 콜린스와 핀치 같은 주관주의자들이 제안한 과학에 대한 이해를 지지하지 않는다. 그들은 철칙을 간과했으며, 그 결과 과학적 방법을 놓쳤다. 그러나 자동기계의 심장에서 과학적 방법을 적절한 위치로 되돌리면, 골렘의 이미지가 힘을 유지한다.

전설 속의 골렘은 진흙으로 만들어졌고, 마법의 단어에 의해 생명을 얻었다. 과학적 골렘은 철칙에 의해 조직화되고 권한이 부여된 사람이다(철iron이 아니라 청동bronze이지만, 이 책의 권두삽화인 조각가 에두아르도 파올로치Eduardo Paolozzi의 〈블레이크의 뉴턴 변형After Blake's Newton〉은 인간이 만든 지식 기계를 적절하게 묘사했다).

전설 속의 골렘은 자기 나름의 정신을 갖고 있었다. 과학은 수많은 과학자들의 마음으로 구성되어 있는데, 각각의 과학자들은 자신의 문화와 교육, 취향과 성향에 비추어 증거를 해석하고 그에 따라 행동한다. 그러나 한걸음 더 나아가, 이러한 다양성의 중심에는 과학적 논쟁이 펼쳐지는 공개 무대public arena가 마련되어 있다. 우리는 그것을 골렘 자체에 속하는 의식의 극장으로 이해할 수 있다. 골렘의 기억은 관찰과 실험의 기록 보관소이며, 꼬리에 꼬리를 무는 생각은 논쟁하는 과학자들이 잇따라 발표한 주장들이다. 따라서 골렘의 머릿속에서 진행되는 추론은 불완전하고 상충된다. 그러나 그와 동시에, 그것은 그것을 구성하는 사람들의 인간적 관심과 동떨어진 상태에서 작동한다.

이것을 만들기 위해 그토록 오랜 시간과 노력을 기울인 결과, 인류가 그것의 존재로부터 가장 큰 이익을 얻을 수 있는 방법은 무엇일까? 한마디로, 올바른 방향을 가리킨 후 내려놓는 것이다. 경험적 과학은 둔한 짐승이지만, 고통을 느끼지 않고 두려움을 모르기 때문에 (세련된 마음과 섬세한 감성 때문에 산만해지기 십상인) 우리가 할 수 없는 일을 해낼 수 있다. 그것은 땅바닥에 주둥이를 댄 채, 개별 과학자의 정치적 개인적 관심사를 망각하고, 그들의 문화적 짐cultural baggage과 사소한 사리사욕을 뒤에 남겨둔다.

이 장엄한 둔감함obtuseness은 우리에게 지속 가능한 행복sustainable happiness으로 가는 길을 보여줄 수 있을지도 모른다. 그러나 거기에는

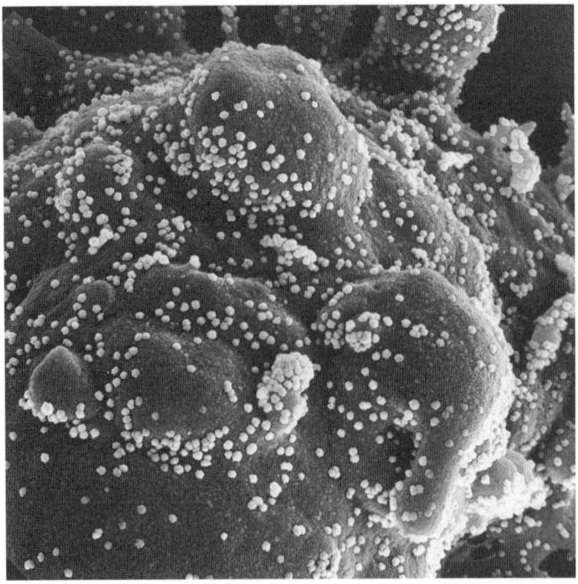

그림 14.3 COVID-19를 초래하는 SARS-CoV-2에 심각하게 감염된 세포.

비용과 타협이 수반된다. 먼저, 비용은 비합리성irrationality이다. 왜냐하면 골렘은 가치를 고려하지 않고 짐을 버리기 때문이다. 다음으로, 타협은 양면성ambivalence이다. 왜냐하면 과학은 개별 과학자의 믿음을 고려하지 않으며, 베이컨적 수렴에 도달할 때까지 '증거가 보여주는 것'에 대해 어떤 판단도 내리지 않기 때문이다.

과학의 비합리성이 골렘에게 더욱 큰 힘을 준다면, 우리는 용인하고 심지어 환영할 것이다. 하지만 답을 찾는 사회에게, 양면성은 오히려 더 위협적이다.

기후는 점점 더 난폭해지고 있으며, 인구는 이동하고 있다. 내가 이 글을 쓰는 동안 만연하고 있는 이국적인 질병들—AIDS, SARS, MERS,

지카Zika, COVID-19—은 세대를 거듭할수록 동물과 인간 사이를 넘나들며 횡행하고 있다. 기술은, 마치 꽉 조인 올가미처럼, 규모가 줄어드는 반면 힘은 커지고 있다. 지식 기계가 성장하는 데 필요한 자율성을 감안하여, 우리는 그것을 애지중지하고 칭찬해 왔다. 이제 우리는 그에 대한 조언이 절실히 필요하다.

베이컨적 수렴이 달성되었거나 최소한 잘 진행되고 있다는 증거가 충분하다면, 과학자들 사이에서 (한 목소리로 말하는 과학을 연상시키는) 합의가 이루어질 것이다. 그러나 어떤 비판적 우려가 시급하게 대두되는 순간, 증거는 종종 고르지 못하고 잠정적이다. 동일한 질문에 대해 상이한 개연성 순위를 적용한 과학자들이 다양한 의견을 개진할 것이다. 이 경우 골렘의 목소리는 조화로운 합창이 아니라 음악이 시작되기 전의 불협화음—천 개의 교차하는 대화들의 아우성—처럼 들릴 것이다.

불협화음을 이해하려면 통역사를 찾아야 한다. 기후변화라는 심각한 상황에서, 가장 중요한 통역사는 IPCC, 즉 기후변화에 관한 정부간 협의체Intergovernmental Panel on Climate Change다. UN이 주도하는 IPCC는 전 세계 과학자들을 소집하여 작업그룹working group을 꾸려, 몇 년마다 한 번씩 평가 보고서를 발행한다. 보고서의 목적은, 기후에 관한 과학적 지식의 상태를 요약하는 것이다. 무엇보다도, 보고서는 가설들에 신뢰 수준—하나에는 '중간 신뢰도medium confidence'를, 다른 하나에는 '매우 높은 신뢰도very high confidence'—을 부여하고,[10] 특별한 사건들—예컨대 2050년까지 평균 지구 온도 몇 도 상승, 2100년까지 해수면 몇 센티미터 상승—에 '가능성 있음more likely than not', '가능성 높음

likely', '가능성 매우 높음very likely' 등의 표현을 사용하여 가능성을 할당한다(동일한 방식으로, 영국과 미국을 비롯한 정부들은 COVID-19 위기 동안 전문가 위원회를 소집하여, 당혹스러울 정도로 상충되는 역학 모델epidemiological model들 사이에서 최선을 다해 예측치를 도출했다).

그런 협의체는 모든 전문 지식과 노력이 있음에도 '과학이 무엇을 말할지'를 결정할 수 없다. 과학은 확고한 견해를 갖고 있지 않다. IPCC의 수치는, 마치 그런 수치들이 꼭 있어야 하는 것처럼, 과학적 기록에 일련의 개연성 순위를 적용하여 생성된다. IPCC는 (어떤 의미에서 과학적 의견의 무게중심을 반영하는) 다양한 순위를 적용하는 것을 목표로 하고 있지만 여전히 주관적이다.[11] 그런 순위는 객관적인 증거에서 도출된 것이 아니라, 어떤 증거의 중요성을 부각하기 위해 추가되는 것이다. 여러 IPCC 보고서의 수석 저자인 스티븐 슈나이더Stephen Schneider는 이렇게 말한다. "그러므로 만약 미래에 관심이 있다면, 주관적인 분석에 종사하는 법을 배워야 한다."[12]

우리는 정말로 주관적인 분석에 종사하는 법을 배울 필요가 있다. 해석에는 세계관이 필요하다. 쿤의 가르침에 따르면, 과학은 지배적인 패러다임 이외의 어떤 세계관에도 눈멀었다고 한다. 그는 패러다임의 지성과 정교함을 과장했다. 그것은 세계관에 완전히 눈멀었으며, 그 결과로 나타난 끊임없는 집중이 과학을 냉혹한 지식 스토커stalker of knowledge로 만드는 것이다. 그러나 과학이 발견한 모든 지식을 이해하려면, 우리는 우리의 주관성을 소환하여 인간의 눈으로 괴물의 마음을 들여다봐야 한다. 이 한 가지 결정적 측면에서 급진적 주관주의자들은 옳다.

지식 기계는 선사시대의 어둠 속에서 열렸다. 문명의 태양이 떠올라 문학과 법, 사원의 돔과 원형 무대, 수학과 철학의 추상적인 즐거움을 가져다줬다. 그러는 동안, 과학의 태양은 지평선 아래 깊숙이 남아 있었다. 고대 세계의 문화 연구자가 보기에, 현대과학 같은 것이 일어날 거라고 암시하는 희미한 빛조차 보이지 않았다. 그 상태는 수 세기, 수천 년 동안 지속되었다. 여러 제국이 등장했다 사라졌고, 각각의 제국은 인류에게 지속적인 미적·지적 선물을 남겼지만 과학은 남기지 않았다.

과학혁명Scientific Revolution은 단숨에 모든 것을 바꿔놓았다. 뉴턴과 그 후계자들의 천재성이 하늘에서 반짝일 때, 과학의 태양은 지평선이 아니라 천정zenith에 나타난 것 같았다. 그것은 문명의 태양보다도 훨씬 더 뜨겁게 타올랐다. 우리의 무덥고 붐비고 변성된 행성은 그 결과물이며, 점점 더 길고 편안하고 흥미로워지는 삶 또한 그러하다.

갈릴레오는 빛의 본질을 알고 싶어 안달이었다. "나는 항상 빛이 무엇인지 이해할 수 없다고 느껴왔어."[13] 그는 한 친구에게 이렇게 썼다. "그래서 궁극적으로 빛의 본질을 이해했다고 확신할 수만 있다면, 평생 동안 감옥에서 빵과 물을 먹으며 보내더라도 기뻐할 거야." 그로부터 400년이 채 지나지 않아, 아이작 뉴턴, 제임스 클러크 맥스웰, 알베르트 아인슈타인과 다른 많은 사람들 덕분에 우리는 그 지식을 얻게 되었다. 과학의 빛도 동일한 이해를 요구한다. 『지식 기계』에서, 나는 내가 보는 그대로의 진실을 독자들에게 전달하려고 노력했다.

과학은 빛이 아니며, 별에서 발사되지 않는다. 그것은 골렘, 유리구두, 신경쇠약증에 걸린 새neurasthenic bird, 산호초도 아니다. 사실,

그것은 기계가 아니다. 그것은 사회적 제도social institution로, 천체나 마법의 주문에 의해 탄생할 수 없다. 탐구자들은 과학적 제도scientific institution를 구성하는 규칙을 스스로에게 부여해야 했다. 그러나 철칙은 권력과 삐딱함의 독특한 혼합물이다. 논리적으로, 그것은 도리에 어긋난다. 사회적·정치적·도덕적 조건이 엮여 하나의 관점이 되고, 그러한 관점에서 철칙이 수용 가능한 아이디어로 여겨지기까지는 매우 오랜 시간이 걸릴 것이다. 이제 우리는 웬만큼 알고 있다. 그리고 철칙 덕분에 우리는 계속해서 더 많은 것을 알 수 있다. 지식이 우리를 구원해 주기를 바라는 마음 간절하다.

감사의 글

뒤엉킨 영향의 실타래를 풀어 누가 어떤 아이디어를 증폭하거나 약화했는지 분간할 수는 있을지언정, 『지식 기계』의 탄생에 기여한 모든 작가, 독자, 교사, 학생의 이름을 일일이 나열할 수는 없다. 그러나 내게 가장 큰 영향을 미친 사람은 피터 고드프리-스미스와 필립 키처였다. 고드프리-스미스는 나의 옛 동료로, 과학의 역사와 사회학을 더 잘 이해하도록 도왔고, 이 책에 나오는 쿤과 포퍼를 비롯한 많은 인물들을 나와 함께 처음 강의했다. 키처는 과학의 사회적 구조에 관한 나의 첫 번째 연구에 영감을 준 저서를 썼고, 그 이후로 신뢰할 만한 영감과 지원의 원천으로 자리 잡았다.

많은 친구들이 원고의 여러 부분을 읽고 논평을 달았다: 조이 코놀리, 에릭 큐리엘, 리베카 골드스타인, 리나 매클레넌, 애슐리 밀러, 마르코 네이선, 케이티 탭, J. D. 트라웃. 그에 더하여 아름다움에 대한

(희귀한) 물리학 문헌을 검색하는 데 도움을 준 트레버 테이텔, 상상할 수 있는 모든 제목의 공간을 여유롭게 여행하게 해준 마야 제이소노프에게 감사드린다. 또한 짧은 기간 동안 과학 저술에 대한 영감 넘치는 조언을 제공한 카블리 재단Kavli Foundation, 스티브 홀, 게리 마커스에게 감사드린다.

두 편집자, 즉 리버라이트Liverright의 내 편집자 밥 웨일과 제시카 루디스의 세심한 주의가 없었다면, 이 책은 상당히 다르고 훨씬 초라해졌을 것이다. 5년이라는 긴 시간 동안 집필과 수정을 거듭하는 동안 밥이 보여준 인내와 분노의 절묘한 조화는 어떤 작가도 합리적으로 예상할 수 있는 수준을 넘어섰다. 그에게 깊이 감사한다. 나의 대리인인 크리스 칼훈의 지원과 도움(늘 집필에 관한 것은 아니었다)이 없었다면, 기나긴 집필 기간—코끼리 세 마리 정도의 임신 기간—을 견디는 것을 상상하기 어려웠을 것이다.

이 책의 출간과 관련하여, 리버라이트의 모든 사람들—특히 나와 함께 동고동락한 게이브 카척, 필 마리노, 마리 판토하와, 세심한 교열 담당자 재닛 그린블랫, 지칠 줄 모르는 탁월한 이미지 연구자 트리시 마크—의 관심과 보살핌에 깊이 감사한다.

마지막으로, 이 책의 아이디어의 산실인 무그Moog를 사용하게 해준 매그너슨 가족에게 감사한다.

미주

여기에 언급된 출처와 자료원 중 일부는 온라인에서 누구나 이용할 수 있지만, 일부는 대학교와 제휴되어 있지 않으면 접근하기가 다소 어렵다. 나는 저자의 웹페이지에 있는 "출판 전 원고preprint"(즉, 최종 버전과 진배없는 무료 원고)를 확인하기를 권한다. 이 책의 출판 전 원고는 나의 웹사이트(http://www.strevens.org)에 업로드되어 있다. 철학적 주제에 대한 유용한 자료원은 스탠퍼드 철학 백과사전Stanford Encyclopedia of Philosop(http://plato.stanford)이다.

프롤로그: 지식 기계

1 **지식 축적량에는 사실상 아무런 기여도 하지 못했다**: 여기에는 명예로운 예외가 있다. 바빌론과 그리스의 수리천문학자들은 태양·달·행성의 움직임을 정확히 예측하는 이론을 개발했으며, 그리스의 사상가 아르키메데스는 "유레카!"라는 불멸의 외침 속에서 유체정역학hydrostatics 분야의 실질적인 발견을 했다.

2 **"과학혁명 같은 건 없었다"**: 샤핀의 책 『과학혁명』의 첫 번째 문장이다. 책

의 제목과 첫 번째 문장 사이의 교묘한 불일치는 과학혁명이라는 용어를 사용하는 두 가지 방법을 적나라하게 보여준다. 한편으로, 과학혁명은 목성의 위성 관찰, 혈액순환 발견, 뉴턴 물리학의 성립 같은 일련의 사건들을 지칭한다. 이러한 사건들의 발생은 역사적 기록의 문제다. 다른 한편으로, 논란의 여지가 있지만, 과학혁명은 그런 사건들을 촉발시킨 새로운 지적 또는 사회적 운동을 지칭한다. 요컨대 샤핀은 하나의 사회사를 쓰면서 다른 하나의 존재를 부정한 것이다.

3 **"… 여전히 암흑 속에 묻혀 있다"**: 파이어아벤트, 『자유로운 사회에서의 과학Science in a Free Society』, 73쪽.

1장 과학적 방법 톺아보기

1 **전체주의를 비판하는 글**: 포퍼, 『열린 사회와 그 적들Open Society and Its Enemies』(1945).

2 **어쩌면 유일한 인간 활동**: 포퍼, 『추측과 논박Conjectures and Refutations』, 293쪽.

3 **그의 철학적 걸작**: 『과학적 발견의 논리』는 1934년 독일어로 출간되었고, 그로부터 25년 후인 1959년에 영어로 처음 번역되어 등장했다.

4 **"역사상 가장 위대한 …"**: BBC 라디오 인터뷰. 마지Magee의 『포퍼』에서 인용했다.

5 **"전쟁과 그 후유증은 …"**: 포퍼, 『끝없는 탐구Unended Quest』, 13쪽. 다음 인용문은 32쪽.

6 **"자유가 평등보다 더 중요하다"**: 포퍼, 『끝없는 탐구』, 36쪽.

7 **"기억나는 것이라고는 …"**: 포퍼, 『끝없는 탐구』, 37쪽. 다음 인용문은 38쪽.

8 **"… 지적 차이가 없게 된다"**: 러셀, 『서양철학사History of Western Philosophy』, III.I.17.

9 **"만약 … 적색편이가 …"**: 『끝없는 탐구』, 38쪽에서 포퍼가 인용했다.

10 **"만약 반증되지 않을 경우, 과학 이론은 …"**: 포퍼, 『끝없는 탐구』, 79쪽.

11 **증거를 수집하려고 노력하는 것은 아무런 의미가 없다**: 포퍼는 엄격한 검증

을 견뎌낸 이론을 어느 정도 존중해야 한다고 생각했다. 그는 그러한 이론을 일컬어 "잘 입증되었다well corroborated"라고 했지만, '전혀 검증되지 않은 이론'보다 '잘 입증된 이론'을 신뢰할 만한 하등의 이유가 없다는 자신의 반귀납적 견해anti-inductive view를 고수했다.

12 **"우리의 추측으로 하여금 … 우리 대신 죽게 하라! …"**: 포퍼, 「자연선택과 이성의 출현Natural Selection and the Emergence of Mind」, 354쪽.

13 **"과학의 최고봉은 과학적 방법이며, …"**: 마지, 『포퍼』, 9쪽에서 인용했다. 멀케이와 길버트Mulkay & Gilbert, 「철학의 작동Putting Philosophy to Work」도 참고하라. 이 논문은 '포퍼가 과학자들의 방법론적 이론과 실무에 미친 영향'에 대한 사회학적 연구다.

14 **"나는 포퍼에게서 … 배웠다"**: 에클스Eccles, 「시냅스의 마법에 걸려Under the Spell of the Synapse」, 162쪽.

15 **해부학자 솔리 주커만**: 니콜라스 웨이드Nicholas Wade는 『노벨상 결투The Nobel Duel』, 54쪽에서 이 에피소드를 기술했다. 문제의 뇌에는 시상하부와 뇌하수체 사이에 통로가 없는 것으로 추정되었고, 해리스에 따르면 이 통로는 페럿의 발정에 필수적이었지만, 주커만의 페럿은 그럼에도 발정이 났다. 해리스는 이 일회성 사례가 오해의 소지가 있음을 여러 가지 방법으로 지적했다. 그는 결국 논쟁에서 이겼고, '뇌 안에서 일어나는 호르몬 주도 의사소통hormone-driven communication'에 관한 이론을 제시함으로써 오늘날 많은 사람들에게 '신경뇌분비학의 아버지'로 간주되고 있다.

16 **"나는 마침내 귀납법의 문제점을 이해하게 되었다"**: 로널드 기어Ronald Gere는 자신의 책 『법칙 없는 과학Science without Laws』에서 이 일화를 들려준다. 그는 철학자 안드레아스 캄라Andreas Kamlah를 원조로 지목하며, "그는 그 말의 기원이나 사실 여부에 대한 어떤 증거도 알지 못했다"라고 보고했다. 내 경험에 따르면 그런 일화는 거의 항상 도시형 전설urban legend이지만, 나는 귀납적 회의론inductive skepticism의 정신에 입각하여 그런 이유를 내세워 이 일화를 불신하는 풍조를 거부한다.

17 **모리스의 회고에 따르면**: 『재떨이The Ashtray』에 나오는 내용이다. 모리스는 이렇게 썼다. "나는 대학원을 '언덕 위의 빛나는 도시'로 상상했지만, 결국

'곰과 함께 오랫동안 머무는 것'이나 다름없는 것으로 밝혀졌다"(9쪽).

18 **"노이로제에 걸린 불안정한 청년"**: 인용문들은 쿤과의 인터뷰 내용을 엮은 『구조 이후의 길The Road since Structure』 280쪽과 276쪽에서 각각 발췌했다.

19 **"갑자기 내 머릿속에서 단편들 …"**: 쿤, 「과학혁명이란 무엇인가?What are Scientific Revolutions?」, 9쪽.

20 **이해할 수 없다는 듯 어리둥절해할 거라고 한다**: 쿤은 패러다임의 지배에 대해 다양한 방식으로 이야기한다. 때때로, 특히 『과학혁명의 구조』의 앞부분에서, 패러다임은 비록 사회적으로 엄격히 준수되는 가정일지라도 과학자들이 당연히 여기는 일련의 가정에 지나지 않는다. (패러다임에 감히 반대하는 과학자들은 "해당 분야에서 간단히 제명되고, 그들의 연구는 무시된다". 19쪽) 그리고 책의 뒷부분에서 "패러다임은 과학자의 비전을 광범위하게 제한한다"라고 기술되며(64쪽), 마지막 부분에서는 "다른 패러다임을 가진 과학자들은 다른 세계에서 독자적인 과학을 한다"라고 기술된다(149쪽). 나는 쿤에 대한 설명에서, '과학자들의 마음을 움켜잡는 패러다임'에 대한 쿤의 강력한 진술을 강조한다.

21 **논란의 여지 없는 최초의 과학혁명**: 프톨레마이오스에서 코페르니쿠스로 이행한 그리스의 천문학이 소문자 과학혁명으로 인정될 만큼 충분히 과학적이었는가라는 질문에 대해, 쿤은 약간 모호한 입장을 취했다. 특별한 창조에서 다윈으로의 이행도 사정은 마찬가지다.

22 **"정상과학은 … 않는다"**: 쿤, 『과학혁명의 구조』, 5쪽, 52쪽.

23 **"깊은 위기에 빠진 일부 선각자들"**: 이 단락에 인용된 모든 글은 쿤, 『과학혁명의 구조』, 90쪽에서 발췌했다.

24 **"전향 경험"**: 쿤, 『과학혁명의 구조』, 150쪽.

25 **"패러다임이 등장하면"**: 쿤, 『과학혁명의 구조』, 94쪽.

26 **"만약 당신의 뇌가 손처럼 두 개라면"**: 당신의 두 두뇌가 승자를 협상할 만큼 서로를 잘 이해할까? 쿤은 '차이점을 논의하는 데 사용할 수 있는 공통된 방법론적, 개념적 또는 언어적 틀이 없다'고 제안했다. 그는 이러한 딜레마를 '비교불가능성incommensurability'이라고 불렀다. 그는 수년 동안 이 문제를 해결하려고 노력했지만 끝내 뜻을 이루지 못했다.

27 **아리스토텔레스주의자와 뉴턴주의자는 각각 다른 세계에 산다**: 이것은 논란의 대상이 되고 있는 『과학혁명의 구조』 10장의 요지다.

28 **"정치적 혁명과 마찬가지로 … 기준은 없다"**: 쿤, 『과학혁명의 구조』, 94쪽.

29 **군중심리학**: 러커토시는 길고 영향력 있는 1970년의 논문 「과학 연구 프로그램의 반증과 방법론Falsification and the Methodology of Scientific Research Programmes」 178쪽에서 이 문제를 지적했다.

30 **"새로운 패러다임이 … 뛰어난 예측력을 보유하는 경향이 있다."** 이것은 쿤이 강조한 것처럼 '새로운 패러다임이 종전의 패러다임이 예측한 모든 것을 예측할 수 있다'는 말은 아니다. 예측력의 관점에서 말하자면 두 걸음 전진하고 한 걸음 후퇴할 수 있지만, 이는 여전히 한 걸음 앞으로 나아가는 것이다.

31 **1977년 … 노벨 생리의학상**: 기유맹과 섈리는 (상이하지만 관련된 공로를 인정받은) 로절린 앨로Rosalind Yalow와 노벨상을 공동으로 받았다. 기유맹과 섈리 사이의 경쟁에 대한 흥미로운 설명은 니콜라스 웨이드의 『노벨상 결투』에서 찾을 수 있다.

32 **"엄청난 분량"**: 라투르와 울가Latour & Woolgar, 『실험실 생활Laboratory Life』, 120쪽.

33 **"수백만 개의 시상하부를 …"**: 라투르와 울가, 『실험실 생활』, 118쪽.

34 **"진화생물학자 피터 그랜트와 로즈메리 그랜트 부부"**: 그랜트 부부의 작업은 조너선 와이너Jonathan Weiner, 『핀치의 부리Beak of the Pinch』에 기억에 남을 정도로 기술되어 있다. 새로운 종에 대한 연구는 2018년 라미치하니 등Lamichhaney et al., 「다윈 핀치에서 신속한 종 분화Rapid Hybrid Speciation in Darwin's Finches」에 보고되어 있다.

35 **루이스 터먼이 수십 년 동안 수행한 … "천재에 관한 유전적 연구"**: 터먼은 1921년부터 일련의 테스트, 특히 자신이 개발한 스탠퍼드-비네 지능검사Stanford- Binet IQ test에서 특히 좋은 점수를 받은 8~13세의 캘리포니아 어린이를 모집했다. 그의 목표는 그들의 '천재성'이 꽃피는 방식을 조사하면서 그들의 삶을 통해 이 '축복받은' 아이들을 따라가는 것이었다. 그러나 그들은 다른 어떤 아이들보다 뛰어난 창의력을 발휘하는 데 그다지 적합

하지 않은 것으로 나타났다. 'IQ와 천재가 함께 간다'는 가정은 잘못된 것이었다. 이 프로젝트는 현재 90대에 접어든 참가자들의 삶을 추적하면서 오늘날까지 계속되고 있지만, 오히려 다른 연구 목표를 염두에 두고 있다.

36 **어느 해 여름 콜로라도에 머물며**: 자런이 쓴 『랩걸Lab Girl』 73~75쪽에 나오는 이야기다.

37 **"지금 무슨 일을 하고 있든 … 믿어야 한다"**: 애시완든Aschwanden, 「과학은 부서지지 않는다Science Isn't Broken」, http://fivethirtyeight.com/features/science-isnt-broken/

38 **"이런 물질의 … 강한 신념을 가진 1인 …"**: 섈리의 자서전에 실린 노벨상 수상 연설문(https://www.nobelprize.org/prizes/medicine/1977/schally/biographical/)에서 인용했다.

39 **"나는 포퍼와 쿤이 … 지당하다고 생각한다"**: 만약 내가 점수를 매긴다면, 쿤에게 더 많은 점수를 줄 것이다. 포퍼에 비해, 그는 방법론적 합의의 동기부여 능력을 더 많이 강조한다.

2장 인간의 약점

1 **"청년 칼 포퍼"**: 1장에서 언급한 바와 같이, 일식 실험과 그 밖의 상대성이론 테스트는 반증에 대한 포퍼의 아이디어에 직접적인 영감을 제공했다. 따라서 그것은 포퍼적 형식의 실험뿐만 아니라 포퍼 자신을 형성했다.

2 **"상황의 논리가 완전히 명확하지는 않은 듯하다"**: 캠벨의 논평은 일식 실험 비판에 관한 나의 주요 출처인 이어먼과 글리모어Earman & Glymour, 「상대성이론과 일식Relativity and Eclipses」의 78쪽에서 인용했다. 물리학자 대니얼 케네픽Daniel Kennefick은 「1919년의 일식에서 테스트한 상대성이론Testing Relativity from the 1919 Eclipse」에서 에딩턴이 브라질 천체항법도 건판을 무시한 것을 옹호한다. 케네픽은 '규모의 변화'가 체계적 오류를 일으키는 과정을 명확히 설명하지만, 에딩턴과 공저자들이 천체항법도 측정에서 '(체계적인 편향을 일으키지 않을 정도의) 단순한 초점 상실이 있었다'기보다는 '그런 변화가 발생했다'는 점을 독자들에게 확신시키려고 시도하지 않

는다는 이상한 사실에 대해서는 언급하지 않는다. 우리가 아는 범위에서, 에딩턴은 자신의 목표에 가장 잘 맞는 '천체항법도 사진의 흐릿함에 대한 설명'을 선택했을 뿐이다. 나는 3장과 7장에서 에딩턴의 생략에 얽힌 의문을 다시 다룰 것이다. 매튜 스탠리Matthew Stanley의 「전쟁의 상처를 치유하기 위한 원정대An Expedition to Heal the Wounds of War」 역시 에딩턴의 데이터 처리에 크게 공감하며, 훨씬 더 매력적인 역사적 배경을 제공한다. 스탠리는 자신의 책 『아인슈타인의 전쟁Einstein's War』에서 더욱 폭넓은 관점을 제시한다.

3 **"진리 추구는 …"**: 매튜 스탠리, 「전쟁의 상처를 치유하기 위한 원정대」, 64쪽에서 인용했다. 스탠리는 에딩턴이 일식 탐사를 '종교적 소명'으로 간주했다고 주장한다(59쪽).

4 **"영국에서 가장 영향력 있는 천문학자"**: 이어먼과 글리모어, 「상대성이론과 일식」, 71쪽.

5 **칼 포퍼에 따르면**: 일식의 에피소드가 단순한 포퍼적 해석에 저항하는 다른 방법이 있다. 브라질의 망원경은 빛의 굴절에 대해 두 가지 상충되는 측정값을 산출했는데, 이는 '과학적 방법으로서 반증'에 대한 명백한 문제를 제기한다. 두 가지 결과를 모두 예측할 수 있는 이론은 없다. 따라서 모든 이론은 반증될 것이다. 다음 장에서, 우리는 포퍼가 이 점에 대해 어떻게 말해야 하는지를 보게 될 것이다.

6 **토머스 쿤에 의하면**: 에딩턴의 일식 실험을 뉴턴 패러다임 내에서 발생하는 것으로 간주해야 할까, 아니면 초기 아인슈타인 패러다임 내에서 발생하는 것으로 간주해야 할까? 이러한 의문은 쿤의 관점에서 역사를 읽으려고 할 때 자주 발생한다. 과학은 쿤의 『과학혁명의 구조』에 설명된 깔끔한 방식으로 전개되지 않는 경우가 많다. 그래서 쿤은 자신의 가장 유명한 책이 출간된 후 패러다임이 지배하는 과학·위기·혁명의 순환에 대한 개념을 계속 다듬었다. 그러나 대부분의 과학사학자들은 쿤의 엄청난 중요성을 인정하면서도 (이 장 전체에 걸쳐 논의된 이유뿐만 아니라 이러한 이유 때문에) 과학사를 일련의 연속적인 패러다임의 관점에서 이해하려는 시도를 포기했다. 현대 과학사에서 쿤의 아이디어가 수행한 역할은 마리

오 비아지올리Mario Biagioli의 짧은 논문 「생산적 환상Productive Illusions」에 간단명료하게 설명되어 있다.

7 **과학계의 거목들이 어려운 데이터를 폐기하거나**: 아래의 논문을 각각 참고하라. 피셔Fisher, 「멘델의 작업이 재발견되었나?Has Mendel's Work Been Rediscovered?」; 리처드슨 등Richardson et al., 「척추동물에는 고도로 보존된 배아 단계가 없다There Is No Highly Conserved Embryonic Stage in the Vertebrates」; 홀턴Holton, 「하위전자, 전제 및 밀리컨-에렌하프트 논쟁Subelectrons, Presuppositions, and the Millikan-Ehrenhaft Dispute」; 웨스트폴Westfall, 「뉴턴과 퍼지 요인Newton and the Fudge Factor」(인용문은 753쪽에서 가져옴). 각각의 경우, 부적절하다는 비난은 '과학자들의 책임'과 '과학이 입은 피해'에 대한 논쟁—일부 작가들은 책임이 거의 없고 피해가 적다고 주장한다—을 촉발했다. 그러나 어느 정도의 고의적인 허위 진술이 발생했다는 데는 거의 의심의 여지가 없다.

8 **에딩턴의 발표문 원본**: 다이슨, 에딩턴, 데이비슨, 「빛의 굴절의 결정Determination of the Deflection of Light」.

9 **파스퇴르와 푸셰는 … 옥신각신한 적이 있었다**: 이 이야기는 콜린스와 핀치Collins & Pinch, 『골렘The Golem』에 나오는데, 여기에는 에딩턴의 조작에 대한 간략하고 접근 가능하며 다소 냉담한 설명도 포함되어 있다.

10 **전투적이고 불공정한 논쟁**: 연구 노트를 고려한 균형 잡힌 전기는 파트리스 드브레Patrice Debré의 『루이 파스퇴르』다.

11 **업계의 후원을 받아 수행된 연구들**: 탄산음료의 경우: 베스-라스트롤로 등Bes-Rastrollo et al., 「가당 음료와 체중 증가 간의 연관성에 관한 재정적 이해충돌 및 보고 편향Financial Conflicts of Interest and Reporting Bias Regarding the Association between Sugar-Sweetened Beverages and Weight Gain」. 간접흡연의 경우: 반스 & 베로Barnes & Bero, 「수동 흡연이 건강에 미치는 영향에 대한 논문 검토가 다른 결론에 도달하는 이유Why Review Articles on the Health Effects of Passive Smoking Reach Different Conclusions」. 약물 시험의 경우: 초와 베로Cho & Bero, 「심포지엄 절차에서 출판된 약물 연구의 질Quality of Drug Studies Published in Symposium Proceedings」. 베켈만, 리, 그로스Bekelman, Li, and Gross, 「생물의학

연구에서, 재정적 이해 충돌의 범위 및 영향Scope and Impact of Financial Conflicts of Interest in Biomedical Research」도 참조하라.

12 **독일의 젊은 과학자 겸 탐험가**: 모트 그린Mott Greene의 『알프레드 베게너Alfred Wegener』는 베게너의 삶에 대한 포괄적인 설명을 제공한다. 나는 이 책을 참고했다.

13 **우리는 어쩌면 지금까지 기다리고 있을지도 모른다**: 해저 확장seafloor spreading이 대륙이동의 메커니즘임을 시사하는 증거는, 대륙이동에 대해 전혀 생각하지 않던 과학자들에 의해 밝혀졌다. 과학이 하지 않는 일은 '속도를 늦추거나 멈추는 것'이라고 생각해야 하는 데는 그럴 만한 이유가 있다.

14 **미국 과학계의 경우**: 나오미 오레스케스Naomi Oreskes는 『대륙이동의 거부Rejection of Continental Drift』에서 베게너의 연구 전후에 나타난 '대륙이동의 메커니즘에 대한 추측'을 조사한다. 논쟁에 대한 오레스케스의 설명은 상이한 방법론적 취향의 중요성을 그 나름의 방식으로 요약하여 예시하지만, 그녀의 요약은 나의 것과 다소 다르다. 그녀에 따르면, 미국 지질학자들의 거부감은 상향적·귀납적·이론적인 다원주의적(또는 불가지론적) 접근방법을 선호한 나머지 거대하고 이론 중심적인 지질학grand, theory-driven geology을 의심한 데서 기인한다. 나로 말하자면, 미국 지질학자들의 '귀납적' 입장은 무엇보다도 다음과 같은 요구사항에서 기인한다: 거대하고 체계적인 이론의 각 부분은 독립적으로 입증되어야 하며, 따라서 베게너의 이론이 가정한 대륙이동 메커니즘은 원칙적으로 가능할 뿐만 아니라 그 존재를 입증하는 관찰에 의해 뒷받침되어야 한다.

15 **"… 과학은 아름다우리만큼 자기수정적이다"**: 칼텍CalTech의 2016년 졸업식사에서 인용했다. 원고는 http://www.newyoker.com/news/news-desk/the-mistrust-of-science에 게시되어 있다.

16 **" … 나는 과학에 대한 지식이 전무한 상태였다"**: 이 단락의 모든 인용문은 라투르와 울가, 『실험실 생활』, 273쪽에서 가져왔다.

17 **기입 장치**: 라투르와 울가, 『실험실 생활』, 273쪽.

18 **"국지적이고 암묵적인 협상 …"**: 라투르와 울가, 『실험실 생활』, 152쪽.

19 **"우리는 … 확인하지 못했다"**: 라투르와 울가, 『실험실 생활』, 189쪽.

20 **“그들과 동료 연구자들이 수행하는 연구는 …”**: 짐링, 『과학은 무엇이고 실제로 어떻게 작동하는가What Science Is and How It Really Works』, 279쪽.

21 **“자연 세계는 … 무시해도 좋을 만한 역할을 수행한다”**: 콜린스, 「상대성이론의 경험적 프로그램의제단계Stages in the Empirical Program of Relativism」, 3쪽. 아로노비츠, 『권력으로서의 과학Science as Power』, 204쪽. ‘최강팀’: 파트리샤 파라Patricia Fara, 『과학: 4천 년 역사Science: A Four Thousand Year History』, 257쪽. 이와 같은 오만한 주관주의적 슬로건들은 앨런 소칼Alan Sokal에 의해 수집되었다(https://scientiasalon.wordpress.com/2014/03/26/what-is-science-and-why-should-we-care-art-i/).

22 **절망스럽게도, … 백인백색이다**: 나는 이 장章에서 주로 포퍼와 쿤의 방법론적 접근방법을 동등하게 약화시키는 과학적 실천 측면에 관심을 기울였다. 따라서 나는 많은 과학자들이 지배적인 통설prevailing orthodoxy을 전복시키려고 적극적으로 노력하고 있다는 징후를 많이 보지 못했다(예컨대 http://www.bbc.com/news/science-environment-31162725에서 “우리는 물리학을 파괴하고 싶다We Want to Break Physics”를 참조하라). 그런 반란적 외침rebel yells은 쿤에게는 좋지 않지만 포퍼에게는 좋은 소리다. 그와 마찬가지로, 나는 과학자들이 생각 없이 통설—포퍼에게는 나쁘지만 쿤에게는 좋다—을 되풀이하는 사례를 언급하지 않았다.

23 **대부분의 사람들은 과학의 이론적 성공뿐만 아니라 실질적 성공까지도 …**: 과학과 기술의 관계에 대한 질문은 1980년대의 과학 연구에서 많이 논의되었다. 예컨대 알렉산더 켈러가 기술한 “상호작용적 관점interactive view”에 대한 의견은 결국 “그래서, 과학이 기술을 창조했을까?”라는 질문으로 귀결된다. 대답은 이중이어야 한다. 한 가지 대답은 “아니다, 과학은 주요 발명가가 아니었다”이고 다른 대답은 “그렇다, 현대 기술은 과학적 훈련과 사물의 본성에 대한 이해 없이는 불가능하다”이다(「과학이 기술을 창조했는가?Has Science Created Technology?」, 182쪽). 켈러의 글에는 ‘기초과학과 기술혁신 간의 관계’에 대한 전후연구postwar research의 개요가 포함되어 있다.

24 **“장담하건대, 과학은 … 신뢰할 만하다”**: 섀핀, 『과학혁명』, 165쪽. 일찍이 급진적인 격언을 남긴 해리 콜린스조차도 과학자들을 가리켜 “자연계의

방식 분야에서 가장 뛰어난 전문가"라고 기꺼이 말한다(트레버 핀치와 함께 쓴 『골렘』, 142쪽).

3장 과학의 본질적인 주관성

1 **"일종의 점화액을 …"**: 데이비드 그랜David Gran, "불의 심판Trial by Fire," 《뉴요커》, 2009년 9월 7일.

2 **"윌링엄에게 불리한 주장에 기여한 사람들"**: 윌링엄의 유죄 판결에 관련된 사람들 중 대부분은 여전히 그가 유죄라고 생각하는 것이 틀림없다.

3 **"두 번째 실험을 더욱 신중하게 수행하는 것이었다"**: 반증에 대한 포퍼의 요구 사항은 이것보다 더 강력하다. 그는 "반증하는 가설"의 "확증corroboration"을 요구하는데, 이는 반증하는 사실의 반복적인 생성repeated production 또는 관찰observation을 의미한다.

4 **"두 번 다시 보기 힘든 현상이었다"**: 다이슨, 에딩턴, 데이비슨, 「빛의 굴절의 결정」, 293쪽.

5 **"… 창조하고 지휘하는 힘 …"**: 스미스와 와이즈Smith & Wise가 쓴 켈빈의 전기, 『에너지와 제국Energy and Empire』, 645쪽에서 인용했다.

6 **다윈주의의 밑바탕에 깔린 과학**: 찰스 다윈 자신도 점차적인 믿음의 상실을 겪었다. 훗날 그 일을 회상하면서 그는 이렇게 썼다. "불신감이 아주 느린 속도로 나를 덮쳤다 … 너무 느려서 괴로움을 느끼지 않았으며, 그 이후로 내 결론이 옳다는 것을 단 1초도 의심한 적이 없다"(다윈, 『자서전』, 87쪽).

7 **"켈빈은 원래 온도가 … 가정했지만"**: 켈빈의 추정에 중요했고 포브스도 측정한 것은 온도 구배temperature gradient, 즉 더 깊이 파고들어 갈수록 지구가 뜨거워지는 정도였다. 물론 포브스는 이 구배를 지표면에 매우 가까운 곳에서만 추정했다.

8 **"4,000만 년보다는 2,000만 년에 훨씬 가까웠다"**: 달림플Dalrymple, 『지구의 나이Age of the Earth』, 43쪽.

9 **다윈은 동네북 취급을 받았다**: 켈빈은 아마도 19세기 중반의 "동일형태론

적uniformitarian" 지질학을 논박하는 데 다윈보다 훨씬 많은 관심을 갖고, (지질학자들이 처음으로 눈을 뜬) 지층이 퇴적되고 지질학적 구조물이 형성되는 데 필요한 "상상할 수 없을 정도로 엄청난" 시간에 호소했을 것이다. 켈빈은 시작과 끝을 찾아냄으로써, 시간의 진행에 대한 내러티브 아크narrative arc를 복원하고 창조와 구원 모두를 위한 자리를 마련하려고 했던 것 같다. 그러나 그는 자신의 계산이 '자연선택에 의한 진화' 가설에 미치는 영향을 무시하지 않았다. 그는 명백한 만족감을 갖고 이렇게 썼다. "지구의 나이에 대한 나의 한계는 다윈의 가설을 반증하는 데 충분해 보인다(버치필드Burchfield, 『켈빈 경과 지구의 나이Lord Kelvin and the Age of the Earth』, 85쪽).

10 **"무엇을 얻을 것인지는 …"**: 헉슬리가 1869년 런던 지질학회에서 행한 연설의 일부다. 그는 이 연설에서 켈빈의 연대 측정에 대한 초기 공격을 시작했다. 버치필드, 『켈빈 경과 지구의 나이』, 84쪽에서 인용함.

11 **"자연철학[즉, 물리학]은 … 이미 제시했다"**: 데이비드 린들리David Lindley, 『켈빈 도Degrees Kelvin』, 176쪽.

12 **그는 … 가정에 의존하고 있었다**: 켈빈의 가정은 달림플, 『지구의 나이』, 46~47쪽에서 탐구된다. 특히 대류convection의 중요성에 대한 흥미로운 발표는 잉글랜드, 몰라, 리히터England, Molnar, and Richter의 「켈빈, 페리, 지구의 나이Kelvin, Perry and the Age of the Earth」에서 찾아볼 수 있다.

13 **헉슬리의 말이 맞았다**: 태양의 나이 추정도 잘못된 가정에 근거했다. 켈빈과 다른 추정가인 헤르만 폰 헬름홀츠Hermann von Helmholtz와 사이먼 뉴컴Simon Newcomb은 태양 에너지가 중력 수축gravitational contraction으로 인한 것이라고 가정했다. 사실, 거의 모든 것은 당시 알려지지 않았던 핵융합nuclear fusion 과정에 의해 공급된다.

14 **사슬의 강도는 가장 약한 연결고리의 강도와 일치하므로**: 복잡한 추론 사슬chain of reasoning은 단순한 연결고리보다 더욱 정교한 구조를 가질 수 있다. 예컨대 어떤 지점에서 하나의 중요한 가정이 두 개의 독립적인 고려사항에 의해 뒷받침될 때, 사슬은 각각 약간의 무게를 지탱하는 두 개의 가닥으로 잠시 분리될 수 있다. 이러한 경우 '사슬의 강도는 가장 약한 연결고

리의 강도와 일치한다'는 명제가 항상 참true은 아니다. 그러나 더욱 일반적인 명제—개별 연결고리의 강도를 안정적으로 추정하지 않고서는 사슬의 강도를 확실하게 추정하는 것이 불가능하다—는 참이다.

15 **고체성 가정**: 실제로 켈빈은 견고성 가정을 주장하는 데 상당한 시간과 에너지를 할애했다. 그는 용융된 암석 구球가—한때 지구가 그랬다고 가정했던 것처럼—냉각될 수 있는 다양한 방식을 고려한 것으로 알려져 있으며, 이러한 일화 중 하나에 따르면 '지구는 역사 초기에 굳어졌다'는 결론을 내렸다. 그는 동시대의 물리학 지식으로부터 최선을 다해 외삽했지만, 헉슬리와 동료들이 추측한 것처럼 행성 전체로 일반화하는 것은 시기상조였던 것으로 판명되었다.

16 **헤어날 수 없는 사이클**: 거창한 이론적 보조가정이 없는 경우에도 동일한 사이클이 형성될 수 있다. 일식 관측에 대한 에딩턴의 해석에 대한 한 가지 불만은, 프린시페 망원경의 측정값이 내포하는 '빛의 휨 각도'을 계산할 때 그가 한 시점에서 아인슈타인 이론—측정값이 검증해야 했던 이론과 동일한 이론—의 정확성을 가정했다는 것이다. 일부 사회학자들은 보조가정에 대한 독립적인 객관적 테스트를 배제하는 순환성circularity을 '실험자의 퇴행the experimenter's regress'이라고 부른다. 철학자들은 그것을 (미안하지만) '확증 전체론confirmation holism'이라고 부른다.

17 **과학적 논리의 심장부에는 인간의 마음이 도사리고 있다**: 이러한 아이디어를 보다 정확하게 공식화하기 위해, 철학자들은 '과학자들의 개연성 순위'와 '그것이 증거 평가에서 수행하는 역할'을 포착하는 확률론적 논리probability logic를 구성했다. 이러한 논리 시스템들은 여러 가지 면에서 다르지만, 예외 없이 정도 간단한 아이디어를 구현한다. 그것은 '사슬이 끊어지면 가장 약한 연결고리를 의심해 보라'는 것이다.

그중에서 가장 영향력 있는 확률 시스템은 18세기의 성직자 겸 수학자인 토머스 베이스Thomas Bayes(1701~1761)에 의해 처음 개발되었다. 베이스의 접근방법은 완전히 정확할 수는 없지만—그것은 과학자들이 가능한 모든 이론을 미리 알고 있다고 가정한다—과학적 탐구의 여러 측면에 대한 탁월한 모델을 제공한다.

베이지안 틀Bayesian framework에서, 중요한 것들—가설과 보조가정—에 대한 과학자들의 개연성 순위는 사람마다 다양하며, 0에서 1 사이의 숫자로 표시된다. 과학자들이 새로운 증거를 고려하는 방식에 대한 몇 가지 간단한 수학적 사실(그리고 똑같이 간단한 가정)로부터, 증거의 유의미성이 과학자의 개연성 순위에 따라 크게 달라질 수 있음을 쉽게 증명할 수 있다. 사실, 동일한 증거일지라도 서로 다른 순위가 부여될 경우 하나의 이론을 지지하거나 약화하는 것처럼 보일 수 있다. 이러한 증명은 '과학자들마다 개연성 순위가 다른 진짜 이유'를 추상화함으로써 도외시한다. 즉, 그것은 '미학적 판단', '정치적으로 편리한 합리화', '원초적 자기기만raw self-deception'을 정확히 같은 방식으로 취급한다. 그러나 그렇게 함으로써, 그것은 기원이 무엇이든 간에 모든 개연성 순위가 공유하는 것(증거가 말하는 것에 대한 불일치를 조장하는 힘, 결과적으로 증거를 평가하기 위한 객관적인 규칙을 공식화하려는 모든 시도를 좌절시키는 힘)을 드러낸다. 베이지안 논리의 몇 가지 추가적 의미는 5장의 미주("개연성 순위는 수렴하기 시작한다")에서 논의된다.

4장 설명의 철칙

1 **그는 다음과 같이 제안한다**: 대안적인 설명은 '겉으로 보기에 빈 공간을 채우는, 보이지 않는 물질'을 가정하는데, 이 설명에 따르면 열은 일상적인 물질을 통과하는 것과 동일한 방식으로 이 물질을 통과할 수 있다. 이것은 열의 과도기적 '파동 이론wave theory'으로, 1830년대에 열소 이론caloric theory을 대체했지만 1840년대에 운동 이론kinetic theory에 굴복하고 말았다. 빈 공간을 통과하는 열의 능력을 설명할 필요와는 별도로, 파동 이론은 '열과 빛은 본질적으로 같은 종류의 물질이다'라는 널리 퍼진 믿음(결국 거짓인 것으로 밝혀짐)에 의해 동기가 부여되었다.

2 **태양열**: 적외선 외에도, 많은 양의 태양열은 단순한 흡수simple absorption보다 약간 더 복잡한 과정 덕분에 가시광선을 통해 지구에 도착한다. 이 복잡성은 '광선과 열선은 다른 종류의 방사radiation다'라는 몬태규의 가정을

전제로 한 다음 논의에 영향을 미치지 않는다.

3 **이러한 열선들은 그 자체로서는 … 아니다**: 20세기에 물리학자들이 발견한 것처럼 전자기방사는 광자photon의 흐름으로 구성되며, 광자는 부분적으로는 '파동'처럼 부분적으로는 '선ray'처럼 행동하는 입자다.

4 **만약 열선이 광선과 마찬가지라면**: 일반적인 유리는 실제로 일부 '열선'(즉, 적외선 스펙트럼 중 일부 주파수)을 차단한다. 검은색 플라스틱 쓰레기봉투의 경우, 가시광선에는 불투명하지만 적외선에는 투명하다.

5 **실험이나 관찰을 발견한다**: 때때로 검증은 빈약한 관찰이나 실험에 의존하므로, 한 가지 가설(또는 코호트)은 결과에 의해 검증되지만 다른 가설은 그렇지 않을 수 있다. 그런 경우, 두 번째 가설은 관찰 및 실험 결과와 무관하다. 결론적으로 말해서, 관찰에서 첫 번째 가설이 검증되고 다른 하나는 대기하게 되므로, 첫 번째 가설이 기각된다면 두 번째 가설은 (정치가가 상대방의 스캔들을 이용하는 것처럼) 수동적인 방식으로 이익을 얻게 된다.

6 **과학적 방법의 핵심**: 내가 공식화한 바와 같이, 철칙은 가설의 설명력을 촉발한다. 그러나 과학자들은 종종 '이론이 검증되는 것은 예측에 의해서다'라고 말한다. 뉴턴의 중력이론과 아인슈타인의 중력이론, 또는 열에 대한 열소 및 운동 이론을 실제로 구별한 것은 예측의 차이였을까?

맞는 말이다. 그러나 그러한 예측은 일반적으로 설명이기도 하다. 아인슈타인의 이론은 '태양을 통과하는 빛이 어느 정도 구부러질 것이다'라고 예측할 뿐만 아니라, '빛이 정확히 그만큼 구부러진 이유가 무엇인지'를 설명한다. 그와 마찬가지로 몬태규의 방사 이론은 열이 느려지지 않고 유리를 통과할 것이라고 예측할 뿐만 아니라, 왜 그런지를 설명한다. 이러한 예측과 설명의 이중성duality of prediction and explanation이 유지되는 한, 철칙이 둘 중 어느 하나의 관점에서 공식화되든 거의 차이가 없다.

그러나 '예측이 아닌 설명'도 무수히 많다. 진화론, 사회과학, 지질학과 경제학, 심지어 우주론은 그것들이 예측하는 것보다 훨씬 더 많은 것을 설명한다. 예를 들어, 진화생물학자들은 인체의 다양하고 독특한 생리적 특징에 대해 꽤 잘 설명할 수 있지만, 만약 유인원과 원숭이의 혈통이 갈라진

3,000만 년 전에 연구를 수행하고 있었다면 그 형태를 예측할 수 없었을 것이다.

이와 같은 경우에 설명보다 예측을 더 어렵게 만드는 것은, 예측의 경우에는 관련된 모든 것들을 미리 알아야 하지만 설명의 경우에는 그렇지 않다는 것이다. 예측과 대조적으로, 설명의 경우에는 뒤늦게 알게 되면 많은 이점이 있다. 어려운 상황에서 친구나 연인의 행동을 예측하는 것은 매우 어려울 수 있다. 그러나 그 여파로 그들이 한 일에 대한 설명은 종종 매우 명확하다. 인생은 그런 것이다.

생명과학도 인생과 마찬가지다. 3,000만 년 전의 생물학자들은 현대인이 두 발로 걷게 될 거라고 예측할 수 없었을 것이다. 왜냐하면 원숭이 계보에서 완전한 이족보행full bipedalism이 발생학적으로 가능한지—즉, 인류 조상의 체제body plan가 생리적 구성physiological configuration을 허용할 것인지—또는 이족보행이 선택적으로 유리할 것인지를 확실히 알지 못했기 때문이다. 지금의 관점에서는 이러한 불확실성이 제거되어, 이족보행의 가능성과 이점이 분명하다. 사건 이후에 발견된 사실들facts discovered after the event은 다른 것들과 마찬가지로 설명 이론explanatory theory에 반영되어, '설명되고 있던 내용이 이미 실현되지 않았다면 불가능했을 유추derivation'를 허용한다.

경험적 시험의 기준이 진화론과 같은 역사과학의 추구를 규제하는 것이라면, 경험적 시험의 기준의 기반이 되어야 하는 예측력이 아니라 설명력이다.

7 **경험적 탐구는 이러한 … 것을 목도한 적이 없다**: 내가 생각할 수 있는 한 가지 예외는 프로이트 이후에 정신분석학파—융Jung, 아들러Adler, 그리고 나머지—가 형성되었다는 점이다. 그러나 이것이 가능했던 것은, 정신분석적 전통이 절차적 합의를 거부하고 관찰 가능한 증거 이외의 문제를 토론에 부치도록 허용했기 때문이다. 이런 면에서, 그것은 현대 심리학보다는 스토아학파와 에피쿠로스학파를 낳은 고대 자연철학에 가깝다. 그것은 단순한 과학이 아니라 세계관을 구성하려는 시도라고 봐야 한다.

8 **16만 마리 돼지의 시상하부**: 노벨상 수상에 대한 샐리의 자전적 기록(https://www.nobelprize.org/prizes/medicine/1977/schally/biogr

aphical/)에서 발췌했다.

9 **"그는 기득권층이다 …"**: 라투르와 울가, 『실험실 생활』, 119쪽에서 인용했다. 니콜라스 웨이드의 『노벨상 결투』에 따르면, 샐리는 S. M. 매캔S. M. McCann의 LRF 연구 실패를 언급하는 것 같다. 웨이드는 실패에 대한 매캔 자신의 진단을 다음과 같이 요약한다. "그가 보기에, 그의 중요한 전략적 오류는 LRF를 추격하는 데 더 많은 자원을 할당하지 않은 데 있다. 그가 시상하부 구입에 더 많은 예산을 투자하고, LRF 재고를 흥미로운 생리학 실험에 덜 사용했다면, 아마도 LRF를 둘러싼 경쟁의 결과는 달라졌을 것이다"(222쪽).

10 **"나는 표준 모형을 혐오해요"**: 동일한 태도를 가진 다른 입자 물리학자들에 대해서는 2장의 미주에서 인용된 "우리는 물리학을 파괴하고 싶다"를 참조하라("절망스럽게도 … 백인백색이다").

11 **나와 쿤의 차이점**: 우리 사이의 차이점을 하나 더 추가한다. 쿤에게 "과학의 규칙"은 삶의 방식과 더 비슷하다. 즉, 그것은 당신에게 어떤 행마가 허용되는지which moves are allowed뿐만 아니라 무엇이 좋은 행마로 간주되는지what counts as a good move도 알려주고, 가장 중요한 것은 무엇이 '스포츠맨다운 행동'을 구성하는지what constitutes "sportsmanlike behavior"를 알려준다. 그에 반해, 철칙은 스포츠의 단순한 규정, 즉 규정집에 명시된 규정에 훨씬 더 가깝다. 어떤 행마는 합법적이지만 권장되지 않을 수 있는데, 그런 경우에는 확실한 패착losing gambit이다. 그와 마찬가지로, 경험적 시험은 논증과 기술적으로 관련될 수 있지만, 동일한 실험에서 동일한 결과가 계속 반복되는 경우처럼 결정적이지 않거나 잉여적일redundant 수 있다.

5장 베이컨적 수렴

1 **베이컨은 고대 자연철학자들을 크게 예찬했음에도**: 베이컨은 탈레스와 아낙시만드로스 같은 초기 자연철학자들이 아리스토텔레스와 플라톤보다 우월하다고 여겼다. 그는 후자의 더 큰 명성을 설명하기 위해 모험을 감행했다. "시간은 (마치 강처럼) 우리에게 더 가볍고 부풀려진 것을 가져다주었고,

더 단단하고 더 무거운 것은 가라앉혔다"(베이컨, 『신기관New Organon』, §1.71).

2 **"제자리걸음을 무한히 반복한 결과 … 다시 시작되어야 한다"**: 베이컨, 『신기관』, §1.31.

3 **"나는 성 인노첸시오의 날에 … 아기만큼이나 순결하다"**: 존 캠벨John Campbell, 『대법관들의 생애Lives of the Lord Chancellors』, 404쪽.

4 **"모든 모순되는 사례들은 …"**: 베이컨, 『신기관』, §2.18.

5 **"열의 본질은 …"**: 베이컨, 『신기관』, §2.20.

6 **베이컨의 방법은 … 객관적인 지침을 일절 제공하지 않았다**: 베이컨 자신은 과학자들에게, 연구를 진행하는 동안 작업가설working hypothesis을 개발하라고 재촉했다. 왜냐하면 "진실은 혼란에서보다 오류에서 더 빨리 드러나기 때문이다"(§2.20). 그러나 그는 새로운 증거가 없는 상태에서 그러한 가설들 사이에서 선택하는 절차를 제안하지 않았다. 열에 대한 그 자신의 '첫 수확' 이론"first harvest" theory은 방향을 제대로 잡은 것으로 밝혀졌으므로, 그의 위대한 예제例題에서 문제는 발견되지 않았다.

7 **개연성 순위가 수렴하기 시작하며**: 3장의 미주("과학적 논리의 심장부에는 인간의 마음이 도사리고 있다")에서 언급한 바와 같이 베이지안 확률론적 논리Bayesian probabilistic logic는 의견의 단기적 차이short-term divergence가 불가피함을 보여주지만, 특정 상황에서 의견의 장기적 수렴long-term convergence은 거침이 없다. 다시 말해서, 베이지안 시스템의 수학은 '증거가 계속 누적됨에 따라 다양한 타당성 순위로 시작한 과학자들의 의견이 점점 더 비슷해지며 진실에 접근한다'는 사실을 증명한다. 그러나 '특정 상황에서'라는 단서가 암시하는 것처럼, 이 고무적인 결론은 다음 주석에서 언급하는 복잡성complication에 해당하는 특정 방식으로 한정되어야 한다.

8 **반복적으로 합의가 이루어졌음을 알 수 있다**: 베이컨적 수렴은 쉬운 일이 아니며, 철학자들은 '일부 문제와 관련하여 전혀 발생하지 않을 수도 있다'고 우려할 만한 이유를 분명히 제시했다.

첫째, 특정 영역에는 아무리 많은 사실을 수집하더라도 관찰 가능한 사실들을 모두 설명하는 이론이 하나 이상 존재할 수 있다. 이러한 막강한 이론들 중에서 하나를 선택하는 베이컨적 방식은 존재하지 않을 수 있다. 둘째, 베이컨의 이상理想에 따르면 엄청난 양의 증거가 궁극적으로 모든 과학적 당파성과 편견을 압도한다. 그러나 증거가 당파적이고 편파적인 관점에서 해석된다면, '증거가 이기고 편파성이 진다'고 확신할 수 있는 근거가 뭘까? 설상가상으로 세계에 대한 잘못된 전제가 인간의 두뇌에 고정되어 있다면 어떻게 될까? 이러한 전제가 모든 과학적 사고에 영향을 미칠 것이다. 그렇다면 당신은 '아무리 강력한 경험적 증거라도 회색질gray matter에서 그것을 말소할 수 없을지 모른다'는 두려움에 사로잡힐지도 모른다. 인류가 존재하는 한 개념적 기생충conceptual parasite처럼 우리 이론에서 살아남을지도 모른다고 말이다.

이러한 두려움을 잠재우는 것이 가능하므로, 토론은 종종 매혹적이며 모든 철학에서 가장 심오한 문제를 탐구하게 된다. 그러나 이 책에서 그런 무거운 주제를 다루는 것은 너무 많은 부담이 될 것 같다. 그렇다면 두 번째 책을 써야 할까? 지금은 그 책 대신, '베이컨적 수렴이 가능하다'는 단순한 경험적 논증을 제시하고 넘어가기로 한다. 비록 역사가 일천하지만, 현대과학은 이미 여러 번 그것을 달성했다.

9 **만약 프랜시스 베이컨 경이 썼다면**: 19세기 후반 미국의 포퓰리스트 정치가인 이그나티우스 도넬리Ignatius Donnelly는 아틀란티스 섬(6장에 등장한다)이 한때 실제로 존재했었다고 선견지명적으로 주장한 사람이다. 그는 1888년 출판한 『엄청난 암호The Great Cryptogram』에서, 셰익스피어의 작품을 사실은 프랜시스 베이컨이 작성했다고 주장했다. 19세기의 다른 많은 문학적 모험가들도 동일한 주장을 옹호했는데, 당연한 이야기지만 평판이 좋지 않았다.

10 **오하이오주의 한 지하실에서**: 나는 본문에서 마이컬슨-몰리 실험의 세부사항 중 일부를 단순화했다. 그들은 장치를 천천히 회전시키며, 지구를 기준으로 한 모든 이동 방향을 테스트했다. 그들이 도착 시간을 비교하기 전에 광선들은 여러 번 앞뒤로 이동했다. 그들은 광선들이 중첩될 때 생성되는 간섭 패턴을 관찰함으로써 광선들을 비교했다.

11 **"과학자들에게 자연의 일부를 … 탐구하도록 강요한다"**: 쿤, 『과학혁명의

구조』, 25쪽.

12 **역사상 최초의 위대한 과학자**: 아르망 르로이Armand Marie Leroi는 『라군Lagoon』에서 자연에 대한 아리스토텔레스의 풍부한 관찰과 이론을 아름답게 기술하며, 그것들의 과학적 정신을 강조한다. "그는 [생물의] 과학을 발명했다. 당신은 [그가] 과학 자체를 발명했다고 주장할 수 있다"(7쪽).

13 **데이비드 린드버그는 … 부분적인 목록을 제시했는데**: 『근대 과학의 기원The Beginnings of Western Science』, 362~364쪽.

6장 설명의 재구성

1 **"… 영원하고 비역사적인 기준은 존재하지 않는다"**: 디어Dear, 『자연의 이해 가능성Intelligibility of Nature』, 14쪽.

2 **모든 사물, 동물, 식물**: 아리스토텔레스의 지적에 따르면, 불활성 물질inert matter과 동물 사이에는 차이가 있다. 불활성 물질은 자체적으로 추진하지 않는다. 만약 자체적으로 추진한다면, 낙하하는 커피 잔은 멍청하게 바닥에 부딪치지 않고 계속 낙하할 방법을 찾을 것이다. 어쩌면 자연의 보금자리에 더욱 가까이 다가가기 위해 창밖으로 탈출할지도 모른다.

3 **"모든 것이 제자리를 찾아갔다"**: 이 인용구는 1장에 인용된 긴 구절에서 발췌한 것이다. 1장의 미주("갑자기 내 머릿속에서 단편들 …")를 참고하라.

4 **잘 다듬은 턱수염**: 조너선 반스Jonathan Barnes는 아리스토텔레스에 대해 다음과 같이 썼다. "그는 약간 멋쟁이로, 손가락에 반지를 끼고 유행에 따라 머리를 짧게 잘랐다"(그의 『아리스토텔레스』, 1쪽).

5 **"… 물리학만으로 생명을 설명하는 것은 불가능해"**: 아리스토텔레스는 『물리학』, II.8에서 유물론자들의 주장을 반박한다.

6 **그보다는 차라리**: 아리스토텔레스에 따르면, 식물도 기능적이고 적응된 형태를 설명하는 프시케psuche를 가지고 있다.

7 **동물의 몸속에 있는 형상**: 나는 이 공식을 르로이, 『라군』, 158쪽에서 인용했다. 나는 내 목적을 위해, 프시케가 몸의 "제1현실태first actuality"라는 아리스토텔레스의 교리를 적절하고 호소력 있게 바꾸어 표현했다(『영혼

론De Anima』, II.1).

8 **30년 전쟁 … 목숨을 잃었다**: 전쟁의 사상자를 추정하는 복잡한 작업을, 나는 피터 윌슨Peter Wilson의 『30년 전쟁』, 22장에 의존했다.

9 **그는 어느 날 밤 세 가지 꿈을 꿨다**: 꿈의 내용—여기서 많이 압축되고 해석되었다—은 데카르트가 기록했으며, 그의 초기 전기 작가 아드리앙 바이에Adrien Baillet가 이를 서술했다. 그에 관한 설명은 스티븐 고크로저Stephen Gaukroger의 풍부하고 가독성 높은 『데카르트: 지적인 전기Descartes: An Intellectual Biography』에서부터 리처드 왓슨Richard Watson의 매력적이고 담론적이며 다소 괴상한 『나는 생각한다, 고로 존재한다Cogito, Ergo Sum』에 이르기까지 데카르트의 모든 현대 전기에서 찾아볼 수 있다.

10 **일종의 원심력**: 뉴턴 물리학의 원심력과 마찬가지로, 데카르트는 이러한 경향을 진정한 힘이 아니라 직선 관성rectilinear inertia—뭔가가 저지하거나 방해하지 않는 한 물체가 계속 직선으로 움직이는 경향—의 표현으로 이해한다. 원을 그리며 움직이는 물체(예: 태양 주위를 도는 암석 위에 놓여 있는 모든 것)는 이러한 경향을 '원형 경로에서 바깥쪽으로 잡아당기는 가촉적 견인력palpable tug'으로 경험할 것이다. 행성 자체는 동일한 관성의 영향을 받는다. 그것들이 일직선을 그리며 태양계에서 이탈하지 않는 것은, 그것들을 내포하는 비가시적 물질 때문이다.

11 **"무는 어떠한 확장자도 보유할 수 없다"**: 데카르트, 『철학 원리』, §II.18

12 **"빈 공간이 있을 수 없는 것은, …"**: 메르센Mersenne에게 보낸 편지에 나오는 말이다. 가버Garber, 『데카르트의 형이상학적 물리학Descartes' Metaphysical Physics』, 131쪽.

13 **다른 모든 신체기능의 밑바탕을 이룬다**: 여기에는 한 가지 큰 예외가 있다. 그것은 바로 의식적인 생각conscious thought이다. 데카르트가 믿었던 우리의 정신적 삶mental life은 송과선pineal gland이라는 뇌 속의 작은 구조를 통해 몸과 소통하는 비물질적 영혼immaterial soul 안에서 작동한다. 이 과정을 아무리 살펴봐도, 물리적 접촉이 개입할 여지는 전혀 없다. '모든 물질적 변화는 충돌에 의해 발생한다'는 명제를 일말의 의심 없이 증명한 철학자에게, 이것은 다소 성가신 문제다.

14 **아리스토텔레스는 데카르트의 설명을 절망적이라고 일축할 것이다**: 데카르트의 철학은 완전히 유물론적인 생물학에 반대하는 아리스토텔레스의 고대 논증, 즉 '생물학적 세계의 미세하게 조정된 조화finely tuned harmony가 충격만큼 멍청하고 제멋대로인 것으로 설명될 수 없다'는 논증의 주요 표적으로 보일 것이다. 데카르트는 '신은 특별한 창조를 통해 생물학적 형태를 탄생시킨다'는 종교의 정통적 견해를 들먹임으로써 이 비난을 회피하려고 했을 수도 있다. 아리스토텔레스가 그러한 사건을 허용했더라도, 그는 여전히 만족하지 않았을 것이다. 살아 있는 세계가 모든 완벽한 복잡성을 띠고 한방에 기적적으로 조립되더라도, 아리스토텔레스는 그 완벽함이 지속될 수 없다고 주장했을 것이다. 정글에 버려진 도시처럼, 유기체가 스스로를 유지하고 번식하는 메커니즘에 작은 일탈small aberration이 몰래 침투함에 따라 생물학적 구조는 서서히 악화될 것이기 때문이다. 신이 자신의 작품을 계속 감독하면서, 유기체에게 가장 좋은 일what's best for an organism을 하기 위해 기계적인 과정의 규칙성과 정확성을 유지시킬 수 있을까? 그럴 경우 데카르트의 역학Cartesian mechanics은 단순한 형이상학적 극장이 될 테니, 진짜 인과관계는 신의 막후 조종pulling the strings behind the scenes이 될 것이다. 데카르트는 너무나 순수한 사상가여서, 그러한 그림을 매력적으로 여기지 않았다. 아리스토텔레스가 '오직 프시케로만 설명할 수 있다'고 믿었던 생물학적 조화biological attunement를 보존하는 데는 단순한 물리학 법칙으로 충분하다고 그는 주장했다.

15 **"진리는 침묵과 … 의 산물이다"**: 뉴턴의 말은 게일 크리스찬슨Gale Christianson, 『아이작 뉴턴』, 21쪽에서 인용되었다. 뉴턴의 삶을 간단하게 정리하고자 하는 독자에게는 두 가지 탁월한 선택이 있다. 그것은 크리스찬슨의 책과 제임스 글릭James Gleick의 책이다.

16 **"야만적인 물리학"**: 라이프니츠의 신랄한 비판은 1710~1716년에 작성된 것으로 추정되는 「야만적인 물리학에 맞서Anti-Barbarus Physicus」라는 제목의 미출판 에세이에 수록되어 있다(라이프니츠, 『철학 논문집Philosophical Essays』, 312쪽).

17 **쿤이 … 중력의 역사의 수레바퀴를 해설한 것도 …**: 쿤, 『과학혁명의 구조』,

103~105쪽.

18 **후기**: 뉴턴이 후기를 쓴 이유는 부분적으로, 자신의 '원거리 작용을 두둔하는 듯한 태도'에 대한 라이프니츠 등의 비판을 회피하기 위해서였다.

19 **"나는 아직까지 … 추론할 수 없었고 …"**: 뉴턴, 『프린키피아』, 943쪽.

20 **과학 이론 수립자들은 … 치중하게 되었다**: 많은 역사가들은 설명의 골대explanatory goalpost를 옮기려는 뉴턴의 성공적인 시도를 언급하며, 결과적인 틀에 대한 다양한 해석을 제공했다. 예컨대 I. 버나드 코헨I. Bernard Cohen은 '뉴턴 스타일'을 일컬어, 언뜻 보면 얕은 설명—나의 표현대로—이지만 명시적인 수학이 추가되었으므로 사실은 철저한 방법이라고 했다(코헨, 『뉴턴 혁명Newtonian Revolution』).

21 **과학계에서 따뜻한 환영을 받는다**: 물론 과학자들은 상이한 종류의 설명에 상이한 개연성 순위를 적용할 수 있다. 철칙은 과학자들에게 모든 설명 원칙을 동등하게 취급하라고 요구하지 않는다. 그러나 그것은 그들에게, 과학 논증에 참여한 모든 얕은 인과 법칙들에 잠재적인 설명potential explanation으로 인정받을 권리를 부여하라고 요구한다.

하나의 설명 원칙에 대해 '이러한 권리를 부정'하는 것과 단순히 '낮은 개연성 순위를 적용'하는 것 사이에는 두 가지 중요한 차이점이 있다. 첫 번째 차이점은, 낮은 순위를 적용할 경우 과학적 설명에 대한 평가가 검열censor보다는 등급degree의 문제가 된다는 것이다. 결과적으로, 가장 미미한 것으로 간주되는 가설조차도 충분한 설명적 성공explanatory success을 달성하면 토론을 지배하게 될 수 있다. 두 번째 차이점은, 순위를 적용할 경우 과학의 틀 내에서 '어떤 설명 원칙이 가장 좋은지'에 대한 논쟁을 불러일으키게 되고, 이 논쟁이 지식 기계의 경험적 힘empirical power을 이용하여 해결될 수 있다는 것이다.

22 **1727년 세상을 떠날 즈음, 뉴턴은 …**: 여기에 인용된 찬사들은 모르데카이 파인골드Mordechai Feingold, 『뉴턴의 순간Newtonian Revolution』, 169, 173, 177쪽에서 찾아볼 수 있다.

23 **"과학의 화신"**: 파인골드, 『뉴턴의 순간』, 148쪽.

24 **"기본적인 물질 입자들은 …"**: 헬게 크라흐Helge Kragh, 『양자 세대Quantum

Generations』, 117쪽. 크라흐는 자신이 '전자기적 세계관'이라고 부르는 것에 대한 매혹적인 설명을 제공한다.

25 **"보어는 철학적인 연기구름 속에서 나와, …"**: 크라흐, 『양자 세대』, 213쪽.

26 **"양자역학이 눈길을 끄는 것은 분명하다 …"**: 보른과 아인슈타인, 『보른과 아인슈타인의 서신 교환The Born-Einstein Letters』, 91쪽.

27 **"… 거의 저항에 직면하지 않은"**: 크라흐, 『양자 세대』, 169쪽. 더욱 광범위한 과학계에서 양자이론의 철학적 측면은 주변화marginalization되었다. 그 실태에 대해서는 『양자 세대』, 211쪽을 참조하라.

28 **"불가사의하고 혼란스러운 분야"**: 이러한 설명과 기타 많은 설명은 https://en.wikiquote.org/wiki/Quantum_mechanics에서 찾아볼 수 있다.

29 **양자역학 설명의 얕은 물에 발을 담가보기로 하자**: 나는 여기서 1920년대 철학 논쟁의 주제였던 '비상대론적' 버전"non-relativistic" version 이론을 설명한다. 오늘날 물리학과 학부생들이 처음 접하는 양자역학의 형태는 바로 이것이다.

30 **철칙이 신경 쓰는 문제는 오로지 …**: 철칙은 '인과 법칙의 관찰 가능한 결과를 검증한다'는 목적을 추구하기 때문에, 일부 사상가들은 '과학의 유일한 관심사는 직접 관찰할 수 있는 것들이다'라고 가정하는 실수를 저질렀다. 그것은 분명히 사실이 아니다: 천문학자는 별의 내부에 관심을 갖고, 생물학자는 유전체의 분자 구성에 관심을 갖고, 물리학자는 원자의 구조에 관심을 갖기 때문이다. 이러한 비가시적 실체unseen entity들이 다양한 인과관계를 갖는 한, 철칙을 이용하여 그 구조를 추론하는 것은 얼마든지 가능하다.

31 **파동함수는 … 완벽한 기술**: 나는 개념적으로 전자 '스핀'의 사양을 파동함수에 포함한다. 내가 양자기계를 설명할 때 전자의 위치에 초점을 맞춘 것에 대해, 전문가들은 단순화라는 점을 이해할 것이다. 나는 그것이 왜곡이 아니라고 생각한다.

32 **차원을 세 개만 제공한다**: 물리학자들이 끈 이론string theory이라고 부르는 것의 일부 버전에서, 우주는 3개 이상—10개, 11개, 심지어 26개—의 차원을 갖고 있다. 그러나 이러한 차원들은 '돌돌 말려rolled up' 있다. 이러한

이유와 다른 이유 때문에, 그것들은 특정한(양자파quantum wave를 위한 기질substrate을 제공할 수 있는) 에테르를 수용하는 데 적합하지 않다. 그것들이 할 일은 따로 있다.

33 **요약하자면, 양자역학 물질은 …**: 이 요약은 수많은 미묘한 해석 문제를 다루고 있다. 관찰된 입자는 실제로 특정한 위치를 획득할까, 아니면 그냥 그렇게 행동할까? 양자역학에 대한 일부 이해("많은 세계" 및 "많은 마음" 해석)에서는 후자가 맞다. 파동함수는 입자의 상태에 대한 완전한 설명일까? 양자역학(봄 역학Bohmian mechanics)에 대한 한 가지 이해에서는 아니다. 심지어 파동과 비슷한 행동을 보일 때에도, 입자는 항상 뚜렷한 위치를 갖고 있기 때문이다. 이러한 의문들에 대한 접근 가능하고 정교한 소개를 위해, 데이비드 앨버트David Albert의 『양자역학과 경험Quantum Mechanics and Experience』을 읽어보라.

34 **"… 선택해야 하는 기로에서 …"**: 헤일브론, 『17세기와 18세기의 전기Electricity in the 17th and 18th Centuries』, 500쪽.

7장 객관성 강화

1 **달빛 비치는 스페인 공동묘지의 담을 기어올랐다**: 산티아고 라몬 이 카할, 『회고록Recollections of My Life』, 144~145쪽. 인용문은 144쪽에서 가져왔다.

2 **"그것은 감탄할 만큼 편리하다 …"**: 카할, 『회고록』, 336쪽.

3 **"…왜곡되고 조작된 삽화를 제시했다"**: 로레인 대스턴Lorraine Daston과 피터 갤리슨, 『객관성Objectivity』, 116쪽.

4 **"… 객관성은 지도 원리인 동시에 …"**: 대스턴과 갤리슨, 『객관성』, 120쪽.

5 **"객관성과 구체성에 목마른 나머지 …"**: 카할, 『회고록』, 145쪽.

6 **"자연에 따라 정확히 준비되었다"**: 대스턴과 갤리슨, 『객관성』,116쪽.

7 **"따라서 소브라우와 프린시페에서의 탐사 결과는 …"**: 다이슨, 에딩턴, 데이비슨, 「빛의 굴절의 결정」, 332쪽

8 **"흐릿하고 초점이 안 맞았다"**: 다이슨, 에딩턴, 데이비슨, 「빛의 굴절의 결정」, 309쪽.

9 **"훨씬 더 낮은 비중"**: 다이슨, 에딩턴, 데이비슨, 「빛의 굴절의 결정」, 312쪽.

10 **"… 판단하기는 어려웠다"**: 다이슨, 에딩턴, 데이비슨, 「빛의 굴절의 결정」, 309쪽.

11 **그는 그런 일을 하지 않았다**: 논문에서 누락된 또 한 가지 사항은, '4인치 망원경의 거울'이 태양열에 의해 '천체항법도 망원경의 거울'과 같은 방식으로 영향을 받지 않은 이유에 대한 설명이다.

12 **공식적인 과학 채널에서 제기되는 주장들**: 때로는 논증의 빈약함을 반영하기 위해 결론이 약해진다. 어떤 저자가 "관찰된 데이터는 정밀 조사 중인 가설과 '부합한다'"라는 다소 평범한 논평을 덧붙이며 논문을 마무리 짓는 것은 드문 일이 아니다.

13 **"… 차이가 거의 없다 …"**: 파이어아벤트, 『자유로운 사회에서의 과학Science in a Free Society』, 82쪽.

14 **소독에 의해 달성된 독특한 객관성**: '특정 공식 장소에서의 객관성에 대한 과학의 초점'과 '법원의 제도' 사이에는 유사점이 있다. 과학 학술대회에서의 토론과 마찬가지로, 법정에서의 논쟁도 '어떤 종류의 사안을 고려해야 하고 고려하지 말아야 하는지'를 지시하는 엄격한 규칙에 의해 규율된다. 그러나 법원의 규칙은 객관성 자체에 대한 관심보다 공평의 원칙principles of fairness—이를테면 "모든 형사 재판에서 피고인은 증인과 대질할 권리를 누린다"라는 미국헌법의 규정—에서 유래한다.

15 **"거대한 실험 더미"**: 스프랫Sprat, 『런던 왕립학회사History of the Royal Society of London』, 118쪽.

16 **"학회는 중요한 관측 내용들을 하나의 공통된 보관소에 …"**: 스프랫, 『런던 왕립학회사』, 115쪽.

17 **"우리는 가늘고 기묘한 갈색 유리 대롱을 이용했다 …"**: 디어, 「언어의 완성Totius in Verba」, 153쪽. '이 구절의 특징과 '초기 유리 세공 기술'에 대한 디어의 예리한 묘사는 우열을 가리기 어렵다.

18 **"그런 선택이 데이터를 … 바라보게 한다"**: 일련의 관찰에서 유의미한 결과를 추출하기 위해 다양한 통계분석을 실행하는 과정을 '데이터 준설data dredging' 또는 (특정한 통계값을 해킹한다는 의미에서) '피-해킹p-hacking'

이라고 한다. 원하는 사람은 http://fivethirtyeight.com/features/science-isnt-broken/(애시원든, "과학은 부서지지 않는다")에서 스스로 피-해킹을 시도할 수 있다.

19 **"비슷한 종류의 결정체들의 특별하고 무한한 변형은 …"**: 스코스비, 『북극 지역 해설Account of the Arctic Regions』, vol. 1, 426~427쪽.

20 **유난히 혹독한 겨울 한파가 몰아닥친 1885년**: 글레이셔, 「1885년 초의 혹독한 겨울 날씨에 대하여On the Severe Weather at the Beginning of the Year 1855」, 16~30쪽.

21 **"포토샵의 구식 버전"**: 리브레이트의 포토샵 비유와 눈송이 통계 자료는 필처Pilcher, 「커다란 눈송이는 없다No Great Flakes」, 71쪽에서 인용했다.

22 **심지어 카메라도 제 나름의 관점을 갖고 있다**: 대스턴과 갤리슨의 책 『객관성』과 그 책에 인용된 문헌에는, 카할-골지 논쟁Cajal-Golgi dispute과 눈송이의 사례를 비롯하여 '과학적 이미지에서 객관성 개념의 변화'에 대한 더 많은 매혹적인 측면들이 설명되어 있다.

8장 관찰의 우위

1 **"실험은 과학적 진리의 유일한 재판관이다"**: 파인먼의 『물리학 강의Lectures on Physics』의 프롤로그, 허셸의 『자연철학 연구에 관한 예비 담론Preliminary Discourse on the Study of Natural Philosophy』(80쪽), 메더워의 『과학적 사고의 귀납과 직관Induction and Intuition in Scientific Thought』(42쪽), 호킹과 로저 펜로즈Roger Penrose의 『공간과 시간의 본질Nature of Space and Time』(121쪽).

2 **"휴얼에게 온순한 성격을 기대하기는 여간 어려운 게 아니었다!"**: 로라 스나이더Laura Snyder, 『철학적 조찬 클럽Philosophical Breakfast Club』, 209쪽. 스나이더의 책은 휴얼의 삶과 성취에 대한 탁월한 소개서다.

3 **"그는 초창기에 …"**: 레슬리 스티븐, 『영국 인명사전The Dictionary of National Biography』, 460쪽.

4 **"식물과 동물의 종들은 …"**: 휴얼, 『귀납적 과학의 역사』, vol. III, 582쪽.

5 **"… 다른 힘에 의해 창조되었을 것이다"**: 휴얼, 『귀납적 과학의 역사』, vol.

III, 582쪽.

6 **20년을 더 기다려야 했다**: 그보다 이른 1884년, 스코틀랜드의 저널리스트 로버트 체임버스Robert Chambers는 『창조의 자연사의 흔적Vestiges of the Natural History of Creation』(단순한 유기체가 더욱 복잡한 유기체로 변형되어, 인류human species의 진화로 막을 내리는 진화론적 이야기를 담은 책)를 익명으로 출판했다. 다윈과 달리, 체임버스는 모든 것을 창조자에게 돌렸다: "진화는 신의 마음에서 흘러나오는 자연적인 원리"에 따랐다(154쪽). 이런 면에서 그는 당대의 사람이었고, 사고방식은 다윈보다 휴얼에 훨씬 더 가까웠다.

7 **"우주에 관한 지식의 진보는 하나에서 열까지 …"**: 휴얼의 브리지워터 논문인 『자연신학을 참고한 천문학과 일반물리학Astronomy and General Physics Considered with Reference to Natural Theology』, vi, 252~253쪽.

8 **"신학도 물리학이나 지질학에 영향을 미치도록 허용되지 말아야 한다"**: 휴얼, 『귀납적 과학의 역사』, vol. III, 583쪽.

9 **"과학의 일상적인 증거"**: 휴얼, 『귀납적 과학의 역사』, vol. III, 582쪽.

10 **신학이 이 모든 공백을 메울 수 있다**: 휴얼은 약간 변덕을 일으켜, 다음과 같이 주장했다: 신학적 근거만으로는 "인간, 하늘, 땅의 역사에서 일어나는 모든 사건의 세부사항"을 예측하기 어렵거나, 적어도 그런 시도가 "오류를 회피할" 수는 없을 것이다(『귀납적 과학의 역사』, vol. III, 585쪽). 그러나 휴얼의 신념을 가진 사람에게, 이러한 단서는 신학이 종의 창조creation of species와 관련하여 적절하고 흥미로운 것을 말해주는 것을 거의 배제하지 않았다. 심지어 '모든 사건의 세부사항'을 제공하지 않더라도, 신학은 '사건의 전반적인 개요'에 대한 인류의 이해에 상당히 기여했을 것이다.

11 **그는 두 번째 프로젝트를 공식적으로 거부했다**: 17세기 후반에 출판된 토머스 버넷의 『지구에 관한 거룩한 이론』을 읽어보면, 그러한 프로젝트의 내용을 웬만큼 파악할 수 있다. 버넷의 주제는 휴얼과 마찬가지로 지구의 지질학적 역사다. 그의 주장은—자신과 초기 기독교 사상가의 주장 모두에서—물리학과 성서 해석을 쉽고 설득력 있게 혼합한다. 이 방법은 현대

과학의 방식에 익숙한 우리 같은 지식인들에게는 이상해 보이지만, 버넷이 그랬던 것처럼 '신성한 텍스트가 우리에게 세계의 역사를 말해준다'고 가정하면 완벽하게 이해된다. 버넷은 직역자literalist가 아니었다. 그는 상식, 강물의 흐름과 같은 자연적 과정에 대한 지식, 성서학biblical scholarship을 두루 이용하여 텍스트를 탄력적으로 적용한다(그림 3.3 참조). 버넷의 생각에 대한 소개와 평가는 스티븐 제이 굴드의 『시간의 화살, 시간의 순환Time's Arrow: Time's Cycle』에서 찾아볼 수 있다.

12 **"자네는 내가 산을 얼마나 다양한 용도로 사용하는지 알지 못할 거야 …"**: 스나이더, 『철학적 조찬 클럽』, 367~368쪽.

13 **"유한하든 무한하든, 추론은 …"**: 휴얼, 『귀납적 과학의 역사』, vol. III, 586쪽.

14 **"마그네시아 또는 녹색 사자에 대하여"**: 이 장章에 수록된 뉴턴 공책의 발췌본은 리처드 웨스트폴의 뉴턴 전기 『아이작 뉴턴Never at Rest』, 292, 367~368쪽에서 가져온 것이다.

15 **"100만 단어가 족히 넘는 글"**: 웨스트폴, 『아이작 뉴턴』, 290쪽.

16 **"… 정신이나 활동적인 미덕을 해방시키기 위해서였다"**: 웨스트폴, 『아이작 뉴턴』, 364쪽에서 제안된 해석이다.

17 **"지상의 만물에 퍼져 있는 생명력은 …"**: 웨스트폴, 『아이작 뉴턴』, 304쪽.

18 **태곳적 지혜에 대한 믿음**: 뉴턴의 '태곳적 지혜에 대한 믿음'을 강조한 사람들 중 가장 주목할 만한 사람은 J. E. 맥과이어J. E. McGuire와 P. M. 라탄시P. M. Rattansi(「뉴턴과 '팬의 파이프'Newton and the 'Pipes of Pan'」), 베티 조 돕스Betty Jo Dobbs, 프랭크 마누엘(『아이작 뉴턴의 종교Religion of Isaac Newton』)이다. 돕스는 1975년 뉴턴의 연금술에 대한 최초의 완전한 학술 연구서(『뉴턴의 연금술의 기초Foundations of Newton's Alchemy』)를 출판했다.

19 **'그물'**: 웨스트폴, 『아이작 뉴턴』, 296쪽. 전설에 대한 뉴턴의 언급 중 일부는 웨스트폴에 의해 편집되었다.

20 **그로부터 수십 년 전, 프랜시스 베이컨은 … 경고했다**: 베이컨, 『신기관』, §1.65.

21 **"마지막 마법사"**: 케인스, "인간 뉴턴Newton, the Man," 2쪽.

22 **그의 지성은 … 작동했다**: 심리학에 절대적인 것은 없으며, 뉴턴의 경우에도 사정은 마찬가지다. 그러므로 그의 작업에서 통합의 초기 징후를 찾을 수 있다. 그는 자신의 연금술을 원자론적 물질 개념과 융합하려고 시도했다. 비록 경험적 정당화empirical justification가 추가되지만, 그의 물리학은 그의 철학에서 절대 공간absolute space에 대한 아이디어를 차용한다. 그의 기체 이론은 빛에 대한 자신의 연구에서 입자를 빌리고 중력에 대한 자신의 연구에서 (반발력repulsive force이긴 하지만) 입자 사이의 힘을 빌린다.

일부 역사가들은 뉴턴의 다양한 질문 사이에 연관성이 숨어 있다고 주장했다. 다비드 카스티예호David Castillejo는 뉴턴의 생각이 "무자비할 정도로 맞물려 있다"라고 주장하기 위해 수비학적 논증numerological argument을 사용했다. 예컨대, 그는 뉴턴적 광선의 '네 면'과 뉴턴의 관심 대상인 솔로몬 신전의 '네 벽' 사이에서 유사성을 발견했다. 그러나 현대 역사가들은 대체로 명백한 사실을 인정했다. "뉴턴의 노력의 한 영역과 다른 영역 사이에서 주제가 상호참조cross-referencing되는 경우는 놀랍게도 거의 없다"라고 조지 스미스George Smith(「아이작 뉴턴」)는 썼다. 세라 드라이Sarah Dry는 『뉴턴의 논문들The Newton Papers』에서 최근 뉴턴 해석에 대한 개요를 제공한다(카스티예호에 대해서는, 200~201쪽 참조).

23 **뉴턴은 자신의 후계자와 … 선포했다**: 뉴턴의 처방을 주의 깊게 읽으면 철칙의 또 다른 부정적인 명령, 즉 주관적인 것에 대한 금지prohibition on anything subjective의 싹germ을 볼 수 있다. 뉴턴은 '오로지 논리의 객관적 법칙objective laws of logic에 호소한다'는 공식'을 주장하는데, 그 내용인즉 '가설은 현상에서 추론함으로써 확립되어야 한다'는 것이다. 한마디로 말하면, 뉴턴은 철칙의 부정적인 측면 전체를 요약한 후 후손에게 위임한다. 현대 과학철학자들은 과학적 추론이 본질적으로 주관적이라고 믿는 것과 같은 이유로, 뉴턴이나 다른 과학자가 관찰 가능한 현상에서만 가설을 성공적으로 추론한 적이 있는지 의심한다. 개연성 순위는 항상 복합체의 일부이므로, 뉴턴의 공식은 '방법에 대한 정확한 요약'이라기보다는 '객관성을 위한 훈계exhortation의 역할'을 수행한다. 그러나 내가 7장에서 결론을 내린 바와 같이, 과학적 논증을 객관적으로 만들려는—주관성을 '소독'하

려는—시도는 완전히 성공하지 못한 경우에도 매우 효과적일 수 있다.

24 **"철학과 관찰에서 … 노력을 낭비하는 것은 문제가 있다 …"**: 베이컨, 『신기관』, §66.

25 **얕은 설명에 대한 베이컨의 근거**: 베이컨은 (이 간결한 표현을 사용하지 않고) 아는 것이 힘이라고 말한 것으로 유명하다. 얕은 설명을 주장하면서, 그는 '지식은 힘인 경우에만 가치가 있다'는 거친 교리를 옹호하는 것 같다. 이쯤 되면, 혈액 순환을 발견했고 한동안 베이컨의 주치의였던 윌리엄 하비가 베이컨을 가리켜 "철학을 대법관처럼 쓴다"라고 한 의미를 알 것 같다.

26 **"모든 현대철학 이론에 대해 …"**: 보일의 「화학 실험을 유용하게 만들기 위한 시도의 일부 표본Some Specimens of an Attempt to Make Chymical Experiments Useful」, 355쪽의 서론에서 인용했다. 이 서문은 1660년경에 작성되었을 가능성이 높다.

27 **현대 역사가들은 … 의심한다**: 보아스Boas, 『로버트 보일과 17세기의 화학Robert Boyle and Seventeenth-Century Chemistry』, 26~28쪽.

28 **그에게는 아무런 지시가 필요 없었다**: 우리는 '뉴턴이 보일을 읽었다'는 사실을 알고 있지만, 우리가 아는 범위에서 뉴턴은 결코 베이컨을 읽지 않았다. 또한 그는 갈릴레오의 가장 뉴턴적인 저술인 『신과학 대화Two New Sciences』도 읽지 않았을 것이다(웨스트폴, 『아이작 뉴턴』, 89쪽; 코헨 「뉴턴의 프린키피아 안내A Guide to Newton's Principia」, 코헨과 휘트먼 역, 『프린키피아』, 146쪽).

9장 과학의 전략적 비합리성

1 **"… 그 이론을 인정해야 한다"**: 아리스토텔레스, 『동물 발생론On the Generation of Animals』, III.10, 760b 29~30, in 아서 플랫Arthur Platt 역, 『아리스토텔레스 전집Complete Works of Aristotle』

2 **그것은 매혹적인 이야기임에 틀림없다**: 과학혁명의 원인에 대해 더 알고 싶은 독자는 H. 플로리스 코헨H. Floris Cohen의 『현대과학의 부상 설명Rise of

Modern Science Explained』 또는 데이비드 우튼David Wootton의 『과학의 발명Invention of Science』를 즐길 수 있다. 코헨과 우튼은 나와 마찬가지로 "17세기와 18세기 과학이 이전의 지식 체계가 할 수 없었던 방식으로 발전할 수 있었던 것은 정확히 무엇 때문이었을까?"(우튼의 말, 4쪽)라고 물었다. 나와 달리, 그들은 다양한 역사적 요인의 역할을 논의하는 '현대과학의 기원사history of the origin' 형식으로 답을 제시한다. 과학혁명이 우연히 일어났다는 주장에 대해서는 J. D. 트라웃J. D. Trout의 도발적인 『경이로운 진실Wondrous Truths』을 읽어라.

3 **"그들의 현상 설명은 …"**: 아리스토텔레스, 『천체론On the Heavens』, III.7, 306a, in J. L. 스톡스J. L. Stocks 역, 『아리스토텔레스 전집』.

4 **아우구스티누스, 이븐 시나, 이븐 루시드, 아퀴나스**: 아우구스티누스는 4세기 로마의 신학자 겸 철학자였다. 이븐 시나(980~1071)와 이븐 루시드(1126~1198)는 각각 페르시아와 스페인에서 활동한 이슬람 철학자다. 아퀴나스(1225~1274)는 이탈리아의 신학자, 철학자, 수도사였다.

5 **"불신의 수문이 열리고 …"**: 로메인이 익명으로 출간한 『유신론의 솔직한 고찰Candid Examination of Theism』, 51~52쪽.

6 **오늘날 미국 과학자의 3분의 1 이상이 신을 믿는다**: 이 통계치는 2009년 퓨 연구 센터Pew Research Center for the People & Press가 실시한 설문조사에서 가져온 것이다(https://www.pewforum.org/2009/11/05/scientists-and-belief/). 동일한 조사에 따르면, 과학자의 약 40%가 신이나 그 이상의 능력을 믿지 않는다고 한다. 이 수치는 100년 동안 별로 변하지 않은 것 같다.

7 **"과학과 종교는 … 중첩되지 않는 교도권을 지녔다"**: 굴드는 『시대의 바위들Rocks of Ages』에서 '중첩되지 않는 교도권'이라는 개념에 대해 설명한다.

8 **"닥치고 계산하세요"**: 사려 깊은 물리학자 데이비드 머민David Mermin의 다소 상충되는 말인 「이 베개에 무슨 문제가 있나요What Is Wrong with This Pillow?」, 9쪽.

9 **"내가 아는 범위에서 … 아무도 없다"**: 와인버그, 『궁극적 이론의 꿈Dreams of a Final Theory』, 168~169쪽. 철학은 정말 과학에 아무짝에도 쓸모가 없

는 것일까? 사실, 와인버그 자신이 때때로 경험하는 것처럼, 철학은 양자역학의 의미를 생각하는 과학자들에게 제공할 것이 많다(https://www.nybooks.com/articles/2017/01/19/trouble-with-quantummechanics/). 그러나 내가 이 장章의 시작 부분에서 말한 바와 같이, 철학적 추론은 한때 아리스토텔레스 같은 자연철학자들이 생각했던 것보다 경험적 탐구에 훨씬 덜 유용한 것으로 밝혀졌다. 그 이유는 무엇보다도 우리 세계의 튀코적 성질Tychonic nature 때문이며, 이러한 성질은 '깊은 생각'이 아니라 '끊임없는 관찰'을 통해 얻어야 하는 단서를 제공한다.

10장 아름다움과의 전쟁

1 **"그는 우주 전체와 그 안에 존재하는 모든 것을 … 간주했다"**: 케인스, "인간 뉴턴," 29쪽.

2 **조류의 분류**: 그림 10.4와 10.5의 다이어그램은 비거스, "자연적 친연성의 관찰Observations on the Natural Affinities," 468, 509쪽에 수록된 다이어그램에 기반한다.

3 **"하나의 그룹은 … 친연성을 공유한다"**: 매클레이에 따르면, 그룹들은 친화성뿐만 아니라, (서로 다른 원에서 중심을 기준으로 동일한 위치를 차지하는 그룹을 연결하는) '유사성analogy'을 통해 관련된다.

4 **상응하는 친연성을 갖는 새로운 분류군**: 이와 관련하여, 나는 '아직 관찰되지 않은 생물의 존재'를 예측하기 위해 4의 법칙rule of four을 사용하는 아리스토텔레스의 시도를 언급하지 않을 수 없다. 그는 세 가지 광범위한 동물 분류군이 네 가지 원소 중 세 가지에 해당한다고 추론한다: "식물은 땅land[즉 흙earth]에, 수서동물은 물water, 육상동물은 공기air에 할당될 수 있다." 그러면 네 번째 원소인 불fire에 해당하는 네 번째 분류군의 동물이 있어야 한다. 그들은 왜 아무데서도 찾을 수 없을까? 절묘한 생물학적 광기biological lunacy에 빠져, 아리스토텔레스는 그들이 달에 살고 있다고 제안한다(『동물 발생론』, III.11, 761b, in 아서 플랫 역, 『아리스토텔레스 전집』).

5 **생명체는 … 웅장한 설계를 보유하게 된다**: 중첩된 퀴나리언 구조는 진정한 프랙털이 아니다. 왜냐하면 임베드가 영원히 지속되지 않고 종種 수준에서 끝나기 때문이다. 그러나 매클레이는 무한한 중첩infinite nesting이 가능할 수 있는 종의 연속체continuum of species를 상상하는 데 근접하여, 다음과 같이 썼다. "만일 우리가 피조물의 모든 종種을 안다면 그 수는 무한할 것이다. 또는 다시 말해서, … 그들은 무한히 작은 간격으로 죽 늘어설 것이다"(『Illustations of the Annulosa of South Africa』, 8n).

6 **"내가 보기에, 자연은 … 형성한다"**: 매클레이, 『Horae Entomologicae』, 170쪽.

7 **그런 추종자 중 하나**: 다윈의 퀴나리언주의 희롱은 도스 오스포바트Dov Ospovat, 『다윈 이론의 발전Development of Darwin's Theory』, 101~113쪽에 설명되어 있다.

8 **"자연을 존재하는 그대로 연구하라 …"**: 스트릭랜드, "동물학과 식물학에서 자연계를 발견하는 진정한 방법에 대하여On the True Method of Discovering the Natural System in Zoology and Botany", 192쪽.

9 **"내가 알기로 수, 질서, 위치는 … 윤곽선을 제공한다"**: 톰슨, 『성장과 형태에 관하여』, 326쪽.

10 **"단 한 번의 적분 변환에 의해 … 설명할 수 있다"**: 톰슨, 『성장과 형태에 관하여』, 300쪽.

11 **"포괄적인 '성장 법칙'"**: 톰슨, 『성장과 형태에 관하여』, 275쪽.

12 **아름다움과 형태에 대한 높은 수준의 존중심**: 톰슨은 아름다움의 중요성을 선전하면서 철칙을 어겼을까? 가장 창의적인 과학적 사상가들이 으레 그렇듯, 그는 거의 한계점에 도달했지만 곧 마음을 가다듬고 철칙의 처방을 따랐다. 과학자가 자신의 아이디어를 생성하는 과정에서 '아름다움의 역할을 인정'하는 것과, 자신의 아이디어를 주장하기 위해 '아름다움의 이용을 고려'하는 것 사이에는 구별이 있어야 한다. 톰슨의 수사학은 철칙을 어기는 것으로서 후자에 가깝지만, 그의 주장을 면밀히 분석해 보면, 특정 관찰을 설명하는 특정 가설의 능력에 주로 의존한다는 것을 알 수 있다. 따라서 '성장 법칙'은 체제body plan들 사이에 유지되는 단순한 기하학적

관계를 설명하는 능력에 의해 "증명"된다. 의심할 여지 없이, 톰슨은 독자가 자신의 아이디어의 미학적 매력을 깨닫기를 희망한다. 그러나 철칙의 지배하에서 일하는 모든 과학자와 마찬가지로, 그는 뭔가를 말하기보다 보여줘야 한다는 사실을 알고 있다.

13 **"… 방정식의 아름다움을 유지하는 것이 더 중요하다"**: 디랙의 1963년 에세이 「자연에 대한 물리학적 그림의 진화Evolution of the Physicist's Picture of Nature」, 47쪽. 디랙은 노벨상을 수상한 슈뢰딩거의 양자역학 연구를 모범 사례로 소개했는데, 자기 자신의 연구를 소개해도 무방했을 것이다.

14 **"우리가 기꺼이 수용할 수 있는 유일한 물리학 이론은 …"**: 이 유명한 공식은 위그너의 똑같이 유명한 논문 「자연과학에서의 수학의 불합리한 효과The Unreasonable Effectiveness of Mathematics in the Natural Sciences」에도 나온다. 나는 위그너가 아인슈타인에게 귀속시킨 단어들의 독립적인 출처를 찾을 수 없었다. 그는 '아인슈타인이 이론의 미학적 장점을 고려한 것으로 유명하다'는 진술을 쉽게 풀어쓰기 위해 그 단어들을 사용했을 수도 있다.

15 **… 유사한 감정을 찾는 것은 그리 어렵지 않다**: 찬드라세카르, 『진실과 아름다움Truth and Beauty』; 도이치, 『무한의 시작Beginning of Infinity』, 14장; 윌첵, 『아름다운 질문Beautiful Question』. 자비네 호센펠더Sabine Hossenfelder는 『수학의 함정Lost in Math』에서 반대 의견을 표명한다.

16 **두 개의 새로운 크시 입자**: 이 크시 입자들을 그림 10.11에 표시된 옥텟(팔중항)의 입자와 구별하는 '추가적인 별'에 주목하라. 차이점은 입자의 '스핀'에 있다. 별표가 있는 크시들은 스핀이 2분의 3인 반면, 별표가 없는 크시들은 스핀이 2분의 1이다.

17 **철칙이 요구한 것은 바로 경험적 시험이었다**: 실험자들이 데이터에서 그에 대한 증거를 보기 시작한 것과 마찬가지로, 겔만의 계획은 또 다른 입자인 에타의 존재를 암시하기도 했다.

18 **머리 겔만은 노벨상을 수상했다**: 노벨상은 1969년에 수여되었다. 노벨상에는 고급스러움과 함께 노골적인 구별이 따른다. 겔만의 위대한 돌파구들은 다른 과학자들에 의해 동시에 독립적으로 이루어졌다. 니시시마 가즈히코西島和彦는 기묘함, 유발 네만Yuval Ne'man은 팔중도, 조지 츠바이크

George Zweig는 쿼크를 발견했다. 그러나 겔만이 합당한 승자였다는 점에 어느 누구도 이의를 제기하지 않을 것이다.

19 **"올바른 가설을 선택하기 위한 주요 기준"**: 조지 존슨George Johnson의 겔만 전기, 『기묘한 아름다움Strange Beauty』, 239쪽.

20 **그러나 … 그는 이 기준에 호소하지 않았다**: 1962년에 발표한 팔중도에 대한 전문적 논문에서, 겔만은 그 도식을 지나가는 말로 '매력적appealing'이라고 특징짓는다. 그러나 "매력적"이라는 단어가 출현한 것은, 겔만이 자신의 이론에 대해 미학적 근거를 제시한 것으로 간주된다. 그는 자신의 아이디어를 뒷받침할 '가능한 경험적 시험'을 논의하는 데 여러 페이지를 할애한다.

21 **"물리학자들은 … 선택하고 판단을 내리는데, …"**: B. 그린, 『우아한 우주』, 166~167쪽.

22 **"미학적 판단은 과학적 담론을 중재하지 않는다 …"**: B. 그린, 『우아한 우주』, 166쪽.

23 **기록지를 유지해야 한다**: 이것은 과학철학자 제임스 맥칼리스터James McAllister가 자신의 책 『아름다움과 과학혁명Beauty and Revolution in Science』에서 제공한 조언이다.

24 **철칙은 비논리적이고 비합리적이며 비이성적이다**: 엄밀히 말해서, 논리적인 관점에서 볼 때 철칙이 잘못하는 것은, 철학자들이 '총체적 증거의 원칙principle of total evidence'이라고 부르는 합리성의 규칙rule of rationality을 위반하는 것이다. 합리성의 규칙은 '어떤 견해를 주장할 때, 실제로 가능한 범위에서 모든 유의미한 사항을 고려하라'고 요구한다. 미학적 이유는 과학적 추론에서 유의미하지만 철칙은 이를 무시한다.

내가 강조하고 싶은 것은, 철칙이 개인들에게 '사적인 과학적 추론에서 총체적 증거의 원칙을 위반하라'고 강요하지 않는다는 것이다. 많은 사람들은 이러한 자유latitude를 최대한 활용하여, 이론을 평가할 때 자신들이 중요하다고 생각하는 모든 종류의 비경험적 이유—미학적, 철학적, 종교적 이유—를 평가에 반영한다. 실제로 내가 아는 가장 사려 깊은 사람들 중 일부는 심리학자, 물리학자, 언어학자, 생물학자다. 논리의 규칙을 무시하는 것은 '과학자들의 생각'이 아니라 '협동적 탐구cooperative inquiry의 사회적 과정', '지적 참여intellectual engagement의 방식', '공개적 논증을 수행하기 위한 일련의 규칙'으로서의 과학이다.

11장 과학의 등장

1 **"나는 … 필요함을 깨달았다"**: 데카르트, 『성찰Meditations』 I권(1641년 출판).

2 **"가장 기초적인 토대에서 다시 시작되어야 한다"**: 베이컨, 『신기관』, §1.31; 5장에서도 인용된 바 있다.

3 **인류 역사상 유례가 없는**: 17세기의 진지한 라이벌은 아마도 기원전 5세기와 4세기의 아테네밖에 없을 것이다.

4 **그런 엄청난 다양성**: 많은 역사가들은 초기 현대 유럽을 휩쓴 '새로움에 대한 애호penchant for novelty'를 설명하려고 시도했다. 세계 최초의 매스미디어, 새로 발명된 활판 인쇄기가 그것을 가능케 했을까? 신대륙의 발견과 국제 무역의 성장이 그것에 영감을 불어 넣었을까? 흑사병의 참사를 딛고 일어선 경제적·인구통계학적 회복이 그것에 날개를 달았을까? 나는 이러한 의문들에 대해 입장을 취하지 않을 것이다. 다른 것들도 많지만, 그중에서도 '다소 철저한 경험론empiricism'이 등장한 것으로 충분하다고 생각한다.

5 **설명은 거의 시작되지 않았다**: 일단 누군가가 그것을 가지기 위해 어려움을 겪으면, '올바른' 아이디어는 (마치 영웅 군단의 어깨에 올라타고, 장미 꽃길을 따라 미래를 향해 나아가듯) 필연적으로 나머지를 압도하게 될 것이라고 가정한다면, 학자 허버트 버터필드Herbert Butterfield가 '휘그 역사whig history'라고 명명한 오류에 빠지게 된다.

6 **보일은 … 보고서를 많이 썼지만**: 보아스Boas, 『로버트 보일과 17세기의 화학Robert Boyle and Seventeenth-Century Chemistry』, 75~78쪽. '작은 물체들little bodies': 이 책의 82쪽에서 인용됨.

7 **"개신교와 가톨릭이라는 용어는 …"**: 웨지우드, 『30년 전쟁』, 373쪽.

8 **“그렇다고 해서 대중의 믿음이 더욱 약해진 것은 아니었다 …”**: 웨지우드, 『30년 전쟁』, 372쪽.

9 **시민의 목적을 위해 당장 중요한 것은**: 영국의 경우에는 30년 전쟁에 직접 관여하지 않았지만, 1642~1651년의 영국 내전과 그 여파에 의해 거의 동일한 효과가 실현되었다.

10 **정치적·종교적 정체성의 분리**: 예컨대 루이 14세는 1685년 프랑스 전역에서 가톨릭을 부활시키려고 시도했다.

11 **“신의 법칙과 인간의 법칙은 …”**: 뉴턴, 「종교에 관한 일곱 가지 진술Seven Statements on Religion」.

12 **영구적으로 양분하고**: 1632년 작센의 30년 전쟁 전쟁터에서 태어난 독일의 정치철학자이자 법학자인 자무엘 폰 푸펜도르프Samuel von Pufendorf는 개인의 상이한 '도덕적 자아들moral personae'—시민, 상점 주인, 배우자—에 대해 기억에 남을 만한 기록을 남겼다. 각각의 자아들은 고유한 규범의 지배를 받는데, 평화를 위해 이러한 규범들이 충돌하지 않는 것이 필수적이었다. 그것들은 별도의 삶의 영역에 국한되어야 하며, 관할권이 중복되는 경우 우선순위order of precedence에 대해 '명확하고 보편적으로 동의된 규칙'이 제정되어야 했다(푸펜도르프의 도덕적 자아에는 개인뿐만 아니라 다양한 종류의 단체가 포함되었다. 예컨대 종교는 공국 내부within state와 여러 공국 사이across states에서 작동하는 단체'로서 그의 시스템에 포함되었다). 17세기에 푸펜도르프는 엄청난 영향력을 행사했다. 그러나 점점 더 자유로워진 유럽에서 그의 사상이 적절성을 상실함에 따라 그의 평판은 시들해졌다.

13 **사기적 수정**: 4세기에 교부 아타나시우스Athanasius는 가톨릭교회 내에서 삼위일체 교리를 정통으로 확립하려는 운동을 주도했다. 뉴턴은 '신약성서의 특정 부분—특히 요한의 첫 번째 편지와 디모데에게 보낸 편지—가 나중에 의도적으로 변경되어, 초기 기독교 저작물에서 뒷받침되지 않는 교리를 지지하게 되었다'고 추측했다.

14 **“도적적 문둥병자라고 낙인찍혔을 것이다”**: 뉴턴의 전기 작가인 리처드 웨스트폴의 말로, 웨스트폴의 『아이작 뉴턴』, 330~334쪽에 적혀 있다.

15 **반복적으로 발생한 갈등**: 가장 유명한 것은, 1633년 가톨릭교회로부터 이단 판결을 받은 갈릴레오의 사례다. 갈릴레오는 '지구가 태양의 둘레를 돈다는 견해나 다른 어떤 금지된 견해를 지지하지도 표명하지도 않았다'고 주장하기 위해 최선을 다했지만, 종교 재판은 (나중에 뉴턴의 경력을 구한 종류의) 타협을 할 준비가 되어 있지 않았다. 종교 재판관들은 갈릴레오의 '말'을 곧이곧대로 믿기보다는 (그의 믿음을 아주 정확히 식별할 수 있는) '마음'을 들여다봐야 한다고 주장했다.

16 **"… 왕과 친구가 되지 말라"**: 알-누와이리, 『박학술의 궁극적 야망Ultimate Ambition in the Arts of Erudition』, 96쪽.

17 **대안 — 영구적인 종교적 갈등**: 17세기 정치철학의 위대한 천재 토머스 홉스에 따르면, 내전의 가장 흔한 원인은 "신과 인간 모두에게 동시에 복종하는 것"의 어려움이다. 전쟁은 어떤 희생을 치르더라도 피해야 한다. 결과적으로 홉스는 "백성의 관점에서 볼 때 군주가 '불신자'일지라도 백성은 법을 준수해야 하며, 필요하다면 부패하거나 사악하다고 간주되는 국교의 의식에 공개적으로 참여해야 한다"라고 주장한다. 계속하여, 그는 (다소 낙관적으로) 신은 '내면적인 것'만 좋아한다고 말한다. "백성들의 믿음은 내면적이고 보이지 않는다. 그들은 … 그것을 위해 스스로를 위험에 빠뜨릴 필요가 없다"(홉스, 『리바이어던』, III.43에서 인용).

12장 과학적 마인드 구축

1 **"보통 사람은 … 상상할 수 없지만, …"**: 자런, 『랩걸』, 54쪽.

2 **"모든 구멍의 모든 특징은 …"**: 자런, 『랩걸』, 54-55쪽.

3 **"지칠 줄 모르는 끈기와 …"**: 카할, 『회고록』, 278쪽.

4 **토머스 쿤의 더욱 논쟁적인 논문 중 하나**: 쿤은 「과학 연구에서 교리의 기능Function of Dogma in Scientific Research」에서, 젊은 과학자들에게 지배적인 패러다임의 교리를 무비판적으로 가르치는 것이 대체로 유리하다고 주장한다.

5 **"철학은 죽었다 …"**: 호킹과 믈로디노프, 『위대한 설계』, 5쪽.

6 **"내가 우려하는 것은 …"**: 타이슨과의 인터뷰는 https://id10t.com/

podcast/episode-489-neil-degrasse-tyson-returns-again/에서 볼 수 있다.

7 **"철학은 안타깝게도 …"**: 크라우스와의 인터뷰 내용은 http://www.theatlantic.com/technology/archive/2012/04/has-physics-made-philosophy-and-religion-obsolete/256203/에서 읽을 수 있다.

8 **"그렇게 총명한 과학자들이 … 충격적이다"**: 올리비아 골드힐Olivia Goldhill, 「수많은 총명한 사람들이 철학에 대해 바보천치인 이유는Why Are So Many Smart People Such Idiots about Philosophy?」, 쿼츠Quartz, http://qz.com/627989/why-are-so-many-smart-people-such-idiots-about-philosophy/.

9 **"철학자들이 다윈을 예상하지 못한 것은 …"**: 도킨스의 트윗은 https://twitter.com/richarddawkins/status/433519270102708224에서 읽을 수 있다.

10 **"북아메리카 최고의 문화연구 저널에 …"**: 인용문은 원래 《링구아프랑카Lingua Franca》 저널에 실린 앨런 소칼, "한 물리학자의 문화연구 실험A Physicist Experiments with Cultural Studies"에서 발췌한 것이다. 소칼의 웹사이트인 https://physics.nyu.edu/faculty/sokal/에서는 이 기사와 많은 관련 자료를 찾을 수 있다.

11 **"대부분의 과학자들에게 '과학 전쟁'에 대해 이야기하면 …"**: 굴드, 『고슴도치, 여우, 그리고 마지스터의 두창The Hedgehog, the Fox, and the Magister's Pox』, 101~102쪽

12 **"너무나 많은 과학자들이 편협하고 어리석다"**: 윌슨, 『통섭Consilience』, 62쪽; 내가 여기서 강조하는 것은 어리석음이 아니라 편협함이다. 비슷한 생각에 대해서는 『통섭』, 42쪽 및 지먼Ziman, 『진짜 과학Real Science』, 161쪽을 참조하라.

13 **"훌륭한 지휘관은 …"**: 톨스토이, 『전쟁과 평화』, 644쪽.

14 **적절해 보인다**: 섈리의 비교는 라투르와 울가, 『실험실 생활』, 130쪽에 기록되어 있다.

15 **이러한 사상가들은**: 친구나 중요한 평론가들이 누락되지 않았기를 바란다.

16 **"자기 자신의 가장 깊은 속삭임에 …"**: 로렌스, 『미국 고전문학 연구Studies

in Classic American Literature』, 27쪽.

17 **"아무도 아닌 당신 자신이 된다는 것은 …"**: 커밍스, "『학생들에게 주는 시인의 조언A Poet's Advice to Students』," 13쪽.

18 **"이 끊임없이 변화하는 사회에서 …"**: 슐츠와 양Schultz & Yang, 『커피 한 잔에 담긴 성공 신화Pour Your Heart Into It』, 248.

13장 과학과 휴머니즘

1 **"오 아버지시여 … 우리를 이끌리게 하소서"**: 피코 델라 미란돌라, 『인간의 존엄성에 관한 연설』, 26쪽.

2 **황금 문 너머에서 발견된 것**: 두 개의 문gate 사이의 대립은 프루스트Proust의 위대한 소설 『잃어버린 시간을 찾아서In Search of the Lost Time』의 핵심이며, 이 단어들은 이 책에서 도용한 것이다(몬크리프/킬마틴/인라이트Moncrieff/Kilmartin/Enright 역, 『잃어버린 시간을 찾아서』 II권 377쪽에서 가져와 각색).

3 **"중세의 표준 교과서"**: H. O. 테일러H. O. Taylor, 『중세의 고전적 유산Classical Heritage of the Middle Ages』, 50쪽. 존 샌디스John Sandys는 이렇게 말한다: "이 책은 중세 초기에 주로 학교에서 사용된 유일한 교과서였으며, 교육과 문학적 취향에 상당한 영향을 미쳤다"(『고전 학문 약사Short History of Classical Scholarship』, 68쪽).

4 **신랑 머큐리는 웅변과 설득의 기술을 의미하며**: 여기서 제공된 해석—머큐리는 세 가지 휴머니즘적 교양과 문헌학을 나타내고, 필롤로지는 네 가지 과학 기술을 나타낸다—은 중세 시대 전반에 걸쳐 통용된 표준이었으며, 현대 학자들도 마르티아누스가 그렇게 의도했을 거라고 생각한다.

5 **"과학의 발견적·분석적 힘이 …"**: 윌슨, 『Meaning of Human Existence』, 187쪽. 윌슨은 두 페이지 앞에서, "[과학과 인문학]은 멀리 떨어져 있을수록 좋다"라고 가정하는 것은 "고리타분한 오해archaic misconception"라고 주장한다"(185쪽).

14장 지식 기계의 유지·보수

1 **해수면 상승**: 컬프 & 스트라우스Kulp & Strauss, "새로운 해수면 상승 데이터로, 글로벌 취약성 추정치 세 배로 증가New Elevation Data Triple Estimates of Global Vulnerability."

2 **어젠다 설정 문제**: 과학의 우선순위를 현명하게 결정하려면 세 가지 요구사항의 균형을 맞춰야 한다. 첫째로, 가장 시급한 수요를 충족하기 위한 과학이 필요하다. 둘째로, 아무리 그렇더라도 우리는 보다 근본적인 연구—즉, 그 성격이 아직 희미하게 인식될 뿐인 미래의 수요에 주의를 기울일 수 있는 기반을 제공할 연구—를 소홀히 해서는 안 된다. 그리고 마지막으로, 심지어 순수한 지식도 가치가 있다. 따라서 우리는 '세상의 작동 방식에 대한 통찰력이 우리의 생명을 살릴 수 있다'고 가정하고, 우리를 지적으로 풍요롭게 만드는 연구를 게을리 해서는 안 된다.

어떤 작가들은 '과학 연구의 방향을 결정할 때, 시민 위원회가 발언권을 가져야 한다'고 제안했다. 「공공과학의 투명성Transparency in Public Science」을 쓴 실라 재서노프Sheila Jasanoff와 『자유민주주의 3.0Liberal Democracy 3.0』을 쓴 스티븐 터너Stephen Turner가 그들이다. 『민주사회의 과학Science in a Democratic Society』을 쓴 철학자 필립 커처Philip Kitcher도 적어도 원칙적으로는 호의적이다. 나로 말하자면, '과학의 내적 인센티브 시스템internal system of incentives이 과학을 사회의 우선순위에 (생각보다) 훨씬 더 민감하게 만든다'고 믿는다. '무엇이 중요한지'에 대해 과학이 스스로 결정하도록 내버려 둘 수도 있다. 그러나 내가 앞에서 말했듯이, 그 주제는 때가 올 때까지 기다려야 한다.

3 **"자연의 일부를 … 탐구"**: 쿤, 『과학혁명의 구조』, 25쪽, 5장에서도 인용한 바 있다.

4 **쿤적 과학 교육 프로그램**: 12장에서 인용한 쿤의 「과학 연구에서 교리의 기능」, 12장에 요약되어 있다.

5 **목성만 한 크기의 탐지기**: 이것들은 많은 논평가들, 이를테면 사비네 호센펠더가 『수학의 함정』, 178쪽에서 언급한 어림값이다. 끈 이론 테스트의

장애물에 대한 보다 체계적인 설명은 리 스몰린Lee Smolin의 『물리학의 문제들Trouble with Physics』을 참조하라.

6 **제안된 수정안 중 하나**: 물리학자들은 '과학적 의사소통의 공식 채널'에서 허용되는 범위에서 자신들의 수정사항을 전반적으로 언급하지는 않았지만, 내가 보기에 그들이 염두에 두고 있는 것에 대한 최선의 해석은 이것인 것 같다. 철학자 리처드 다위드Richard Dawid는 『끈 이론과 과학적 방법String Theory and Scientific Method』에서 이런 방식으로 자신의 주장이 정당함을 입증하는데, 이는 10장의 끝에서 제시된 '어떤 종류의 설명적 우아함explanatory elegance이 진실의 징후sign of truth인지를 배울 수 있다'는 아이디어를 떠올리게 한다.

7 **'물리학'**: 철칙에 대한 또 다른 수정안은 '인류 지향적 원리'라고 불리는 것에 호소함으로써 얕은 인과적 설명의 계율에서 벗어나는 방식으로, 물리상수—표준 모형은 이것을 무차별적 가정brute posit으로 취급한다—의 값에 대한 설명을 제공함으로써 끈 이론이 정당성을 얻도록 허용한다. 인류 지향적 설명은 우리의 우주에 존재하는 지적인 관찰자intelligent observer를 언급하며, '우리와 같은 복잡한 생명체가 진화할 수 있도록 하는 물리상수만 보게 될 것으로 예상해야 한다'고 언급한다. 그러한 통찰aperçu에 대해, 과학자들과 철학자들은 '물리상수가 (대략적으로) 현재의 값을 갖게 된 이유를 설명하는 데 진정으로 도움이 되는지'를 놓고 갑론을박을 벌이고 있다. 분명한 것은, 인류 지향적 파생물anthropic derivation은 철칙이 허용하는 얕은 인과관계에 대한 설명이 아니라는 것이다. 즉, 그것은 상수값과 인과관계가 없는 주의 깊은 지성watchful intellect의 존재를 들먹이는 것이다. 따라서 끈 이론이 인류 지향적 원리와 함께 우리에게 '특정한 값이 기대되는 이유'를 제공한다 하더라도, 그 예측이나 설명(만약 그런 것이라면)은 철칙에 비추어 볼 때 정당한 경험적 검증의 기초를 구성하지 않는다.

8 **"그것은 명령에 따라 …"**: 콜린스와 핀치Collins & Pinch, 『골렘golem』, 1쪽.

9 **"갈팡질팡하는 거인"**: 콜린스와 핀치, 『골렘』, 2쪽.

10 **보고서는 가설들에 신뢰수준을 부여하고**: 이러한 용어는 정확하게 지정된

의미를 갖는다. 매우 높은 신뢰도로 승인된 가설은 10분의 9의 확률로 정확하다고 가정되고, 가능성이 매우 높은 사건은 90%에서 95% 사이의 확률로 발생한다. IPCC는 신뢰수준과 확률을 결합하여, 특정한 사건이 발생할 "가능성이 더 높다"라고 "높은 확신을 갖고서" 말할 수 있다.

11 **IPCC는 다양한 순위를 적용하는 것을 목표로 하고 있지만 여전히 주관적이다**: IPCC의 "중간 신뢰도"와 "가능성 있음"은 과학계 전반에 걸친 '개연성 순위의 전체 범위'에 내재된 의견의 차이를 완전히 반영하지 않는다. 예컨대 "중간 신뢰도"는 격렬하게 반대하는 상당한 소수의 과학자들의 존재와 양립할 수 있다. 그와 대조적으로, 과학적 의견의 전체 범위를 반영한 평가는 많은 중요한 질문에 대해 너무나 불확정적이므로 실질적으로 쓸모가 없다.

12 **"그러므로 만약 미래에 관심이 있다면 …"**: 주관성을 명문화하려는 IPCC의 노력을 명쾌하게 해설한 슈나이더의 「신뢰도, 합의, 불확실성의 당사국 총회Confidence, Consensus and the Uncertainty Cops」, 434쪽.

13 **"나는 항상 … 이해할 수 없다고 느껴왔어"**: 갈릴레오가 포르투니오 리세티Fortunio Liceti에게 보낸 편지에서 한 말. 프로바와 마렌자나Frova & Marenzana, 『이렇게 갈릴레오가 말했다Thus Spoke Galileo』, 414쪽에서 인용.

찾아보기

ㄷ

ㅂ

ㅇ

ㅈ

ㅍ

ㅎ

지식 기계

비합리성은 어떻게 현대과학을 창조했나

저 자 마이클 스트레븐스
역 자 양병찬
감 수 천현득
발 행 인 김지영
발 행 처 자유아카데미
주 소 경기도 파주시 회동길 37-42
파주출판도시
전 화 031-955-1321
팩 스 031-955-1322
홈페이지 www.freeaca.com
전자우편 main@freeaca.com (대표)
editor@freeaca.com (편집)
crm@freeaca.com (영업)
등 록 제406-2003-017호, 1980. 7. 12
제1판1쇄 2023년 5월 26일 발행

ISBN 979-11-5808-458-5 93400